"十二五"职业教育国家规划教材
国家精品资源共享课配套教材

业 教 育
教材审定委员会审定

Gongcheng Lixue

工程力学

（第5版）

孔七一 主 编
苏巧江 主 审

人民交通出版社股份有限公司
北 京

内 容 提 要

本书是“十二五”职业教育国家规划教材，工程力学国家精品资源共享课配套教材。全书共十三章，涵盖了静力学和材料力学的主要内容，包括：静力学基本知识，平面力系的合成与平衡，空间力系与重心，轴向拉伸与压缩，连接件的实用计算，扭转，截面的几何性质，梁的内力，梁的应力及强度计算，梁的变形，组合变形，压杆稳定，力学在工程中的应用示例。其中，力学在工程中的应用示例作为课外阅读材料和学习任务供教师和学生选用。

书中配有数字资源，扫描二维码即可实施课堂教学和方便学生学习。同时，本书配有完整的课程教学网络资源和教学用 PPT 供师生使用。另外，本书配套了学生学习用书《工程力学学习指导》（第 3 版，孔七一）。

本书主要作为高等职业教育道路桥梁工程技术专业、道路养护与管理专业及土建类相关专业的工程力学课程教材，也可作为相关工程技术人员的培训教材或自学用书。

图书在版编目(CIP)数据

工程力学/孔七一主编. —5 版. —北京：人民交通出版社股份有限公司，2019.10

ISBN 978-7-114-16048-6

Ⅰ.①工… Ⅱ.①孔… Ⅲ.①工程力学—教材 Ⅳ.①TB12

中国版本图书馆 CIP 数据核字(2019)第 263707 号

“十二五”职业教育国家规划教材
国家精品资源共享课配套教材

书　　名：工程力学(第 5 版)
著 作 者：孔七一
责任编辑：刘　倩
责任校对：赵媛媛
责任印制：张　凯
出版发行：人民交通出版社股份有限公司
地　　址：(100011)北京市朝阳区安定门外外馆斜街 3 号
网　　址：http://www.ccpcl.com.cn
销售电话：(010)59757973
总 经 销：人民交通出版社股份有限公司发行部
经　　销：各地新华书店
印　　刷：北京鑫正大印刷有限公司
开　　本：787×1092　1/16
印　　张：16
字　　数：389 千
版　　次：2002 年 7 月　第 1 版　2005 年 7 月　第 2 版　2010 年 7 月　第 3 版
　　　　　2015 年 8 月　第 4 版　2019 年 10 月　第 5 版
印　　次：2021 年 12 月　第 5 版　第 4 次印刷　总第 45 次印刷
书　　号：ISBN 978-7-114-16048-6
定　　价：45.00 元

第5版

前·言

Preface

《工程力学》第1版于2002年7月出版，历经4次改版，第5版于2019年10月出版。截至2019年，本教材累计印刷40次，发行量近23万册，先后被教育部评定为普通高等教育“十一五”国家级规划教材和“十二五”职业教育国家规划教材。

本书是在孔七一主编，金明、张金喜主审的《工程力学》（第4版）基础上，按照教育部职业教育教材编写的指导思想和原则，以职业教育的国家教学标准为基本遵循，贯彻落实党和国家在课程设置、教材改革与教学内容等方面的基本要求进行编写的。

为适应目前教育部提出的突出职业教育的类型特点，深化“产教融合、校企合作”协同创新人才培养模式，落实立德树人根本任务，根据培养目标，本版教材在第4版基础上更新了以下内容。

1. 根据教育部《高校课程思政建设纲要》要求，每章增加了思政育人目标和相应的学习任务，方便将科学精神、职业精神和工匠精神融入课程教学方案。

2. 在工程力学应用示例中增加了有摩擦的平衡问题和动应力计算的内容，供学生课外学习选用。

3. 紧密联系工程实际按照最新行业规范修订了相关内容，并新增了实践学习任务，进一步突出了应用性和实践性。

4. 增加了课程思政内容，每章包括思政育人目标、实践学习任务，供教师们组织教学时参考。

本教材具有丰富的配套资源：

课程思政资源。教材系统设计了思政育人目标和实践学习任务、学习任务单等学习资源，可供教师教学和学生自主学习时选用。

慕课资源。本教材为工程力学国家精品资源共享课的配套教材。

课程的教学视频和学习资源详见爱课程网站(http://www.icourses.cn/sCourse/course_3521.html)。

重难点讲解动画和例题讲解视频。本教材配备了重难点和练习题讲解的动画及配套的多媒体课件,以供学生们学习时和相关任课老师教学时参考。教师可通过加入职教路桥教学研讨群(QQ群:561416324)获取多媒体课件。

配套用书。本教材专门配套了学生学习用书《工程力学学习指导》(第3版,孔七一),宜与本教材同时使用。指导书中包含学习要求、问题解析、基本练习、学习项目、习题解答、授课计划、学习报告单等内容,为教师提供了教学方案,为学生提供了学习资源。

《工程力学》(第5版)的编写人员有:湖南交通职业技术学院孔七一(编写了绪论、第一章、第二章、第三章、第四章、第八章、第九章、第十三章五~六节),邹宇峰(编写了第五章、第六章、第十章),邓林(编写了第七章、第十一章、第十二章);湖南省路桥建设集团有限责任公司苏巧江高级工程师(编写了第十三章一~四节)。数字资源由孔七一、邓林完成。全书由孔七一担任主编并负责统稿,由苏巧江高级工程师担任主审。此外,还有不少企业工程技术人员和专家、读者对本书提出了宝贵建议和意见,编者在此深表感谢。

由于时间仓促,书中难免有错误和不妥之处,恳请读者批评指正。相关意见和建议可发至编辑邮箱:173587791@qq.com,以便重印时改正。

编　者

2019年10月

本教材配套资源索引

一、课程思政内容

为落实立德树人根本任务，根据课程思政育人要求，力求将核心价值观、科学精神、职业精神和工匠精神融入到教材内容之中，深入挖掘了工程力学课程中的思政元素，系统设计了工程力学课程思政教学目标和学习内容，每章包括育人目标和相应的实践学习任务，扫描下方二维码可获得相关资源，可供教师教学和学生学习时选用。

二、重难点讲解动画和例题讲解视频

为有助于学生更直观地理解相关重难点，透过例题更好地理解相关知识点，本教材主编制作了重难点讲解动画和例题讲解视频，学生可通过扫描对应页码处的二维码观看学习。

资源编号	资源名称	资源类型	对应本书页码
1	力的可传性	动画	6
2	例 1-1 讲解	视频	9
3	力的平移	动画	11
4	例 1-3 讲解	视频	15
5	例 1-4 讲解	视频	15
6	例 1-5 讲解	视频	16
7	例 1-6 讲解	视频	17
8	力在直角坐标轴上的投影	动画	23
9	例 2-3 讲解	视频	25
10	例 2-4 讲解	视频	27
11	例 2-5 讲解	视频	27
12	例 2-8 讲解	视频	32

续上表

资源编号	资源名称	资源类型	对应本书页码
13	力在空间坐标系的投影(直接投影)	动画	50
14	例 3-1 讲解	视频	51
15	例 3-4 讲解	视频	58
16	截面法的步骤	动画	61
17	例 4-5 讲解	视频	64
18	例 4-6 讲解	视频	68
19	例 4-8 讲解	视频	71
20	挤压面	动画	87
21	螺丝刀拧紧螺钉	动画	93
22	例 6-1 讲解	视频	96
23	例 6-2 讲解	视频	100
24	例 6-4 讲解	视频	103
25	截面形式对弯曲变形的影响	动画	108
26	例 7-1 讲解	视频	110
27	例 7-2 讲解	视频	111
28	例 7-3 讲解	视频	112
29	弯曲内力	动画	122
30	例 8-1 讲解	视频	124
31	例 8-4 讲解	视频	127
32	例 8-7 讲解	视频	133
33	例 8-9 讲解	视频	136
34	中性层与中性轴	动画	141
35	例 9-1 讲解	视频	143
36	例 9-4 讲解	视频	147
37	例 10-3 讲解	视频	172

目 · 录

Contents

绪　论
INTRODUCTION

在道路、桥梁工程中，有大量的建筑物如桥梁、涵洞、房屋、水工结构物，都是由构件（梁、桁架、拱、墙、柱、基础等）所组成。这些构件在建筑物中互相支承、互相约束，直接或间接、单独或协同地承受各种荷载作用，构成了一个结构整体——建筑结构。建筑结构是建筑物的骨架，是建筑物赖以存在的物质基础，它的质量好坏，对于建筑物的适用性、安全性和使用寿命等具有决定性的作用。

工程力学（engineering mechanics）是为建筑结构提供受力分析方法和计算理论依据的一门科学，是道路、桥梁及土建类各专业的一门重要的技术基础课。

一、工程力学的研究对象与力学模型

工程中各种各样的建筑物都是由结构（structure）或构件按照一定的规律组合而成的，它们是工程力学的研究对象。

工程力学的研究对象往往比较复杂，在对其进行力学分析时，首先必须根据研究问题的性质，抓住其主要特征，忽略一些次要因素，对其进行合理的简化，科学地抽象出力学模型。

固态物体（固体）在力的作用下都将发生变形，但在大多数工程问题中，这种变形是极其微小的，在研究物体的平衡问题时，将它略去不计，认为物体不发生变形，这样不会影响计算结果的精确性。这种在力的作用下形状、大小保持不变的物体称为**刚体**（rigid body），它是一种理想的力学模型。

当分析强度、刚度和稳定性问题时，由于这些问题都与变形密切相关，因而即使是极其微小的变形也必须加以考虑，这时就必须把物体抽象为**变形固体**（deformation solid）这一理想的力学模型。

变形固体加载时将产生变形，卸载后，可以恢复原形，这一性质称为**弹性**。卸载后消失的那一部分变形，称为**弹性变形**。当外载超过某极限值时，卸载后除消除一部分弹性变形外，还存在一部分未消失的变形，称为**塑性变形**。为了使问题的研究得到简化，通常对变形固体作如下假设：

（1）连续均匀性（homogeneous）假设。假设变形固体内毫无间隙地充满了物质，而且各处的力学性能都相同。

（2）各向同性（isotropic）假设。假设变形固体在各个方向上具有相同的力学性质。

上述假设,基本符合大多数工程材料(如钢、铜、铸铁、玻璃等)的实际情况,但也有一些材料,如轧制钢材、木材等,其力学性质有方向性,称为各向异性材料。根据以上假设建立的理论,用于各向异性材料时,只能得到近似的结论,但也可达到工程上所要求的精度。

二、工程力学的基本任务与研究方法

工程力学的基本任务有两个:其一是对处于平衡状态的物体进行静力分析。物体在空间的位置随时间的改变,称为机械运动,例如车辆的行驶、机器的运转等。若物体相对于地球静止或做匀速直线运动,则称物体处于**平衡状态**。物体处于平衡状态时,作用于物体上所有的力必须满足一定的条件。根据这种平衡条件,可以由作用于物体上的已知力求出未知的力,这一过程称为**静力分析**。其二是研究构件的强度、刚度和稳定性。工程结构和构件受力作用而丧失正常功能的现象,称为**失效**(failure)。在工程中,首先要求构件不发生失效而能安全正常工作。其衡量的标准主要有以下三个方面:

(1)构件应具有足够的**强度**(strength),即不发生破坏;

(2)构件应具有足够的**刚度**(rigidity),即发生的变形在工程容许的范围内;

(3)构件应具有足够的**稳定性**(stability),即不丧失原来形状下的平衡状态。

工程力学为设计构件提供有关的理论方法和试验技术,以合理确定构件的材料和形状尺寸,达到既安全又经济美观的要求。

工程力学中主要采用三种研究方法:理论分析、试验分析和计算机分析。理论分析是以基本概念和定理为基础,经过严密的数学演绎推理,得到问题的解答。它是广泛使用的一种方法。构件的强度、刚度和稳定性问题都与所选材料的力学性能有关,因此,试验分析成了力学研究的重要方法之一。材料的力学性能是材料在力的作用下,抵抗变形和破坏等表现出来的性能,它必须通过材料试验才能测定。另外,对于现有理论还不能解决的某些复杂的工程力学问题,有时也要依靠试验来解决。随着计算机、网络的飞速发展,为数学在力学中的应用提供了方便,使工程力学的计算手段发生了根本性变化。例如,大型桥梁和高层建筑的结构计算,使用计算机仅用几小时便可得到全部计算结果。不仅如此,在理论分析中,可以利用计算机得到难于导出的公式;在试验分析中,计算机可以整理数据、绘制试验曲线、选用最优参数等。计算机分析已成为一种独特的研究方法,其地位将越来越重要。应该指出,上述三种工程力学的研究方法是相辅相成、互为补充、互相促进的。在学习工程力学经典内容的同时,掌握传统的理论分析与试验分析方法是很重要的,因为它是进一步学习工程力学其他内容以及掌握计算机分析方法的基础。

三、杆件变形的基本形式

工程构件的形状是多种多样的,根据几何形状和尺寸的不同,通常分为杆、板(如楼板)、壳(如薄壳)、块体(如水坝)等。杆是最常见的一种工程构件。所谓**杆件**(bar),是指长度方向的尺寸远大于宽度和厚度方向尺寸的构件,例如,建筑结构中的梁、柱,机械机构中的传动轴等。如图0-1所示,与杆件长度方向垂直的截面称为**横截面**(cross section),所有横截面形心的连线称为杆件的**轴线**(axial line)。

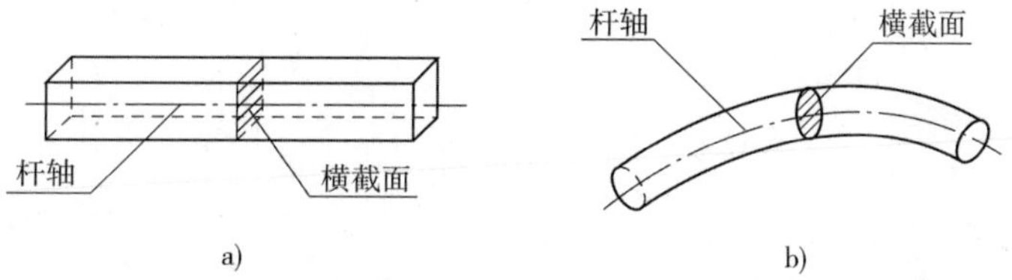

图　0-1

杆件在外力作用下的变形有以下四种基本形式。

(1)轴向拉伸或压缩。在一对大小相等、方向相反、与杆件轴线重合的外力作用下,杆件将发生轴向伸长或缩短,见图0-2a)、b)。

(2)剪切。在一对大小相等、方向相反、作用线相距很近的横向外力作用下,杆件的横截面将沿外力作用方向发生相对错动,见图0-2c)。

(3)扭转。在一对大小相等、转向相反、作用平面与杆轴线垂直的力偶作用下,杆件的任意两横截面将发生相对转动,见图0-2d)。

(4)弯曲。在一对大小相等、转向相反、位于杆件的纵向对称平面内的力偶作用下或受垂直于杆轴线的横向力作用,杆的轴线由直线弯曲成曲线,见图0-2e)。

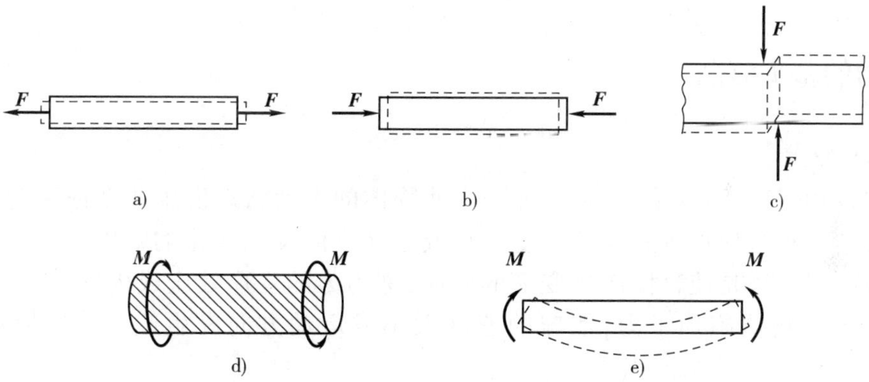

图　0-2

第一章
CHAPTER ONE
静力学基本知识

第一节 基本概念

一、力的基本概念

1. 力(force)

力是物体间相互的机械作用,这种作用使物体的运动状态发生改变或引起物体变形。其效应有二:一种是使物体的运动速度大小或运动方向发生变化的效应,称为力的运动效应或外效应;另一种是使物体产生变形的效应,称为力的变形效应或内效应。例如踢球或打铁,由于人对物体施加了力,使球的速度大小或运动方向发生改变,或使铁块产生了变形。

2. 力的三要素

力的大小、方向、作用点称为力的三要素。实践表明,力对物体的作用效果,完全取决于这三个因素,如果改变这三个因素中的任意一个,都会改变力对物体的作用效果。

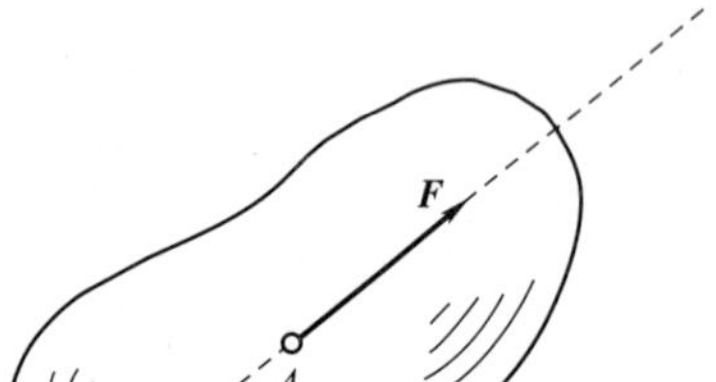

图 1-1

力是一个既有大小又有方向的量,即矢量。通常用一个带箭头的线段表示力的三要素。线段的长度(按选定的比例)表示力的大小,线段的方位和箭头表示力的方向,带箭头线段的起点或终点表示力的作用点(图 1-1)。通过力的作用点并沿着力的方位的直线,称为力的作用线。本书中用黑体字如 $\boldsymbol{F}$、$\boldsymbol{P}$ 等表示力矢量,用普通字母如 F、P 等表示力矢量的大小。

3. 力的单位

本书采用国际单位制,力的国际单位是牛顿(N) 或千牛顿(kN)。

二、荷载的基本概念

主动使物体产生运动或运动趋势的力叫作主动力,如重力、风压力、土压力等。主动作用于结构的外力在工程上统称为荷载(load)。力的作用位置实际上是一块面积,当作用面积相对于物体很小时,可近似地看作一个点。作用于一点的力,称为集中力(concentrated force)或集中荷载。如火车车轮作用在钢轨上的压力,面积较小的柱体传递到面积较大的基础上的压力等,都可看作是集中荷载。如果力的作用面积大,就称为分布力(distributed force)或分布荷载。如堆放在路面上的砂石、货物对于路面或路基的压力,建筑物承受的风压,都是分布力的例子。当荷载连续作用于整个物体的体积上时,称为体荷载(如物体的重力);当荷载连续作用于物体的某一表面积上时,称为面荷载(如风、雪、水等对物体的压力);当物体所受的力,是沿着一条线连续分布且相互平行的力系,称为线分布力或线荷载。例如梁的自重,可以简化为沿梁的轴线分布的线荷载,见图 1-2。单位长度上所受的力,称为分布力在该处的荷载集度,通常用 $\boldsymbol{q}$ 表示。线荷载的荷载集度单位是 N/m 或 kN/m,体荷载的荷载集度单位是 N/m^3 或 kN/m^3,面荷载的荷载集度单位是 N/m^2 或 kN/m^2。如果 q 为一常量,则该分布力称为均布荷载,否则就是非均布荷载。

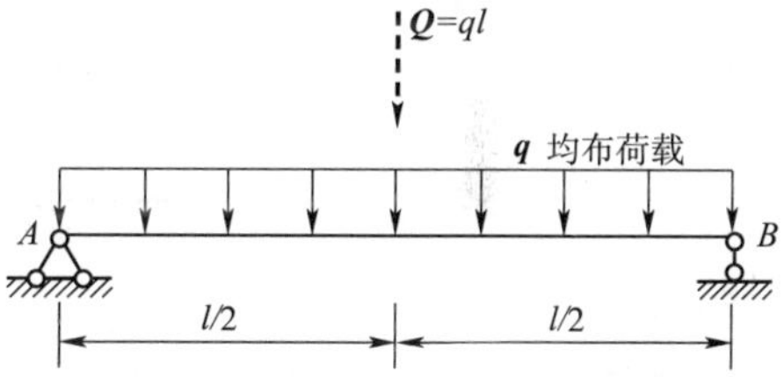

图 1-2

三、力系的基本概念

作用在同一物体上的一群力称为力系(force system)。一个较复杂的力系,总可以用一个和它作用效果相等的简单力系来代替。在不改变作用效果的前提下,用一个简单力系代替复杂力系的过程称为力系的简化或力系的合成(composition of force)。对物体作用效果相同的力系,称为等效力系。如果一个力与一个力系等效,则此力称为该力系的合力(resultant force),而力系中的各个力都是其合力的分力(component force)。合力对物体的作用效果等效于所有分力的作用效果。使物体保持平衡的力系,称为**平衡力系**。要使物体处于平衡状态,就必须使作用于物体上的力系满足一定的条件,这些条件叫作力系的平衡条件。物体在各种力系作用下的平衡条件在建筑、路桥工程中有着广泛的应用。

第二节 静力学基本公理

静力分析中的几个基本公理是人类长期经验的积累与总结,经实践反复检验,证明是符合客观实际的普遍规律。它阐述了力的一些基本性质,是静力学(statics)的基础。

【公理一】 二力平衡公理

刚体在两个力作用下保持平衡的必要和充分条件是:此两力大小相等、方向相反、作用在一条直线上。这个公理说明了刚体在两个力作用下处于平衡状态时应满足的条件(图 1-3)。

对于只受两个力作用而处于平衡的刚体,称为二力构件(图1-4)。根据二力平衡条件可知:二力构件不论其形状如何,所受两个力的作用线必沿二力作用点的连线。若一根直杆只在两点受力作用而处于平衡,则此两力作用线必与杆的轴线重合,此杆称为二力杆件(图1-5)。

必须指出:二力平衡公理只适用于刚体,不适用于变形体。例如,绳索的两端受到大小相等、方向相反,沿同一条直线作用的两个压力,是不能平衡的。

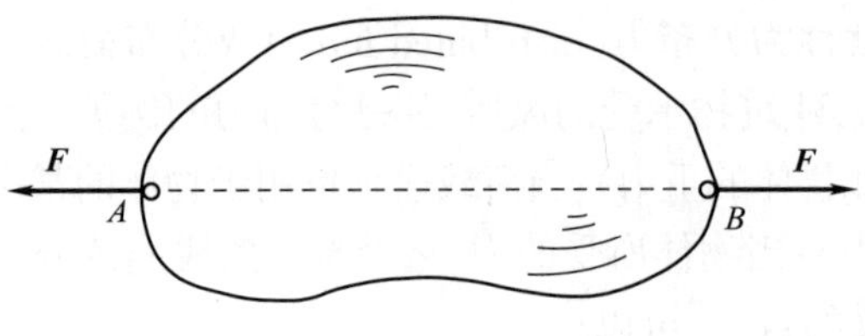

图 1-3

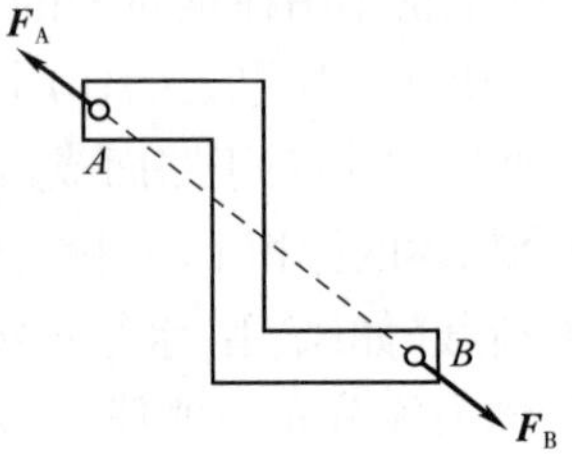

图 1-4

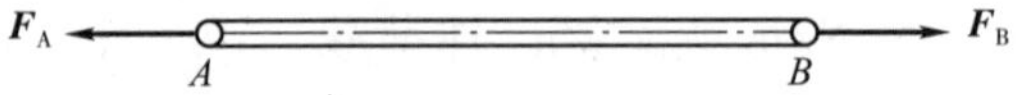

图 1-5

【公理二】 加减平衡力系公理

在作用于刚体的力系中,加上或去掉一个平衡力系,并不改变原力系对刚体的作用效果。这是因为一个平衡力系作用在物体上,对物体的运动状态是没有影响的,即新力系与原力系对物体的作用效果相同。

由上述两个公理可以得出一个推论:作用在刚体上的力可沿其作用线移动到刚体内任一点,而不改变该力对刚体的作用效果。这个推论称为力的可传性。

证明:(1)设力 $\boldsymbol{F}$ 作用在物体上的 A 点,见图1- 6a)。

(2)根据加减平衡力系公理,可在力的作用线上任取一点 B,加上一个平衡力系 $\boldsymbol{F}_1$ 和 $\boldsymbol{F}_2$,并使 $F_1 = F_2 = F$,见图1-6b)。

(3)由于 $\boldsymbol{F}$ 和 $\boldsymbol{F}_2$ 是一个平衡力系,可以去掉,所以只剩下作用在 B 点的力 $\boldsymbol{F}_1$,见图1-6c)。

(4)力 $\boldsymbol{F}_1$ 和原力 $\boldsymbol{F}$ 等效,就相当于把作用在 A 点的力 $\boldsymbol{F}$ 沿其作用线移到 B 点。

由此,力的可传性得到了证明。

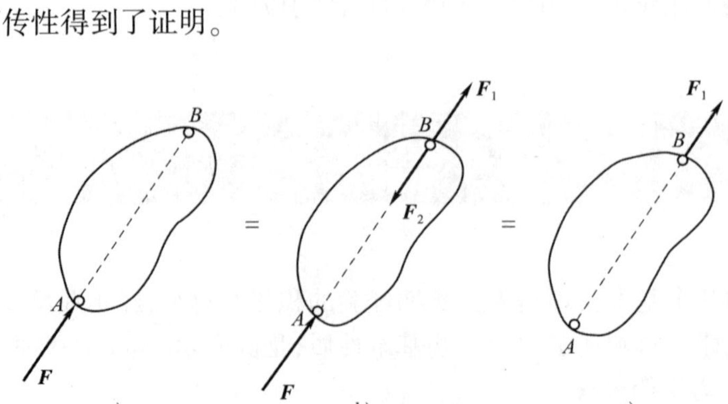

a) b) c)

图 1-6

力的可传性

力的可传性只适用于刚体而不适用于变形体。因为如果改变变形体受力的作用点，则物体上发生变形的部位也将随之改变，这也就改变了力对物体的作用效果。

【公理三】 平行四边形公理

作用于物体上同一点的两个力，可以合成为一个合力，合力的作用点也作用于该点，合力的大小和方向用这两个力为邻边所构成的平行四边形的对角线表示，如图1-7a)所示。

力的平行四边形法则是力系合成与分解的基础。这种求合力的方法，称为矢量加法。其矢量式为：

$$\boldsymbol{R} = \boldsymbol{F}_1 + \boldsymbol{F}_2$$

即作用于物体上同一点的两个力的合力，等于这两个力的矢量和。

为了方便，也可由 O 点作矢量 $\boldsymbol{F}_1$，再由 $\boldsymbol{F}_1$ 的末端作矢量 $\boldsymbol{F}_2$，则矢量 $\overrightarrow{OA}$ 即为合力 $\boldsymbol{R}$，如图1-7b)所示。这种求合力的方法称为力的三角形法则。

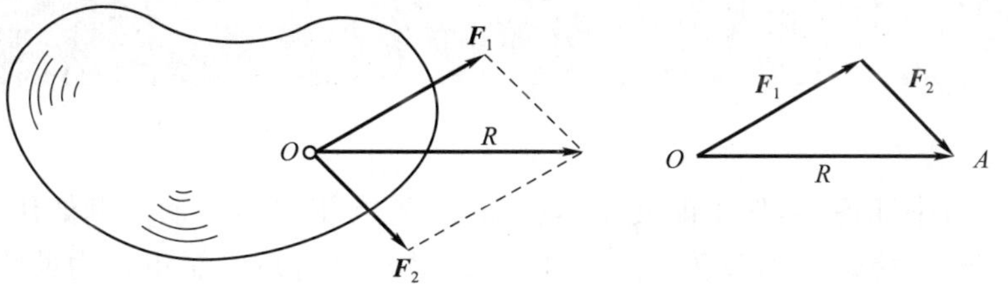

图 1-7

应用上述公理可推导出同平面不平行三力平衡时的汇交定理。

若一刚体受三个共面而互不平行的力作用处于平衡时，则此三力必汇交于一点。

证明：如图1-8所示，刚体在 $\boldsymbol{F}_1$、$\boldsymbol{F}_2$、$\boldsymbol{F}_3$ 三个力作用下处于平衡，根据力的可传性原理，将力 $\boldsymbol{F}_1$ 和 $\boldsymbol{F}_2$ 移到此两力作用线的交点 O，并按平行四边形法则合成为一个合力 $\boldsymbol{F}_{12}$，这样，刚体就在 $\boldsymbol{F}_{12}$ 和 $\boldsymbol{F}_3$ 作用下处于平衡。由二力平衡公理知，$\boldsymbol{F}_{12}$ 与 $\boldsymbol{F}_3$ 必共线，即力 $\boldsymbol{F}_3$ 必通过 $\boldsymbol{F}_1$ 和 $\boldsymbol{F}_2$ 的交点 O。定理由此得证。

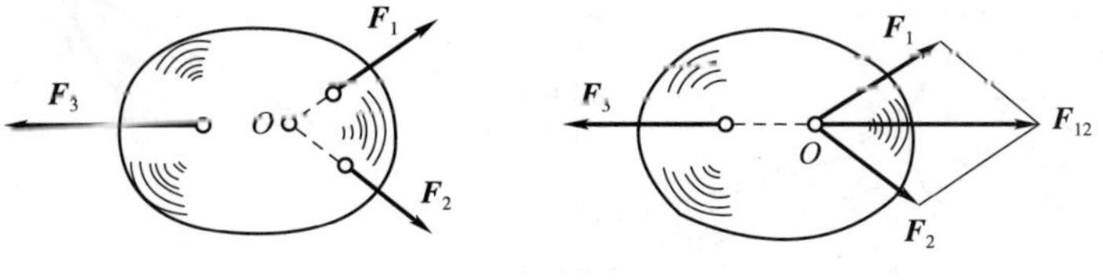

图 1-8

【公理四】 作用与反作用公理

两个物体间的作用力和反作用力总是同时存在，它们大小相等，方向相反，沿同一直线分别作用在两个物体上。

这个公理概括了任何物体间相互作用的关系，不论物体是处于平衡状态还是处于运动状态，也不论物体是刚体还是变形体，该公理都普遍适用。力总是成对出现的，有作用力必有反

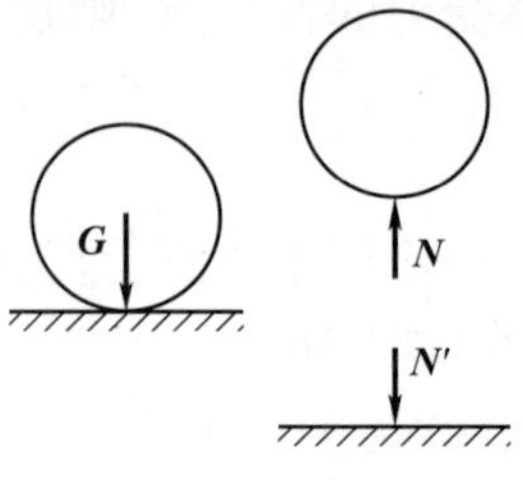

图 1-9

作用力。

例如,地面上有一个物体处于静止状态(图1-9),物体对地面有一个作用力 **N′**作用在地面上,而地面对物体也有一个反作用力 **N** 作用在物体上,力 **N′**和 **N** 大小相等,方向相反,沿同一条直线分别作用在地面和物体上,是一对作用力和反作用力。物体上作用的两个力 **G** 和 **N** 处于平衡,因此,力 **G** 和 **N** 是一对平衡力。

需要强调的是,作用与反作用的关系与二力平衡条件有本质的区别:作用力和反作用力是分别作用在两个不同的物体上,而二力平衡条件中的两个力则是作用在同一个物体上,它们是平衡力。

第三节 力矩

从生活和实践中知道,力除了能使物体移动外,还能使物体转动。例如用扳手拧螺母时,加力可使扳手和螺母绕螺母轴线转动。如杠杆、定滑轮等简易机械也是力使物体绕一点转动的实例。

力使物体产生转动效应与哪些因素有关呢?例如用扳手拧螺母时(图1-10),力 **F** 使扳手绕螺母中心 O 转动的效应,不仅与力 **F** 的大小成正比,还与螺母中心 O 到该力作用线的垂直距离 d 成正比。此外,扳手的转向可能是逆时针方向,也可能是顺时针方向。因此,我们用力的大小与力臂的乘积 Fd,再加上正负号来表示力 **F** 使物体绕 O 点转动的效应(图1-11),称为力 **F** 对 O 点的力矩,用符号 $M_O(\boldsymbol{F})$ 或 $\boldsymbol{M}_O$ 表示,单位是牛顿·米(N·m)或千牛顿·米(kN·m)。

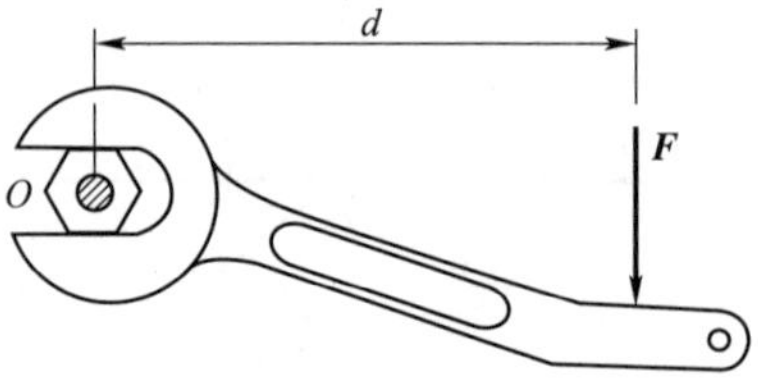

图 1-10

O-矩心,即转动中心;d-力臂,即力的作用线到矩心的垂直距离

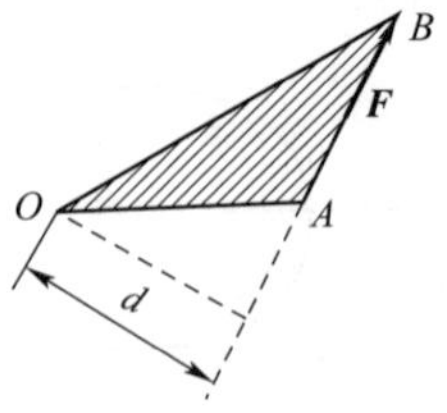

图 1-11

$$M_O(\boldsymbol{F}) = \pm Fd \tag{1-1}$$

一般规定:使物体产生逆时针转动的力矩为正;反之为负。所以,力对一点的力矩为代数量。

力 $\boldsymbol{F}$ 对点 O 的力矩值,也可用△OAB 面积的 2 倍表示,如图 1-11 所示,即:

$$M_O(\boldsymbol{F}) = \pm 2\triangle OAB \tag{1-2}$$

由式(1-1)可知,力等于零或力的作用线通过矩心时,力矩为零。一般同一个力对不同点之力矩是不同的,因此不指明矩心来计算力矩是没有意义的,所以在计算力矩时一定要明确是对哪一点的力矩。矩心的取法很灵活,根据需要可以任意取在物体上,也可取在物体外。

例 1-1 已知图 1-12 中 $P_1 = 2\text{kN}, P_2 = 3\text{kN}, P_3 = 4\text{kN}$,试求三力对 O 点的力矩。

解:根据力矩的定义,可写成:

$$M_O(\boldsymbol{P}_1) = 2 \times 5 \times \sin 30° = 5(\text{kN}\cdot\text{m})$$

$$M_O(\boldsymbol{P}_2) = 3 \times 0 = 0$$

$$M_O(\boldsymbol{P}_3) = -4 \times 5 \times \sin 60° = -17.3(\text{kN}\cdot\text{m})$$

例 1-1 讲解

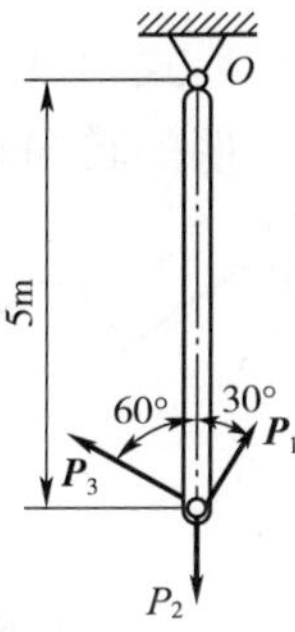

图 1-12

第四节 力偶

一、力偶的概念

物体受到大小相等、方向相反的两共线力作用时,保持平衡状态。但是,当两个力大小相等、方向相反、不共线而平行时,物体能否保持平衡呢?实践告诉我们,物体将产生转动。汽车驾驶员用双手转动转向盘,工人师傅用双手去拧攻丝扳手,人们用手指旋转钥匙或水龙头等,都是上述受力情况的实例,如图 1-13 所示。在力学上,把大小相等、方向相反的平行力组成的力系,称为力偶(couple),并记作($\boldsymbol{F},\boldsymbol{F}'$)。力偶对物体只产生转动效应,而不产生移动效应。力偶中两力所在的平面称作力偶作用面,两力作用线间的垂直距离 d 称作力偶臂(arm of couple),如图 1-14 所示。

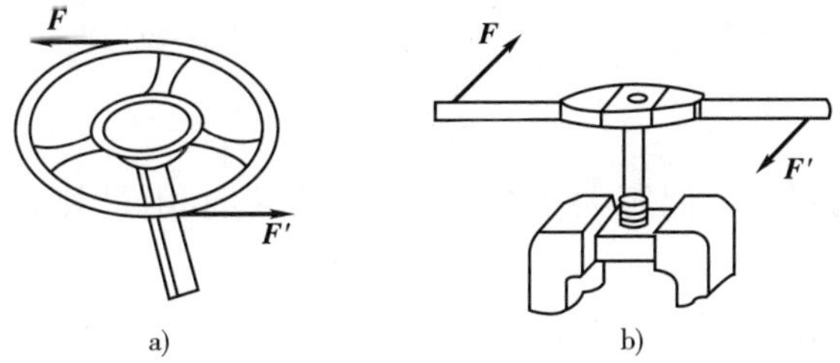

图 1-13

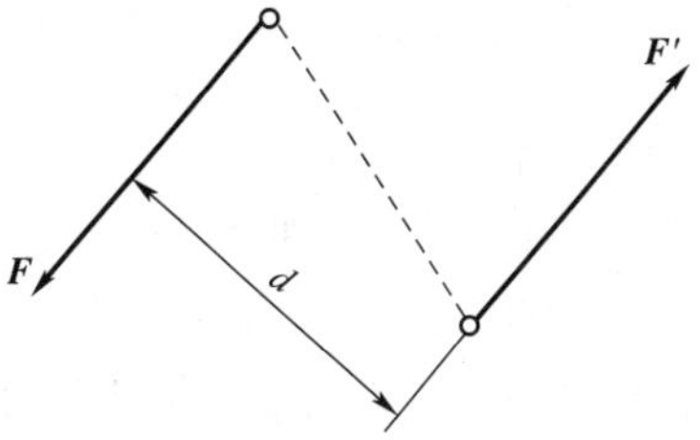

图 1-14

二、力偶矩

由经验知,力偶对物体的转动效应,取决于力偶中力和力偶臂的大小以及力偶的转向。因此,在力学中以 $F \cdot d$ 的乘积加上 ± 号作为度量力偶对物体转动效应的物理量,称为力偶矩(moment of couple),以符号 $M(\boldsymbol{F},\boldsymbol{F}')$ 或 $\boldsymbol{M}$ 表示。即:

$$M(\boldsymbol{F},\boldsymbol{F}') = \pm F \cdot d \quad 或 \quad \boldsymbol{M} = \pm F \cdot d \tag{1-3}$$

式(1-3)表示力偶矩是一个代数量,其绝对值等于力的大小与力偶臂的乘积,正负号表示力偶的转向。通常规定力偶逆时针旋转时,力偶矩为正;反之为负。在平面问题中,力偶可用力和力偶臂表示,也可以用一个带箭头的弧线表示(图 1-15),箭头表示力偶的转向,M 表示力偶矩的大小。

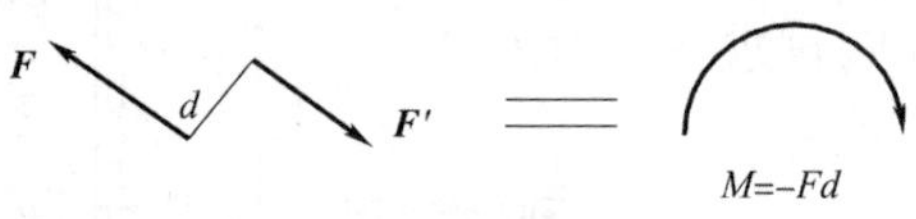

图 1-15

力偶矩的单位与力矩相同,为 kN·m 或 N·m。

三、力偶的三要素

实践证明,力偶对物体的作用效果由以下三个因素决定:①力偶矩的大小;②力偶的转向;③力偶作用面的方位。这三个因素称为力偶的三要素。

四、力偶的基本性质

根据前面的讲述,将力偶的基本性质归纳如下:

(1)**力偶无合力**,即力偶不能用一个力来代替。因为力偶对物体只有转动效应,而无移动效应。一般情况下,力是既有移动效应,又有转动效应的,所以力偶既不能与一个力等效,也不能用一个力来平衡。力偶只能用力偶来平衡。

(2)**力偶对其作用面内任一点的力矩恒等于力偶矩,而与矩心位置无关。**

证明:设有一力偶($\boldsymbol{F},\boldsymbol{F}'$)作用在物体上,其力偶矩为 $M = Fd$,如图 1-16 所示。在力偶的作用面内任取一点 O 为矩心,显然,力偶使物体绕 O 点转动的效应等于组成力偶的两个力对 O 点之矩的代数和。用 x 表示从 O 点到力 $\boldsymbol{F}'$ 的垂直距离,则两个力对 O 点之矩的代数和为:

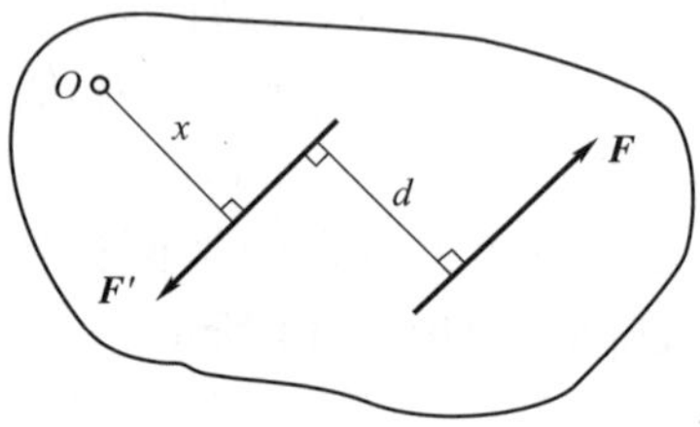

图 1-16

$$M_O(F,F') = F(d + x) - F' \cdot x = M$$

此值即等于力偶矩。

(3)在同一平面内的两个力偶,如果它们的力偶矩大小相等,力偶的转向相同,则这两个力偶是等效的。这称为**力偶的等效性**。

根据力偶的等效性,可得出下面两个推论:

推论 1 力偶可在其作用面内任意移转,而不改变它对刚体的转动效应。即力偶对刚体的转动效应与其在作用面内的位置无关。

推论 2 在保持力偶大小和转向不变的情况下,可任意改变力偶中力的大小和力偶臂的长短,而不改变它对刚体的转动效应。

第五节 力的平移定理

力对物体的运动效果取决于力的三要素，若改变其中的任一要素，例如使力离开其作用线，平行移动到任一点，就会改变它对物体的运动效果。那么，要想把力平移而又不改变其运动效果，需要附加什么条件呢？

在图 1-17a)中，物体上 A 点作用有一个力 $\boldsymbol{F}$，如将此力平移到物体的任一点 O，而又不改变物体的运动效果，可根据加减平衡力系公理，在 O 点加上一对平衡力 $\boldsymbol{F}'$ 和 $\boldsymbol{F}''$，并使 $F' = F'' = F$，且作用线与力 $\boldsymbol{F}$ 平行，如图 1-17b)所示。因此，力 $\boldsymbol{F}''$和 $\boldsymbol{F}$ 组成了一个力偶($\boldsymbol{F}$,$\boldsymbol{F}''$)，其力偶矩 $M = Fd = M_0(\boldsymbol{F})$。于是，原作用于 A 点的力 $\boldsymbol{F}$ 就与作用于 O 点的力 $\boldsymbol{F}'$和力偶($\boldsymbol{F}$,$\boldsymbol{F}''$)等效，即相当于将力 $\boldsymbol{F}$ 平移到 O 点，如图 1-17c)所示。

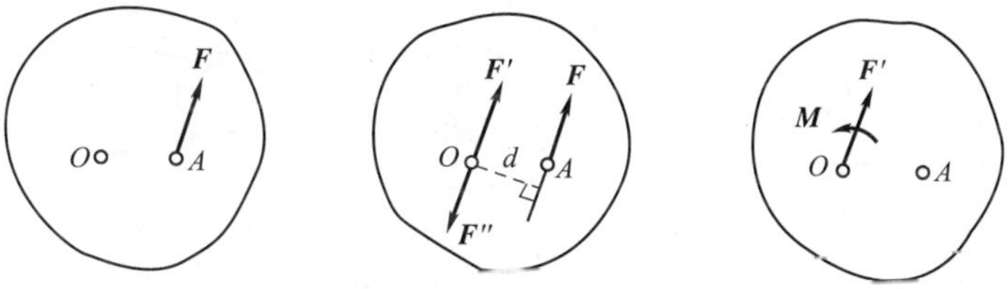

a) b) c)

图 1-17

力的平移

力的平移定理：作用于物体上的力 $\boldsymbol{F}$，可以平行移动到刚体的任一点 O，但必须同时附加一个力偶，其力偶矩等于原力 $\boldsymbol{F}$ 对新作用点 O 的力矩。

第六节 约束和约束反力

一、约束与约束反力的概念

在工程中，将能自由地向空间任意方向运动的物体称为自由体，如工人上抛的砖块，在空中自由飞行的飞机等。实际上，任何构件都受到与它相联系的其他构件的限制，而不能自由运动。例如，梁体受到柱子的限制，柱子受到基础的限制，桥梁受到桥墩的限制等。这些在空间某一方向运动受到限制的物体称为**非自由体**。

通常将限制物体运动的其他物体叫作**约束**(constraints)。如上面所提到的柱子是梁体的约束，基础是柱子的约束，桥墩是桥梁的约束。

物体受到的力一般可分为两类：一类是使物体产生运动或运动趋势的力，称为**主动力**，例如重力、风压力、水压力、土压力等;另一类是约束对于被约束物体的运动起限制作用的力,称为**约束反力**,简称**反力**(reactions)。约束反力的方向总是与约束所能限制的运动方向相反。例如,用一根绳索悬挂的重物,在其自重力的作用下有沿铅垂方向向下运动的趋势,而绳对重物的约束反力的方向是垂直向上的。

通常主动力是已知的,约束反力则是未知的。因此,正确地分析约束反力是对物体进行受力分析的关键。现根据工程上常见的几种约束来讨论约束反力的特征。

二、几种常见的约束及其反力

1. 柔体(string)约束

绳索、链条、皮带等用于阻碍物体的运动时,称为柔体约束。由于柔体只能承受拉力,而不能承受压力,所以它们只能限制物体沿着柔体伸长的方向运动。因此,柔体对物体的约束反力是**通过接触点,沿柔体中心线作用的拉力**,常用字母 $\boldsymbol{T}$ 表示,如图 1-18 所示。在图 1-19 所示的皮带轮中,皮带对两轮的约束反力分别为 $\boldsymbol{F}_1$、$\boldsymbol{F}_2$ 和 $\boldsymbol{F'}_1$、$\boldsymbol{F'}_2$。

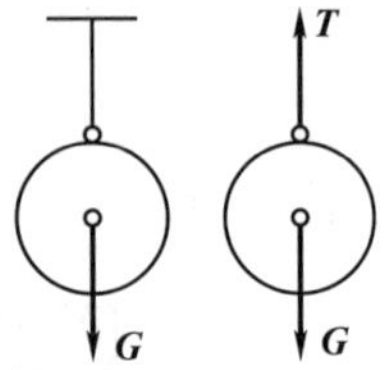

图 1-18

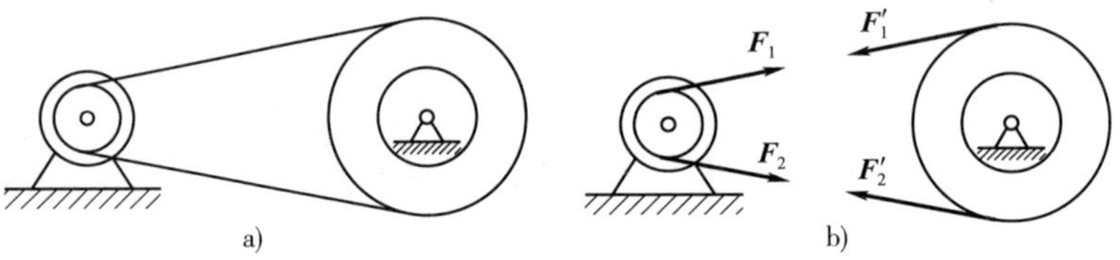

图 1-19

2. 光滑面(smooth plane)约束

当物体在接触处的摩擦力很小,即可以忽略不计时,两物体彼此的约束就是光滑面约束。这种约束只能限制物体沿着接触面的公法线指向接触面的运动,而不能限制物体沿着接触面公切线的运动或离开接触面的运动。所以,光滑面的约束反力是**通过接触点,沿公法线方向指向被约束物体,是一个压力**,常用字母 $\boldsymbol{N}$ 表示,如图 1-20 所示。

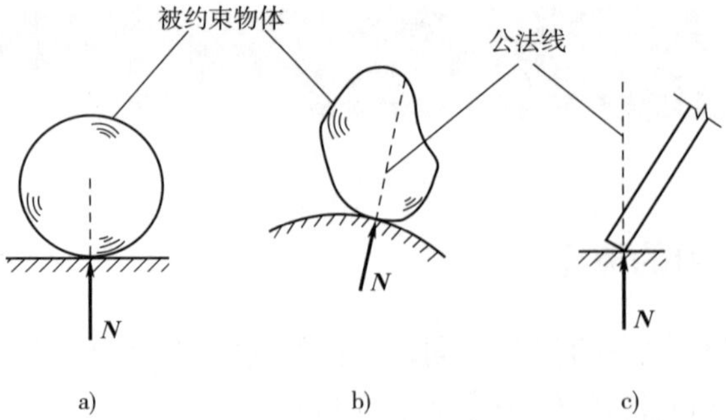

图 1-20

3. 圆柱铰链约束

圆柱铰链(cylindrical pin)约束简称铰链,门窗用的合页便是铰链的实例。圆柱铰链是由一个圆柱形销钉插入两个物体的圆孔中构成,且认为销钉与圆孔的表面都是光滑的。圆柱铰链的力学简图如图 1-21 所示。

销钉不能限制物体绕销钉相互转动，只能限制物体在垂直于销钉轴线的平面内沿任意方向的相对移动。当物体相对于另一物体有运动趋势时，销钉与孔壁便在某处接触，且接触处是光滑的。由光滑面约束反力可知，销钉反力沿接触点与销钉中心的连线作用，如图 1-21b）所示。但由于接触点随主动力而变，所以，**圆柱铰链的约束反力在垂直于销钉轴线的平面内，通过销钉中心，而方向未定**。这种约束反力有大小和方向两个未知量，可用一个大小和方向都是未知的力 $\boldsymbol{R}$ 来表示［图 1-21c）］，也可用两个互相垂直的分力来表示［图 1-21e）］。

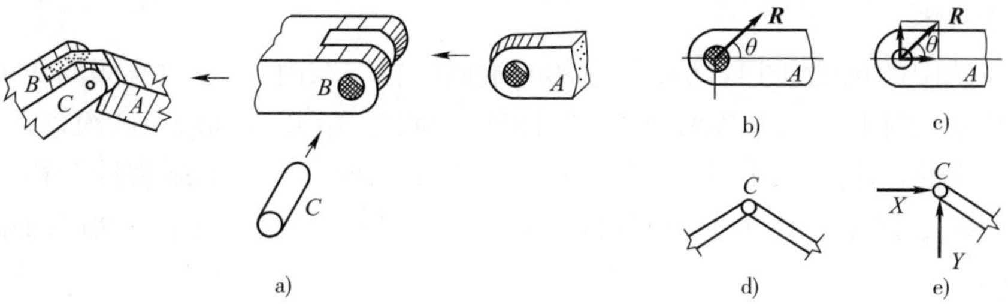

图 1-21

工程上应用铰链约束的装置有以下几种。

（1）链杆约束。所谓链杆约束就是两端用销钉与物体相连且中间不受力（自重忽略不计）的直杆。这种约束只能限制物体沿着链杆中心线运动，指向未定。链杆的力学简图及其反力如图 1-22 所示。

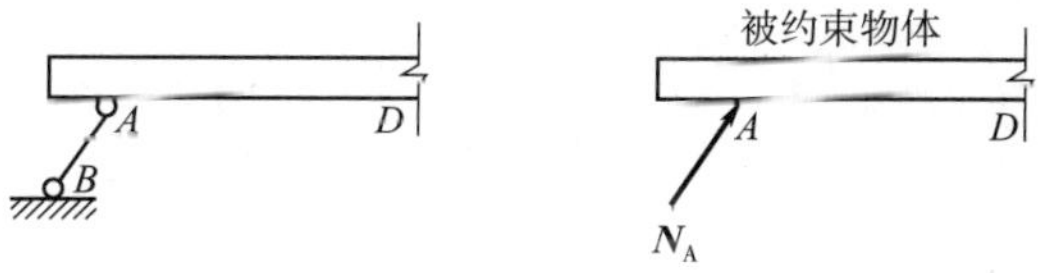

图 1-22

（2）固定铰支座。用圆柱铰链连接的两个构件中，如果有一个固定不动，就构成固定铰支座。这种支座能限制构件沿圆柱销半径方向的移动，而不能限制其转动，其约束反力与圆柱铰链相同。固定铰支座的简图及其反力如图 1-23 所示。

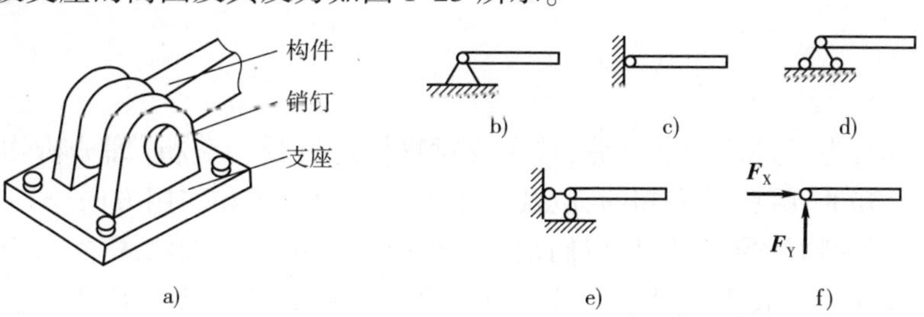

图 1-23

（3）可动铰支座。将铰链支座用几个辊轴放在水平面上即构成可动铰支座，如图 1-24a）所示。这种支座不能限制被支承构件绕销钉的转动和沿支承面方向的运动，而只能阻止构件在垂直于支承面方向向下运动。在附加特殊装置后，也能阻止其向上运动。因此，可动铰支座的约束反力垂直于支承面且通过销钉中心，其大小和指向待定。这种支座的计算简图和约束反力如图 1-24b）和 c）所示。

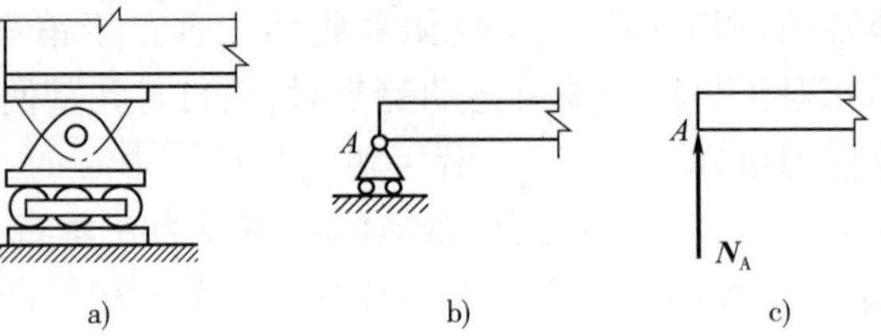

图 1-24

4. 固定端约束

如房屋建筑中的挑梁[图 1-25a)],它的一端嵌固在墙壁内,墙壁对挑梁的约束,既限制它沿任何方向移动,又限制它的转动,这样的约束称为固定端(fixed support)约束。它的构造简图如图 1-25b)所示,计算简图如图 1-25c)所示。由于这种支座既限制构件的移动,又限制构件的转动,所以,它除了产生水平和竖向约束反力外,还产生一个阻止转动的约束反力偶,如图 1-25d)所示。

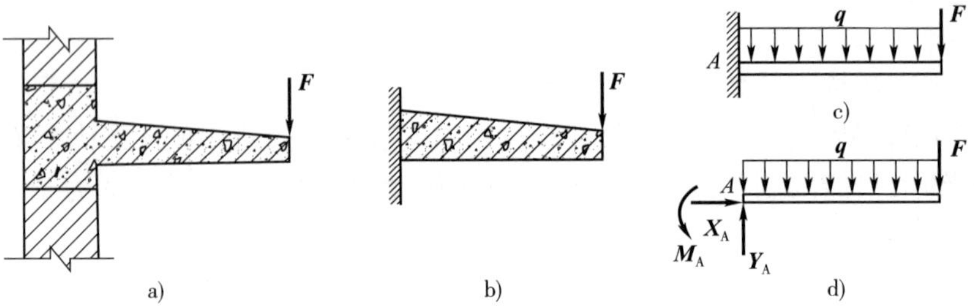

图 1-25

第七节 受力图

一、概述

在工程实际中,为了进行力学计算,首先要对物体进行受力分析,即分析物体受了哪些力的作用,哪些是已知的、哪些是未知的,以及每个力的作用位置和作用方向。

为了清晰地表示物体受力情况,我们把需要研究的物体从周围物体中分离出来,单独画出它的简图,这个步骤叫作取研究对象。被分离出来的研究对象称为分离体。在研究对象上画出它受到的全部作用力(包括主动力和约束反力),这种表示物体受力的简明图形称为受力图。正确地画出受力图是解决力学问题的关键,是进行力学计算的依据。

二、单个物体的受力图

在画单个物体受力图之前,先要明确研究对象,再根据实际情况,弄清与研究对象有联系的是哪些物体,这些和研究对象有联系的物体就是研究对象的约束。然后根据约束性质,用相应的约束反力来代替约束对研究物体的作用。经过这样的分析后，就可画出单个物体的受力图。其一般步骤是：先画出研究对象的简图，再将已知的主动力画在简图上，最后在各相互作用点上画出相应的约束反力。

例 1-2 重力为 $\boldsymbol{G}$ 的球，用绳索系住，使球靠在光滑的斜面上，如图 1-26a）所示，试画出球的受力图。

解：以球为研究对象，将它单独画出来，和球有联系的物体有地球、光滑斜面及绳索。地球对球的吸引力就是重力 $\boldsymbol{G}$，作用于球心并铅垂向下；光滑斜面对球的约束反力是 $\boldsymbol{N}_B$，它通过切点 B 并沿公法线指向球心；绳索对球的约束反力是 $\boldsymbol{T}_A$，它通过接触点 A 沿绳的中心线而背离球。球的受力图如图 1-26b）所示。

例 1-3 图 1-27a）中的梯子 AB 重力为 $\boldsymbol{G}$，在 C 处用绳索拉住，A、B 处分别搁在光滑的墙及地面上，试画出梯子的受力图。

例 1-3 讲解

解：以梯子为研究对象，将其单独画出。作用在梯子上的主动力是已知的重力 $\boldsymbol{G}$，$\boldsymbol{G}$ 作用在梯子的中点，铅垂向下；光滑墙面的约束反力是 $\boldsymbol{N}_A$，它通过接触点 A，垂直于梯子并指向梯子；光滑地面的约束反力是 $\boldsymbol{N}_B$，它通过接触点 B，垂直于地面并指向梯子；绳索的约束反力是 $\boldsymbol{T}_C$，其作用于绳索与梯子的接触点 C，沿绳索中心线，背离梯子。梯子受力图如图 1-27b）所示。

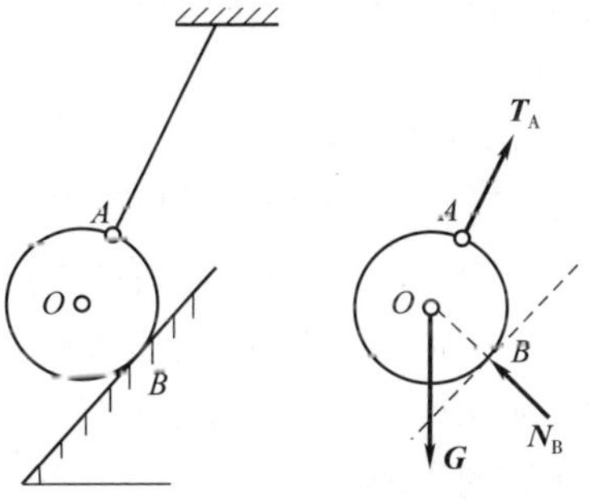

a)　　b)

图 1-26

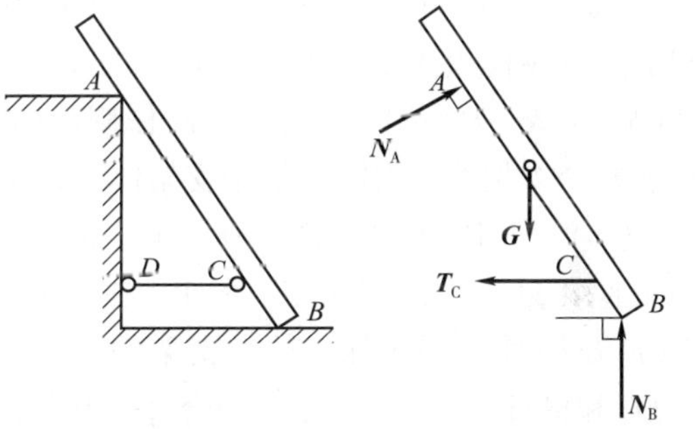

a)　　b)

图 1-27

例 1-4 AB 梁自重不计，其支承和受力情况如图 1-28a）所示，试画出梁的受力图。

例 1-4 讲解

解：以梁为研究对象，将其单独画出。作用在梁上的主动力是已知力 $\boldsymbol{P}$。A 端是固定铰支座，其约束反力 $\boldsymbol{R}_A$ 的大小和方向未知，如图 1-28b）所示，也可用两个互相垂直的分力 $\boldsymbol{X}_A$、$\boldsymbol{Y}_A$ 表示，如图 1-28c）所示；B 端为可动铰支座，其反力是与支承面垂直的 $\boldsymbol{R}_B$，其指向不定，因此可任意假设指向上方（或下方）。

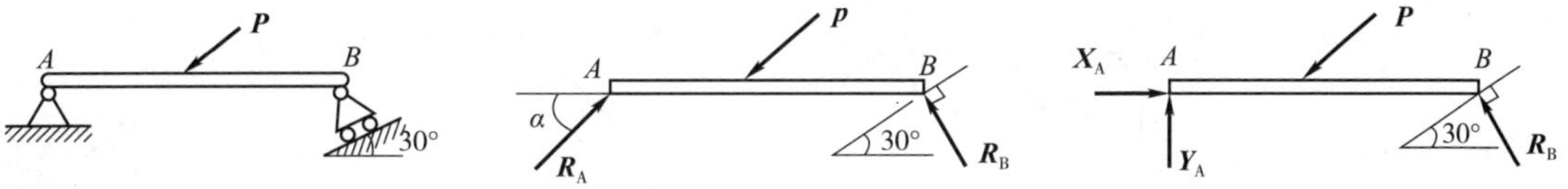

a)　　b)　　c)

图 1-28

三、物体系统的受力图

物体系统受力图的画法与单个物体的受力图画法基本相同,区别只在于所取的研究对象是由两个或两个以上的物体联系在一起的物体系统。研究时只需将物体系统看作一个整体,在其上画出主动力和约束反力,注意物体系统内各部分之间的相互作用力属于作用力和反作用力,其作用效果互相抵消,不画出来。

例 1-5 已知支架如图 1-29a)所示,*A*、*C*、*E* 处都是铰链连接。在水平杆 *AB* 上的 *D* 点放置了一个重力为 **G** 的重物,各杆自重不计,试画出重物、横杆 *AB*、斜杆 *EC* 及整个支架体系的受力图。

解:(1)画重物的受力图。取重物为研究对象,在重物上作用有重力 **G** 及水平杆对重物的约束反力 $\boldsymbol{N}_D$,如图 1-29b)所示。

(2)画斜杆 *EC* 的受力图。取斜杆 *EC* 为研究对象,杆两端都是铰链连接,其约束反力应当通过铰中心,但方向不定。但斜杆 *EC* 中间不受任何力作用,只在两端受到 $\boldsymbol{R}_E$ 和 $\boldsymbol{R}_C$ 两个力的作用且平衡。由二力平衡公理得出,$\boldsymbol{R}_E$ 和 $\boldsymbol{R}_C$ 必定大小相等,方向相反,作用线沿两铰中心的连线。根据主动力 **G** 分析,杆 *EC* 受压,因此 $\boldsymbol{R}_E$ 和 $\boldsymbol{R}_C$ 的作用线沿 *E*、*C* 的连线且指向杆件,如图 1-29c)所示。当约束反力的指向无法确定时,可以任意假设。

(3)画横杆 *AB* 的受力图。取横杆 *AB* 为研究对象,与它有联系的物体有 *A* 点的固定铰支座,*D* 点的重物和 *E* 点通过铰链与 *EC* 杆连接。*A* 点固定铰支座的反力用两个互相垂直的未知力 $\boldsymbol{X}_A$ 和 $\boldsymbol{Y}_A$ 表示;*D*、*E* 两点则根据作用与反作用关系,可以确定 *D*、*E* 处的约束反力分别为 $\boldsymbol{N}'_D$ 和 $\boldsymbol{R}'_E$,它们分别与 $\boldsymbol{N}_D$ 和 $\boldsymbol{R}_E$ 大小相等,方向相反,作用线相同。横杆 *AB* 的受力图如图 1-29d)所示。

(4)画整个支架的受力图。整个支架体系是由斜杆 *EC*、横杆 *AB* 及重物三者组成的,应将其看成一个整体作为研究对象。作用在支架上的主动力是 **G**。与整个支架相连的有固定铰支座 *A* 和 *C*。在支座 *A* 处,约束反力是 $\boldsymbol{X}_A$ 和 $\boldsymbol{Y}_A$;在支座 *C* 处,因 *CE* 杆是二力杆,故支座 *C* 的约束反力 $\boldsymbol{R}_C$ 是沿 *CE* 方向,但大小未知。整个支架的受力图如图 1-29e)所示。实际上,我们可将上述重物、斜杆 *EC* 和横杆 *AB* 三者的受力图合并,即可得到整个支架的受力图。

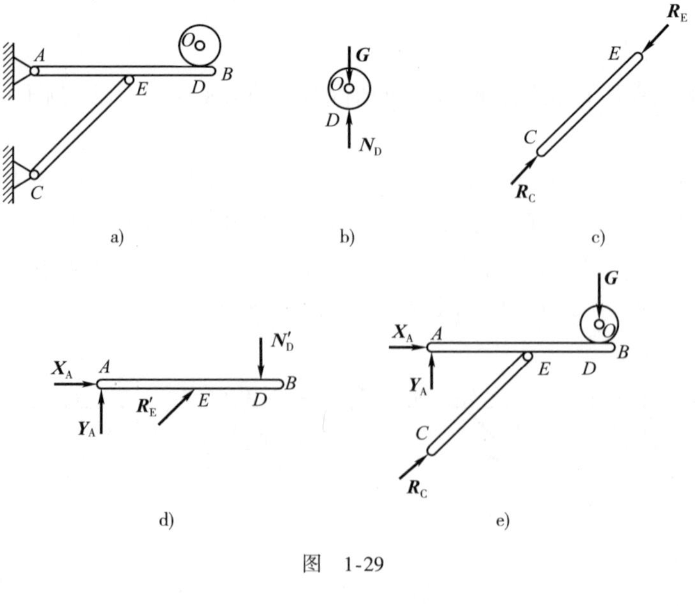

图 1-29

例 1-5 讲解

例 1-6　三铰拱 ACB 受已知力 $\boldsymbol{P}$ 的作用，如图 1-30a）所示。若不计三铰拱的自重，试画出 AC、BC 和整体（AC 和 BC 一体）的受力图。

例 1-6 讲解

解：（1）画 AC 的受力图。取 AC 为研究对象，由 A 处和 C 处的约束性质可知其约束反力分别通过两铰中心 A、C，大小和方向未知。但因为 AC 上只受 $\boldsymbol{R}_A$ 和 $\boldsymbol{R}_C$ 两个力的作用且平衡，它是二力构件，所以 $\boldsymbol{R}_A$ 和 $\boldsymbol{R}_C$ 的作用线一定沿着两铰中心的连线 AC，且大小相等，方向相反，其指向是假定的，如图 1-30b）所示。

（2）画 BC 的受力图。取 BC 为研究对象，作用在 BC 上的主动力是已知力 $\boldsymbol{P}$。B 处为固定铰支座，其约束反力是 $\boldsymbol{X}_B$ 和 $\boldsymbol{Y}_B$。C 处通过铰链与 AC 相连，由作用和反作用关系可以确定 C 处的约束反力是 $\boldsymbol{R}_C$，它与 $\boldsymbol{R}'_C$ 大小相等，方向相反，作用线相同。BC 的受力图如图 1-30c）所示。

（3）画整体的受力图。将 AC 和 BC 的受力图合并，即得整体受力图，如图 1-30d）所示。

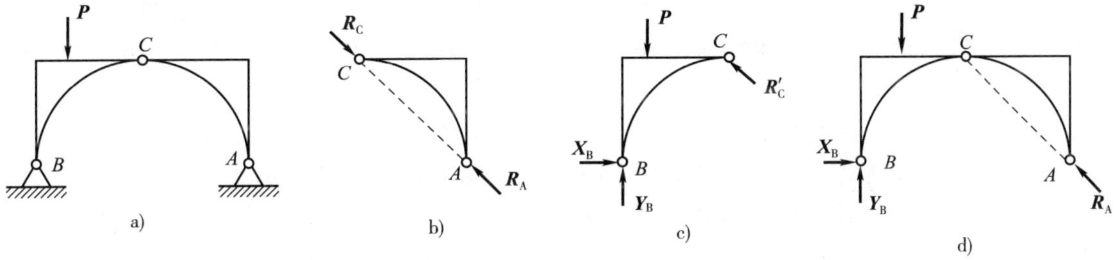

图　1-30

通过以上各例的分析，画受力图的步骤可归纳如下：

（1）明确研究对象。即明确画哪个物体的受力图，然后将与它相联系的一切约束（物体）去掉，单独画出其简单轮廓图形。注意，既可取整个物体系统为研究对象，也可取物体系统的某个部分作为研究对象。

（2）先画主动力。指重力和已知外力。

（3）再画约束反力。约束反力的方向和作用线一定要严格按约束类型来画，约束反力的指向不能确定时，可以假定。注意二力构件一定要先确定。

（4）检查。不要多画、错画、漏画，注意作用与反作用的关系。作用力的方向一旦确定，反作用力的方向必定与它相反，不能再随意假设。此外，在以几个物体构成的物体系统为研究对象时，系统中各物体间成对出现的相互作用力不再画出。

小结

本章讨论静力学的基本概念、静力学公理、力矩和力偶的概念、常见约束类型及物体受力分析的基本方法。

一、静力学的基本概念

（1）**平衡**。指物体相对于地球保持静止或做匀速直线运动的状态。

（2）**刚体**。指在任何外力的作用下，大小和形状保持不变的物体。

(3)**力**。指物体间相互的机械作用,这种作用使物体的运动状态发生改变(外效应),或使物体变形(内效应)。力对物体的外效应取决于力的三要素:大小、方向和作用点(或作用线)。

(4)**力矩**。力对点之矩是度量力使物体绕该点转动效应的物理量。它的数学表达式为:

$$M_O(\boldsymbol{F}) = \pm Fd$$

其中,O 为矩心;d 为力臂,是矩心到力作用线的垂直距离。

(5)**力偶**。由大小相等、方向相反、作用线平行但不重合的两个力组成的力系称为力偶。力偶是一种特殊力系。

(6)**力向一点平移**。作用在刚体上的力可以向任意点平移。平移后,除了这个力之外,还产生一附加力偶,其力偶矩等于原来的力对平移点的力矩。也就是说,平移后的一个力和一个力偶与平移前的一个力等效。

(7)**约束**。指阻碍物体运动的限制物。约束阻碍物体运动趋向的力,称为约束反力。约束反力的方向根据约束的类型来确定,它总是与约束所能阻碍物体的运动方向相反。

二、静力学公理

静力学公理揭示了力的基本性质,是静力学的理论基础。

(1)二力平衡公理说明了作用在一个刚体上的两个力的平衡条件。

(2)加减平衡力系公理是力系等效代换的基础。

(3)力的平行四边形公理反映了两个力合成的规律。

(4)作用与反作用公理说明了物体间相互作用的关系。

(5)力的可传性原理说明力对刚体的作用与刚体的大小无关。

三、常见的约束类型及物体的受力分析

(1)**柔体约束**。指绳索、皮带、链条等构成的约束。柔体约束只产生沿着索线方向的拉力。

(2)**光滑面约束**。约束与被约束物刚性接触,忽略接触面的摩擦。这种接触约束的约束力沿着两接触面的公法线方向,为压力。

(3)**圆柱铰链约束**。由圆孔和销钉构成的约束,只提供一个方向不确定的约束力,该约束力也可以分解为互相垂直的两个分力。

(4)**固定端约束**。是与被约束物联结较为牢固的约束,约束物不允许被约束物在约束处有任何相对运动(包括移动和转动)。固定端约束有两个互相垂直的约束力分量和一个约束力偶。

四、受力图的画法及步骤

物体的受力分析将物体从系统中隔离出来，根据约束的性质分析约束力，并应用作用与反作用定理分析隔离体上所受各力的位置、作用线及可能方向，画出受力图。

(1)根据题意选取研究对象，用尽可能简明的轮廓单独画出，即取分离体。

(2)画出该研究对象所受的全部主动力。

(3)在研究对象上所有原来存在约束(即与其他物体相接触和相连)的地方，根据约束的性质画出约束反力。对于方向不能预先独立确定的约束反力(例如圆柱铰链的约束反力)，可用互相垂直的两个分力表示，指向可以假设。

(4)有时可根据作用在隔离体上的力系特点，如利用二力平衡时共线、不平行三力平衡时汇交于一点等理论，确定某些约束反力的方向，简化受力图。

五、画受力图应注意的事项

(1)当选取的分离体是互相有联系的物体时，同一个力在不同的受力图中用相同的方法表示；同一处的一对作用力和反作用力，分别在两个受力图中表示成相反的方向。

(2)画作用在分离体上的全部外力，不能多画也不得少画。内力一律不画。除分布力代之以等效的集中力、未知的约束反力可用它的正交分力表示外，所有其他力一般不合成、不分解，并画在其真实作用位置上。

平衡对象的受力分析及其受力图的画法，必须通过具体实践反复练习，以求得技巧的熟练和巩固。特别应注意根据约束的性质画约束反力。

思考题

1-1　工程力学主要研究什么问题？

1-2　以下说法对吗？

(1)处于平衡状态下的物体都可以被抽象为刚体。

(2)当研究物体在力系作用下处于平衡规律和运动规律状态下时，物体可以视为刚体。

(3)在微小变形的情况下，处于平衡状态下的变形固体也可以视为刚体。

1-3　二力平衡公理和作用反作用公理有何不同？

1-4　什么叫二力构件？分析二力构件受力时与构件的形状有无关系？

1-5 什么叫力矩？合力对某一点的力矩与各分力对同一点的力矩有何关系？

1-6 什么是集中荷载和均布荷载？线分布荷载对某点取力矩时怎样计算？

1-7 试比较力矩和力偶矩的异同点。

1-8 力偶有哪些基本性质？

1-9 试述力的平移定理。

1-10 凡两端用光滑铰链连接的杆都是二力杆件吗？凡不计自重的杆都是二力杆件吗？

1-11 指出图1-31所示哪些杆件是二力构件？(未画出重力的物体都不计自重)

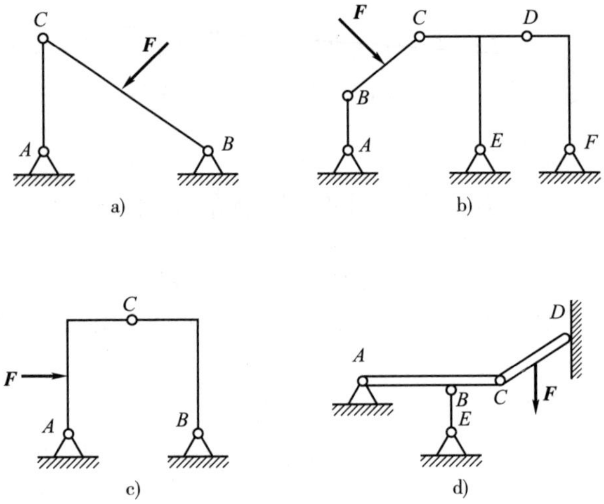

图 1-31

1-12 画受力图时要注意哪些问题？

第二章
CHAPTER TWO

平面力系的合成与平衡

为了便于研究问题,将力系按其各力作用线的分布情况进行分类,凡各力作用线都在同一平面内的力系称为**平面力系**(planar force system),凡各力作用线不在同一平面内的力系称为**空间力系**(space force system)。在实际问题中有些结构所受的力虽是空间力系,但在一定的条件下可简化为平面力系来处理。

在工程中把厚度远远小于其他两个方向上尺寸的结构称为平面结构。作用在平面结构上的各力,一般都在同一结构平面内,因而组成了一个平面力系。例如,图 2-1 所示的平面桁架,受到屋面传来的竖向荷载 $\boldsymbol{P}$、风荷载 $\boldsymbol{Q}$ 以及 A、B 支座反力 $\boldsymbol{X}_{A}$、$\boldsymbol{Y}_{A}$、$\boldsymbol{R}_{B}$ 的作用,这些力就组成了一个平面力系。

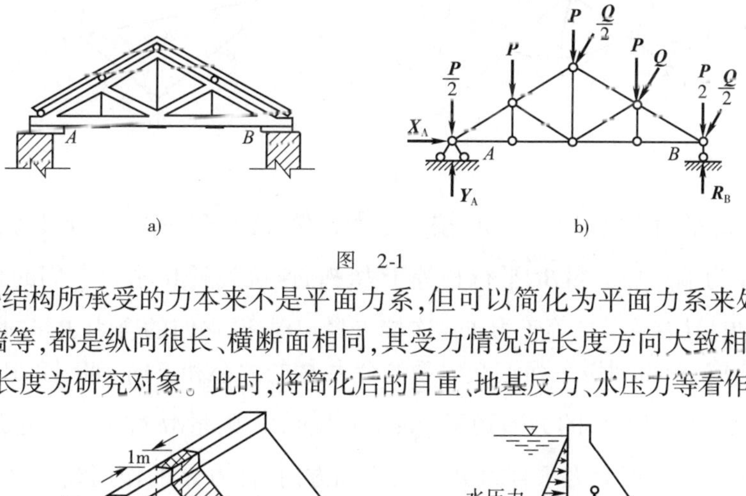

图 2-1

工程中有些结构所承受的力本来不是平面力系,但可以简化为平面力系来处理。例如水坝(图 2-2)、挡土墙等,都是纵向很长、横断面相同,其受力情况沿长度方向大致相同,因此可沿其纵向截取 1m 的长度为研究对象。此时,将简化后的自重、地基反力、水压力等看作一个平面力系。

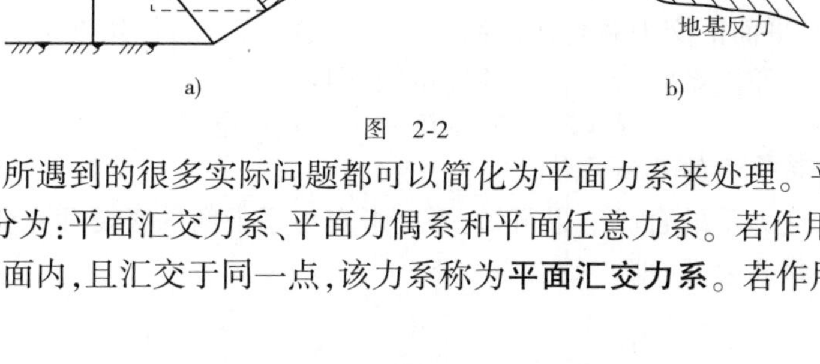

图 2-2

在建筑工程中所遇到的很多实际问题都可以简化为平面力系来处理。平面力系是工程中最常见的力系,可分为:平面汇交力系、平面力偶系和平面任意力系。若作用在刚体上各力的作用线都在同一平面内,且汇交于同一点,该力系称为**平面汇交力系**。若作用于刚体上的各个力偶都分布在同一平面内,这种力偶系称为**平面力偶系**。若作用在刚体上各力的作用线都在同一平面内,且任意分布,该力系称为**平面任意力系**。

平面任意力系总是可以看成是平面汇交力系和平面力偶系的组合,因此称平面汇交力系和平面力偶系为基本力系。

本章讨论平面力系的合成与平衡问题。

第一节 平面汇交力系的合成与平衡

一、平面汇交力系合成与平衡的几何法

1.平面汇交力系合成的几何法

设在刚体上的 O 点作用一个由力 $\boldsymbol{F}_1$、$\boldsymbol{F}_2$、$\boldsymbol{F}_3$、$\boldsymbol{F}_4$ 组成的平面汇交力系,见图 2-3a),为求该力系的合力,可以连续应用力的平行四边形法则,依次两两合成各力,最后求得一个作用线也通过力系汇交点的合力 $\boldsymbol{R}$。下面介绍用几何作图法求平面汇交力系的合力。

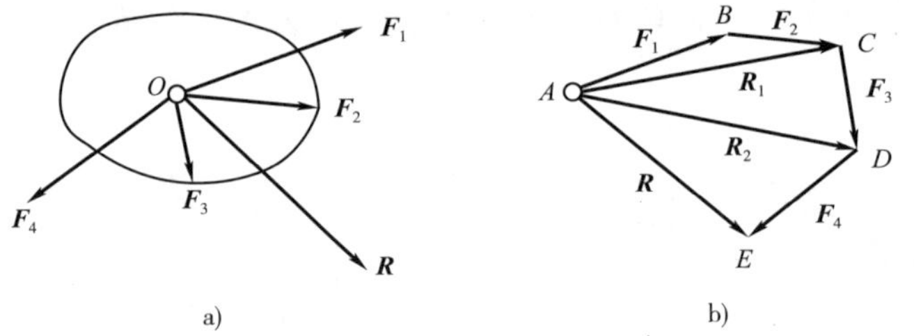

图 2-3

在力系所在的平面内,任取一点 A,按一定的比例,先作矢量$\overrightarrow{AB}$平行且等于力 $\boldsymbol{F}_1$,再以所作矢量的末端 B 为端点作矢量$\overrightarrow{BC}$平行且等于力 $\boldsymbol{F}_2$,连接矢量$\overrightarrow{AC}$求得它们的合力 $\boldsymbol{R}_1=AC$;再过 $\boldsymbol{R}_1$ 的末端作矢量$\overrightarrow{CD}$平行且等于力 $\boldsymbol{F}_3$,连接矢量$\overrightarrow{AD}$求得它们的合力 $\boldsymbol{R}_2=AD$,依此类推,最后将 $\boldsymbol{R}_2$ 与 $\boldsymbol{F}_4$ 合成,即得到该平面汇交力系的合力 $\boldsymbol{R}$ 的大小和方向,如图 2-3b)所示。多边形 $ABCDE$ 称为此平面汇交力系的**力多边形**(force polygon),矢量$\overrightarrow{AE}$称为力多边形的封闭边。封闭边矢量$\overrightarrow{AE}$表示此平面汇交力系合力 $\boldsymbol{R}$ 的大小和方向,合力 $\boldsymbol{R}$ 的作用线通过原力系的汇交点 A。上述求合力的几何作图方法,称为力多边形法则(力三角形法的推广)。它也适用于求任何矢量的合成,即矢量和。

上述结果表明:平面汇交力系合成的结果是一个合力,合力作用线通过各力的汇交点,合力的大小与方向等于原力系中所有各力的矢量和,即:

$$\boldsymbol{R}=\boldsymbol{F}_1+\boldsymbol{F}_2+\boldsymbol{F}_3+\cdots+\boldsymbol{F}_n=\sum\boldsymbol{F}$$

2.平面汇交力系平衡的几何条件

由以上平面汇交力系的合成结果可知,平面汇交力系平衡的必要和充分条件是:该力系的合力等于零。用矢量式表示,即:

$$R = \sum F = 0$$

按力多边形法则，在合力等于零的情况下，力多边形中最后一个力矢的终点与第一个力矢的起点相重合，此时的力多边形称为封闭的力多边形。因此可得如下结论：平面汇交力系平衡的必要和充分条件是该力系的力多边形自行封闭。这就是平面汇交力系平衡的几何条件。

二、平面汇交力系合成与平衡的解析法

1. 力在直角坐标轴上的投影

如图 2-4 所示，设力 $\boldsymbol{F}$ 从 A 指向 B。在力 $\boldsymbol{F}$ 的作用平面内取直角坐标系 xOy，从力 $\boldsymbol{F}$ 的起点 A 及终点 B 分别向 x 轴和 y 轴作垂线，得交点 a、b 和 a_1、b_1，并在 x 轴和 y 轴上得线段 ab 和 a_1b_1。线段 ab 和 a_1b_1 的长度加正号或负号叫作 $\boldsymbol{F}$ 在 x 轴和 y 轴上的**投影**(projection)，分别用 X、Y 表示。即：

$$X = \pm ab = \pm F\cos\alpha$$
$$Y = \pm a_1b_1 = \pm F\sin\alpha$$

投影的正负号规定如下：从投影的起点 a 到终点 b 与坐标轴的正向一致时，该投影取正号；与坐标轴的正向相反时取负号。因此，力在坐标轴上的投影是代数量。

$$X = F\cos\alpha \qquad X = -F\cos\alpha$$
$$Y = F\sin\alpha \qquad Y = -F\sin\alpha$$

当力与坐标轴垂直时，力在该轴上的投影为零；当力与坐标轴平行时，其投影的绝对值与该力的大小相等。

如果 $\boldsymbol{F}$ 在坐标轴 x、y 上的投影 X、Y 为已知，则由图 2-4 中的几何关系，可以确定力 $\boldsymbol{F}$ 的大小和方向。

$$\left.\begin{aligned} F &= \sqrt{X^2 + Y^2} \\ \tan\alpha &= \left|\frac{Y}{X}\right| \end{aligned}\right\} \tag{2-1}$$

式中：α——力 $\boldsymbol{F}$ 与 x 轴所夹的锐角，力 $\boldsymbol{F}$ 的具体指向由两投影正负号来确定。

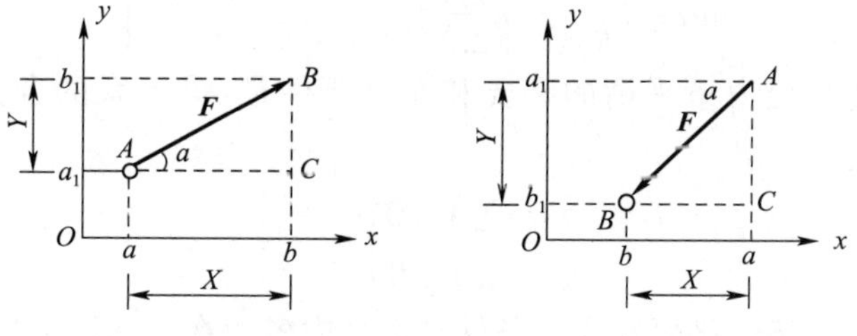

图 2-4

力在直角坐标轴上的投影

例 2-1 试求出图 2-5 中各力在 x 轴、y 轴上的投影。

已知 $F_1 = 100\text{N}$，$F_2 = 150\text{N}$，$F_3 = F_4 = 200\text{N}$。

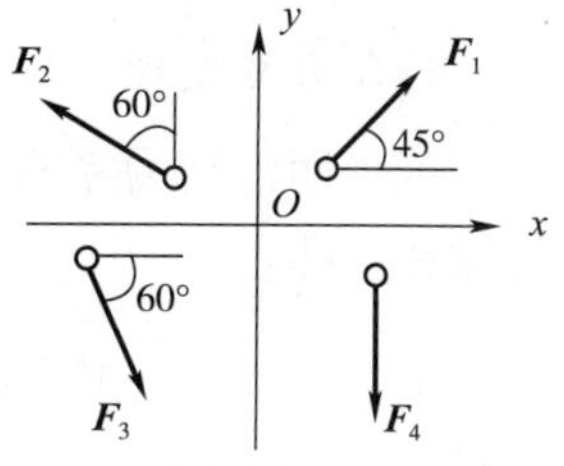

图 2-5

解：$X_1 = F_1\cos45° = 100 \times 0.707 = 70.7(\text{N})$

$Y_1 = F_1\sin45° = 100 \times 0.707 = 70.7(\text{N})$

$X_2 = -F_2\cos30° = -150 \times 0.866 = -129.9(\text{N})$

$Y_2 = F_2\sin30° = 150 \times 0.5 = 75(\text{N})$

$X_3 = F_3\cos60° = 200 \times 0.5 = 100(\text{N})$

$Y_3 = -F_3\sin60° = -200 \times 0.866 = -173.2(\mathrm{N})$

$X_4 = F_4\cos90° = 0$

$Y_4 = -F_4\sin90° = -200 \times 1 = -200(\mathrm{N})$

2. 合力投影定理

平面汇交力系的合力在任一坐标轴上的投影,等于它的各分力在同一坐标轴上投影的代数和,这就是**合力投影定理**。简单证明如下:

设在平面内作用于 O 点的力有 $\boldsymbol{F}_1$、$\boldsymbol{F}_2$、$\boldsymbol{F}_3$、$\boldsymbol{F}_4$,用力多边形法则求出其合力为 $\boldsymbol{R}$,如图 2-6所示。取投影轴 x,由图可见,合力 $\boldsymbol{R}$ 的投影 ae 等于各分力的投影 ab、bc、$-cd$、de 的代数和。这一关系对任何多个汇交力都适合,即:

$$\left.\begin{aligned} R_x &= X_1 + X_2 + \cdots + X_n = \sum X \\ R_y &= Y_1 + Y_2 + \cdots + Y_n = \sum Y \end{aligned}\right\} \tag{2-2}$$

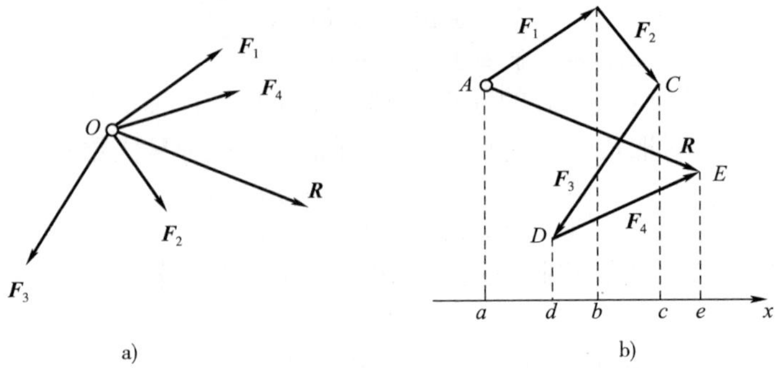

图 2-6

当平面汇交力系为已知时,我们可以选定直角坐标系求出力系中各力在 x 和 y 轴上的投影,再根据合力投影定理求出合力 $\boldsymbol{R}$ 在 x 轴和 y 轴上的投影 $\boldsymbol{R}_x$ 和 $\boldsymbol{R}_y$,即:

$$\left.\begin{aligned} R &= \sqrt{R_x^2 + R_y^2} = \sqrt{(\sum X)^2 + (\sum Y)^2} \\ \tan\alpha &= \left|\frac{R_y}{R_x}\right| = \left|\frac{\sum Y}{\sum X}\right| \end{aligned}\right\} \tag{2-3}$$

由前述可知,平面汇交力系平衡的必要和充分条件是:该力系的合力等于零,即:$R = 0$。因此,由式(2-3)可得:

$$\left.\begin{aligned} \sum X &= 0 \\ \sum Y &= 0 \end{aligned}\right\} \tag{2-4}$$

即:平面汇交力系平衡的必要和充分条件是力系中各力在坐标轴上投影的代数和等于零。这就是平面汇交力系平衡的解析条件。

3. 合力矩定理

若平面汇交力系有合力,则其合力对平面上任一点之力矩,等于所有分力对同一点力矩的代数和。即:

$$M_O(\boldsymbol{R}) = M_O(\boldsymbol{F}_1) + M_O(\boldsymbol{F}_2) + \cdots + M_O(\boldsymbol{F}_n) = \sum M_O(\boldsymbol{F}_i) \tag{2-5}$$

合力矩定理可以用来确定物体的重心位置,也可以用来简化力矩的计算。例如,计算力对某点之矩时，有些实际问题中力臂不易求出，可以将此力分解为相互垂直的分力，如果两分力对该点的力臂已知，即可求出两分力对该点的力矩的代数和，从而求出已知力对该点的力矩。

例 2-2 图 2-7 中，已知 $P_1=2\text{kN}, P_2=3\text{kN}, P_3=4\text{kN}$，求合力矩。

解：根据合力矩定理，有

$$M_O(\boldsymbol{R}) = M_O(\boldsymbol{P}_1) + M_O(\boldsymbol{P}_2) + M_O(\boldsymbol{P}_3)$$
$$= 2 \times \sin30° \times 5 + 5 \times 0 - 4 \times \sin60° \times 5$$
$$= -12.3(\text{kN·m})$$

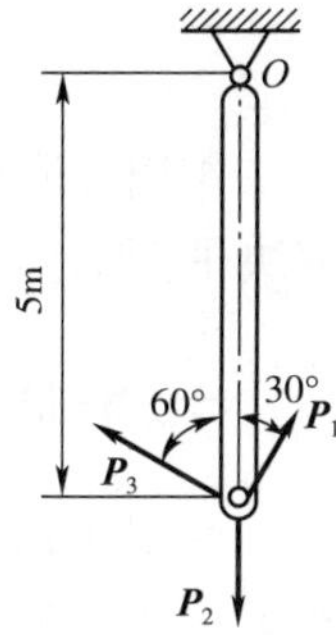

图 2-7

例 2-3 如图 2-8 所示，每 1m 长挡土墙所受土压力的合力为 $\boldsymbol{R}$，它的大小 $R=150\text{kN}$，方向如图所示，求土压力 $\boldsymbol{R}$ 使墙倾覆的力矩。

解：土压力 $\boldsymbol{R}$ 欲使墙绕 A 点倾覆，故求 $\boldsymbol{R}$ 使墙倾覆的力矩，即求 $\boldsymbol{R}$ 对 A 点的力矩。

由已知尺寸求力臂 d 不方便，但如将 $\boldsymbol{R}$ 分解为 $\boldsymbol{F}_1$ 和 $\boldsymbol{F}_2$ 两分力，则两分力的力臂是已知的，故由式(2-5)得：

$$\mathrm{M}_A(\boldsymbol{R}) = M_A(\boldsymbol{F}_1) + M_A(\boldsymbol{F}_2)$$
$$= F_1 \frac{h}{3} - F_2 b$$
$$= 150 \times \cos30° \times 1.5 - 150 \times \sin30° \times 1.5$$
$$= 82.4(\text{kN·m})$$

例 2-3 讲解

4. 均布荷载对其作用面内任一点的力矩

如图 2-9 所示，求均布荷载对 A 点的力矩。均布荷载的作用效果可用其合力 $\boldsymbol{Q}=\boldsymbol{q}l$ 来代替，合力 $\boldsymbol{Q}$ 作用在分布长度 l 的中点，即作用在 $l/2$ 处。

若已知 $q=20\text{kN/m}, l=5\text{m}$，求均布荷载对 A 点的力矩。根据合力矩定理，可得：

$$M_A(\boldsymbol{Q}) = -ql \times \frac{l}{2} = -\frac{ql^2}{2}$$
$$= \frac{-20 \times 25}{2}$$
$$= -250(\text{kN·m}) \quad (\text{顺时针转向})$$

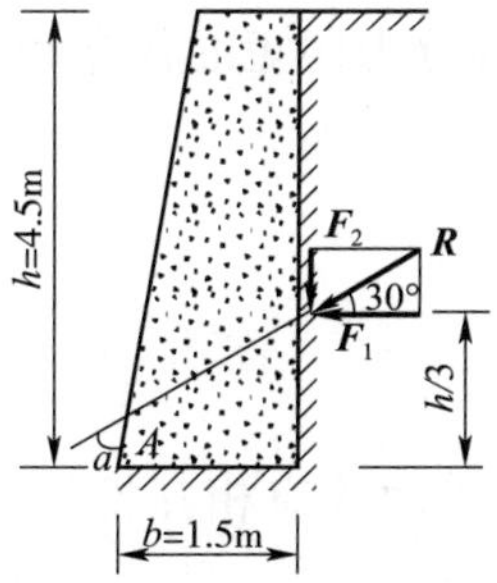

图 2-8

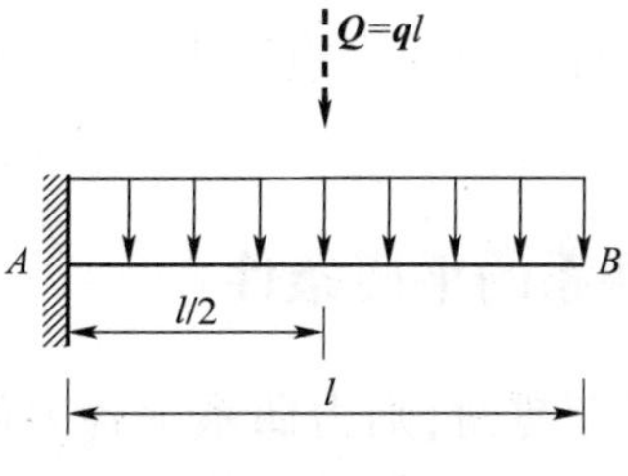

图 2-9

第二节 平面力偶系的合成与平衡

作用在刚体上同一平面内的几个力偶称为平面力偶系。利用力偶的性质,可以很容易地解决平面力偶系的合成和平衡的问题。

一、平面力偶系的合成

如图2-10所示,设在物体的同一平面上有两力偶作用,其力偶矩分别为 $\boldsymbol{m}_1 = \boldsymbol{F}_1 d, \boldsymbol{m}_2 = \boldsymbol{F}_2 d$,现求其合成结果。在两力偶的作用面内,任取一线段 $AB = d$,于是可将原力偶变换为两个等效力偶($\boldsymbol{F}_1, \boldsymbol{F}'_1$)和($\boldsymbol{F}_2, \boldsymbol{F}'_2$)。显然,$\boldsymbol{F}_1$、$\boldsymbol{F}_2$ 的大小分别为:

$$F_1 = \frac{m_1}{d}, \quad F_2 = \frac{m_2}{d}$$

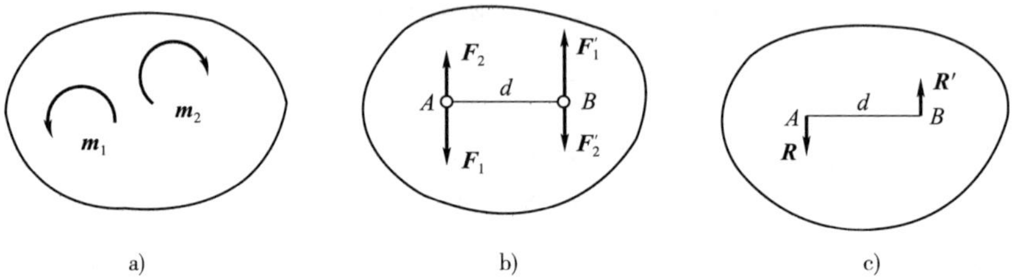

图 2-10

将 $\boldsymbol{F}'_1$、$\boldsymbol{F}'_2$ 和 $\boldsymbol{F}_1$、$\boldsymbol{F}_2$ 分别合成,则有:

$$R = F_1 - F_2, \quad R' = F'_1 - F'_2$$

$\boldsymbol{R}$ 与 $\boldsymbol{R}'$ 等值、反向且平行,组成一新力偶。此新力偶即为原两力偶的合力偶。合力偶矩用 $\boldsymbol{M}$ 的大小表示为:

$$M = Rd = (F_1 - F_2)d = m_1 - m_2$$

若作用在同一平面内有 n 个力偶,则其合力偶矩应为:

$$M = m_1 + m_2 + \cdots + m_n = \sum m_i \tag{2-6}$$

平面力偶系的合成结果为一合力偶,合力偶矩等于各分力偶矩的代数和,也等于组成力偶系的各力对平面中任一点的力矩的代数和。即:

$$M = \sum M_O(\boldsymbol{F}_i) \tag{2-7}$$

二、平面力偶系的平衡条件

当合力偶矩等于零时,则力偶系中各力偶对物体的转动效应相互抵消,物体处于平衡状态。因此,平面力偶系的平衡条件是:

$$\sum M = 0 \tag{2-8}$$

平面力偶系平衡的必要和充分条件是：力偶系中各力偶之力偶矩的代数和等于零。考虑到第一章所述的力偶的性质2，此条件也可表述为：力偶系中各力对平面内任一点之矩的代数和为零。即：

$$\sum M_O(\boldsymbol{F}_i)=0 \tag{2-9}$$

例 2-4 如图 2-11 所示，在物体的某平面内受到三个力偶的作用。已知 $F_1=200\text{N}$，$F_2=600\text{N}$，$m=100\text{N}\cdot\text{m}$，求其合力偶的力偶矩。

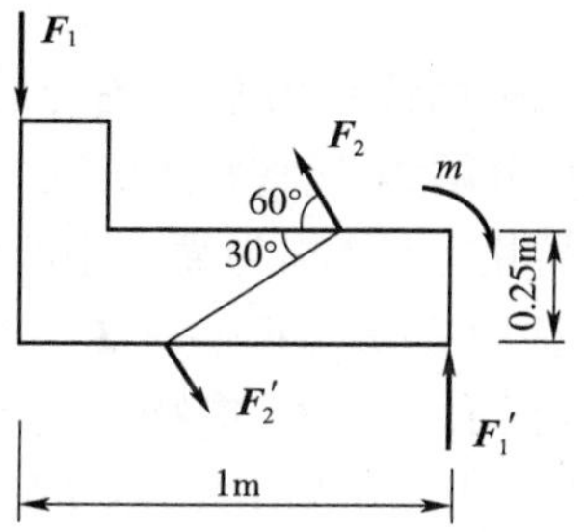

图 2-11

例 2-4 讲解

解：计算各分力偶矩为：

$$M_1=F_1\cdot d_1=200\times 1=200(\text{N}\cdot\text{m})$$

$$M_2=F_2\cdot d_2=600\times\frac{0.25}{\sin 30^\circ}=300(\text{N}\cdot\text{m})$$

$$M_3=-m=-100(\text{N}\cdot\text{m})$$

合力偶矩为：

$$M=\sum M_i=200+300-100=400(\text{N}\cdot\text{m})$$

即合力偶的矩的大小等于 400N·m，转向为逆时针方向，与原力偶系共面。

例 2-5 在梁 AB 的两端各作用一力偶，其大小分别为 $m_1=150\text{kN}\cdot\text{m}$，$m_2=275\text{kN}\cdot\text{m}$，力偶转向如图 2-12 所示；梁长 5m，自重不计，求 A、B 支座反力。

解：根据力偶只能用力偶平衡的特性，可知反力 $\boldsymbol{R}_A$、$\boldsymbol{R}_B$ 必组成一个力偶，假设的指向如图 2-12所示。

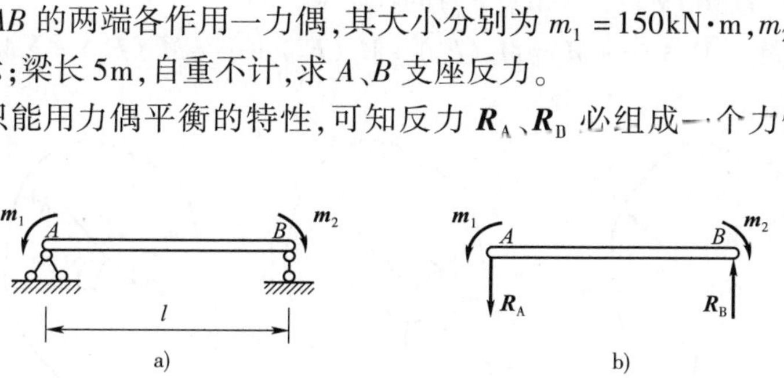

图 2-12

例 2-5 讲解

由平面力偶系的平衡条件得：

$$\sum M=0,\qquad m_1-m_2+R_A\cdot l=0$$

故

$$R_A=\frac{m_2-m_1}{l}=\frac{275-150}{5}=25(\text{kN})(\downarrow)$$

$$R_B=25\text{kN}(\uparrow)$$

第三节 平面任意力系的简化

一、平面任意力系向一点简化

应用力的平移定理,可将刚体上平面任意力系中各力的作用线全部平行移动到力系作用面内某一给定点 O,从而使该力系被分解为一个平面汇交力系和一个平面力偶系。这种等效变换的方法,称为力系向任一点的简化,点 O 称为简化中心。

设在刚体上作用一个平面任意力系 $\boldsymbol{F}_1$、$\boldsymbol{F}_2$、…,$\boldsymbol{F}_n$,其作用点分别为 A_1、A_2、…、A_n,如图 2-13a)所示。在力系作用平面内任取一点 O,应用力的平移定理将各力依次向点 O 平移,于是得到作用于 O 点的一个平面汇交力系 $\boldsymbol{F'}_1$、$\boldsymbol{F'}_2$、…、$\boldsymbol{F'}_n$ 和一个附加力偶系,其相应的附加力偶分别为 $\boldsymbol{m}_1$、$\boldsymbol{m}_2$、…、$\boldsymbol{m}_n$,如图 2-13b)所示,这些附加力偶的力偶矩分别等于相应的力对 O 点的矩。这两个基本力系对刚体的效应与原力系 $\boldsymbol{F}_1$、$\boldsymbol{F}_2$、…、$\boldsymbol{F}_n$ 对刚体的效应是相等的。于是,原平面任意力系就被分解为两个基本力系:平面汇交力系和平面力偶系。

平面汇交力系 $\boldsymbol{F'}_1$、$\boldsymbol{F'}_2$、…、$\boldsymbol{F'}_n$ 可合成为合力 $\boldsymbol{R'}$,即:

$$\boldsymbol{R} = \boldsymbol{F'}_1 + \boldsymbol{F'}_2 + \cdots + \boldsymbol{F'}_n$$

因

$$\boldsymbol{F'}_1 = \boldsymbol{F}_1,\quad \boldsymbol{F'}_2 = \boldsymbol{F}_2,\quad \cdots,\quad \boldsymbol{F'}_n = \boldsymbol{F}_n$$

所以

$$\boldsymbol{R'} = \boldsymbol{F}_1 + \boldsymbol{F}_2 + \cdots + \boldsymbol{F}_n = \sum \boldsymbol{F}_i \tag{2-10}$$

由附加力偶所组成的平面力偶系 $\boldsymbol{m}_1$、$\boldsymbol{m}_2$、…、$\boldsymbol{m}_n$ 可以合成为一个力偶 $\boldsymbol{m}_O$,如图 2-13c)所示。这个力偶的力偶矩 $\boldsymbol{M}_O$ 等于各附加力偶矩的代数和,也就是等于原力系中各力对简化中心 O 点之矩 $M_O(\boldsymbol{F}_1)$、$M_O(\boldsymbol{F}_2)$、…、$M_O(\boldsymbol{F}_n)$的代数和。即:

$$M_O = M_1 + M_2 + \cdots + M_n = M_O(\boldsymbol{F}_1) + M_O(\boldsymbol{F}_2) + \cdots + M_O(\boldsymbol{F}_n) = \sum M_O(\boldsymbol{F}_i) \tag{2-11}$$

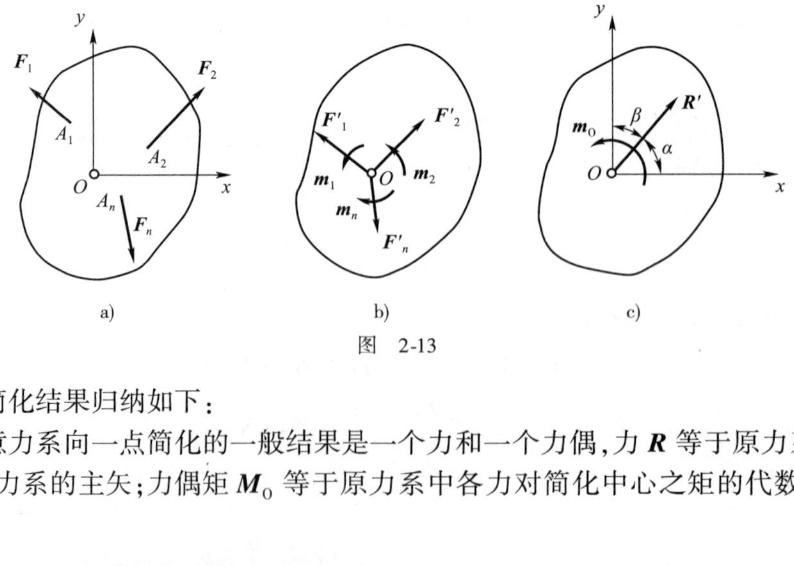

图 2-13

将上述简化结果归纳如下:

平面任意力系向一点简化的一般结果是一个力和一个力偶,力 $\boldsymbol{R}$ 等于原力系中各力的矢量和,称为原力系的主矢;力偶矩 $\boldsymbol{M}_O$ 等于原力系中各力对简化中心之矩的代数和,称为原力系的主矩。

由式(2-10)和式(2-11)可以看出,力系主矢的大小和方向都与简化中心的位置无关,而主矩的值一般与简化中心的位置有关。这是因为力系中各力对于不同的简化中心之矩的代数和是不相等的。因此,当提到主矩时,必须用下标 O 指明简化中心。

主矢可用解析法来计算。

主矢的大小为:

$$R' = \sqrt{R_x^2 + R_y^2} = \sqrt{(\sum X)^2 + (\sum Y)^2} \tag{2-12}$$

方向为:

$$\tan\alpha = \left|\frac{\sum Y}{\sum X}\right|$$

主矩可直接利用式(2-11)计算,即:

$$\boldsymbol{M}_O = \sum M_O(\boldsymbol{F}_i) \tag{2-13}$$

二、平面任意力系的简化结果分析

平面任意力系向任意一点简化后,一般可得到一个力和一个力偶,可归结为以下三种情况:

1. 力系可简化为一个合力

当 $\boldsymbol{R}' \neq 0, \boldsymbol{m}_O = 0$ 时,力系与一个力等效,即力系可简化为一个合力。合力等于主矢,合力作用线通过简化中心。当 $\boldsymbol{R}' \neq 0, \boldsymbol{m}_O \neq 0$ 时,根据力的平移定理逆过程,可将 $\boldsymbol{R}'$ 和 $\boldsymbol{m}_O$ 简化为一个合力。合力的大小、方向与主矢相同,合力作用线不通过简化中心。

2. 力系可简化为一个合力偶

当 $\boldsymbol{R}' = 0, \boldsymbol{m}_O \neq 0$ 时,力系与一个力偶等效,即力系可简化为一个合力偶。合力偶矩等于主矩。此时,主矩与简化中心的位置无关。

3. 力系处于平衡状态

当 $\boldsymbol{R}' = 0, \boldsymbol{m}_O = 0$ 时,力系为平衡力系。

例 2-6 图 2-14a)中所示一桥墩顶部受到两边桥梁传来的铅垂力 $F_1 = 1\ 940\text{kN}, F_2 = 800\text{kN}$,以及机车传递来的制动力 $F_H = 193\text{kN}$。桥墩自重力 $G = 5\ 280\text{kN}$,风力 $F_W = 140\text{kN}$,各力作用线如图 2-14a)所示。求这些力向基础中心 O 简化的结果;若能简化为一个合力,试求出合力作用线的位置。

解:以桥墩基础中心 O 为简化中心,以点 O 为原点取直角坐标系 xOy,如图 2-14b)所示。根据式(2-12)求主矢的大小和方向:

$$\sum X = -F_H - F_W = -333\text{kN}$$

$$\sum Y = -F_1 - F_2 - G = -8\ 020\text{kN}$$

得主矢大小为:

$$R' = \sqrt{R_x^2 + R_y^2} = \sqrt{(\sum X)^2 + (\sum Y)^2} = 8\ 027\text{kN}$$

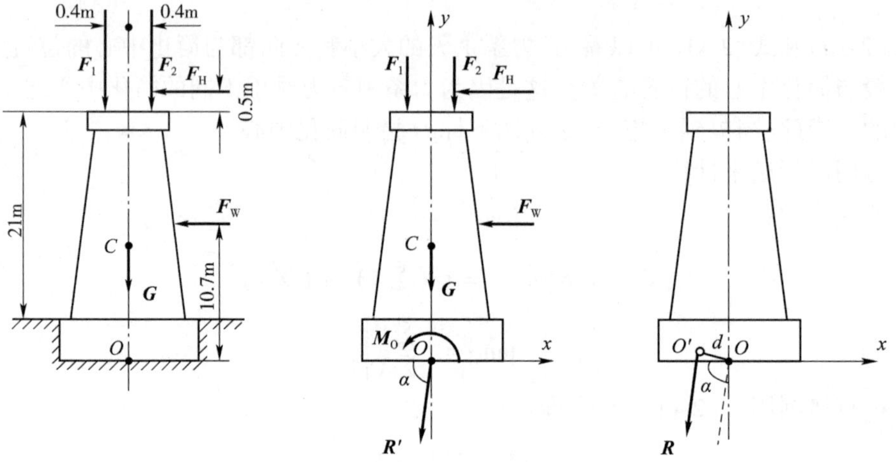

a)　　b)　　c)

图 2-14

主矢的方向为：

$$\tan\alpha=\left|\frac{\sum Y}{\sum X}\right|=\left|\frac{-8\ 020}{-333}\right|=24.084$$

$$\alpha=87°37'\quad(\boldsymbol{R}'\text{与 }x\text{ 轴所夹锐角})$$

因为$\sum X$和$\sum Y$均为负值，所以$\boldsymbol{R}'$应在第三象限。

根据式(2-13)求力系对O点的主矩为：

$$M_O=\sum M_O(\boldsymbol{F}_i)=F_1\times0.4-F_2\times0.4+F_H\times21.5+F_W\times10.7=6\ 103.5(\text{kN}\cdot\text{m})$$

因$\boldsymbol{R}'\neq0$，$\boldsymbol{M}_O\neq0$，故此力系简化的最后结果是一个合力$\boldsymbol{R}$，它的大小和方向与主矢相同，作用线位置可由力的平移定理推出，得：

$$d=\frac{|M_O|}{R'}=0.76\text{m}$$

因为主矩为正值(即逆时针转动)，故合力$\boldsymbol{R}$在简化中心的左边O'点处，如图 2-14c)所示。该合力$\boldsymbol{R}$全部由基础承受，根据此合力可进行基础强度校核，并进一步研究基础的沉降和桥墩的稳定问题。

第四节　平面任意力系的平衡条件及其应用

一、平衡条件和平衡方程

如果平面任意力系向任一点简化后的主矢和主矩都等于零，则该力系为平衡力系。反之，要使平面任意力系平衡，主矢和主矩都必须等于零。若主矢和主矩之中即使只有一个不等于零，则力系简化为一个力或一个力偶，而力系不能平衡。由此可知，平面任意力系平衡的必要

和充分条件是:力系的主矢和力系对任一点的主矩都等于零。即:

$$\boldsymbol{R}' = 0$$
$$\boldsymbol{M}_0 = 0$$

上两式可表示为以下代数方程:

$$\left.\begin{aligned}\sum \boldsymbol{X} &= 0\\ \sum \boldsymbol{Y} &= 0\\ \sum M_0(\boldsymbol{F}_i) &= 0\end{aligned}\right\} \tag{2-14}$$

式(2-14)称为**平面任意力系的平衡方程**(equilibrium equation)。可见,平面任意力系的平衡条件是:力系中所有各力在两个坐标轴上投影的代数和分别等于零,这些力对力系所在平面内任一点力矩的代数和也等于零。

平面任意力系的平衡方程包含三个独立的方程。其中前两个是投影方程,后一个是力矩方程。因此,用平面任意力系的平衡方程可以求解不超过三个未知力的平衡问题。式(2-14)是平面任意力系的平衡方程的基本形式。

二、平面任意力系的几个特殊情形

1. 平面汇交力系

平面汇交力系中各力的作用线在同一平面内且交于一点。对于平面汇交力系,式(2-14)中的力矩方程自然满足,因此其平衡方程为:

$$\left.\begin{aligned}\sum X &= 0\\ \sum Y &= 0\end{aligned}\right\} \tag{2-15}$$

平面汇交力系只有两个独立的平衡方程,只能求解两个未知量。

2. 平面平行力系

平面平行力系中各力的作用线在同一平面内且互相平行。对于平面平行力系,式(2-14)中必有一个投影方程自然满足。如图 2-15 所示,设力系中各力作用线垂直于 x 轴,则 $\sum \boldsymbol{X} \equiv 0$,因此,其平衡方程为:

$$\left.\begin{aligned}\sum Y &= 0\\ \sum M_0 &= 0\end{aligned}\right\} \tag{2-16}$$

或为二力矩式:

$$\left.\begin{aligned}\sum M_A &= 0\\ \sum M_B &= 0\end{aligned}\right\} \tag{2-17}$$

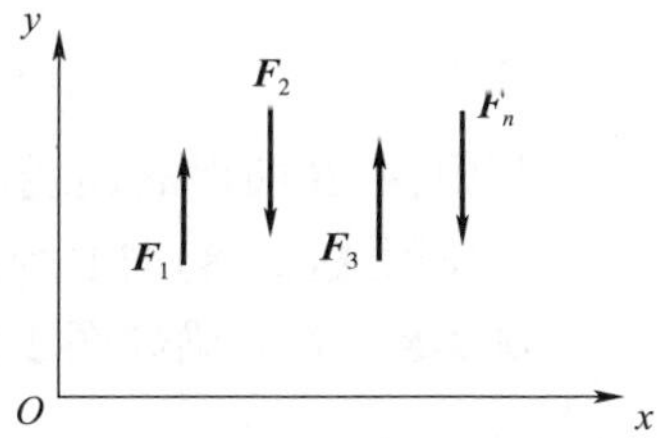

图 2-15

三、平衡方程的应用

例 2-7 外伸梁如图 2-16a)所示,已知 $P = 30\text{kN}$,试求 A、B 支座的约束反力。

解:以外伸梁为研究对象,画出其受力图,并选取坐标轴如图 2-16b)所示。

作用在外伸梁上的有已知力 $\boldsymbol{P}$,未知力 $\boldsymbol{X}_A$、$\boldsymbol{Y}_A$ 和 $\boldsymbol{R}_B$,支座反力的指向是假定的。以上四力组成平面一般力系,可列出三个独立的平衡方程求解三个未知力。

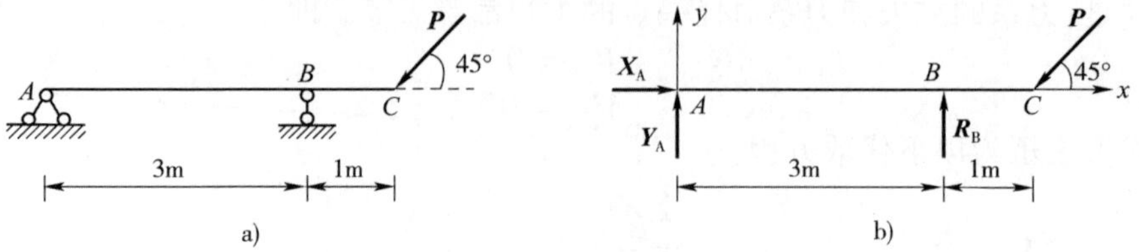

图 2-16

$$\sum M_A = 0, \quad R_B \times 3 - P\sin45° \times 4 = 0$$

$$R_B = \frac{4}{3} \times P\sin45° = \frac{4}{3} \times 30 \times 0.707 = 28.3(\text{kN})(\uparrow)$$

$$\sum X = 0, \quad X_A - P\cos45° = 0$$

$$X_A = P\cos45° = 30 \times 0.707 = 21.2(\text{kN})(\rightarrow)$$

$$\sum Y = 0, \quad Y_A - P\sin45° + R_B = 0$$

$$Y_A = P\sin45° - R_B = 30 \times 0.707 - 28.3 = -7.1(\text{kN})(\downarrow)$$

若计算结果为正号,说明支座反力的假设方向与实际指向一致;若计算结果为负号,则说明支座反力的假设方向与实际指向相反。在答案后面的括号内应标注出支座反力的实际指向。上例中 $\boldsymbol{R}_B$、$\boldsymbol{X}_A$ 的指向与假设方向相同,$\boldsymbol{Y}_A$ 的指向与假设方向相反。

讨论:本题如果写出对 A、B 两点的力矩方程和对 x 轴的投影方程,也同样可以求解。

由

$$\sum X = 0, \quad X_A - P\cos45° = 0$$

$$\sum M_A = 0, \quad R_B \times 3 - P\sin45° \times 4 = 0$$

$$\sum M_B = 0, \quad -Y_A \times 3 - P\sin45° \times 1 = 0$$

解得:

$$X_A = 21.2\text{kN}(\rightarrow), \quad Y_A = -7.1\text{kN}(\downarrow), \quad R_B = 28.3\text{kN}(\uparrow)$$

由以上讨论结果可知,平面力系的平衡方程除了式(2-14)所示的基本形式外,还有二力矩式,其形式如下:

$$\left.\begin{aligned} &\sum X = 0(\text{或} \sum Y = 0) \\ &\sum M_A = 0 \\ &\sum M_B = 0 \end{aligned}\right\} \tag{2-18}$$

其中,A、B 两点的连线不能与 x 轴(或 y 轴)垂直。

在应用式(2-18)时必须满足其限制条件,否则式(2-18)中的三个平衡方程将不都是独立的。

例 2-8 外伸梁如图 2-17 所示,已知 $q = 5\text{kN/m}$,$m = 20\text{kN·m}$,$l = 10\text{m}$,$a = 2\text{m}$,求 A、B 两点的支座反力。

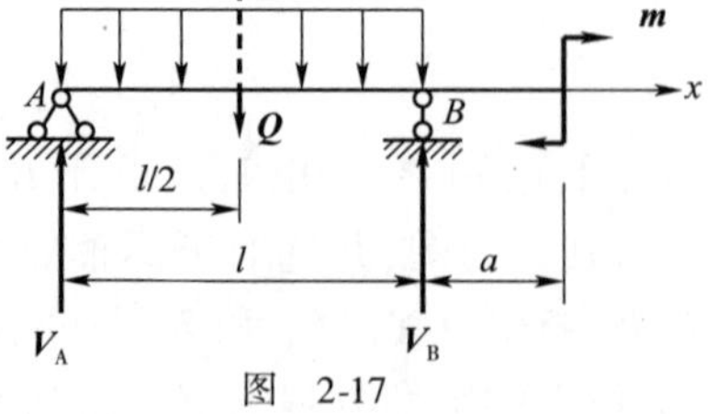

图 2-17

例 2-8 讲解

解:均布荷载的作用效果用合力 $\boldsymbol{Q}=\boldsymbol{q}l$ 来代替,$\boldsymbol{Q}$ 作用在 $l/2$ 处。因为只有一个受力物体,可直接将约束反力标出,而不需单独画出研究对象的受力图。外伸梁受力如图 2-17 所示,坐标系如图示。已知外力 $\boldsymbol{Q}$、$\boldsymbol{m}$,约束反力 $\boldsymbol{H}_A$、$\boldsymbol{V}_A$、$\boldsymbol{V}_B$ 的指向是假设的。作用在外伸梁上有一个力偶。由于力偶在任一轴上的投影均为零,因此,力偶在投影方程中不出现;由于力偶对平面内任一点之矩等于力偶矩,而与矩心位置无关,因此,在力矩方程中可以直接将力偶矩列入。

$$\sum M_A=0,\quad V_B l-Q\times\frac{l}{2}-m=0$$

$$V_B=\frac{\dfrac{ql^2}{2}+m}{l}=\frac{\dfrac{5\times10^2}{2}+20}{10}=27(\text{kN})(\uparrow)$$

$$\sum X=0,\quad H_A=0$$

$$\sum Y=0,\quad V_A+V_B-ql=0$$

$$V_A=ql-V_B=5\times10-27=23(\text{kN})(\uparrow)$$

注意:在工程上通常将水平反力用大写字母 $\boldsymbol{H}$ 表示,竖向反力则用大写字母 $\boldsymbol{V}$ 来表示,下标表示力的作用点。

由上例得知,梁受到**竖向荷载**(vertical load)作用时,只有竖向反力,水平反力恒等于零。

讨论:力系中各力的作用线在同一平面内且互相平行,是平面平行力系(根据力偶的等效性,力偶 $\boldsymbol{m}$ 可以在其作用平面内任意移转)。解此题也可用平衡方程的二力矩式:

$$\left.\begin{aligned}\sum M_A=0\\ \sum M_B=0\end{aligned}\right\}$$

如果写出对 A、B 两点的力矩方程

$$\sum M_A=0,\quad V_B l-Q\times\frac{l}{2}-m=0$$

$$\sum M_B=0,\quad -V_A l-m+Q\times\frac{l}{2}=0$$

也能得到:

$$V_B=\frac{\dfrac{ql^2}{2}+m}{l}=\frac{\dfrac{5\times10^2}{2}+20}{10}=27(\text{kN})(\uparrow)$$

$$V_A=\frac{\dfrac{ql^2}{2}-m}{l}=\frac{\dfrac{5\times10^2}{2}-20}{10}=23(\text{kN})(\uparrow)$$

例 2-9 悬臂梁受力如图 2-18 所示,已知 $P=10\text{kN}$,$q=2\text{kN/m}$,$m=15\text{kN}\cdot\text{m}$,$l=4\text{m}$,试求 A 端支座反力。

解:因为悬臂梁所受外力都是竖向力,可知 A 端的水平反力恒为零,只需列出两个平衡方程即可求解。

$$\sum M_A=0,\quad M_A-\frac{ql}{2}\times\frac{l}{4}-P\times\frac{l}{2}+m=0$$

$$\begin{aligned}M_A&=\frac{ql}{2}\times\frac{l}{4}+P\times\frac{l}{2}-m\\&=\frac{2\times4}{2}\times\frac{4}{4}+10\times\frac{4}{2}-15\\&=9(\text{kN}\cdot\text{m})\quad(\text{逆时针转向})\end{aligned}$$

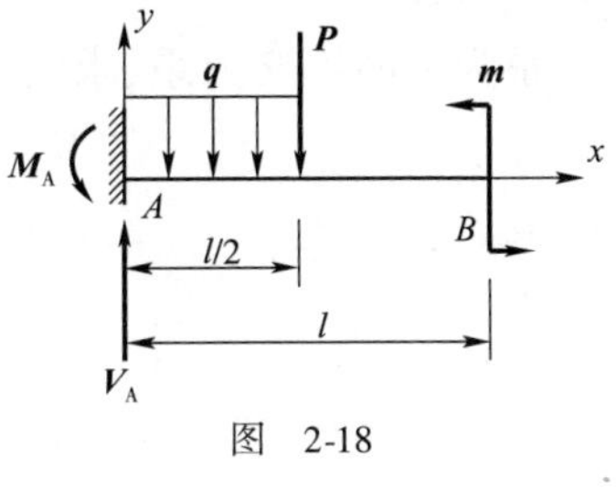

图 2-18

$$\sum Y=0,\quad V_A-\frac{ql}{2}-P=0$$

$$V_A=\frac{ql}{2}+P=2\times\frac{4}{2}+10=14\text{kN}(\uparrow)$$

例 2-10 悬臂刚架受力如图 2-19 所示,已知 $m=15\text{kN}\cdot\text{m}$,$P=25\text{kN}$,求 A 端的支座反力。

解:A 端为固定端约束,刚架受力如图 2-19 所示,有三个未知的约束反力,列三个平衡方程即可求解。

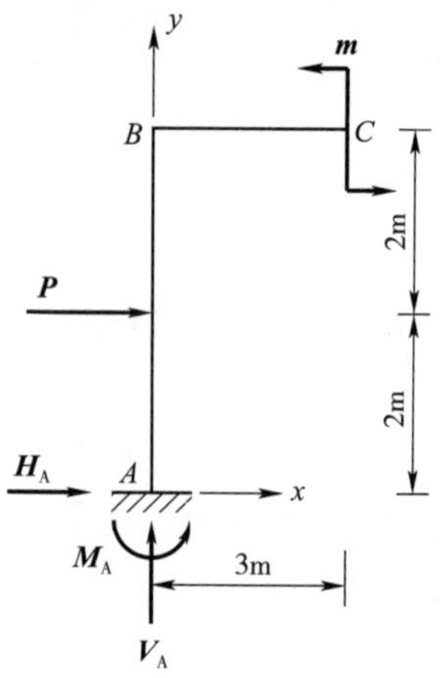

图 2-19

$$\sum X=0,\quad H_A+P=0$$

$$H_A=-P=-25\text{kN}(\leftarrow)$$

$$\sum Y=0,\quad V_A=0$$

$$\sum M_A=0,\quad M_A-P\times2+m=0$$

$$M_A=2P-m=25\times2-15=35(\text{kN}\cdot\text{m})\quad(\text{逆时针转向})$$

讨论:本题如果写出对 A、B、C 三点的力矩方程,也同样可以求解。

$$\sum m_A=0,\quad m_A+m-P\times2=0$$

$$\sum m_B=0,\quad m_A+m+P\times2+H_A\times4=0$$

$$\sum m_C=0,\quad m_A+m+P\times2+H_A\times4-V_A\times3=0$$

解得:$m_A=35\text{kN}\cdot\text{m}$(逆时针转向),$H_A=-25\text{kN}(\leftarrow)$,$V_A=0$。

由此例结果可知,平面力系的平衡方程除了式(2-14)所示的基本形式和式(2-18)所示的二力矩式外,还有三力矩式,其形式如下:

$$\left.\begin{array}{l}\sum m_A=0\\ \sum m_B=0\\ \sum m_C=0\end{array}\right\}\qquad(2\text{-}19)$$

其中,A、B、C 三点不能共线。

注意:应用式(2-19)时必须满足其限制条件,否则式(2-19)中的三个平衡方程将都不是独立的。

例 2-11 三角支架如图 2-20a)所示,已知挂在 B 点的物体自重力为 $\boldsymbol{G}$,试求 AB、BC 两杆所受的力。

解:(1)取铰 B 为研究对象,由于 AB、BC 两杆为二力杆件,因此 B 点受已知力 $\boldsymbol{G}$ 和未知约束反力 $\boldsymbol{N}_{BA}$、$\boldsymbol{N}_{BC}$ 三个力作用而处于平衡,受力图如图 2-20b)所示。因三力作用于同一点 B,该力系为平面汇交力系,求两个未知力只需列两个投影方程即可得解。

$$\sum X=0,\quad -N_{BA}+N_{BC}\cos60°=0$$

$$\sum Y=0,\quad N_{BC}\sin60°-G=0$$

$$N_{BC}=\frac{G}{\sin60°}=1.16G$$

$$N_{BA}=N_{BC}\cos60°=G\cot60°=0.577G$$

(2)此题也可应用平面汇交力系平衡的几何条件,作一个自行封闭的力三角形,再解这个三角形即可得解。根据力的多边形自行封闭,首先按已知力 $\boldsymbol{G}$ 的方向作出 $\boldsymbol{G}$ 的作用线,再过 $\boldsymbol{G}$ 的起点和终点分别作出力 $\boldsymbol{N}_{BA}$、$\boldsymbol{N}_{BC}$ 的作用线,依各力首尾相接,力三角形自行封闭可确定 $\boldsymbol{N}_{BA}$、$\boldsymbol{N}_{BC}$ 的指向,如图 2-20c)所示。

计算直角三角形,可得:

$$N_{BC} = \frac{G}{\sin 60°} = 1.16G$$

$$N_{BA} = G\cot 60° = 0.577G$$

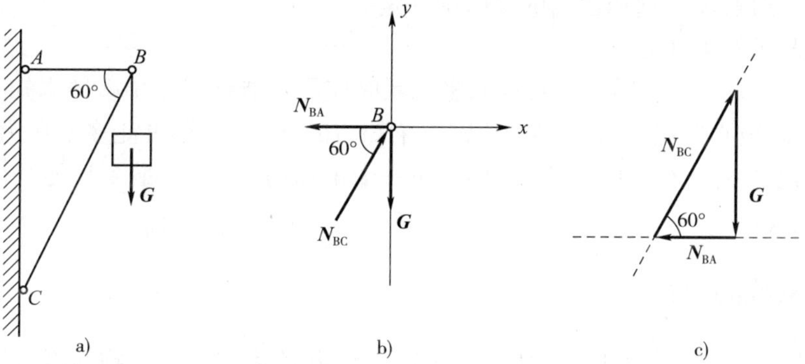

图 2-20

例 2-12 一钢筋混凝土刚架,其支承情况见图 2-21a)。已知 $P=5\text{kN}$,$m=2\text{kN·m}$,刚架自重不计,试求 A、B 两处的支座反力。

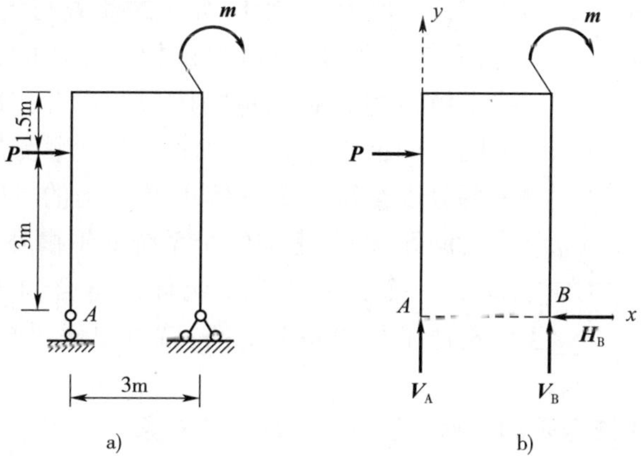

图 2-21

解:取刚架为研究对象,画受力图如图 2-21b)所示,各反力的指向都是假定的。作用在刚架上有一个荷载是力偶,根据力偶的性质,力偶在投影方程中不出现,在力矩方程中直接将力偶矩列入。

$$\sum X=0,\quad P-H_B=0$$

$$H_B=P=5\text{kN}(\leftarrow)$$

$$\sum M_A=0,\quad -P\times 3-m+V_B\times 3=0$$

$$V_B=\frac{3P+m}{3}=\frac{3\times5+2}{3}=5.67(\text{kN})(\uparrow)$$

$$\sum Y=0,\quad V_A+V_B=0$$

$$V_A=-V_B=-5.67\text{kN}(\downarrow)$$

本题中 V_A 值为负,说明 $\boldsymbol{V}_A$ 的实际指向与假设指向相反。

从以上几个例题可以看出,平面力系平衡问题的解题步骤为:

(1)选取研究对象。根据已知量和待求量,选择适当的研究对象。

(2)画研究对象的受力图,将作用于研究对象上的所有的力画出来。

(3)列平衡方程,注意选择适当的投影轴和矩心。

(4)解方程,求解未知力。

在列平衡方程时,为使计算简单,选取坐标系时应尽可能使力系中多数未知力的作用线平行或垂直投影轴,矩心选在两个(或两个以上)未知力的交点上;尽可能多地用力矩方程,并使一个方程中只包含一个未知数。注意,对于同一个平面力系来说,最多只能列出三个平衡方程,解三个未知量。

四、物体系统的平衡

在实际工程中,经常遇到几个物体通过一定的约束联系在一起的物体系统。研究物体系统的平衡问题,不仅需要求解支座反力,而且还要求出系统内物体与物体之间的相互作用力。物体系统以外的物体作用在此物体上的力叫作外力,物体系统内各物体之间的相互作用力叫作内力。例如,建筑、路桥工程中常用的三铰拱(three-hinged arch)(图 2-22),由左、右两半拱通过铰 C 连接,并支承在 A、B 两固定铰支座上,三铰拱所受的荷载与支座 A、B 的反力就是外力,而铰 C 处左、右两半拱相互作用的力就是三铰拱的内力。要求解内力就必须将物体系统拆开,分别画出各个物体的受力图。如果所讨论的物体系统是平衡的,则组成此系统的每一部分以至每一个物体也是平衡的。因此,计算物体系统的平衡问题,除了考虑整个系统的平衡外,还要考虑系统内某一部分(一个物体或几个物体的组合)的平衡。只要适当地考虑整体平衡和局部平衡,就可以解出全部未知力。这就是解决物体系统平衡问题的途径。

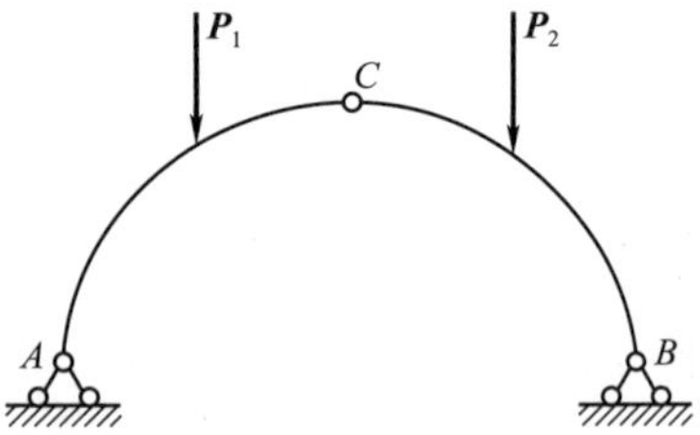

图 2-22

注意:外力和内力的概念是相对的,是对一定的研究对象而言的。如果图 2-22 不是取整个三铰拱而是分别取左半拱或右半拱为研究对象,则铰 C 对左半拱或右半拱作用的力就成为外力了。

由于物体系统内各物体之间相互作用的内力总是成对出现的,它们大小相等、方向相反、作用线相同,所以,在研究该物体系统的整体平衡时,不必考虑内力。下面举例说明怎样求解物体系统的平衡问题。

例 2-13 两跨梁的支承及荷载情况如图 2-23a)所示。已知 $P_1=10\text{kN}$,$P_2=20\text{kN}$,试求支座 A、B、D 及铰 C 处的约束反力。

解:两跨梁是由梁 AC 和 CD 组成,作用在每段梁上的力系都是平面力系,因此可列出 6 个独立的平衡方程。未知量也有 6 个:A、C 处各 2 个,B、D 处各 1 个。6 个独立的平衡方程能解 6 个未知量。梁 CD、梁 AC 及整体梁的受力图如图 2-23b)、c)、d)所示。各约束反力的指向都是假定的。

注意:约束反力 $\boldsymbol{H'}_C$、$\boldsymbol{V'}_C$ 与 $\boldsymbol{H}_C$、$\boldsymbol{V}_C$ 大小相等,方向相反,作用在一条直线上。

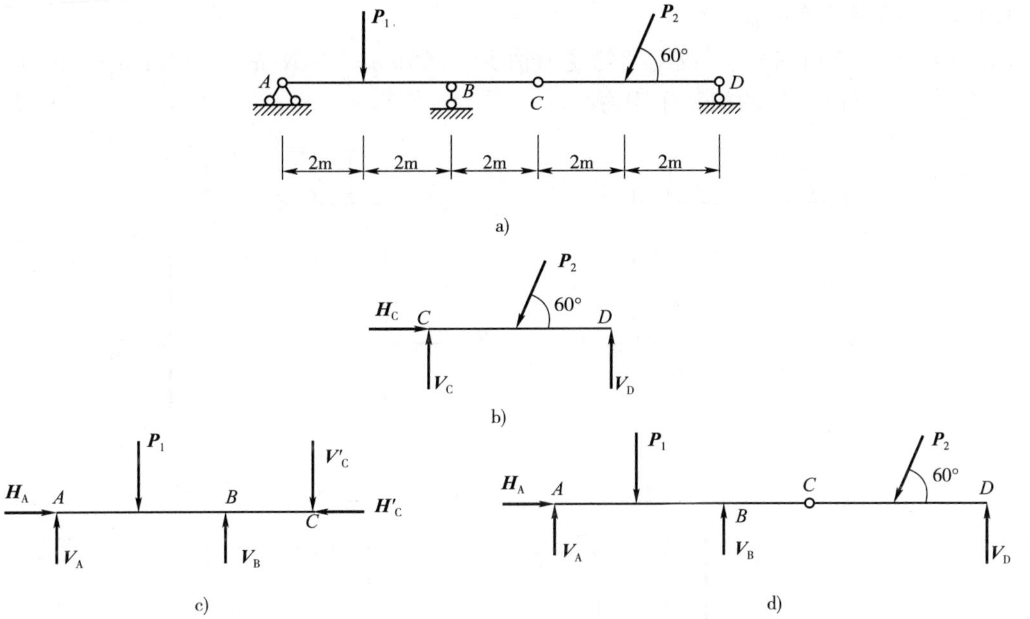

图 2-23

由 3 个受力图可以看出,在梁 CD 上只有 3 个未知力,而在梁 AC 及整体上都各有 4 个未知力。因此,应先取梁 CD 为研究对象,求出 $\boldsymbol{H}_C$、$\boldsymbol{V}_C$、$\boldsymbol{V}_D$,然后再考虑梁 AC 或整体梁平衡,就能解出其余未知力。

(1)取 CD 梁为研究对象。

$$\sum M_C = 0,\quad -P_2\sin60°\times2 + V_D\times4 = 0$$

$$V_D = \frac{1}{4}P_2\sin60°\times2 = \frac{1}{4}\times20\times0.866\times2 = 8.66(\text{kN})(\uparrow)$$

$$\sum X = 0,\quad H_C - P_2\cos60° = 0$$

$$H_C = P_2\cos60° = 20\times0.5 = 10(\text{kN})(\rightarrow)$$

$$\sum Y = 0,\quad V_C + V_D - P_2\sin60° = 0$$

$$V_C = P_2\sin60° - V_D = 8.66(\text{kN})(\uparrow)$$

(2)取 AC 梁为研究对象。

$$\sum M_A = 0,\quad -P_1\times2 - V'_C\times6 + V_B\times4 = 0$$

$$V_B = \frac{1}{4}(2P_1 + 6V'_C) = \frac{1}{4}(2\times10 + 6\times8.66) = 17.99(\text{kN})(\uparrow)$$

$$\sum X = 0,\quad H_A - H'_C = 0$$

$$H_A = H'_C = 10\text{kN}(\rightarrow)$$

$$\sum Y = 0,\quad V_A - P_1 + V_B - V'_C = 0$$

$$V_A = P_1 - V_B + V'_C = 10 - 17.99 + 8.66 = 0.67(\text{kN})(\uparrow)$$

校核:取整体梁为研究对象,列平衡方程如下:

$$\sum X = H_A - P_2\cos60° = 10 - 20 \times 0.5 = 0$$

$$\sum Y = V_A + V_B + V_D - P_1 - P_2\sin60° = 0.67 + 17.99 + 8.66 - 20 \times 0.866 = 0$$

校核结果说明计算正确。

例 2-14 图 2-24a)表示三铰刚架的受力情况。已知 $q = 10\text{kN/m}$,$l = 12\text{m}$,$h = 6\text{m}$,求支座 A、B 的约束反力和铰 C 处的相互作用力。

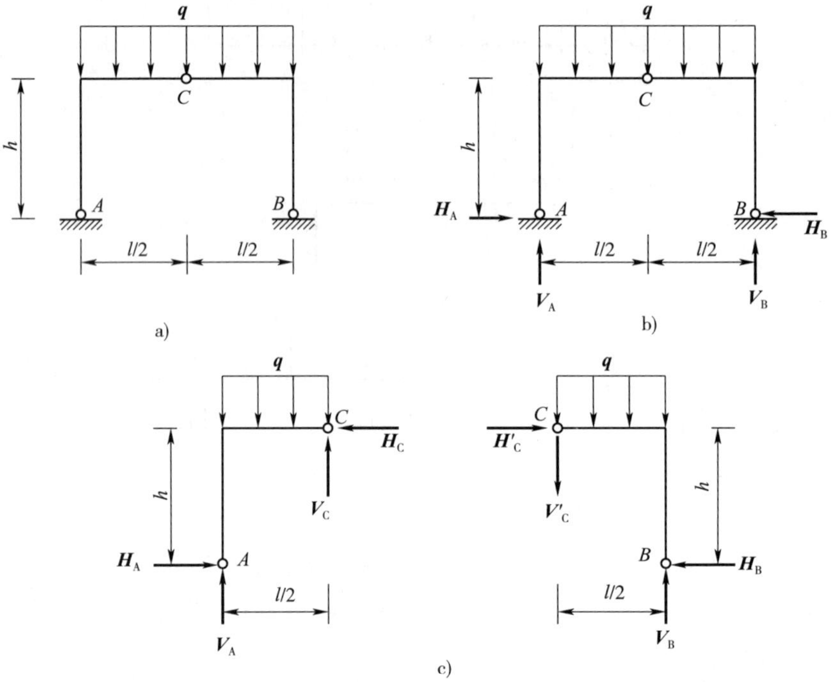

图 2-24

解:三铰刚架由左、右两个折杆组成,作用于结构上的主动力是均布荷载 $\boldsymbol{q}$,约束反力是 $\boldsymbol{H}_A$、$\boldsymbol{H}_B$、$\boldsymbol{V}_A$、$\boldsymbol{V}_B$。画出整体受力图[图 2-24b)]。将铰 C 拆开分别画出左、右两半刚架的受力图[图 2-24c)],假设铰 C 对左半部的作用力是 $\boldsymbol{H}_C$、$\boldsymbol{V}_C$,作用于右半部的力是 $\boldsymbol{H}'_C$、$\boldsymbol{V}'_C$,两者是作用力与反作用力的关系。要求的未知量共有 6 个。作用在整体或每个折杆上的未知力个数都是 4 个。可以分别取整体和一个折杆为研究对象,或取左、右两个折杆为研究对象,列出 6 个平衡方程,求解 6 个未知量。

(1)取整体为研究对象。

$$\sum M_A = 0,\quad V_B l - ql \times \frac{l}{2} = 0$$

$$V_B = \frac{ql}{2} = \frac{10 \times 12}{2} = 60(\text{kN})(\uparrow)$$

$$\sum M_B = 0,\quad -V_A l + ql \times \frac{l}{2} = 0$$

$$V_A = \frac{ql}{2} = 60\text{kN}(\uparrow)$$

$$\sum X=0,\quad H_A-H_B=0$$
$$H_A=H_B$$

(2)取左半折杆为研究对象。

$$\sum M_C=0,\quad q\times\frac{l}{2}\times\frac{l}{4}+H_Ah-V_A\times\frac{l}{2}=0$$

$$H_A=\frac{V_A\times6-q\times6\times3}{h}=\frac{60\times6-10\times6\times3}{6}=30(\text{kN})(\rightarrow)$$

由
$$H_B=H_A$$
得
$$H_B=H_A=30\text{kN}(\leftarrow)$$
$$\sum X=0,\quad H_A-H_C=0$$
$$H_C=H_A=30\text{kN}(\leftarrow)$$
$$\sum Y=0,\quad V_A+V_C-\frac{ql}{2}=0$$
$$V_C=\frac{ql}{2}-V_A=60-60=0$$

校核:可以再取右半折杆为研究对象,列它的平衡方程,并将已求出的数值代入,验算是否满足平衡条件(请读者自己完成)。

例 2-15　求图 2-25 所示桁架中杆 a、杆 b 和杆 c 的力。

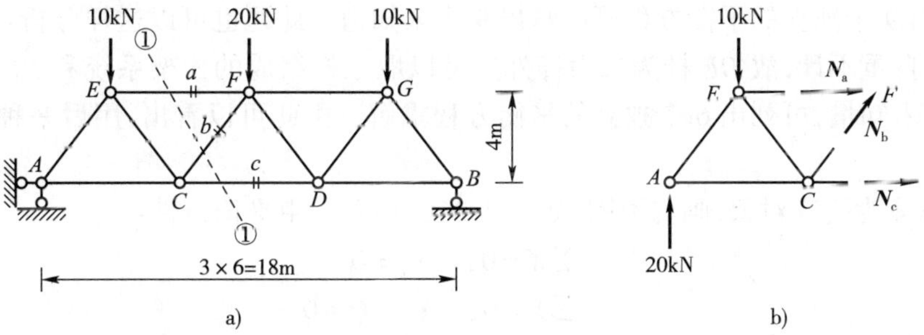

图 2-25

解:图 2-25a)所示为桁架中 a、b、c 三杆所受的力。

(1)求支座反力。

因为结构及荷载对称,故

$$V_A=V_B=20\text{kN}(\uparrow)$$
$$H_A=0$$

(2)假想用截面①-① 将 a、b、c 三杆截断,取截面①-① 以左部分为分离体,其受力图如图 2-25b)所示。

$$\sum M_C=0,\quad N_a\times4+20\times6-10\times3=0$$
$$N_a=-22.5\text{kN}\quad(\text{压力})$$
$$\sum M_F=0,\quad N_c\times4+10\times6-20\times9=0$$
$$N_c=30\text{kN}\quad(\text{拉力})$$
$$\sum X=0,\quad N_b\times3/5+30-22.5=0$$

$$N_b = -12.5\text{kN} \quad (压力)$$

通过上例的计算结果不难看出,梁式桁架在垂直向下的竖向荷载作用下,上弦杆均受压力,下弦杆均受拉力。

例 2-16 构架如图 2-26a)所示。B、D、E 处均为铰链连接,A 处为固定端支座,已知荷载 $Q=4\text{kN}$,各杆自重不计,试求支座 A 及铰链 B、D、E 处的约束反力。

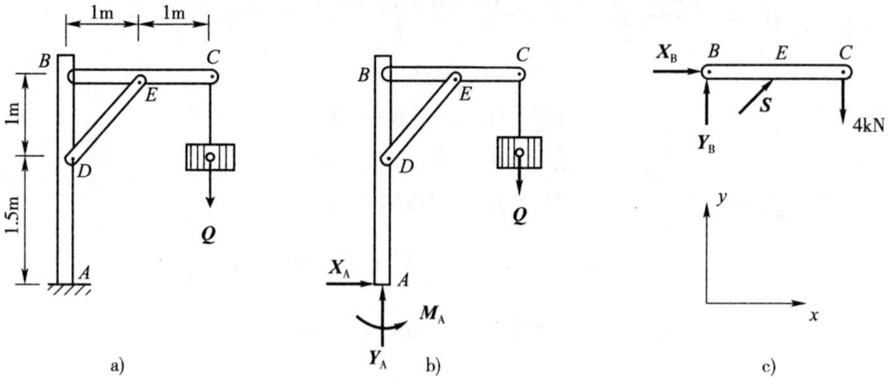

图 2-26

解:构架由 AB、BC、DE 三根杆组成,各杆都受到一个平面任意力系的作用,可以列出 9 个独立的平衡方程。未知力也有 9 个,即:固定端 A 处的 3 个约束反力和铰 B、D、E 处各有 2 个约束反力。由 9 个独立的平衡方程可以解出 9 个未知力。此题也可以这样分析:由于 D、E 处为铰链,杆的自重不计,故 DE 杆为二力杆件。可以取三杆组成的构架系统和 BC 杆为研究对象,共有 6 个未知量,可列出 6 个独立的平衡方程求解。由此可以看出,用后一种方法计算比较简单。

(1)取整体为研究对象,画受力图,如图 2-26b)所示。由平衡条件:

$$\sum X=0, \quad X_A=0$$

$$\sum Y=0, \quad Y_A-Q=0$$

得

$$Q=Y_A=4\text{kN}(\uparrow)$$

$$\sum M_A=0, \quad M_A-Q\times 2=0$$

得

$$M_A=2Q=2\times 4=8(\text{kN}\cdot\text{m}) \quad (逆时针转向)$$

(2)取 BC 杆为研究对象,画受力图,如图 2-26c)所示。由平衡条件:

$$\sum M_B=0, \quad -4\times 2+S\times 1\times \sin 45°=0$$

得

$$S=\frac{8}{\sin 45°}=\frac{8}{0.707}=11.32(\text{kN}) \quad (压力)$$

$$\sum X=0, \quad X_B+S\times\cos 45°=0$$

得

$$X_B=-S\times\cos 45°=-11.32\times 0.707=-8(\text{kN})(\leftarrow)$$

$$\sum Y=0, \quad Y_B+S\times\sin 45°-4=0$$

得

$$Y_B=-S\times\sin 45°+4=4-11.32\times 0.707=-4(\text{kN})(\downarrow)$$

X_B、Y_B 均为负,表示它们的实际指向与受力图中假定的指向相反。

例 2-17 斜梁 AB，如图 2-27a)所示，已知集中力 $\boldsymbol{P}$，倾角 α、β 以及结构尺寸 l、a、b，试求 A、B 两点的支座反力。

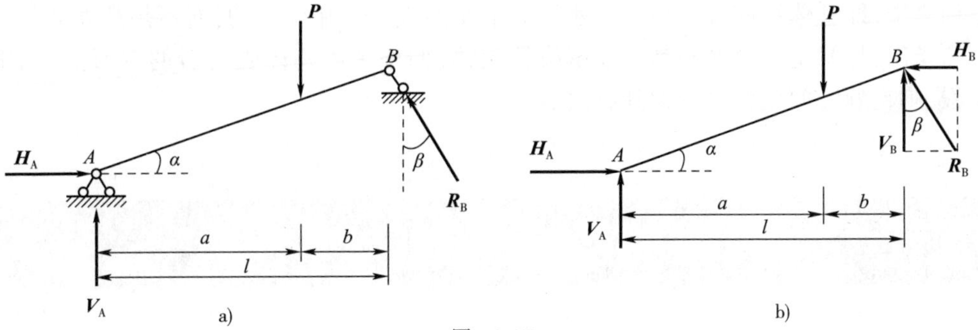

图 2-27

解：取 AB 梁为研究对象，受力如图 2-27a)所示。也可将 B 点反力 $\boldsymbol{R}_B$ 分解为一对垂直分力 $\boldsymbol{V}_B$、$\boldsymbol{H}_B$，如图 2-27b)所示，求出分力 $\boldsymbol{V}_B$、$\boldsymbol{H}_B$，得 B 点反力。

$$\sum M_A = 0, \quad -Pa + V_B l + H_B l\tan\alpha = 0$$

解力的三角形，得 $H_B = V_B\tan\beta$，代入上式，有：

$$V_B = \frac{Pa}{(1+\tan\alpha\tan\beta)l} = \frac{Pa}{l}\frac{1}{1+\tan\alpha\tan\beta}$$

$$H_B = V_B \cdot \tan\beta = \frac{Pa\tan\beta}{(1+\tan\alpha\tan\beta)l} = \frac{Pa}{l}\frac{\tan\beta}{1+\tan\alpha\tan\beta}$$

$$\sum X = 0, \quad H_A - H_B = 0, \quad H_A = H_D$$

$$\sum Y = 0, \quad V_A + V_B - P = 0, \quad V_A = P - V_B$$

从上例分析可以看出，水平梁是斜梁的特殊情形。当 $\alpha = 0$，梁为水平位置(简称平梁)。当 $\alpha \neq 0$，$\beta = 0$，链杆支座为铅垂位置时，斜梁的支座反力与平梁相同。

五、静定与超静定问题的概念

前面所讨论的单个物体或物体系统的平衡问题，由于未知力的数目与所列出的独立平衡方程的数目相等，因而应用平衡方程就能求出全部未知力，这类问题称为静定问题。如果未知力的数目多于所建立的独立平衡方程的数目，则应用平衡方程不能求出全部未知力，这类问题称为超静定问题。

在平衡的刚体系统中，如果只考虑整个系统的平衡，其未知约束力的个数多于三个(平面任意力系只能提供三个独立的平衡方程)。但是，若将系统“拆开”后，依次考虑各个刚体的平衡，则未知约束力数目与平衡方程数目相等，这种刚体系统便是**静定**(statically determinate)的。当然，还有一些刚体系统，在系统“拆开”之后，未知约束力个数仍然多于平衡方程，因而无法求解全部未知力，这种刚体系统便是**超静定**(statically indeterminate)的。

求解刚体系统的平衡问题之前，应先判断刚体系统是静定的还是超静定的。只有静定的刚体系统，才能用静力平衡方程求解。

需要指出的是，刚体系统是不是超静定的，一般情况取决于未知约束力的个数与独立平衡方程数目，而与研究对象被使用的次数无关。初学者常常会出现这样的错觉，以为在考虑每个刚体的平衡之后,再考虑一次整体平衡,就可以多出几个平衡方程。实际上,如果刚体系统中的每个刚体都是平衡的,则刚体系统必然是平衡的。因此,整体平衡方程已经包含于各个刚体平衡方程之中,即整体平衡方程与各个刚体的平衡方程是互相联系的,而不是独立的。

必须指出,超静定问题并不是不能解决的问题,如果考虑物体受力后的变形,再列出某些补充方程,则超静定问题就可以得到解决。

第五节 单跨梁的反力求法

在工程实际中,将会遇到大量梁的受力问题。例如,房屋建筑中的楼面梁、阳台的挑梁、梁式桥的主梁(main beam),它们受到荷载和梁自重的作用都将产生弯曲变形,要求能求出梁的**支座反力**(shoe reaction)。下面就介绍求解梁的支座反力的方法。

工程中按支座情况把单跨梁(single span beam)分为三种形式:

(1)悬臂梁(cantilever):梁的一端固定,另一端自由[图2-28a)];

(2)简支梁(simple beam):梁的一端为固定铰支座,另一端为可动铰支座[图2-28b)];

(3)外伸梁(beam with an overhanging end):梁的一端或两端伸出铰支座以外[图2-28c)]。

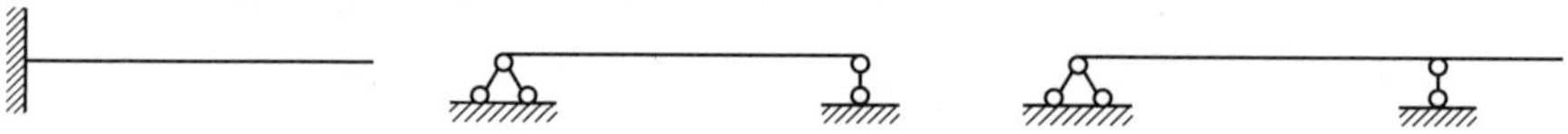

a) b) c)

图 2-28

一、简支梁的支座反力

(1)简支梁受力 $\boldsymbol{P}$ 作用,如图2-29a)所示,求 A、B 两点的支座反力。

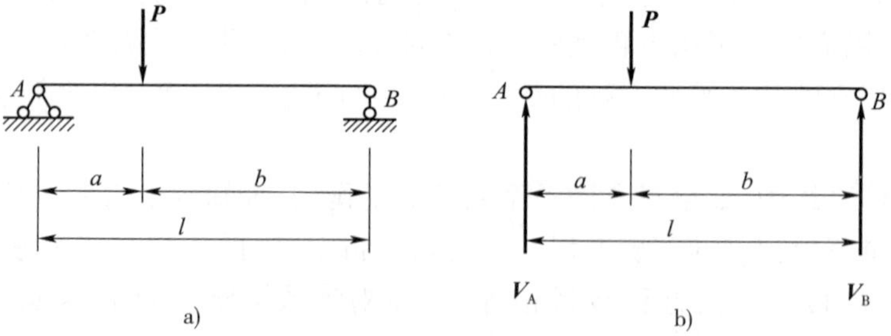

a) b)

图 2-29

因为简支梁在竖向力 $\boldsymbol{P}$ 的作用下,A 点的水平反力 $\boldsymbol{H}_A$ 恒等于零,所以,AB 梁受 $\boldsymbol{P}$、$\boldsymbol{V}_A$ 和 $\boldsymbol{V}_B$ 三个力作用处于平衡,两个未知力只需列出两个平衡方程就可以求解。

$$\sum M_A=0,\quad V_Bl-Pa=0$$

$$V_B=\frac{a}{l}P(\uparrow)$$

$$\sum Y=0,\quad V_A+V_B-P=0$$

$$V_A=P-V_B=\frac{b}{l}P(\uparrow)$$

简支梁在一个竖向力 **P** 作用下，其支座反力的计算公式为：

$$V_A=\frac{b}{l}P(\uparrow)\quad V_B=\frac{a}{l}P(\uparrow)\tag{2-20}$$

(2)简支梁受外力偶 **m** 作用，如图 2-30a)所示，求 A、B 支座反力。

根据力偶只能用力偶平衡的特性，反力 $\boldsymbol{V}_A$、$\boldsymbol{V}_B$ 必组成一个力偶，假设的指向如图 2-30b)所示。

由平面力偶系的平衡条件得：

$$\sum M=0,\quad m-V_Al=0$$

$$V_A=\frac{m}{l}(\uparrow),\quad V_B=\frac{m}{l}(\downarrow)$$

结论：简支梁在一个外力偶 **m** 作用下，两支座反力大小相等，方向相反，组成一个反力偶，其转向与 **m** 相反。其支座反力的公式为：

$$V_A=-V_B=\frac{m}{l}\tag{2-21}$$

(3)简支梁受均布荷载 **q** 作用，求 A、B 两点的支座反力。

①如图 2-31 所示，均布荷载 **q** 分布长度为梁的全长 l 时：

$$\sum M_A=0,\quad V_Bl-ql\times\frac{1}{2}=0$$

$$\sum Y=0,\quad V_A+V_B-ql=0$$

$$V_B=\frac{ql}{2}(\uparrow)\quad V_A=\frac{ql}{2}(\uparrow)$$

注意：均布荷载 **q** 对梁的作用可以用它的合力来代替，合力的大小为 ql，作用在分布长度的中点，即 $l/2$ 处。

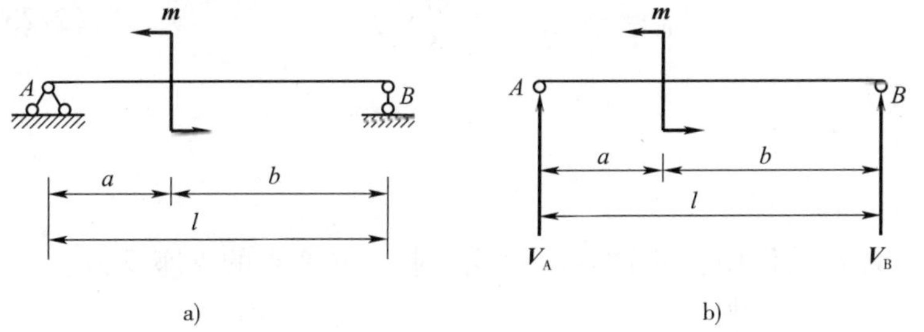

图 2-30

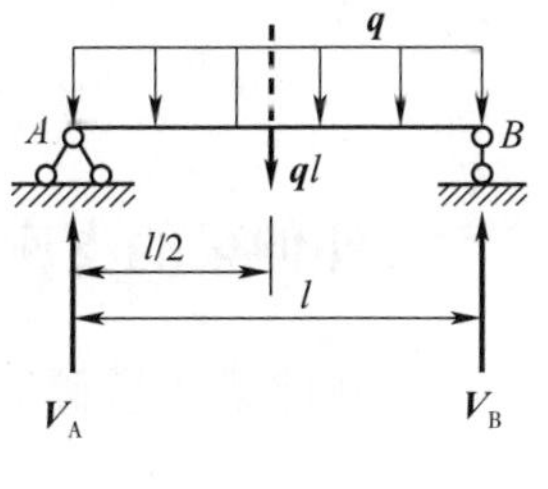

图 2-31

②如图 2-32a)所示，均布荷载 **q** 分布长度为 b 时：

AB 梁在 $\boldsymbol{q}$、$\boldsymbol{V}_A$ 和 $\boldsymbol{V}_B$ 三个力的作用下平衡，因为 $\boldsymbol{H}_A$ 恒等于零，所以两个未知力只需列出两个平衡方程就可以求解。

$$\sum M_B=0,\quad V_Al-qb\times\frac{b}{2}=0$$

$$V_A = \frac{qb^2}{2l}(\uparrow)$$

$$\sum Y = 0, \quad V_A + V_B - qb = 0$$

$$V_B = qb - V_A(\uparrow)$$

我们将没有荷载的梁段叫作无荷载梁段,也叫空载段;将有荷载作用的梁段叫作有荷载梁段。空载段一边的梁端支座反力公式为:

$$V_A = \frac{qb^2}{2l}(\uparrow) \tag{2-22}$$

式中:b——均布荷载 $\boldsymbol{q}$ 的分布长度;

l——梁的跨度。

③如图 2-33 所示,均布荷载 $\boldsymbol{q}$ 分布长度为 a 时:

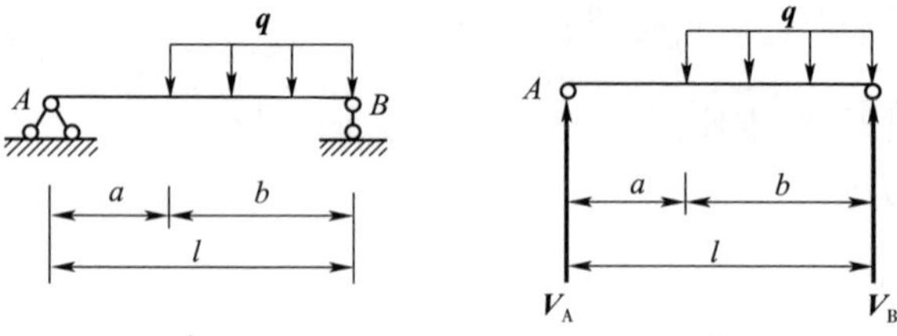

a)　　b)

图 2-32

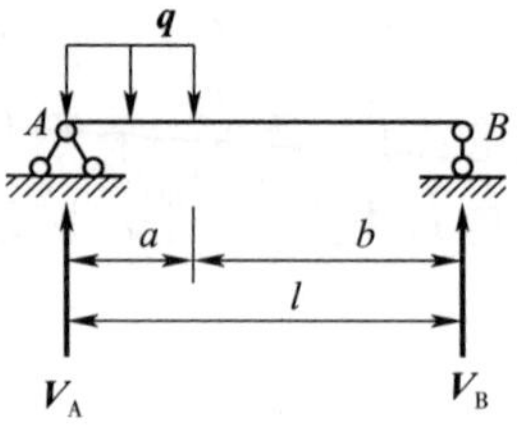

图 2-33

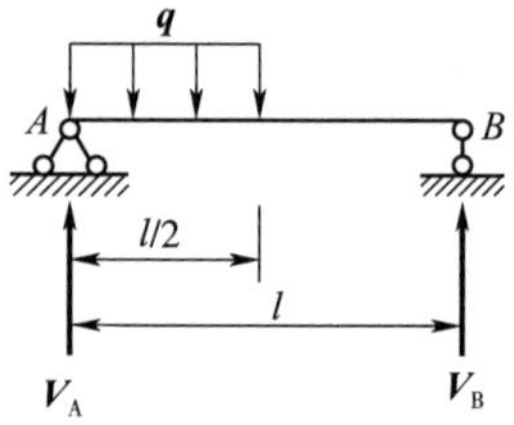

图 2-34

根据式(2-22)可直接得出空载段一边的梁端支座反力为:

$$V_B = \frac{qa^2}{2l}(\uparrow)$$

④如图 2-34 所示,均布荷载 $\boldsymbol{q}$ 的分布长度为$\frac{l}{2}$时:

直接得出空载段一边的梁端支座反力为:

$$V_B = \frac{q\left(\frac{l}{2}\right)^2}{2l} = \frac{ql}{8}(\uparrow) \tag{2-23}$$

二、外伸梁的支座反力

(1)外伸梁在悬臂端受集中力 $\boldsymbol{P}$ 的作用,如图 2-35a)所示,求 A、B 两点的支座反力。

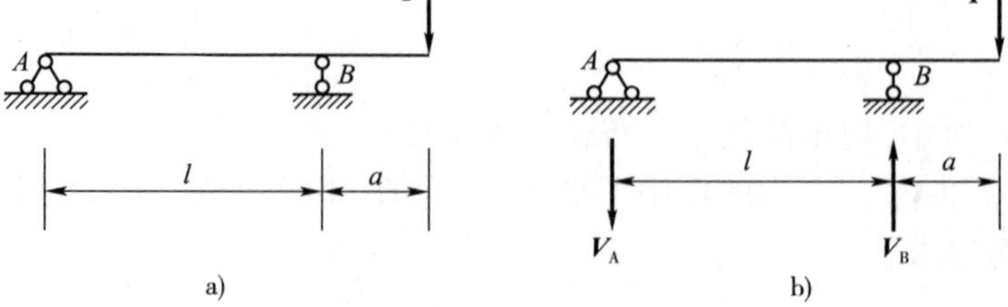

a)　　b)

图 2-35

如图 2-35b)所示，AB 梁在平面平行力系 $\boldsymbol{P}$、$\boldsymbol{V}_A$ 和 $\boldsymbol{V}_B$ 的作用下处于平衡，只需列出两个平衡方程就可以求解。

$$\sum M_B=0,\quad V_Al-Pa=0$$

$$V_A=\frac{a}{l}P(\downarrow)$$

$$\sum Y=0,\quad -V_A+V_B-P=0$$

$$V_B=V_A+P=\frac{l+a}{l}P(\uparrow)$$

空载段一边的梁端支座反力公式为：

$$V_A=\frac{a}{l}P(\downarrow)\tag{2-24}$$

(2)外伸梁在悬臂段受均布荷载 $\boldsymbol{q}$ 的作用，如图 2-36a)所示，求 A、B 两点的支座反力。

空载段一边的梁端支座反力可以按公式(2-24)求得：

$$V_A=\frac{qa^2}{2l}(\downarrow)\tag{2-25}$$

(3)外伸梁在悬臂段受集中力偶 $\boldsymbol{m}$ 的作用，如图 2-37 所示，求 A、B 两点的支座反力。

根据力偶只能用力偶平衡的特性，可知反力 $\boldsymbol{V}_A$、$\boldsymbol{V}_B$ 必组成一个力偶，假设的指向如图 2-37所示。

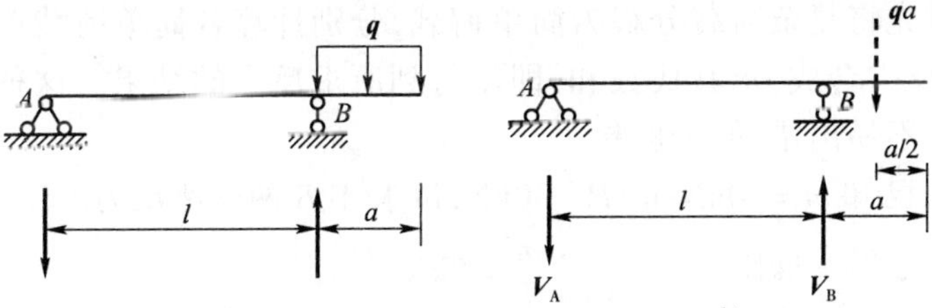

图　2-36

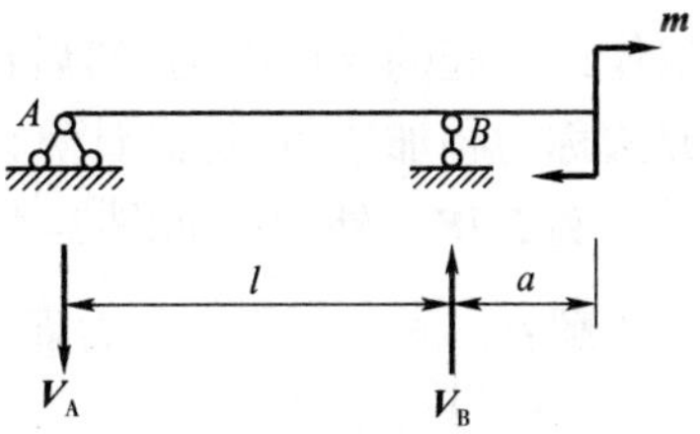

图　2-37

由平面力偶系的平衡条件得：

$$\sum M=0,\quad m-V_Al=0$$

$$V_A=\frac{m}{l}(\downarrow)\quad V_B=\frac{m}{l}(\uparrow)$$

三、悬臂梁的支座反力

(1)悬臂梁受竖向集中力 $\boldsymbol{P}$ 的作用，如图 2-38 所示，求 A 点的支座反力。

$$\sum M_A=0,\quad M_A-Pl=0$$

得　$M_A=Pl$　(逆时针转向)

$$\sum Y=0,\quad V_A-P=0$$

得　$V_A=P(\uparrow)$

(2)悬臂梁受集中力偶 **m** 的作用,如图 2-39 所示,求 A 点的支座反力。

$$\sum M_A = 0,\quad M_A + m = 0$$

得 $$M_A = -m \quad (\text{顺时针转向})$$

$$\sum Y = 0,\quad V_A = 0$$

(3)悬臂梁受均布荷载 **q** 的作用,如图 2-40 所示,求 A 点支座反力。

$$\sum M_A = 0,\quad M_A - ql \times \frac{l}{2} = 0$$

得 $$M_A = \frac{ql^2}{2} \quad (\text{逆时针转向})$$

$$\sum Y = 0,\quad V_A - ql = 0$$

得 $$V_A = ql(\uparrow)$$

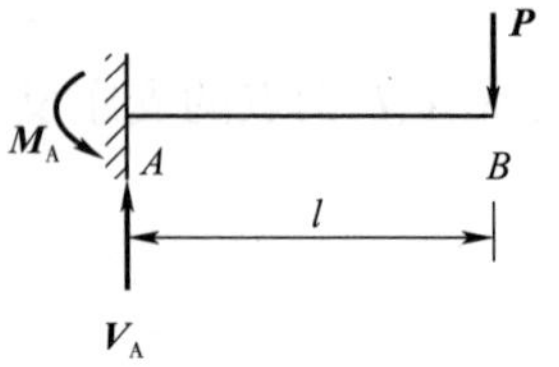

图 2-38

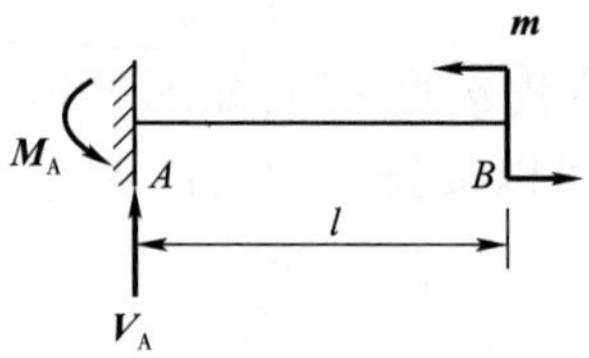

图 2-39

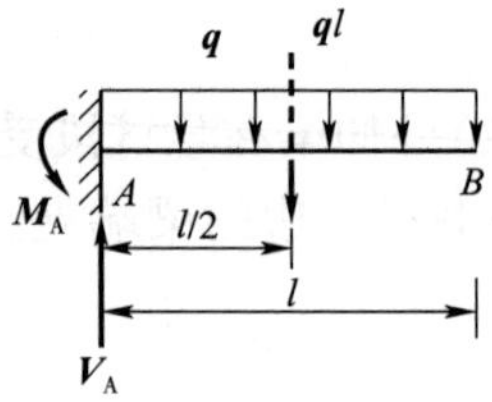

图 2-40

以上利用平面力系的平衡方程分别求出了单跨梁在简单荷载单独作用下的支座反力,若有两种或两种以上的荷载同时作用在梁上,可以用平衡方程求支座反力,也可以利用上面给出的反力计算公式求支座反力。计算时先将复杂荷载分解为简单荷载,分别计算各简单荷载单独作用引起的支座反力,然后再将各反力合成,求其代数和,即可得到所求反力的结果。这种方法称为叠加法,可提高计算效率,且不易出错,便于检验。

例 2-18 外伸梁如图 2-41 所示,已知 $m = 30\text{kN}\cdot\text{m}$,$P = 30\text{kN}$,试求 A、B 两支座反力。

解:

力偶 **m**	$\downarrow \frac{m}{l} = 5\text{kN}$	$\uparrow \frac{m}{l} = 5\text{kN}$
力 **P**	$+)\downarrow \frac{Pa}{l} = 10\text{kN}$	$\uparrow \frac{P(l+a)}{l} = 40\text{kN}$
	$\downarrow V_A = 15\text{kN}$	$\uparrow V_B = 45\text{kN}$

例 2-19 简支梁如图 2-42 所示,已知 $m = 36\text{kN}\cdot\text{m}$,$P = 90\text{kN}$,$q = 10\text{kN/m}$,试求 A、B 两支座反力。

解:力 **P**	$\uparrow \frac{bP}{l} = \frac{6\times 90}{9} = 60(\text{kN})$	$\uparrow \frac{aP}{l} = \frac{3\times 90}{9} = 30(\text{kN})$
力偶 **m**	$\uparrow \frac{m}{l} = 4\text{kN}$	$\downarrow \frac{m}{l} = 4\text{kN}$
均布荷载 **q**	$+)\uparrow \frac{ql}{2} = 45\text{kN}$	$\uparrow \frac{ql}{2} = 45\text{kN}$
	$\uparrow V_A = 109\text{kN}$	$\uparrow V_B = 71\text{kN}$

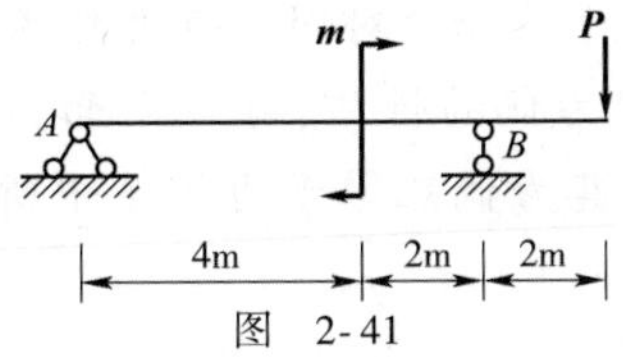

图 2-41

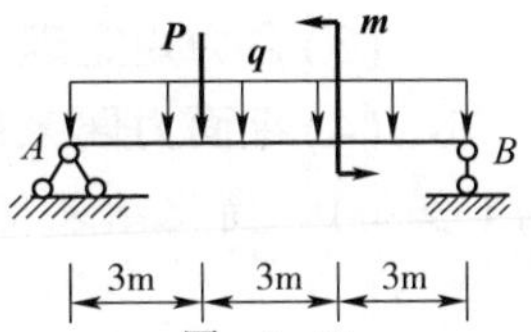

图 2-42

例 2-20 如图 2-43 所示，已知 $m=60\text{kN}\cdot\text{m}$，$P=40\text{kN}$，$q=10\text{kN/m}$，试求 A、B 两支座反力。

解：力 $\boldsymbol{P}$	$\uparrow \dfrac{bP}{l}=\dfrac{3\times 40}{10}=12(\text{kN})$	$\uparrow \dfrac{aP}{l}=\dfrac{7\times 40}{10}=28(\text{kN})$
力偶 $\boldsymbol{m}$	$\downarrow \dfrac{m}{l}=6\text{kN}$	$\uparrow \dfrac{m}{l}=6\text{kN}$
均布荷载 $\boldsymbol{q}$	$+)\uparrow qa-\dfrac{qa^2}{2l}=30-4.5=25.5(\text{kN})$	$\uparrow \dfrac{qa^2}{2l}=\dfrac{10\times 3^2}{2\times 10}=4.5(\text{kN})$
	$\uparrow V_{\text{A}}=31.5\text{kN}$	$\uparrow V_{\text{B}}=38.5\text{kN}$

例 2-21 如图 2-44 所示，已知 $\boldsymbol{q}$、a、b、c、l，求支座反力。

解：因为均布荷载分布在梁的任意长度 c，可以用合力 qc 来进行计算，qc 作用在 $c/2$ 处，然后应用集中力作用在简支梁时的反力公式求得。

$$V_{\text{A}}=\frac{bP}{l}=\frac{\left(b+\dfrac{c}{2}\right)qc}{l}(\uparrow)$$

$$V_{\text{B}}-\frac{aP}{l}=\frac{\left(a+\dfrac{c}{2}\right)qc}{l}(\uparrow)$$

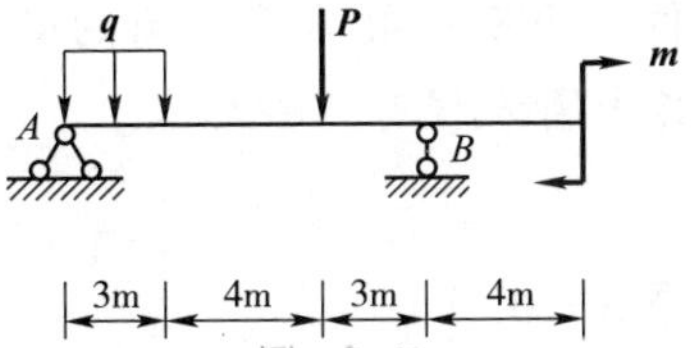

图 2-43

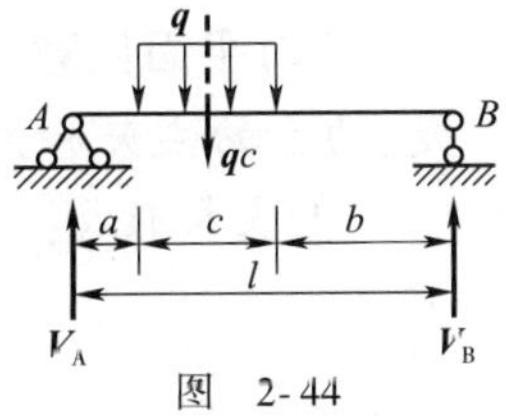

图 2-44

小结

本章讨论力在坐标轴上的投影、合力投影定理、合力矩定理、平面汇交力系的合成与平衡、平面力偶系的合成与平衡、平面力系的合成与平衡、单跨梁反力求法及桁架的基本计算方法。

(1)**力的投影**。自力矢量的始端和末端分别向某一确定轴上作垂线，得到两个交点(垂足)，两垂足之间的距离称为力在该轴上的投影。力的投影是代数量。

(2)**合力投影定理**。平面力系中各力在某一坐标轴上投影的代数和，等于力系的合力在该坐标轴上的投影。

(3)**合力矩定理**。合力之矩等于各分力对同一点之矩的代数和。

(4)**平面力偶系的简化**。应用力偶的性质,可对平面力偶系进行简化(合成)。简化结果得到一合力偶,其力偶矩等于力偶系中所有力偶矩的代数和:

$$M = \sum M_i$$

或等于力偶系中各力对平面内任一点 A 之矩的代数和:

$$M = \sum M_{\mathrm{A}}(\boldsymbol{F}_i)$$

(5)**平面力偶系的平衡条件**。平面力偶系平衡的必要和充分条件是力偶系中所有力偶矩的代数和等于零:

$$\sum M = 0$$

或力偶系中各力对平面内任一点 A 之矩的代数和等于零:

$$\sum M_{\mathrm{A}}(\boldsymbol{F}_i) = 0$$

(6)**平面任意力系向平面内任一点简化**。平面任意力系的简化结果为一主矢与主矩。此主矢的大小和方向可由合力投影定理计算,主矩可由合力矩定理计算,即由下列三个方程确定:

$$R_x = \sum X$$

$$R_y = \sum Y$$

$$M = \sum M_{\mathrm{A}}(\boldsymbol{F}_i)$$

(7)**平面任意力系的平衡条件**。平面一般力系平衡的必要和充分条件是:力系的主矢和主矩都为零。其平衡方程有三种形式。

①基本形式:

$$\left.\begin{aligned} \sum X &= 0 \\ \sum Y &= 0 \\ \sum M_{\mathrm{A}} &= 0 \end{aligned}\right\}$$

②二矩式:

$$\left.\begin{aligned} \sum Y &= 0 \\ \sum M_{\mathrm{A}} &= 0 \\ \sum M_{\mathrm{B}} &= 0 \end{aligned}\right\}$$

其中,y 轴不能垂直于 A、B 两点的连线。

③三矩式：

$$\left.\begin{array}{l}\sum M_A = 0 \\ \sum M_B = 0 \\ \sum M_C = 0\end{array}\right\}$$

其中，A、B、C 三点不在同一条直线上。

(8) **平面平行力系的平衡方程**。

①基本形式：

$$\left.\begin{array}{l}\sum Y = 0 \\ \sum M_A = 0\end{array}\right\}$$

②二矩式：

$$\left.\begin{array}{l}\sum M_A = 0 \\ \sum M_B = 0\end{array}\right\}$$

其中，A、B 两点的连线不能与各力平行。

(9) **平面汇交力系的平衡方程**。

$$\left.\begin{array}{l}\sum X = 0 \\ \sum Y = 0\end{array}\right\}$$

(10) **单跨梁的反力计算公式**。主要是简支梁的反力公式。

在集中力 $\boldsymbol{P}$ 的作用下为：

$$V_A = \frac{bP}{l}, \quad V_B = \frac{aP}{l}$$

在集中力偶 $\boldsymbol{m}$ 的作用下为：

$$V_A = -V_B = \frac{m}{l}$$

(11) **静定结构的概念**。由两个或两个以上刚体组成的系统称为刚体系统，也称为物体系统。杆件结构是物体系统中的一种。如果结构的未知约束力个数与受力分析能提供的独立平衡方程数相等，则结构是静定的，否则是超静定的。

思考题

2-1 平面汇交力系平衡的几何条件是什么？

2-2 如何利用几何法和解析法求平面汇交力系的合力？

2-3 平面任意力系向一点简化的基本思想是什么？

2-4 平面任意力系中各力所组成的力多边形自行封闭，所以该力系一定是平衡力系，对吗？为什么？

2-5 平面任意力系的三力矩式平衡方程的附加条件是什么？

2-6 说明解决平面任意力系平衡问题的解题步骤。

2-7 举例说明静定问题和超静定问题的概念。

第三章
CHAPTER THREE

空间力系与重心

作用在物体上的力系,若各力作用线不在同一平面内,这样的力系就称为空间力系(space force system)。空间力系是最一般的力系,平面力系是它的特殊情况。

第一节 力在空间直角坐标轴上的投影

设已知一空间力 $\boldsymbol{F}$ 及空间直角坐标系 $Oxyz$,如图 3-1a)所示。力 $\boldsymbol{F}$ 与 x 轴、y 轴、z 轴正向的夹角分别为 α、β 和 γ,则力 $\boldsymbol{F}$ 在三个坐标轴上的投影 X、Y、Z 分别为:

$$\left.\begin{aligned} X &= F\cos\alpha \\ Y &= F\cos\beta \\ Z &= F\cos\gamma \end{aligned}\right\} \tag{3-1}$$

如图 3-1b)所示,已知力 $\boldsymbol{F}$ 与 z 轴的夹角 γ,则可采用二次投影法:将力 $\boldsymbol{F}$ 先投影到 z 轴和坐标面 Oxy 上,力 $\boldsymbol{F}$ 在 Oxy 面上的投影为:

$$F_{xy} = F\sin\gamma$$

然后再将 F_{xy} 投影到 x 轴、y 轴上。设 F_{xy} 与 x 轴的夹角为 φ,则力 $\boldsymbol{F}$ 在三个坐标轴上的投影分别为:

$$\left.\begin{aligned} X &= F\sin\gamma\cos\varphi \\ Y &= F\sin\gamma\sin\varphi \\ Z &= F\cos\gamma \end{aligned}\right\} \tag{3-2}$$

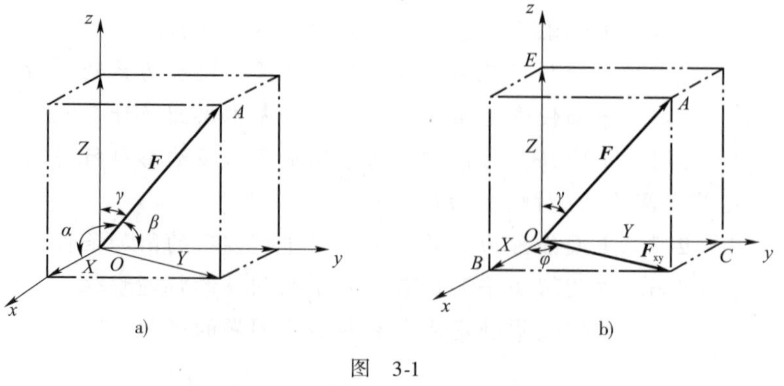

图 3-1

力在空间坐标系的投影(直接投影)

若已知一个力 $\boldsymbol{F}$ 在三个坐标轴上的投影 X、Y、Z，则由图3-1可求得 $\boldsymbol{F}$ 的大小和方向。

$$\left.\begin{aligned} F &= \sqrt{X^2+Y^2+Z^2} \\ \cos\alpha &= \frac{X}{F} \\ \cos\beta &= \frac{Y}{F} \\ \cos\gamma &= \frac{Z}{F} \end{aligned}\right\} \tag{3-3}$$

例3-1 在一立方体上作用有三个力 $\boldsymbol{P}_1$、$\boldsymbol{P}_2$、$\boldsymbol{P}_3$，如图3-2所示。已知 $P_1=2\text{kN}$，$P_2=1\text{kN}$，$P_3=5\text{kN}$，试分别计算这三个力在坐标轴上的投影。

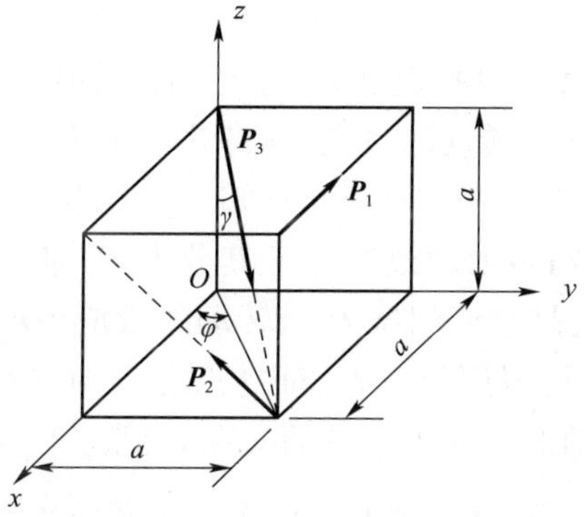

图 3-2

例3-1 讲解

解：力 $\boldsymbol{P}_1$ 的作用线与 x 轴平行与坐标面 Oyz 垂直，与 y、z 轴也垂直，于是可得：

$$X_1=-P_1=-2\text{kN}$$
$$Y_1=0$$
$$Z_1=0$$

力 $\boldsymbol{P}_2$ 的作用线与 x 轴垂直，与坐标面 Oyz 平行，先将 $\boldsymbol{P}_2$ 投影在轴 x 和平面 Oyz 面上，在 x 轴上的投影为零，在 Oyz 面上的投影 $\boldsymbol{P}_{2yz}$ 就是 $\boldsymbol{P}_2$ 本身，于是可得：

$$X_2=0$$
$$Y_2=-P_{2yz}\cos45°=-P_2\cos45°=-1\times0.707=-0.707(\text{kN})$$
$$Z_2=P_{2yz}\sin45°=P_2\sin45°=1\times0.707=0.707(\text{kN})$$

设力 $\boldsymbol{P}_3$ 与 z 轴的夹角为 γ，它在 Oxy 面上的投影与 x 轴的夹角为 φ，则由两次投影法可得：

$$X_3=P_3\sin\gamma\cos\varphi=5\times\frac{\sqrt{2}a}{\sqrt{3}a}\times\frac{a}{\sqrt{2}a}=\frac{5}{\sqrt{3}}=2.89(\text{kN})$$

$$Y_3=P_3\sin\gamma\sin\varphi=5\times\frac{\sqrt{2}a}{\sqrt{3}a}\times\frac{a}{\sqrt{2}a}=\frac{5}{\sqrt{3}}=2.89(\text{kN})$$

$$Z_3=-P_3\cos\gamma=-5\times\frac{a}{\sqrt{3}a}=-2.89(\text{kN})$$

第二节 力对轴的矩

力对于轴的矩,是力使物体绕轴转动效应的度量。在生活和生产实际中,经常会遇到物体绕某固定轴转动的情况。例如,对于平面问题,直齿圆柱齿轮的圆周力 $\boldsymbol{F}$ 使齿轮绕轴心 O 转动[图3-3a)],而对于空间问题,则是力 $\boldsymbol{F}$ 使齿轮绕 z 轴转动[图3-3b)]。实际上平面力系中力对点的矩是空间力系中力对通过矩心并垂直于平面的轴的矩,用 $\boldsymbol{M}_z(\boldsymbol{F})$ 来表示力 $\boldsymbol{F}$ 对 z 轴的矩。

下面以推门为例,说明力对于轴的矩是如何产生的。如图3-4所示,设推门的力 $\boldsymbol{F}$ 作用在 A 点,为了研究力 $\boldsymbol{F}$ 使门绕 z 轴转动的效应,现将 $\boldsymbol{F}$ 分解为 $\boldsymbol{F}_z$ 和 $\boldsymbol{F}_{xy}$ 两个分力,其中 $\boldsymbol{F}_z$ 平行于 z 轴,$\boldsymbol{F}_{xy}$ 在垂直于 z 轴的 xy 平面内。由经验可知,分力 $\boldsymbol{F}_z$ 不会使门转动,能使门转动的只是分力 $\boldsymbol{F}_{xy}$。故力 $\boldsymbol{F}$ 使门绕 z 轴转动的效应等于其分力 $\boldsymbol{F}_{xy}$ 使门绕 z 轴转动的效应。而分力 $\boldsymbol{F}_{xy}$ 使门绕 z 轴转动的效应也就是它使门绕 O 点转动的效应(O 是分力 $\boldsymbol{F}_{xy}$ 所在的且与 z 轴垂直的平面和 z 轴的交点),因而可以用分力 $\boldsymbol{F}_{xy}$ 对 O 点之矩 $\boldsymbol{M}_O(\boldsymbol{F}_{xy})$ 来表示力 $\boldsymbol{F}$ 使门绕 z 轴转动的效应。设 h 为分力 $\boldsymbol{F}_{xy}$ 所在的平面与 z 轴的交点 O 到力 $\boldsymbol{F}_{xy}$ 作用线的垂直距离,则有:

$$M_z(\boldsymbol{F}) = M_O(\boldsymbol{F}_{xy}) = \pm F_{xy} \cdot h \tag{3-4}$$

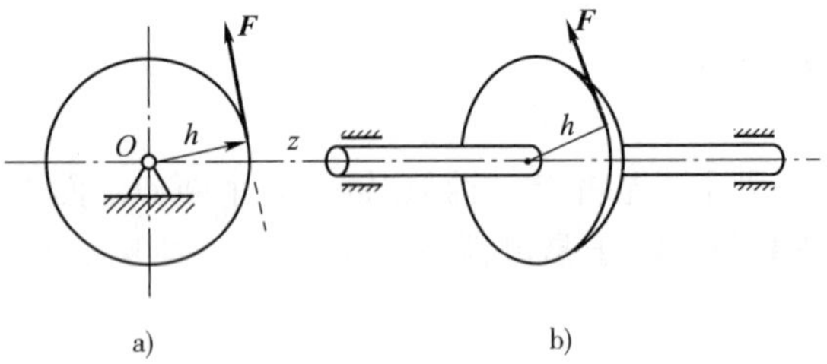

图 3-3

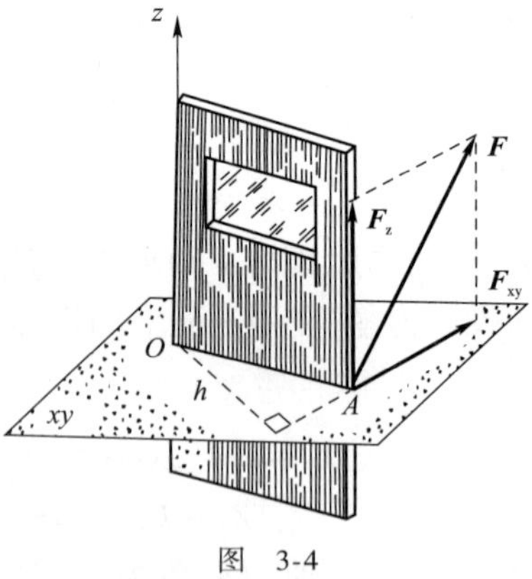

图 3-4

在一般情况下,力使物体绕某轴转动的效应可用此力在垂直于该轴的平面上的分力对此平面与该轴的交点之矩来度量。它是个代数量。正负号表示力使物体绕轴转动的转向,规定:从轴的正向看去,逆时针转动力矩取正号,顺时针转动力矩取负号。

在计算力对轴的矩时,应注意力矩为零的两种情况:①力的作用线与轴相交;②力的作用线与轴平行。

空间力系的合力对某轴的矩等于各分力对同一轴的矩的代数和。即:

$$M_z(\boldsymbol{R}) = M_z(\boldsymbol{F}_1) + M_z(\boldsymbol{F}_2) + \cdots + M_z(\boldsymbol{F}_n) = \sum M_z(\boldsymbol{F}_i) \tag{3-5}$$

在计算力对轴的矩时,有时应用合力矩定理较为方便。先将力 $\boldsymbol{F}$ 沿空间直角坐标轴分解为三个分力 $\boldsymbol{F}_x$、$\boldsymbol{F}_y$、$\boldsymbol{F}_z$,然后计算每个分力对轴的矩,最后求这些力矩的代数和。即:

$$\left.\begin{aligned} M_x(\boldsymbol{F}) &= M_x(\boldsymbol{F}_x) + M_x(\boldsymbol{F}_y) + M_x(\boldsymbol{F}_z) \\ M_y(\boldsymbol{F}) &= M_y(\boldsymbol{F}_x) + M_y(\boldsymbol{F}_y) + M_y(\boldsymbol{F}_z) \\ M_z(\boldsymbol{F}) &= M_z(\boldsymbol{F}_x) + M_z(\boldsymbol{F}_y) + M_z(\boldsymbol{F}_z) \end{aligned}\right\} \tag{3-6}$$

例 3-2 如图 3-5 所示,手柄上的 A 点作用有力 $F=0.5\text{kN}$,方向铅垂朝下,求此力分别对于 x 轴、y 轴、z 轴之矩。

解:根据式(3-6)可得

$$\begin{aligned} M_x(\boldsymbol{F}) &= M_x(\boldsymbol{F}_x) + M_x(\boldsymbol{F}_y) + M_x(\boldsymbol{F}_z) \\ &= 0 + 0 - (30 + 6) \times 0.5 \\ &= -18(\text{kN·cm}) \\ M_y(\boldsymbol{F}) &= M_y(\boldsymbol{F}_x) + M_y(\boldsymbol{F}_y) + M_y(\boldsymbol{F}_z) \\ &= 0 + 0 - (36 \times \cos30°) \times 0.5 \\ &= -1.56(\text{kN·cm}) \\ M_z(\boldsymbol{F}) &= M_z(\boldsymbol{F}_x) + M_z(\boldsymbol{F}_y) + M_z(\boldsymbol{F}_z) \\ &= 0 + 0 + 0 = 0 \end{aligned}$$

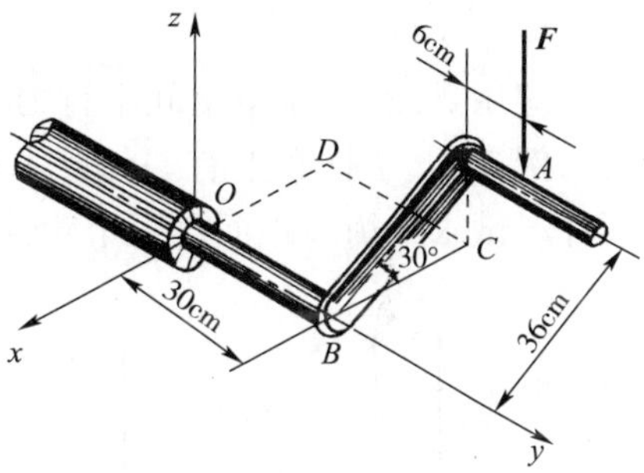

图 3-5

第三节 空间力系的平衡方程

物体在空间力系的作用下处于平衡时,必须既不发生移动,也不发生转动。类似于平面力系,将空间力系向一点简化,并对简化结果进行分析后,可以得到空间力系平衡的必要和充分条件是:力系中的各力在三个坐标轴上投影的代数和以及各力对三个坐标轴之矩的代数和分别等于零。平衡方程为:

$$\left.\begin{aligned} \sum X &= 0 \\ \sum Y &= 0 \\ \sum Z &= 0 \\ \sum M_x &= 0 \\ \sum M_y &= 0 \\ \sum M_z &= 0 \end{aligned}\right\} \tag{3-7}$$

应用这 6 个平衡方程求解空间力系的平衡问题时,可以解出 6 个未知量。

若空间力系中所有力的作用线互相平行,则称为空间平行力系。图 3-6 所示为一任意的平行力系,选 z 轴与各力平行,则各力对 z 轴的矩必为零,且各力在 x、y 轴上的投影也必为零。因此,在式(3-7)中,有:

$$\left.\begin{aligned}\sum X\equiv 0\\ \sum Y\equiv 0\\ \sum M_z=0\end{aligned}\right\}$$

以上为恒等式,已不能表示平衡条件。故空间平行力系的平衡方程为:

$$\left.\begin{aligned}\sum Z=0\\ \sum M_x=0\\ \sum M_y=0\end{aligned}\right\} \tag{3-8}$$

应用式(3-8)求解空间平行力系平衡问题时,可以解出 3 个未知量。

例 3-3 手推车上有一匀质木箱,如图 3-7 所示。已知木箱重力 $G=400\text{N}$,手推车的自重不计。试求平衡时地面对三个轮子的约束反力。

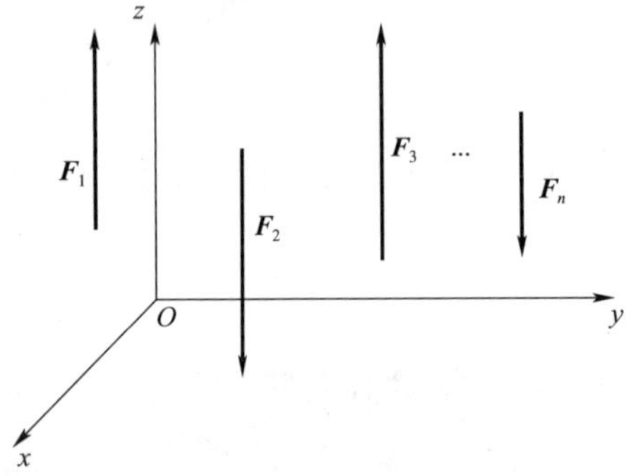

图 3-6

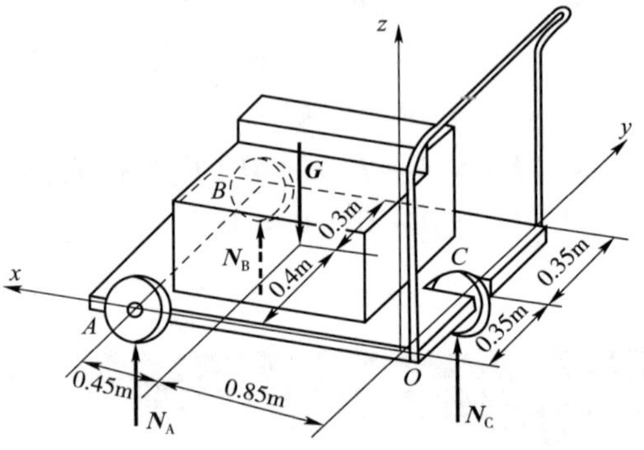

图 3-7

解:取手推车和木箱为研究对象。系统受力有:地面对轮子 A、B、C 的反力有 $\boldsymbol{N}_A$、$\boldsymbol{N}_B$、$\boldsymbol{N}_C$ 和木箱的重力 $\boldsymbol{G}$,这四个力组成一空间平行力系,可应用空间平行力系的平衡方程求解。

取坐标轴 $Oxyz$,如图 3-7 所示。列平衡方程可得:

$$\sum M_x=0,\quad G\times 0.4-N_B\times(0.4+0.3)-N_c\times 0.35=0$$

$$\sum M_y=0,\quad -G\times 0.85+N_A\times(0.85+0.45)+N_B\times(0.85+0.45)=0$$

$$\sum Z=0,\quad N_A+N_B+N_C-G=0$$

解得:

$$N_A=102.2\text{kN}$$

$$N_B=159.3\text{kN}$$

$$N_C=138.5\text{kN}$$

为方便计算,本题也可以对通过 A、B 轮心的 AB 轴列力矩方程,直接求出 N_C,而不需解联立方程。

$$\sum M_{AB}=0,\quad G\times 0.45-N_C\times(0.85+0.45)=0$$

$$N_C=G\times 0.45\div 1.3=138.5(\text{kN})$$

第四节 物体的重心

重心在工程上是一个重要概念。重心位置对物体的平衡状态或运动状态都有很重要的影响。例如车、船的重心要限制在一定的范围内，以保证其运行中的稳定与安全；我国古代的宝塔及近代的高层建筑，越往下面积越大，这样可降低重心位置，增加建筑物的稳定性；起重机的塔吊上设置配重，是为了调整重心位置以保证它在工作时不致倾倒；对高速转动的部件，要求其重心尽可能准确地安装在转动轴线上，以免在转动时发生剧烈的振动。可见，确定物体的重心位置是十分重要的。

一、重心的概念

地球上的任何物体都受到地球引力的作用，所谓重力就是地球对物体的引力。如果将物体分割成无数多个微小的体积，则每个微小体积将受到一个微重力 $\boldsymbol{W}_i$ 作用。严格地说，地球对物体各微小体积的吸引力应汇交于地球中心。但由于工程中所研究的物体相对于地球来说是十分渺小的，因而可将物体的各微重力视为空间平行力系。该力系的合力即为物体的重力(gravity)，重力合力的作用点就是物体的**重心**(center of gravity)。

如图 3-8 所示，为确定物体重心的位置，将它分割成 n 个微块，各微块重力分别为 $\boldsymbol{W}_1$、$\boldsymbol{W}_2$、…、$\boldsymbol{W}_n$，其作用点的坐标分别为(x_1,y_1,z_1)、(x_2,y_2,z_2)、…、(x_i,y_i,z_i)。显然，各小块所受重力的合力 $\boldsymbol{W}$ 即为整个物体所受的重力，其大小为 $\boldsymbol{W}=\sum \boldsymbol{W}_i$，作用点的坐标为 $C(x_C,y_C,z_C)$。利用合力矩定理对 y 轴取矩，有：

$$W \cdot x_C = \sum W_i \cdot x_i$$

得

$$x_C = \frac{\sum W_i \cdot x_i}{W}$$

同理可得：

$$y_C = \frac{\sum W_i \cdot y_i}{W}$$

$$z_C = \frac{\sum W_i \cdot z_i}{W}$$

以上三式为求物体重心的一般公式。

若物体分割得越细，则各小块的体积(V_i)均趋于零，按上式计算的重心位置就越精确。极限情况下可用积分计算。

对于均质物体，用 γ 表示单位体积的重力，体积为 V，则 $W=V\gamma$，微体积为 V_i，微体积重力 $W_i=V_i\gamma$，于是上式变为：

$$
\left.\begin{aligned}
x_C &= \frac{\sum V_i x_i}{V} = \frac{\int_V x\mathrm{d}V}{V} \\
y_C &= \frac{\sum V_i y_i}{V} = \frac{\int_V y\mathrm{d}V}{V} \\
z_C &= \frac{\sum V_i z_i}{V} = \frac{\int_V z\mathrm{d}V}{V}
\end{aligned}\right\} \tag{3-9}
$$

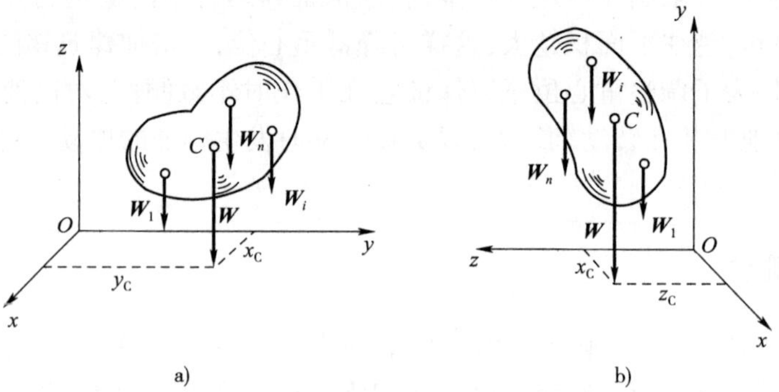

图 3-8

可见,均质物体的重心与其重力无关,只取决于物体的几何形状。所以,均质物体的重心就是其几何中心,通常称为**形心**(centroid)。

对于均质等厚薄板,用 δ 表示其厚度, A_i 表示微体的面积,将微体积 $V_i = \delta A_i$ 及 $V = \delta A$ 代入式(3-8),得重心(形心)坐标公式为:

$$
\left.\begin{aligned}
x_C &= \frac{\sum A_i x_i}{A} = \frac{\int_A x\mathrm{d}A}{A} \\
y_C &= \frac{\sum A_i y_i}{A} = \frac{\int_A y\mathrm{d}A}{A} \\
z_C &= \frac{\sum A_i z_i}{A} = \frac{\int_A z\mathrm{d}A}{A}
\end{aligned}\right\} \tag{3-10}
$$

同理可得均质等截面细杆重心(形心)坐标公式为:

$$
\left.\begin{aligned}
x_C &= \frac{\sum L_i x_i}{L} = \frac{\int_L x\mathrm{d}L}{L} \\
y_C &= \frac{\sum L_i y_i}{L} = \frac{\int_L y\mathrm{d}L}{L} \\
z_C &= \frac{\sum L_i z_i}{L} = \frac{\int_L z\mathrm{d}L}{L}
\end{aligned}\right\} \tag{3-11}
$$

二、求重心的方法

1. 利用形体对称性求重心

工程实际中的许多物体都具有对称性。具有对称面、对称轴或对称中心的均质物体，其重心一定在对称面、对称轴或对称中心上。

利用形体的对称性求重心很方便。例如，均质圆球的球心就是它的重心；均质矩形薄板和工字形薄板的重心在其对称轴的交点上；均质 T 形薄板和槽形薄板的重心在其对称轴上(图 3-9)。

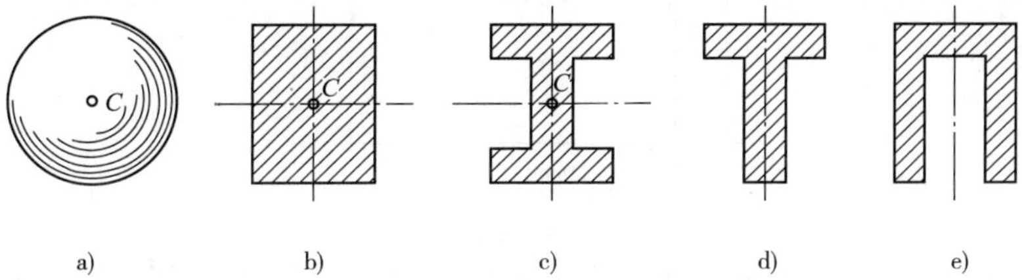

图 3-9

2. 分割法求组合物体的重心

工程中常见的物体是简单形体的组合，而各简单形体的重心位置是已知的(或容易求得的)，这时可将组合体分割成若干个简单体，利用公式(3-8)或公式(3-9)求出整个物体的重心坐标。表 3-1 列出了几种简单形体的重心位置，供读者参考。

常用简单形状均质物体的重心 表 3-1

图　形	重　心	图　形	重　心
长方形 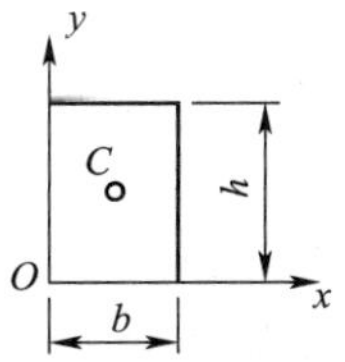	$x_C=\frac{1}{2}b$ $y_C=\frac{1}{2}h$ $A=bh$	长方体 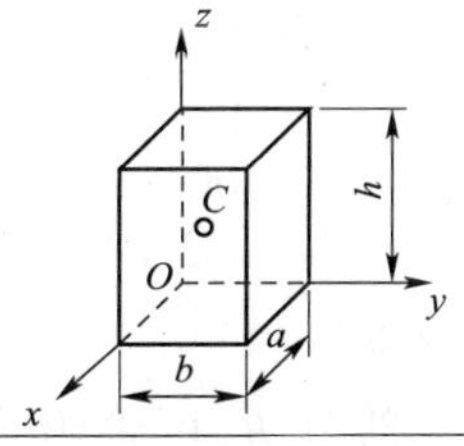	$x_C=\frac{1}{2}a$ $y_C=\frac{1}{2}b$ $z_C=\frac{1}{2}h$ $V=abh$
三角形 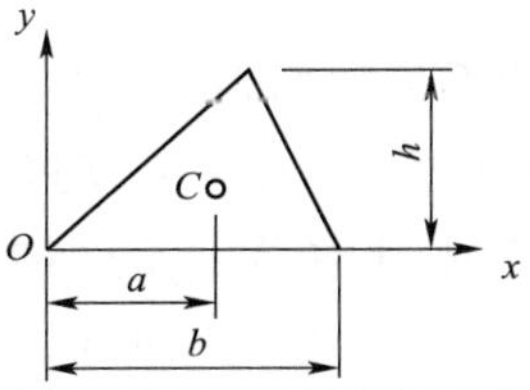	$x_C=\frac{1}{3}(a+b)$ $y_C=\frac{1}{3}h$ $A=\frac{1}{2}bh$	半圆球体 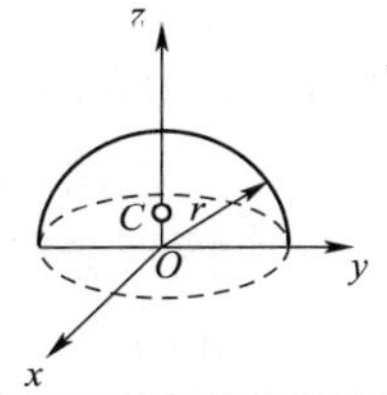	$x_C=0$ $y_C=0$ $z_C=\frac{3}{8}r$ $V=\frac{2}{3}\pi r^3$
半圆 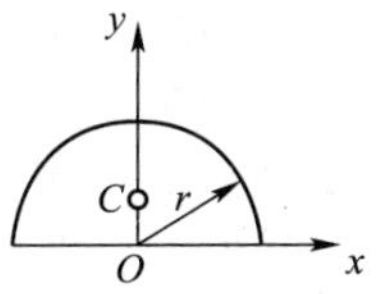	$x_C=0$ $y_C=\frac{4r}{3\pi}$ $A=\frac{1}{2}\pi r^2$	正圆锥体 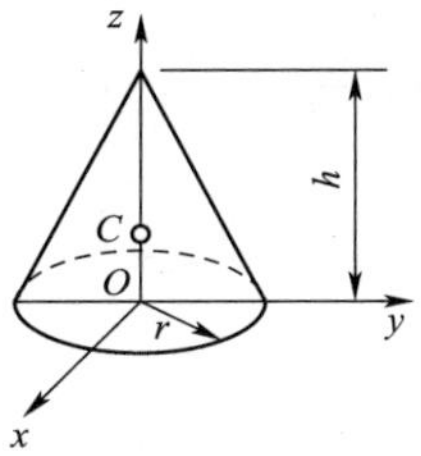	$x_C=0$ $y_C=0$ $z_C=\frac{1}{4}h$ $V=\frac{1}{3}\pi r^2h$

例 3-4 求图 3-10 所示均质 L 形板的重心(形心)位置。

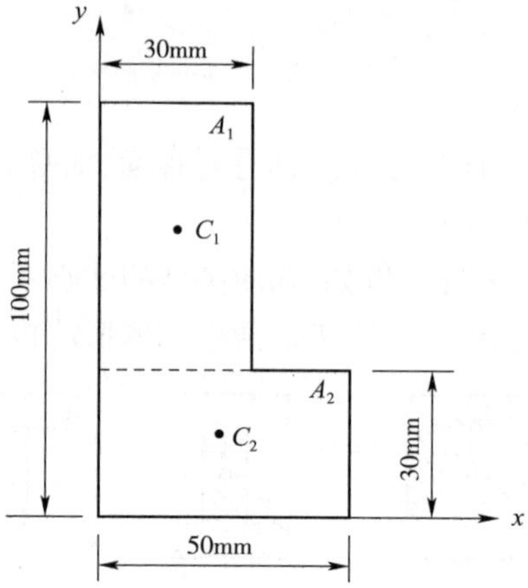

图 3-10

例 3-4 讲解

解:取 Oxy 坐标系,如图 3-10 所示。将 L 形板分割成两个矩形,其中每个矩形的面积和重心坐标如下:

$$A_1 = 70 \times 30 = 2\ 100(\text{mm}^2), \quad x_1 = 15\text{mm}, \quad y_1 = 65\text{mm}$$

$$A_2 = 50 \times 30 = 1\ 500(\text{mm}^2), \quad x_2 = 25\text{mm}, \quad y_2 = 15\text{mm}$$

将这些数据代入式(3-10),得 L 形板的重心位置为:

$$x_C = \frac{\sum A_i x_i}{A} = \frac{A_1 x_1 + A_2 x_2}{A_1 + A_2} = \frac{2\ 100 \times 15 + 1\ 500 \times 25}{2\ 100 + 1\ 500} = 19.17(\text{mm})$$

$$y_C = \frac{\sum A_i y_i}{A} = \frac{A_1 y_1 + A_2 y_2}{A_1 + A_2} = \frac{2\ 100 \times 65 + 1\ 500 \times 15}{2\ 100 + 1\ 500} = 44.17(\text{mm})$$

3. 负面(体)积法求重心

如果物体 A 被切去一部分 B,可将组合体看成 A 形体减去 B 形体,运算中 B 形体的面(体)积取负值。

例 3-5 图 3-11 中,已知 $R = 100\text{mm}$,$r_1 = 30\text{mm}$,$r_2 = 13\text{mm}$,求平面图形的形心。

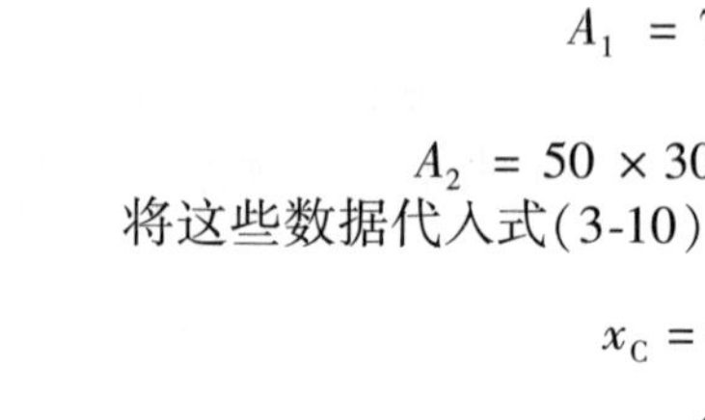

图 3-11

解:取直角坐标系如图所示,由对称性得:$x_C = 0$。将整个图形分割成三部分:半径为 R 的大半圆、半径为 r_1 的小半圆和半径 r_2 的小圆,其中小圆按负面积计算。它们的面积和形心纵坐标如下:

$$A_1 = \frac{\pi R^2}{2} = 5\ 000\pi, \quad y_1 = \frac{4R}{3\pi} = \frac{400}{3\pi}$$

$$A_2 = \frac{\pi r_1^2}{2} = \frac{900\pi}{2}, \quad y_2 = \frac{4r_1}{3\pi} = -\frac{40}{\pi}$$

$$A_3 = -\pi r_2^2 = -169\pi, \quad y_3 = 0$$

代入式(3-10),得:

$$y_C = \frac{\sum A_i y_i}{A} = \frac{A_1 y_1 + A_2 y_2 + A_3 y_3}{A_1 + A_2 + A_3}$$
$$= \frac{5\,000\pi \frac{400}{3\pi} + \frac{900\pi}{2}\left(-\frac{40}{\pi}\right) + (-169\pi \times 0)}{5\,000\pi + \frac{900\pi}{2} - 169\pi}$$
$$= 39.1(\mathrm{mm})$$

4. 试验法求重心

对于形状不规则的物体，或者不便于用公式计算其重心的物体，工程上常用试验方法测定其重心位置。常用的试验法有悬挂法和称重法两种。

如果需要确定薄板或具有对称面的薄零件的重心，可将薄板（或用等厚均质板按零件的形状剪成一平面图形）用细绳悬挂起来，然后过悬挂点 A 在板上画一铅垂线 AA'。由二力平衡可知，物体的重心必在 AA'线上。然后再换一个悬挂点 B 画铅垂线 BB'，则重心也必在 BB'上。AA'与 BB'的交点就是重心（图 3-12）。

对于某些形状复杂或体积较大的物体常用称重法确定重心位置。如图 3-13 所示的连杆具有对称轴 AB，可先测得连杆的自重力 $\boldsymbol{G}$，并量出 A、B 间的距离 l，再将连杆的一端 B 放在台秤上，另一端放在水平面上，使 AB 处于水平位置，读出 B 端反力值 N_B，由力矩平衡

$$\sum M_A = 0, \quad N_B l - G x_C = 0$$

得：

$$x_C = \frac{N_B l}{G}$$

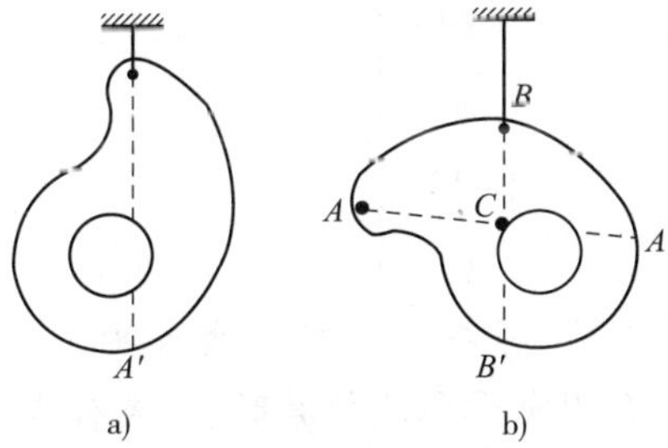

图 3-12

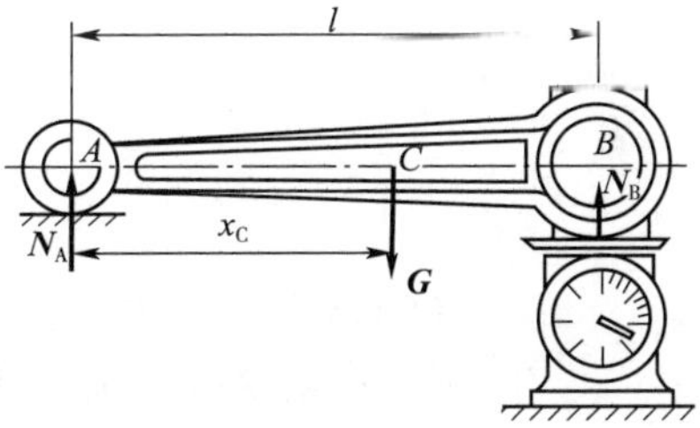

图 3-13

小结

(1) 计算力在空间直角坐标轴上的投影，可以用直接投影法和两次投影法。若已知力与各坐标轴的夹角，用直接投影法计算；若已知力与某坐标面的夹角，可用两次投影法计算。用两次投影法时，先将力投影到某坐标面上，然后再将其投影到两坐标轴上。

(2) 力对轴的矩是力使物体绕轴转动效应的度量，计算时可用力在垂直于该轴的平面上的分力对此平面与该轴的交点的矩来表示。

(3) 空间力系的平衡方程为：

$$\left.\begin{array}{l}\sum X = 0 \\ \sum Y = 0 \\ \sum Z = 0\end{array}\right\}$$

$$\left.\begin{aligned}\sum M_x=0\\ \sum M_y=0\\ \sum M_z=0\end{aligned}\right\}$$

应用这组方程可求6个未知量。

(4)物体的重心是该物体中各微小部分重力的合力作用点,它相对于物体有确定的位置,而与该物体在空间的位置无关。

物体的重心坐标公式为:

$$\left.\begin{aligned}x_C&=\frac{\sum V_i x_i}{V}=\frac{\int_V x\mathrm{d}V}{V}\\ y_C&=\frac{\sum V_i y_i}{V}=\frac{\int_V y\mathrm{d}V}{V}\\ z_C&=\frac{\sum V_i z_i}{V}=\frac{\int_V z\mathrm{d}V}{V}\end{aligned}\right\}$$

匀质物体的重心与其几何形体的中心(简称形心)相重合。

匀质物体的形心坐标公式为:

$$\left.\begin{aligned}x_C&=\frac{\sum A_i x_i}{A}=\frac{\int_A x\mathrm{d}A}{A}\\ y_C&=\frac{\sum A_i y_i}{A}=\frac{\int_A y\mathrm{d}A}{A}\\ z_C&=\frac{\sum A_i z_i}{A}=\frac{\int_A z\mathrm{d}A}{A}\end{aligned}\right\}$$

(5)求重心的方法:对于简单形体,根据对称性或查表确定;对于组合体,可用分割法或负面积法计算。在用负面积法计算时,注意公式中的坐标值和面积均为代数量。其中,实面积为正值,虚面积为负值。

思考题

3-1 在什么情况下力对轴的矩为零?

3-2 已知力 $\boldsymbol{F}$ 在 z 轴上的投影及它对 z 轴的矩如下列三种情况,试说明各情况下力 $\boldsymbol{F}$ 的作用线与 z 轴的关系。

(1) $Z=0, M_z=0$;

(2) $Z=0, M_z\neq 0$;

(3) $Z\neq 0, M_z=0$。

3-3 物体的重心是否一定在物体上?

3-4 如果组合物体是由两种材料组成的,它们的重心与形心重合吗?

3-5 计算组合形体的形心位置时,各组成部分的面积(或体积)及其相应的形心坐标的正负号如何确定?

第四章
CHAPTER FOUR

轴向拉伸与压缩

拉伸与压缩变形是受力杆件中最简单的变形。在工程实际中,有很多产生拉(压)变形的实例。轴向拉(压)杆件的受力特点是:**作用在杆件上的两个力(外力或外力的合力)大小相等、方向相反,且作用线与杆轴线重合**;变形特点是:**杆件沿轴向发生伸长或缩短**。

第一节 轴向拉(压)杆的内力与轴力图

内力(internal force)是指构件本身一部分与另一部分之间的相互作用。

一、用截面法求轴向拉(压)杆的内力

1. 截面法

截面法是显示和确定内力的基本方法。

如图4-1a)所示拉杆,欲求该杆任一截面 m-m 上的内力,可沿此截面将杆件假想地截分成 A 和 B 两个部分,任取其中一部分(A 部分)为研究对象[图4-1b)],将弃去的 B 部分对 A 部分的作用以内力来代替。

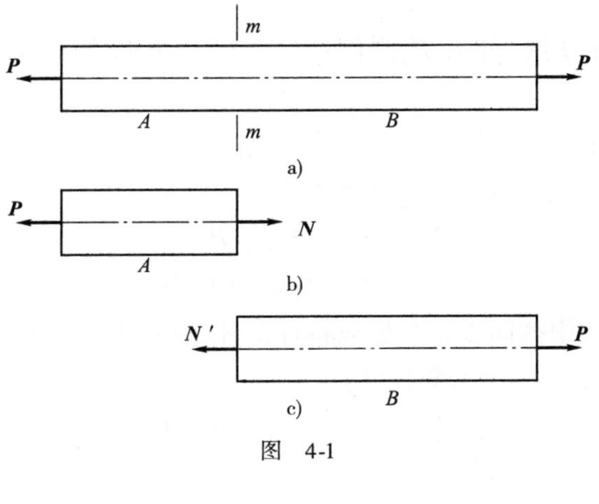

图 4-1

截面法的步骤

由于杆件原来处于平衡状态,故截开后各部分仍应保持平衡。由平衡条件:

$$\sum X=0,\quad N-P=0$$

得

$$N=P$$

如果取杆的 B 部分为研究对象[图 4-1c)],求同一截面 m-m 上的内力时,可得相同的结果。

$$\sum X=0,\quad N'=P$$

这种显示并确定内力的方法称为**截面法**(method of section)。

综上所述,截面法求内力的步骤可以归纳为:截取、代替、平衡。

截取:用一个假想的截面,将杆件沿需求内力的截面处截为两部分,取其中任一部分为研究对象。

代替:用内力来代替弃去部分对选取部分的作用。

平衡:用静力平衡条件,根据已知外力求出内力。

需要指出,截面上的内力是分布在整个截面上的,利用截面法求出的内力是这些分布内力的合力。

2. 轴向拉(压)杆的内力——轴力

由于轴向拉(压)杆件的外力沿轴线作用,内力必然也沿轴线作用,故拉(压)杆的内力称为**轴力**(axial force)。

轴力符号规定:以产生拉伸变形时的轴力为正,产生压缩变形时的轴力为负。

下面通过例题讨论轴力的计算。

例 4-1 设一直杆 AB 沿轴向受力 $\boldsymbol{P}_1$、$\boldsymbol{P}_2$、$\boldsymbol{P}_3$ 的作用(图 4-2),试求杆各段的轴力。

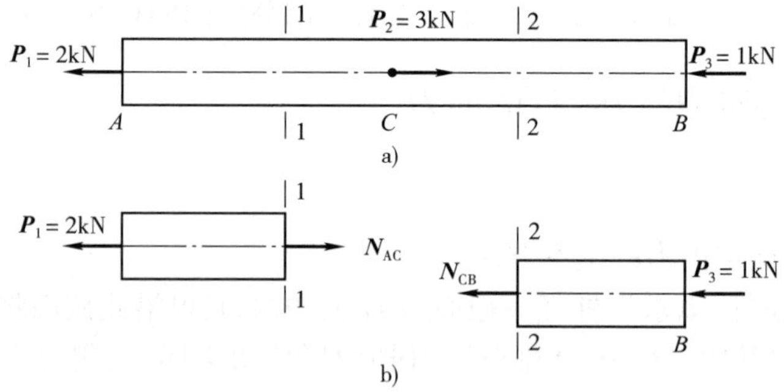

图 4-2

解:由于截面 C 处作用有外力 $\boldsymbol{P}_2$,杆件 AC 段和 CB 段的轴力将不相同,因而需要分段研究。

(1)在 AC 段内用截面 1-1 将杆截开,取左段为研究对象,将右段对左段的作用以内力 $\boldsymbol{N}_{AC}$ 代替[图 4-2b)],且均假定轴力为拉力。由平衡条件:

$$\sum X=0,\quad N_{AC}-P_1=0$$

得

$$N_{AC}=P_1=2\text{kN}\quad(\text{拉力})$$

(2)求 CB 段的轴力,用截面 2-2 假想地将杆截开,取右段为研究对象,将左段对右段的作用以内力 N_{CB} 代替[图 4-2c)],由平衡条件:

$$\sum X=0,\quad N_{CB}+P_3=0$$

得 $$N_{CB} = -P_3 = -1\text{kN} \quad (\text{压力})$$

根据上例,在计算轴力时应注意:

(1)通常选取受力简单的部分为研究对象。

(2)计算杆件某一段轴力时,不能在外力作用点处截开。

(3)通常截面上的轴力先假设为正,当计算结果为正时,既说明假设方向正确,也说明轴力为拉力;若计算结果为负时,既说明与假设方向相反,也说明轴力为压力。

例 4-2 图 4-3 所示起重机起吊一预制梁处于平衡状态,如图 4-3a)所示。已知预制梁重力 $G = 20\text{kN}$,$\alpha = 45°$,不计吊索和吊钩的自重,试求斜吊索 AC、BC 所受的力。

解:用 1-1 和 2-2 两个截面将吊索截开,取吊钩 C 为研究对象[图 4-3b)],两斜吊索的内力分别为 N_{CA} 和 N_{CB}。由平衡条件:

$$\sum X = 0, \quad N_{CB}\sin45° - N_{CA}\sin45° = 0$$

$$N_{CB} = N_{CA}$$

$$\sum Y = 0, \quad 20 - N_{CA}\cos45° - N_{CB}\cos45° = 0$$

$$N_{CA} = N_{CB} = \frac{20}{2\cos45°} = \frac{20}{2 \times 0.707} = 14.14(\text{kN})$$

例 4-3 求图 4-4 所示阶梯杆各段的轴力。

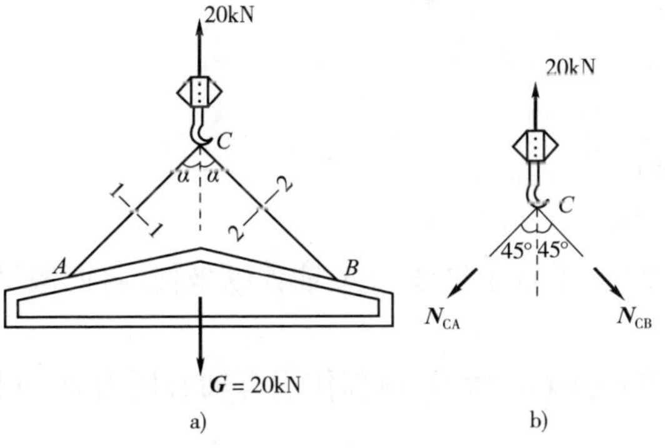

图 4-3

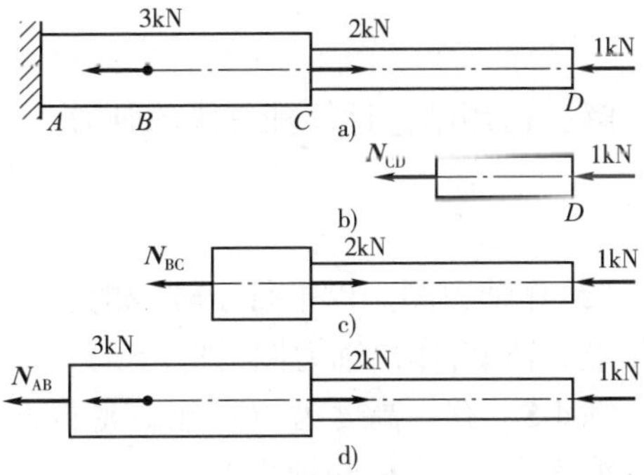

图 4-4

解:分三段计算轴力,分别取杆右段来研究,见图 4-4。

CD 段:

$$\sum X = 0, \quad N_{CD} + 1 = 0$$

得 $$N_{CD} = -1\text{kN} \quad (\text{压力})$$

BC 段:

$$\sum X = 0, \quad N_{BC} + 1 - 2 = 0$$

得 $$N_{BC} = 2 - 1 = 1(\text{kN}) \quad (\text{拉力})$$

AB 段:

$$\sum X = 0, \quad N_{AB} + 3 + 1 - 2 = 0$$

得 $$N_{AB} = 2 - 3 - 1 = -2(\text{kN}) \quad (\text{压力})$$

根据上例,可以归纳出求轴力的结论:杆件任一截面的轴力,在数值上等于该截面一侧

(左侧或右侧)所有轴向外力的代数和。在代数和中,外力为拉力时取正,为压力时取负。

读者可根据上述结论,直接计算例4-3中杆件各段的轴力。

二、轴力图

工程中常有一些杆件,其上受到多个轴向外力的作用,这时不同横截面上轴力将不相同。为了形象地表示轴力沿杆长的变化情况,通常作出轴力图。

轴力图的绘制方法:用平行于杆轴线的坐标轴 x 表示杆件横截面的位置,以垂直于杆轴线的坐标轴 N 表示相应截面上轴力的大小,正的轴力画在 x 轴上方,负的轴力画在 x 轴下方。这种表示轴力沿杆件轴线变化规律的图线,称为轴力图。在轴力图上,除标明轴力的大小、单位外,还应标明轴力的正负号。

例4-4 杆件受力如图4-5a)所示。已知 $P_1 = 20\text{kN}$, $P_2 = 50\text{kN}$, $P_3 = 30\text{kN}$,试绘制杆的轴力图。

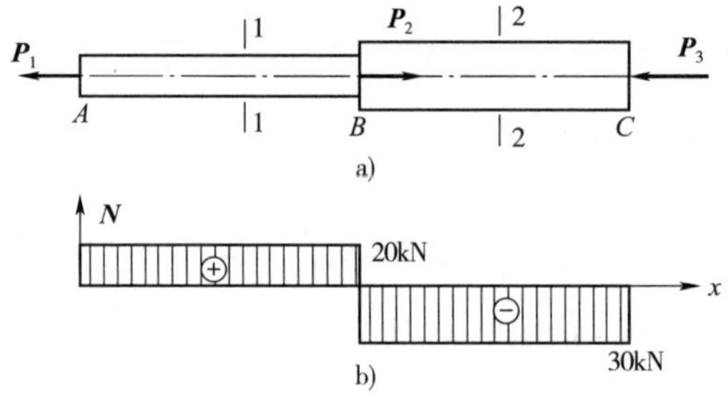

图 4-5

解:(1)用结论计算杆各段的轴力。

$$N_{AB} = P_1 = 20\text{kN} \quad (\text{拉力})$$

$$N_{BC} = -P_3 = -30\text{kN} \quad (\text{压力})$$

(2)作轴力图。以平行于轴线的 x 轴为横坐标,垂直于轴线的 N 轴为纵坐标,将两段轴力标在坐标轴上,作出轴力图[图4-5b)]。

例4-5 有一高度为 H 的正方形截面石柱如图4-6a)所示,顶部作用有轴心压力 $\boldsymbol{P}$。已知材料重度为 γ, 作柱的轴力图。

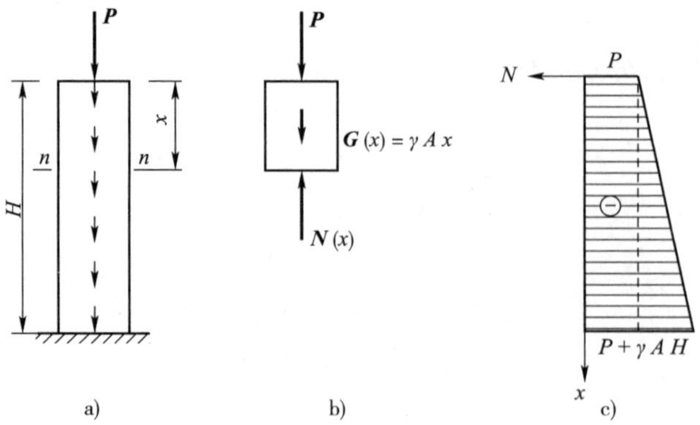

图 4-6

例4-5讲解

解:柱的各截面轴力大小是变化的。计算任意截面 n-n 上的轴力 $N(x)$ 时,将柱从该处假想地截开,取上段作为研究对象,如图4-6b)所示。由平衡条件:

$$\sum X = 0, \quad P + G(x) - N(x) = 0$$

得
$$N(x) = P + G(x) = P + \gamma Ax$$

其中 $G(x) = \gamma Ax$,是截面 n-n 以上长度为 x 的一段柱的自重力。由于重度 γ 和柱截面面积都是常量,所以 $G(x)$ 沿柱高呈直线规律变化。柱顶 $x=0, G(x)=0$;柱底 $x=H, G(x)=\gamma AH$。在自重力单独作用下,柱的轴力图是一个三角形。当同时考虑柱自重力和柱顶压力 P 时,轴力图如图 4-6c)所示。最大轴力发生在柱底截面,其值为 $N = P + \gamma AH$。

第二节 轴向拉(压)杆横截面上的正应力

一、应力与应变的概念

1. *应力*

要了解构件在外力作用下的强度,不但要知道当外力达到一定数值时构件可能在哪一个截面上破坏,而且还要知道在该截面上的哪一点开始破坏。故仅仅知道构件截面上的内力是不够的,还必须知道截面上各点处的内力分布情况,及内力密集程度(简称为内力集度),故引入有关应力(stress)的概念。

在内力分布的截面上围绕一点 E 取出一微小面积 ΔA(图 4-7),因假设构件是连续均匀的变形体,故内力在截面上是连续分布的,在此微小面积 ΔA 上也会作用着截面上的总内力的一部分 ΔP,我们把 ΔP 对 ΔA 的比值,称为在微小面积 ΔA 上的平均应力,即:

$$\bar{p} = \frac{\Delta P}{\Delta A}$$

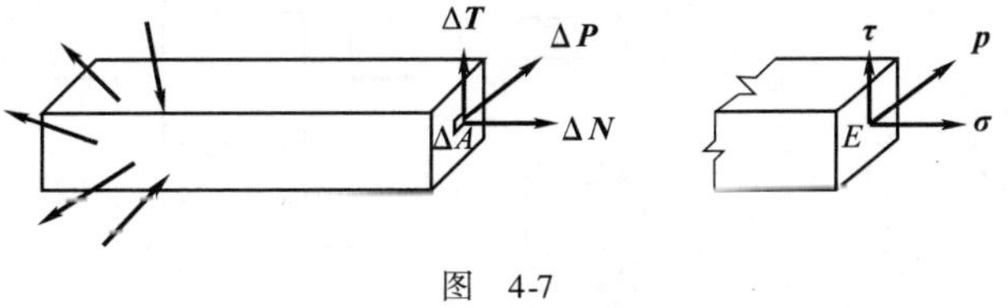

图 4-7

为了消除 ΔA 的影响,可令 ΔA 逐渐向 E 点缩小,取极限,则得到点 E 处的应力为:

$$p = \lim_{\Delta A \to 0} \frac{\Delta P}{\Delta A} = \frac{dP}{dA}$$

这样,应力就表示着内力的集度,在实用上也常把应力当成作用在单位面积上的内力。应力的量纲是[力]/[长度]^2,国际单位制(SI)的单位为Pa(N/m^2)(称为帕斯卡,Pascal),或 MPa (10^6Pa)。

将 ΔP 分解为垂直于截面的法向分力 ΔN 和平行于截面的切向分力 ΔT,分别求得与微面积 ΔA 的比值的极限,有:

$$\sigma = \lim_{\Delta A \to 0} \frac{\Delta N}{\Delta A} \qquad \tau = \lim_{\Delta A \to 0} \frac{\Delta T}{\Delta A}$$

p 为截面上 E 点处的总应力,σ 为 E 点处的正应力(normal stress),τ 为 E 点处的剪应力(shearing stress)。将总应力用正应力和剪应力两个分量来表达是有其物理意义的,因为它们与材料的两类破坏现象相对应。

应该注意到,通过任意给定的一点可以取无数个截面,故一点处的应力与通过该点所取的截面的方向有关。在描述给定点处的应力时,不仅要说明其大小、方向,而且要说明其所在的截面。

2. 应变(strain)

应力是一个矢量,通常与截面既不垂直,也不相切。材料力学总是将它分解为垂直于截面的应力分量 σ 和相切于截面的应力分量 τ,以研究杆件的强度。

为研究整个杆件的变形,设想把杆件分成许多极微小的正六面体[图 4-8a)],这种正六面体称为单元体(element)。整个杆件的变形可视为各单元体变形的累积结果。

一个单元体的变形有边长的改变和各边夹角的改变两种形式。

单元体边长的改变称为线变形(linear strain)。如图 4-8b)所示单元体的边长为 dx,变形后为 $dx+\Delta dx$,则 Δdx 称为 dx 的绝对线变形,或简称为线变形。Δdx 与原长 dx 的比值 ε 称为相对线变形,或线应变。

$$\varepsilon=\frac{\Delta dx}{dx}$$

变形后长度增加时为拉应变,减少时为压应变。

单元体各边间互成直角,变形后直角的改变量 γ 称为角应变或剪应变[图 4-8c)]。

线应变 ε 和剪应变 γ 都是没有量纲的量。

应变和应力之间存在着对应关系(图 4-9);正应力 σ 沿着截面法线方向作用,它引起的应变是线应变 ε;剪应力 τ 沿着截面切线方向作用,它引起的应变是角应变 γ。试验证明,弹性体在弹性范围内,应力与应变(σ 与 ε,τ 与 γ)之间成正比关系。

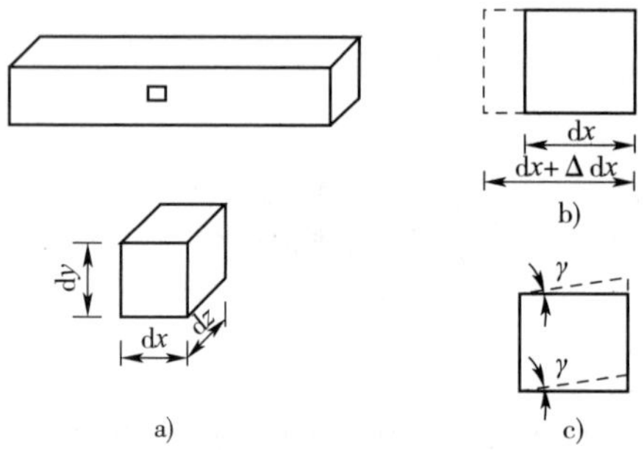

图 4-8

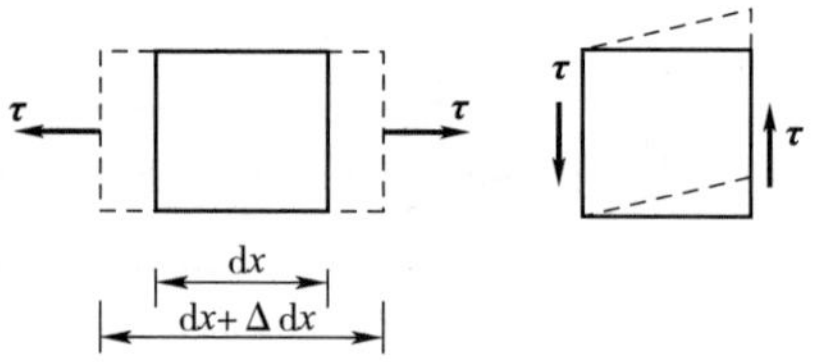

图 4-9

二、轴向拉压杆横截面上的正应力

要计算正应力 σ,必须知道分布内力在横截面上的分布规律。在材料力学中,通常采用的方法是:通过试验观察其变形情况,提出假设;由分布内力与变形的物理关系,得到应力的分布规律;再由静力平衡条件得出应力计算公式。

1. 试验观察

取一直杆[图 4-10a)],在其侧面任意画两条垂直于杆轴线的横向线 ab 和 cd。拉伸后

可观察到横向线 ab、cd 分别平行移到了位置 $a'b'$ 和 $c'd'$，仍为直线，且仍然垂直于杆轴线[图 4-10b)]。

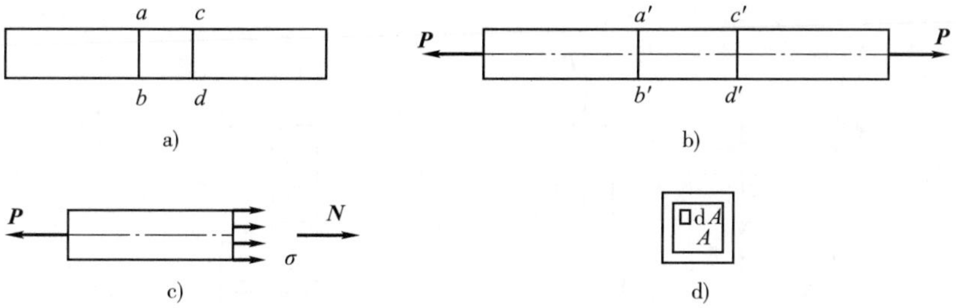

图 4-10

2. 假设与推理

根据上述观察的现象，提出以下假设及推理：

(1)变形前原为平面的横截面，变形后仍保持为平面，这就是平面假设。

(2)假设杆件是由无数根纵向纤维组成，由平面假设可知，任意两横截面间各纵向纤维具有相同的变形(deformation)。

又根据材料的均匀连续性假设，各根纤维的性质相同，因此，拉杆横截面上的分布内力是均匀分布的，故各点处的应力大小相等，如图 4-10c)所示。由于该应力垂直于横截面，故拉杆横截面上产生的应力为均匀分布的正应力。这一结论对于压杆也是成立的。

3. 应力计算公式

在横截面上取一微面积 dA[图 4-10d)]，作用在微面积上的微内力为 $dN=\sigma dA$，则整个横截面 A 上微内力的总和应为轴力 N[图 4-10c)]，即：

$$N=\int_A dN=\int_A \sigma dA=\sigma\int_A dA=\sigma A$$

得：

$$\sigma=\frac{N}{A} \tag{4-1}$$

式中：N——横截面上的轴力；

A——横截面面积。

式(4-1)为拉(压)杆横截面上的正应力计算公式。

应该指出，在外力作用点附近，应力分布较复杂，且非均匀分布，公式(4-1)适用于离外力作用点稍远处(大于截面尺寸)横截面上的正应力计算。

σ 的符号：正号表示拉应力，负号表示压应力。

例 4-6 图 4-11 所示砖柱，$a=24\text{cm}$，$b=37\text{cm}$，$l_1=3\text{m}$，$l_2=4\text{m}$，$P_1=50\text{kN}$，$P_2=90\text{kN}$。略去砖柱自重。求砖柱各段的轴力及应力，并绘制轴力图。

解：砖柱受轴向荷载作用，是轴向压缩。

(1)计算柱各段轴力。

AB 段：

$$N_1=-P_1=-50\text{kN}\quad(\text{压力})$$

BC 段：

$$N_2 = -P_1 - P_2 = -50 - 90 = -140(\text{kN}) \quad (压力)$$

(2)画柱的轴力图。

见图4-11b)。

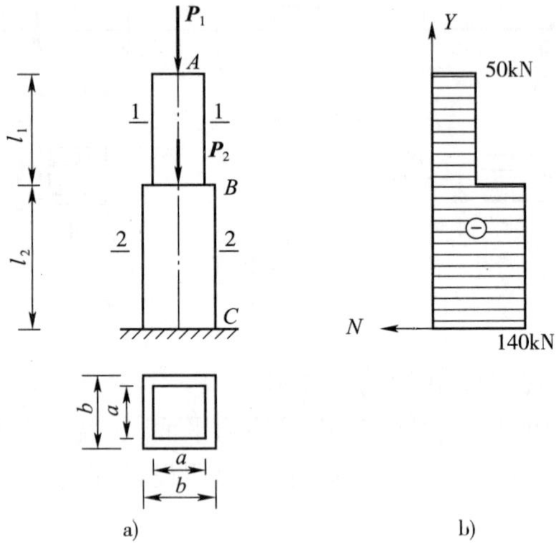

图 4-11

例4-6讲解

(3)计算柱各段的应力。

*AB*段:

1-1横截面上的轴力为压力

$$N_1 = -50\text{kN}$$

横截面面积

$$A_1 = 240 \times 240 = 5.76 \times 10^4(\text{mm}^2)$$

则
$$\sigma_1 = \frac{N_1}{A_1} = -\frac{50 \times 10^3}{5.76 \times 10^4} = -0.868(\text{MPa}) \quad (压应力)$$

*BC*段:

2-2横截面上的轴力为压力

$$N_2 = -140\text{kN}$$

横截面面积
$$A_2 = 370 \times 370 = 13.69 \times 10^4(\text{mm}^2)$$

则
$$\sigma_2 = \frac{N_2}{A_2} = -\frac{140 \times 10^3}{13.69 \times 10^4} = -1.02(\text{MPa}) \quad (压应力)$$

例4-7 图4-12所示铰接支架,*AB*杆为$d = 16\text{mm}$的圆截面杆,*BC*杆为$a = 100\text{mm}$的正方形截面杆,$P = 15\text{kN}$,试计算各杆横截面上的应力。

解:(1)计算各杆的轴力。

取节点*B*为研究对象[图4-12b)],设各杆的轴力为拉力。由平衡条件:

$$\sum Y = 0, \quad N_{BA}\sin30° - P = 0$$

$$N_{BA} = \frac{P}{\sin30°} = \frac{15}{0.5} = 30(\text{kN}) \quad (拉力)$$

$$\sum X=0,\quad N_{BA}\cos30°+N_{BC}=0$$

$$N_{BC}=-N_{BA}\cos30°=-30\times0.866=-26(\text{kN})\quad(\text{压力})$$

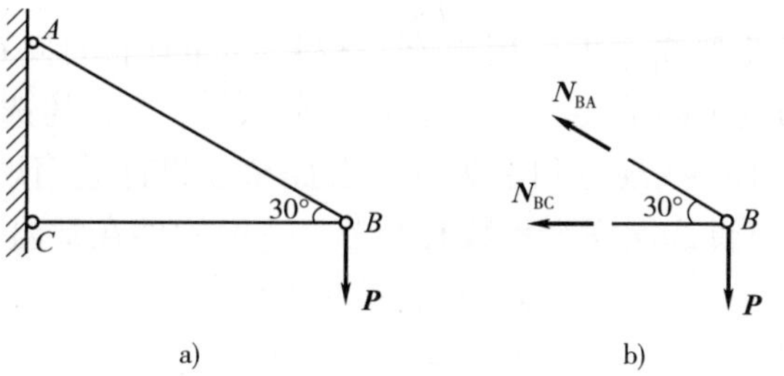

图 4-12

(2)计算各杆的应力。

$$\sigma_{AB}=\frac{N_{BA}}{A_{BA}}=\frac{4\times N_{BA}}{\pi d^2}=\frac{4\times30\times10^3}{3.14\times16^2}=149.3(\text{MPa})\quad(\text{拉应力})$$

$$\sigma_{BC}=\frac{N_{BC}}{A_{BC}}=-\frac{26\times10^3}{10^2\times10^2}=-2.6(\text{MPa})\quad(\text{压应力})$$

第三节 轴向拉(压)杆的强度计算

一、容许应力与安全系数

1. *极限应力与容许应力*

根据对材料的力学性质的研究可知,当塑性材料达到屈服极限时,有较大的塑性变形发生;脆性材料达到强度极限时,会引起断裂。构件在工作时,这两种情况都是不允许的。我们把构件发生显著变形或断裂时的最大应力,称为**极限应力**(ultimate stress),用σ^0表示。

塑性材料以屈服极限为极限应力,即:

$$\sigma^0=\sigma_s$$

脆性材料以强度极限为极限应力,即:

$$\sigma^0=\sigma_b$$

为了保证构件安全、正常工作,仅把工作应力限制在极限应力以内是不够的。因实际构件的工作条件受许多外界因素及材料本身性质的影响,故必须把工作应力限制在更小的范围,以保证有必要的强度储备。

我们把保证构件安全、正常工作所允许承受的最大应力,称为**容许应力**(allowable stress),用$[\sigma]$表示。即:

$$[\sigma]=\frac{\sigma^0}{K}$$

式中:$[\sigma]$——材料的容许应力;

σ^0——材料的极限应力;

K——安全系数,$K>1$。

2. 安全系数(margin)

确定安全系数 K 时,主要应考虑的因素有:材料质量的均匀性,荷载估计的准确性,计算方法的正确性,构件在结构中的重要性及工作条件等。安全系数的选取涉及许多方面的问题。目前,国内有关部门编制了一些规范和手册[如《公路桥涵设计通用规范》(JTG D60—2015)和《公路桥涵设计手册》],可供选取安全系数时参考。一般构件在常温、静载条件下:

塑性材料 $K_s = 1.5 \sim 2.5$

脆性材料 $K_b = 2 \sim 3.5$

容许应力$[\sigma]$是强度计算中的重要指标,其值取决于极限应力 σ^0 及安全系数 K。

塑性材料 $$[\sigma] = \frac{\sigma_s}{K_s} \quad 或 \quad [\sigma] = \frac{\sigma_{0.2}}{K_s}$$

脆性材料 $$[\sigma] = \frac{\sigma_b}{K_b}$$

安全系数的选取和容许应力的确定,关系到构件的安全与经济两个方面。这两个方面往往是相互矛盾的,应该正确处理好它们之间的关系。片面地强调任何一方面都是不妥当的。如果片面地强调安全,采用的安全系数过大,不仅浪费材料,而且会使设计的构件变得笨重;相反,如果片面地强调经济,采用的安全系数过小,则不能保证构件安全,甚至会造成事故。

二、强度条件

为了保证构件安全可靠地工作,必须使构件的最大工作应力不超过材料的容许应力。拉(压)杆件的强度条件为:

$$\sigma_{max} = \frac{N_{max}}{A} \leqslant [\sigma] \tag{4-2}$$

式中:σ_{max}——最大工作应力;

N_{max}——构件横截面上的最大轴力;

A——构件的横截面面积;

$[\sigma]$——材料的容许应力。

对于变截面直杆,应找出最大应力及其相应的截面位置,进行强度计算。

三、强度条件的应用

根据强度条件,可解决工程实际中有关构件强度的三类问题。

1. 强度校核

已知构件的材料、横截面尺寸和所受荷载,校核构件是否安全。即:

$$\sigma_{max} = \frac{N_{max}}{A} \leqslant [\sigma]$$

2. 设计截面尺寸

已知构件承受的荷载及所用材料,确定构件横截面尺寸。即:

$$A \geqslant \frac{N_{max}}{[\sigma]}$$

由上式可算出横截面面积,再根据截面形状确定其尺寸。

3. 确定容许荷载

已知构件的材料和尺寸,可按强度条件确定构件能承受的最大荷载。即:

$$N_{max} \leqslant A[\sigma]$$

由 N_{max} 再根据静力平衡条件,确定构件所能承受的最大荷载。

例 4-8 某独脚扒杆为直径 $d=10$cm 的木杆,容许应力$[\sigma]=4.5$MPa。扒杆与铅垂线的夹角为 $\alpha=10°$,缆风绳与地面的夹角 $\beta=30°$,葫芦固定在扒杆上,其固定点至地面的高度 $H=5$m。拟起吊 $P=40$kN(包括重物的重力、葫芦重力)的重物[图 4-13a)],试校核扒杆的强度。若强度不够,则另选截面尺寸。

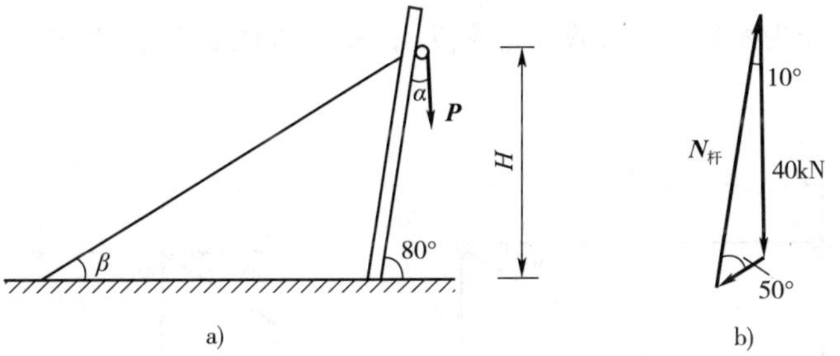

图 4-13

例 4-8 讲解

解:(1)计算扒杆所能承受的压力。

因重物的重力、缆绳的拉力、扒杆的压力是共点力系,即可绘出闭合的力三角形,如图 4-13b)所示。根据正弦定理:

$$N_{杆} = \frac{40}{\sin(80° - 30°)} \times \sin[180° - (50° + 10°)] = \frac{40}{\sin 50°} \times \sin 120° = 45.221(\text{kN})$$

(2)校核扒杆的强度。

$$\sigma_{杆} = \frac{N}{A} = \frac{4 \times 45.221 \times 10^3}{\pi \times 100^2} = 5.76(\text{MPa}) > [\sigma]$$

扒杆不满足强度条件,需要重新选择截面尺寸。

由
$$A \geqslant \frac{N}{[\sigma]} = \frac{45.221 \times 10^3}{4.5} = 10\ 049.11(\text{mm}^2)$$

$$d = \sqrt{\frac{4A}{\pi}} = \sqrt{\frac{4 \times 10\ 049.11}{\pi}} = 113.14(\text{mm})$$

取
$$d = 12\text{cm}$$

例 4-9 一轴心受压柱的基础(图 4-14)。已知轴心压力 $N=490$kN,基础埋深 $H=1.8$m,基础和土的平均重度 $\gamma=19.6\text{kN/m}^3$,地基土的容许压力 $[R]=196\text{kN/m}^2$,试计算基础所需底面积。

解:基础底面积所承受的压力来自柱子传来的压力 N 和基础的自重力 $G=\gamma HA$。

根据强度条件:

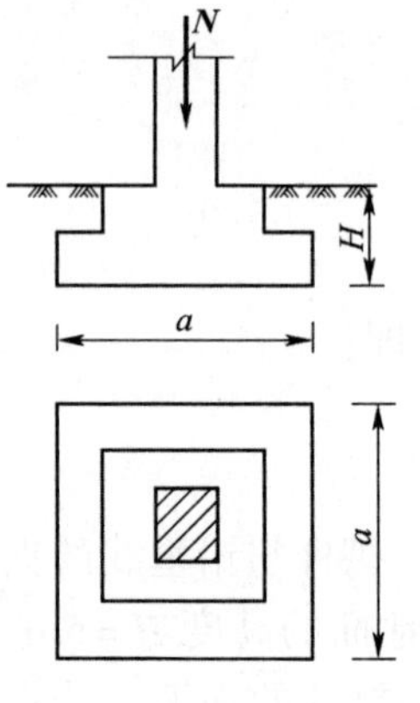

图 4-14

$$\sigma = \frac{N+G}{A} \leqslant [R]$$

即

$$\frac{N}{A} + \gamma H \leqslant [R]$$

求基础所需面积：

$$A \geqslant \frac{N}{[R]+\gamma H} = \frac{490 \times 10^3}{196 \times 10^3 - 19.6 \times 1.8 \times 10^{-3}} = 3.1 \times 10^6 (\text{mm}^2)$$

若采用正方形基础，则基础的底边长为：

$$a = \sqrt{A} = \sqrt{3.10 \times 10^6} = 1\ 760(\text{mm})$$

取 $a = 180\text{cm}$

例 4-10 图 4-15 所示三角形托架，AB 为钢杆，其横截面面积为 $A_1 = 400\text{mm}^2$，容许应力 $[\sigma_1] = 170\text{MPa}$；$BC$ 杆为木杆，其横截面面积为 $A_2 = 10\ 000\text{mm}^2$，容许应力 $[\sigma_2] = 10\text{MPa}$。试求荷载 $\boldsymbol{P}$ 的最大值 $P_{\max}$。

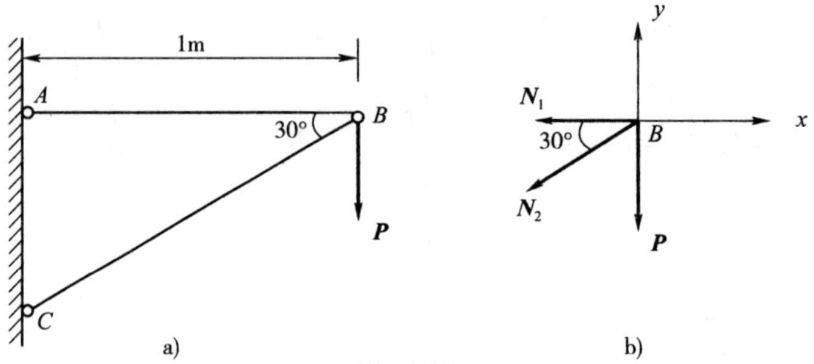

图 4-15

解：(1)求两杆的轴力与荷载的关系。取节点 B 为研究对象[图 4-15b)]。由平衡条件：

$$\sum Y = 0,\quad N_2 \sin 30° - P = 0$$

$$N_2 = \frac{P}{\sin 30°} = 2P \quad (\text{压力})$$

$$\sum X = 0,\quad N_2 \cos 30° - N_1 = 0$$

$$N_1 = N_2 \cos 30° = 2P \times \frac{\sqrt{3}}{2} = \sqrt{3}P \quad (\text{拉力})$$

(2)计算容许荷载。

由 $N_{\max} \leqslant A[\sigma_1]$

AB 杆的容许荷载为：

$$N_1 = \sqrt{3}P \leqslant A_1[\sigma_1]$$

$$P \leqslant \frac{A_1[\sigma_1]}{\sqrt{3}} = \frac{400 \times 170}{\sqrt{3}} = 39\ 300(\text{N}) = 39.3\text{kN}$$

BC 杆的容许荷载为：

$$N_2 = 2P \leqslant A_2[\sigma_2]$$

$$P \leqslant \frac{A_2[\sigma_2]}{2} = \frac{10\,000 \times 10}{2} = 50\,000(\mathrm{N}) = 50\mathrm{kN}$$

为了保证两杆都能安全地工作，荷载 P 的最大值为：

$$P_{max} = 39.3\mathrm{kN}$$

第四节 轴向拉（压）杆的变形计算

一、线变形、线应变、胡克定律（Hooke's law）

如图 4-16 所示，设杆件原长为 l，受轴向拉力 $\boldsymbol{P}$ 作用，变形后的长度为 l_1，则杆件长度的改变量为：

$$\Delta l = l_1 - l$$

Δl 称为线变形（或绝对变形），伸长时 Δl 取正，缩短时 Δl 取负。

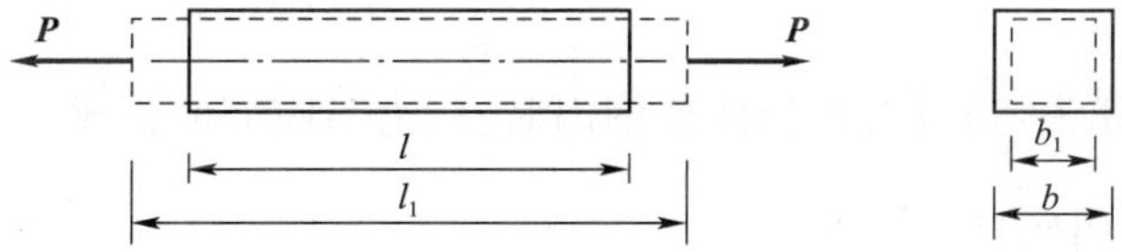

图 4-16

试验表明，在材料的弹性范围内，Δl 与外力 P 和杆长 l 成正比，与横截面面积 A 成反比，即：

$$\Delta l \propto \frac{Pl}{A}$$

引入比例系数 E，由于 $P = N$，上式可写为：

$$\Delta l = \frac{Nl}{EA} \tag{4-3}$$

式（4-3）为胡克定律的数学表达式。比例系数 E 称为材料的拉（压）弹性模量（modulus of elasticity），它与材料的性质有关，是衡量材料抵抗变形能力的一个指标。各种材料的 E 值由试验测定，其单位与应力的单位相同。一些常用材料的 E 值列入表 4-1 中。EA 称为杆件的抗拉（压）刚度，它反映了杆件抵抗拉（压）变形的能力，对长度相同、受力相等的杆件，EA 越大，变形 Δl 就越小；EA 越小，变形 Δl 就越大。

常用材料的 E、μ 值 表 4-1

材料名称	弹性模量 E（GPa）	泊松比 μ	材料名称	弹性模量 E（GPa）	泊松比 μ
碳钢	200 ~ 220	0.25 ~ 0.33	16 锰钢	200 ~ 220	0.25 ~ 0.33

续上表

材料名称	弹性模量 E (GPa)	泊松比 μ	材料名称	弹性模量 E (GPa)	泊松比 μ
铸铁	115 ~ 160	0.23 ~ 0.27	铜及其合金	74 ~ 130	0.31 ~ 0.42
铝及硬铝合金	71	0.33	花岗石	49	
混凝土	14.6 ~ 36	0.16 ~ 0.18	木材(顺纹)	10 ~ 12	
橡胶	0.008	0.47			

由式(4-3)可以看出,杆件的线变形 Δl 与杆件的原始长度 l 有关。为了消除杆件原长 l 的影响,更确切地反映材料的变形程度,将 Δl 除以杆件的原长 l,用单位长度的变形 ε 来表示,即:

$$\varepsilon = \frac{\Delta l}{l}$$

ε 称为相对变形或**线应变**(linear strain),是一个无单位的量。拉伸时 Δl 为正值,ε 也为正值;压缩时 Δl 为负值,ε 也为负值。

若将式(4-3)改写为:

$$\frac{\Delta l}{l} = \frac{1}{E} \times \frac{N}{A}$$

并以 $\frac{\Delta l}{l} = \varepsilon$,$\frac{N}{A} = \sigma$ 这两个关系式代入上式,可得胡克定律的另一表达形式为:

$$\sigma = E\varepsilon \tag{4-4}$$

式(4-4)又可表述为:当应力在弹性范围内时,应力与应变成正比。

二、横向变形、泊松比

杆件在拉伸或压缩时,横截面尺寸也相应地发生改变。图 4-16 中的拉杆,原横向尺寸为 b,拉伸后变为 b_1,则横向尺寸改变量为

$$\Delta b = b_1 - b$$

横向线应变 ε' 为

$$\varepsilon' = \frac{\Delta b}{b}$$

拉伸时 Δb 为负值,ε' 也为负值;压缩时 Δb 为正值,ε' 也为正值。故拉伸和压缩时的纵向线应变与横向线应变的符号总是相反的。

试验表明,杆的横向应变与纵向应变之间存在着一定的关系,在弹性范围内,横向应变 ε' 与纵向应变 ε 的比值的绝对值是一个常数,用 μ 表示。

$$\mu = \left|\frac{\varepsilon'}{\varepsilon}\right| \tag{4-5}$$

μ 称为泊松比(Poisson's ratio)或横向变形系数,其值可通过试验确定。由于 ε 与 ε' 的符号恒为异号,故有:

$$\varepsilon' = -\mu\varepsilon \tag{4-6}$$

弹性模量和泊松比都是反映材料弹性性能的常数。

例 4-11 短柱如图 4-17 所示,承受荷载 $P_1 = 580\text{kN}$,$P_2 = 660\text{kN}$,其上面部分的长度 $l_1 =$

0.6m，截面为正方形（边长为70mm）；下面部分的长度 $l_2=0.7\text{m}$，截面也为正方形（边长为120mm）。设 $E=200\text{GPa}$，试求：

（1）短柱顶面的位移。

（2）上面部分的线应变和下面部分的线应变之比值。

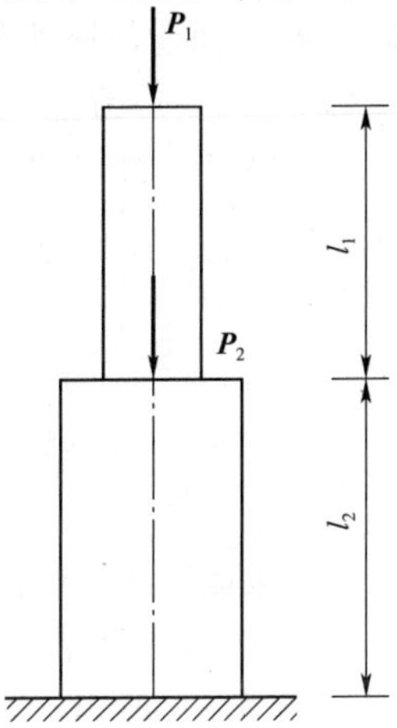

图 4-17

解：（1）计算短柱顶面的位移。

$$\Delta l_1=\frac{N_1l_1}{EA_1}=\frac{580\times10^3\times600}{200\times10^3\times70^2}=0.355(\text{mm})$$

$$\Delta l_2=\frac{N_2l_2}{EA_2}=\frac{(580+660)\times10^3\times700}{200\times10^3\times120^2}=0.301(\text{mm})$$

短柱顶面的总位移为：

$$\Delta l=\Delta l_1+\Delta l_2=0.355+0.301=0.656(\text{mm})$$

（2）计算上、下两部分应变之比。

$$\varepsilon_1=\frac{\Delta l_1}{l_1}=\frac{0.355}{600}=59.16\times10^{-5}$$

$$\varepsilon_2=\frac{\Delta l_2}{l_2}=\frac{0.301}{700}=43\times10^{-5}$$

$$\frac{\varepsilon_1}{\varepsilon_2}=\frac{59.16\times10^{-5}}{43\times10^{-5}}=1.375$$

例 4-12 一钢制阶梯杆如图 4-18 所示。已知 $P_1=50\text{kN}$，$P_2=20\text{kN}$，杆长 $l_1=120\text{mm}$，$l_2=l_3=100\text{mm}$，横截面面积 $A_1=A_2=500\text{mm}^2$，$A_3=250\text{mm}^2$，弹性模量为 $E=200\text{GPa}$。试求杆件各段的纵向变形、线应变和 B 截面的位移。

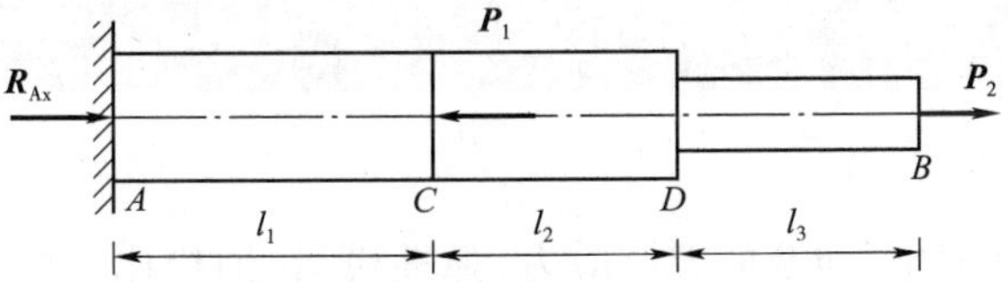

图 4-18

解：（1）计算杆各段的轴力。

$$N_1=N_{AC}=20-50=-30(\text{kN})\quad（压力）$$

$$N_2=N_{CD}=20\text{kN}\quad（拉力）$$

$$N_3=N_{DB}=20\text{kN}\quad（拉力）$$

（2）计算杆各段的纵向变形。

$$\Delta l_1=\frac{N_1l_1}{E_1A_1}=-\frac{30\times10^3\times120}{200\times10^3\times500}=-0.036(\text{mm})$$

$$\Delta l_2=\frac{N_2l_2}{E_2A_2}=\frac{20\times10^3\times100}{200\times10^3\times500}=0.02(\text{mm})$$

$$\Delta l_3=\frac{N_3l_3}{E_3A_3}=\frac{20\times10^3\times100}{200\times10^3\times250}=0.04(\text{mm})$$

(3)计算 B 截面的位移。

B 截面的位移为杆的总变形量 Δl_{AB},它等于杆各段变形量的代数和。

$$\Delta l_{AB} = \Delta l_1 + \Delta l_2 + \Delta l_3 = -0.036 + 0.02 + 0.04 = 0.024(\text{mm})$$

(4)计算杆各段的线应变。

$$\varepsilon_1 = \frac{\Delta l_1}{l_1} = -\frac{0.036}{120} = -3.0 \times 10^{-4}$$

$$\varepsilon_2 = \frac{\Delta l_2}{l_2} = \frac{0.02}{100} = 2.0 \times 10^{-4}$$

$$\varepsilon_3 = \frac{\Delta l_3}{l_3} = \frac{0.04}{100} = 4.0 \times 10^{-4}$$

本题也可根据每段杆的轴力,由公式 $\sigma = N/A$ 计算出相应的应力,再由公式 $\varepsilon = \sigma/E$ 和 $\Delta l = \varepsilon \times l$,计算出各段杆的应变值和纵向变形。

例如 AC 段:

$$\sigma_1 = \frac{N_1}{A_1} = -\frac{30 \times 10^3}{500} = -60(\text{MPa})$$

$$\varepsilon_1 = \frac{\sigma_1}{E_1} = -\frac{60}{200 \times 10^3} = -3.0 \times 10^{-4}$$

$$\Delta l_1 = \varepsilon \times l_1 = -3.0 \times 10^{-4} \times 120 = -0.036(\text{mm})$$

所得结果与前面解法的结果相同。

第五节　材料在拉伸和压缩时的力学性能

前面在强度、变形计算中,涉及的容许应力、弹性模量、泊松比,这些指标都属于材料的力学性质。**材料的力学性质**(mechanical property)是指:材料受力时力与变形之间的关系所表现出来的性能指标。材料的力学性质是根据材料的拉伸、压缩试验来测定的。

材料的力学性质不仅与材料自身的性质有关,还与荷载的类别(恒载与活载)、温度条件(常温、低温、高温)以及加载速度等因素有关,且材料种类繁多,我们不可能也不必要逐一地对每种材料在不同条件下进行研究。下面我们主要以工程中常用的低碳钢和铸铁这两种最具有代表性的材料为例,研究它们在常温(一般指室温)、静载下(指在加载过程中不产生加速度)拉伸或压缩时的力学性质。

一、材料拉伸时的力学性能

1. 低碳钢(Q235A)在拉伸时的力学性能

为了便于将试验结果进行比较,拉伸试验的试件按国家标准《金属材料　拉伸试验　第1

部分:室温试验方法》(GB/T 228.1—2010)制作(图4-19)。试件中间是一段等直杆,两端加粗,以便在试验机上夹紧。常用的标准试件的规格有两种:圆截面试件,标距(工作段长 L_0)与截面直径 d 有两种比例,$L_0=10d$ 和 $L_0=5d$;矩形截面试件,标距与截面面积 S_0 之间的关系规定为 $l=11.3\sqrt{A}$ 和 $l=5.65\sqrt{A}$。d 为试件直径,A 为试件截面面积。

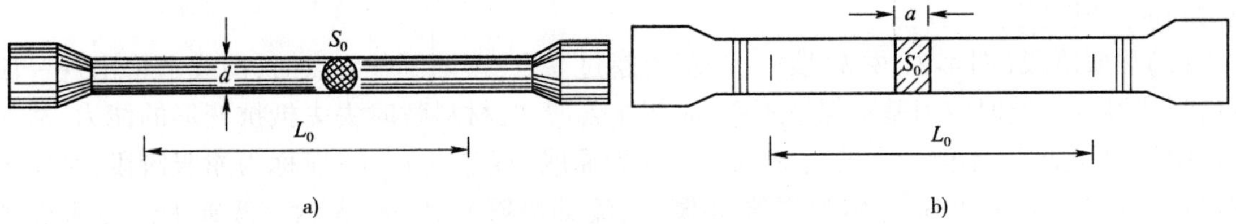

图 4-19

试验在万能材料试验机上进行。由试验可测出每一 P 值相对应的在标距长度 l 内的变形 Δl 值。取纵坐标表示拉力 P,横坐标表示伸长 Δl,可绘出 P 与 Δl 的关系曲线,称为拉伸图(tensile diagram)。拉伸图一般可由试验机上的自动绘画装置直接绘出。

由于 Δl 与试件原长 l 和截面面积 A 有关,因此,即使是同一材料,试件尺寸不同时,其拉伸图也不同。为了消除尺寸的影响,可将纵坐标以应力 $\sigma=P/S_0$(S_0 为试件变形前的横截面面积)表示,横坐标以应变 $\varepsilon=\Delta L/L_0$(L_0 为试件变形前标距长度)表示,画出的曲线称为应力-应变图(或 σ-ε 曲线),其形状与拉伸图相似。

图4-20为低碳钢的拉伸图,图4-21为低碳钢的应力-应变图。从 σ-ε 曲线可以看出,低碳钢拉伸过程中经历了四个阶段。

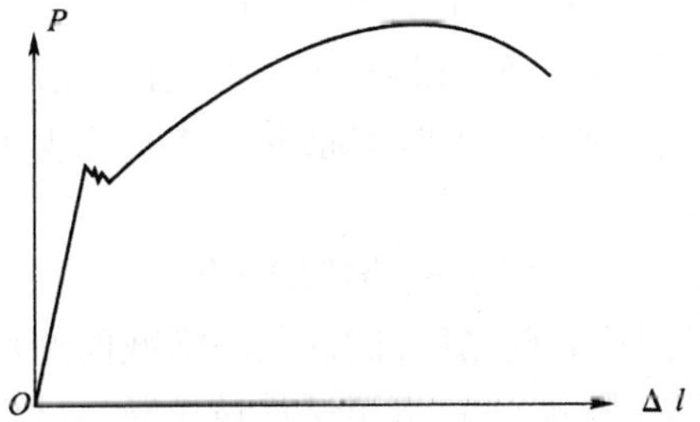

图 4-20

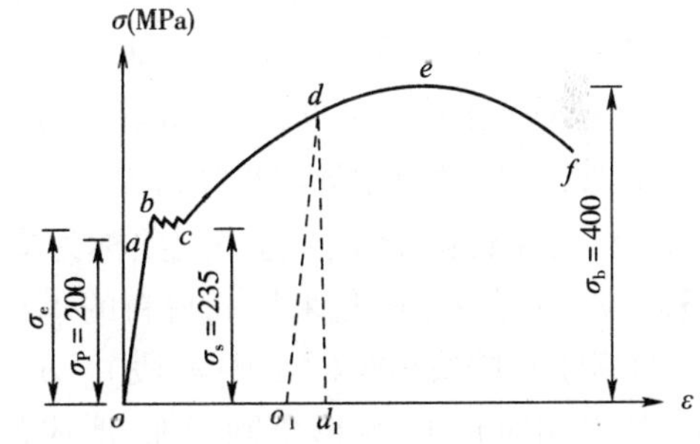

图 4-21

(1)弹性阶段(图4-21中的 ob 段)。拉伸初始阶段 oa 为一直线,表明应力与应变成正比,材料服从胡克定律。a 点对应的应力称为**比例极限**(proportional limit),用 σ_P 表示。Q235A 钢的比例极限约为 $\sigma_P=200$MPa。当应力不超过 σ_P 时,有

$$\sigma\propto\varepsilon \quad 或 \quad \sigma=E\varepsilon$$

$$E=\frac{\sigma}{\varepsilon}$$

直线 oa 的斜率即为材料的弹性模量(图4-21),$\tan\alpha=\sigma/\varepsilon=E$。过 a 点后,图线 ab 微弯而偏离直线 oa,这说明应力超过比例极限后,应力与应变不再保持正比关系。但只要应力不

超过 b 点对应的应力值,材料的变形仍然是弹性变形,即卸载后,变形将全部消失。b 点对应的应力 σ_e 称为**弹性极限**(elastic limit)。因此,试件的应力从零到弹性极限 σ_e 过程中,只产生弹性变形,称为**弹性阶段**。比例极限和弹性极限虽然物理意义不同,但二者的数值非常接近,工程上不严格区分。因而,在叙述胡克定律时,通常应叙述成应力不超过材料的弹性极限时,应力与应变成正比。

(2)屈服阶段(图4-21中 bc 段)。当应力超过 b 点,逐渐到达 c 点时,图线上将出现一段锯齿形线段 bc。此时应力基本保持不变,应变显著增加,材料暂时失去抵抗变形的能力,从而产生明显塑性变形(不能消失的变形)现象,称为**屈服**(或流动)。bc 段称为**屈服阶段**,对应于锯齿形首次下降的最小应力称为**屈服极限**(或流动极限),用 σ_s 表示。低碳钢的屈服极限 $\sigma_s = 235\text{MPa}$。

材料在屈服时,经过抛光的试件表面上将出现许多与轴线大致成45°的倾斜条纹(图4-22),称为滑移线。这些条纹是由于材料内部晶格发生相对错动而引起的。当应力达到屈服极限而发生明显的塑性变形,就会影响材料的正常使用。所以,屈服极限是一个重要的力学性能指标。

(3)强化阶段(图4-21中 ce 段)。过屈服阶段后,材料又恢复了抵抗变形的能力,要使材料继续变形,必须加力,这种现象称为**强化**。σ-ε 曲线中 c 至 e 点称为**强化阶段**。强化阶段的最高点 e 所对应的应力是材料所能承受的最大应力,称为**强度极限**,用 σ_b 表示。低碳钢的强度极限 $\sigma_b = 400\text{MPa}$。

如果在强化阶段内任一点 d 处卸载,应力-应变图线将沿着与 oa 近似平行的直线回到 o_1 点(图4-21)。图中 o_1d_1 代表恢复了的弹性变形,而 oo_1 代表残留的塑性变形。若对残留有塑性变形的试件再重新加载,应力-应变曲线将沿着 o_1def 曲线变化。比较图线 $oabcdef$ 和 o_1def 所代表的应力-应变曲线,可见,若预先将杆拉伸到强化阶段,使材料产生塑性变形,然后卸载,当重新加载时,其比例极限 σ_p 将得到提高。但断裂后的残余变形比原来拉伸时减少了一段 oo_1,说明材料的塑性降低了。这一现象称为**冷作硬化**。

工程中常利用冷作硬化来提高材料的承载能力。如冷拉钢筋、冷拔钢丝等。

(4)颈缩断裂阶段(图4-21中 ef 段)。σ-ε 曲线到达 e 点之后,试件某一横截面的尺寸急剧减小。拉力相应减小,变形急剧增加,形成颈缩现象(图4-23),直至试件被拉断。试件断裂后,弹性变形恢复,残留下塑性变形。

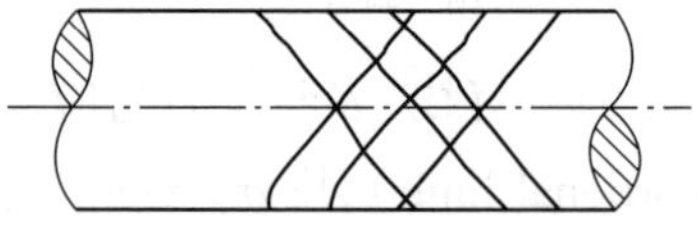

图 4-22

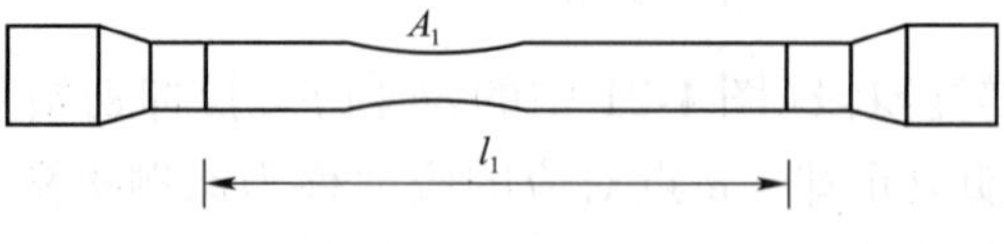

图 4-23

应力-应变图上的诸特征点 a、b、c、e 所对应的应力值,反映不同阶段材料的变形和破坏特性。其中屈服极限 σ_s 表示材料出现了显著的塑性变形;而强度极限 σ_b 则表示材料将失去承载能力。因此 σ_s、σ_b 是衡量材料强度的两个重要指标。

(5)延伸率(percentage of elongation)δ 和截面收缩率(percentage of crossection)Ψ。试件拉断后,一部分弹性变形(图4-21中的 o_1d_1)消失,但塑性变形(图4-21中 oo_1)被保留下来。试件

的标距由原来的 l 变为 l_1。断裂处的最小横截面面积为 A_1。工程上将 $\delta=\frac{l_1-l}{l}\times100\%$ 称为材料的**延伸率**,将 $\Psi=\frac{A-A_1}{A}\times100\%$ 称为截面**收缩率**。延伸率和截面收缩率是衡量材料塑性变形能力的两个指标。但在试验测量 A_1 时,容易产生较大的误差,因而钢材标准中往往只采用延伸率这个指标。

工程中通常把 $\delta\geqslant5\%$ 的材料,称为**塑性材料**,例如低碳钢(low-carbon steel)、黄铜、铝合金等;而把 $\delta<5\%$ 的材料称为**脆性材料**,例如铸铁(cast iron)、玻璃、陶瓷等。

低碳钢的延伸率 $\delta\geqslant26\%$,截面收缩率 $\Psi\approx60\%$。

2. 其他塑性材料在拉伸时的力学性质

图 4-24 表示几种塑性材料的 σ-ε 曲线,共同特点是延伸率 δ 都比较大。有些金属材料没有明显的屈服点,对于这些塑性材料,通常规定对应于应变 $\varepsilon_s=0.2\%$ 时的应力为名义屈服极限,用 $\sigma_{0.2}$ 表示(图 4-25)。

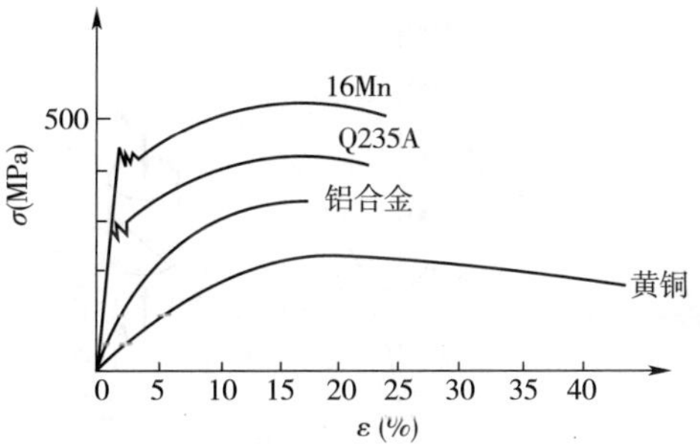

图 4-24

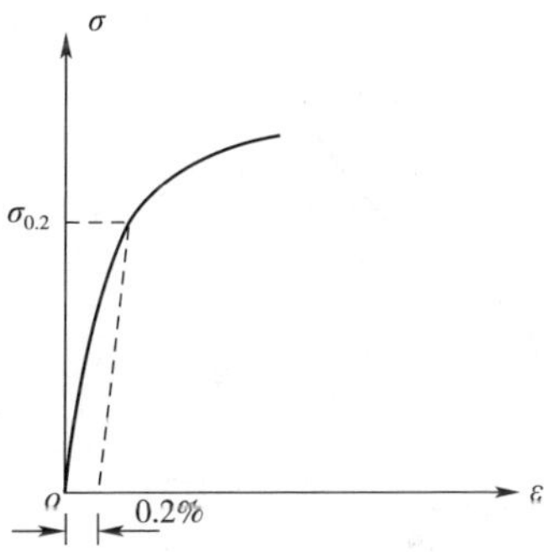

图 4-25

3. 铸铁在拉伸时的力学性质

图 4-26 为铸铁拉伸时的应力-应变图和破坏情况。铸铁作为典型的脆性材料,从受拉到断裂,变形始终很小,σ-ε 曲线无明显的直线部分,既无比例极限和屈服点,也无颈缩现象,破坏是突然发生的。断裂面接近垂直于试件轴线的横截面。所以,其断裂时的应力就是强度极限 σ_b。铸铁的弹性模量 E,通常以产生 0.1% 的总应变所对应的 σ-ε 曲线上的割线斜率来表示。铸铁的弹性模量 $E=115\sim160\text{GPa}$。

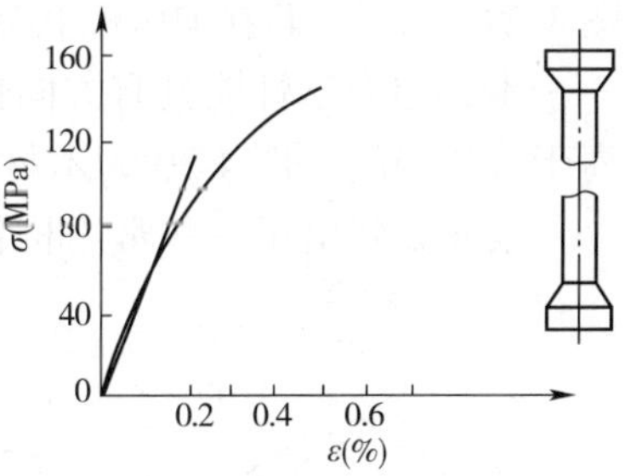

图 4-26

二、材料压缩时的力学性能

由于材料在受压时的力学性能与受拉时的力学性能不完全相同,因此除了做材料的拉伸试验外,还必须要做材料的压缩试验。

金属材料(如碳钢、铸铁等)压缩试验的试件为圆柱体,高为直径的 1.5~3.0 倍;非金属材料(如混凝土、石料等),试件为立方体。

1. 低碳钢压缩时的力学性质

图4-27a)中的实线为低碳钢压缩试验时的 σ-ε 的曲线,虚线表示拉伸时的 σ-ε 曲线,两条曲线的主要部分基本重合。低碳钢压缩时的比例极限 σ_P、弹性模量 E、屈服极限 σ_s 都与拉伸时相同。

当应力达到屈服极限后,试件出现显著的塑性变形。加压时,试件明显缩短,横截面增大。由于试件两端面与压头之间摩擦的影响,试件两端的横向变形受到阻碍,试件被压成鼓形[图4-27b)]。随着外力增加,越压越扁,但并不破坏。由于低碳钢的力学性能指标通过拉伸试验都可测得,因此,低碳钢一般不做压缩试验。

2. 铸铁压缩时的力学性质

脆性材料压缩时的力学性能与拉伸时有较大差别。图4-28为铸铁压缩时的 σ-ε 曲线。压缩时 σ-ε 仍然是条曲线,只是在压力较小时近似符合胡克定律。压缩时的强度极限 σ_b 比拉伸时的高3~4倍。铸铁试件破坏时,断口与轴线成45°~55°角。

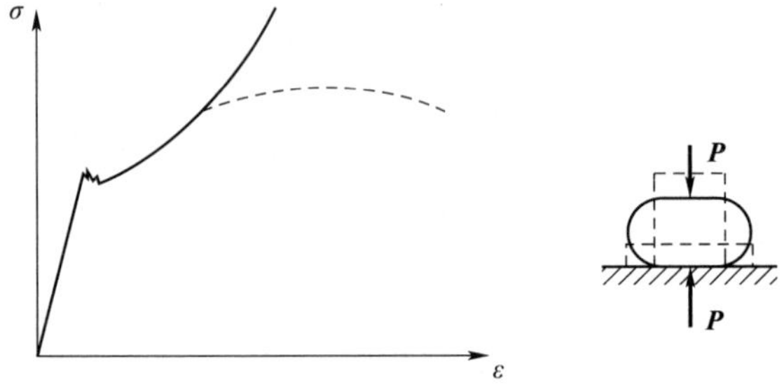

a) b)

图 4-27

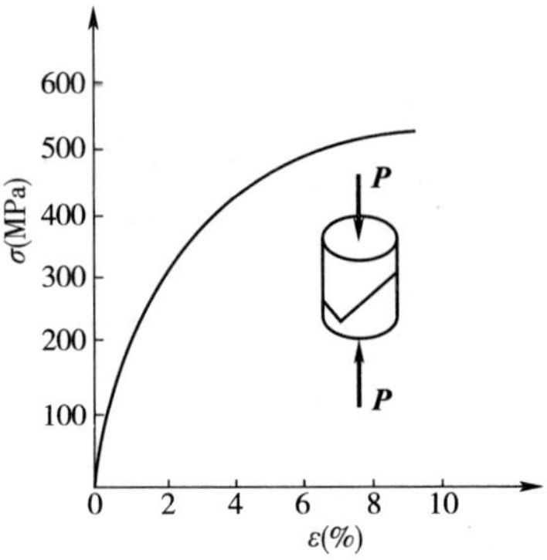

图 4-28

其他脆性材料如混凝土、石料等非金属材料,其抗压强度也远高于抗拉强度,破坏形式如图4-29a)所示。若在加压板上涂上润滑油,减弱了摩擦力的影响后,破坏形式如图4-29b)所示。

木料的力学性能具有方向性,抗拉、抗压强度顺纹方向比横纹方向高得多,而且抗拉强度高于抗压强度。图4-30为木材顺纹拉、压时的应力-应变图。

表4-2列出了一些常用材料的主要力学性能。

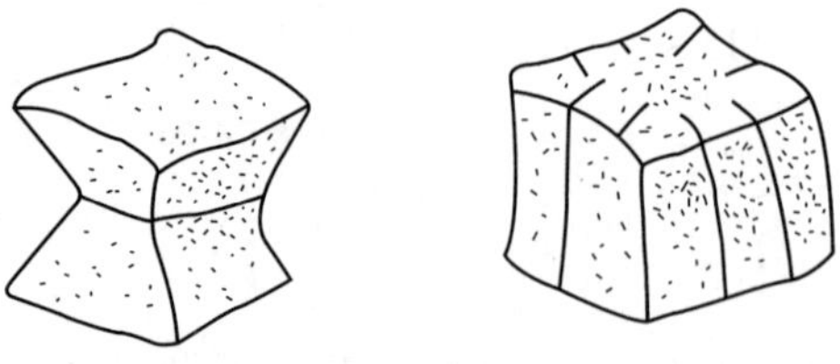
a) b)

图 4-29

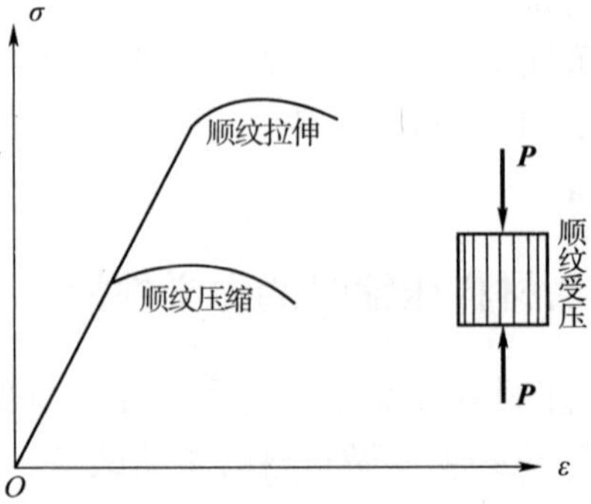

图 4-30

部分常用材料拉伸和压缩时的力学性质(常温、静载) 表 4-2

材料名称	牌号	屈服点 σ_s(MPa)	抗拉强度 σ_b(MPa)	抗压强度 σ_{bc}(MPa)	设计强度 (MPa)	伸长率 δ_s(%)	V型冲击功 (纵向)(J)
碳素结构钢	Q215A (2号钢)	≥215 (钢材厚度或直径≤16mm)	335~410			≥31	
	Q235A (3号钢)	≥235 (钢材厚度或直径≤16mm)	375~460		215 (抗压、抗拉、抗弯)	≥26	≥27
优质结构钢	35号 45号	315 360	529 610			≥20 ≥16	
低合金钢	16Mn	≥345 (钢材厚度或直径≤16mm)	516~660		315 (抗压、抗拉、抗弯)	≥22	≥27
	15MnV	≥390 (钢材厚度或直径≥4~16mm)	530~580		350 (抗压、抗拉、抗弯)	≥18	≥27 (20℃)
球墨铸铁	GT40-10	290	390			≥10	
灰铸铁	HT15-33		100~280	640			
铝合金	LY_{11}	110~240	210~420			≥18	
	LD_9	280	420			≥13	
铜合金	QA19-2	300	450			20~24	
	QA19-4	200	500~600			≥40	
混凝土	C20		1.6	14.2	10 (轴心抗压时)		
	C30		2.1	21	15 (轴心抗压时)		
松木			96(顺纹)	33			
柞木	东北产			45~56			
杉木	湖南产		77~79	36~41			
有机玻璃	含玻璃纤维30%		>55	130			

续上表

材料名称	牌号	屈服点 σ_s(MPa)	抗拉强度 σ_b(MPa)	抗压强度 σ_{bc}(MPa)	设计强度(MPa)	伸长率 δ_s(%)	V型冲击功(纵向)(J)
酚醛层压板			85～100	230～250(垂直于板层)			
				130～150(平行于板层)			
玻璃钢(聚碳酸酯基体)	含玻璃纤维30%		131	145			

注:新的国家标准GB/T 700—2006,对碳素结构钢用屈服强度编号,Q235A表示屈服点为235MPa,A级(无冲击功),相当于旧标准的3号钢。

小结

(1)本章讨论了杆件内力计算的基本方法——截面法。

正应力公式 $$\sigma = \frac{N}{A}$$

胡克定律 $$\Delta l = \frac{Nl}{EA} \quad 或 \quad \sigma = E\varepsilon$$

强度条件 $$\sigma_{max} = \frac{N_{max}}{A} \leqslant [\sigma]$$

对于这些概念、方法、公式,要会定义,会运用,并要熟记。

(2)材料的力学性能是通过试验测定的,它是解决强度问题和刚度问题的重要依据。材料的主要力学性能指标有:

①强度性能指标。材料抵抗破坏能力的指标,屈服极限 σ_s、$\sigma_{0.2}$,强度极限 σ_b。

②弹性变形性能指标。材料抵抗变形能力的指标,弹性模量 E、泊松比 μ。

③塑性变形性能指标。延伸率 δ、截面收缩率 Ψ。

对于这些性能指标,需要熟记其含义。

(3)本章重点:拉(压)杆件的受力特点和变形特点;内力、应力、应变等基本概念;轴向拉(压)杆的应力、应变的计算,轴向拉(压)杆的强度条件及其应用。

强度计算是工程力学研究的主要问题。强度计算的一般步骤是:

①外力分析。分析杆件所受外力情况,根据受力特点,判断构件产生哪种基本变形及确定其大小(荷载与支座反力)。

②内力计算。截面法是计算内力的基本方法,应当熟练掌握。由截面法可归纳出求内力的结论(外力与轴力的关系),利用结论计算内力是非常

简捷的。

③强度计算。利用强度条件可解决三类问题:进行强度校核、选择截面尺寸和确定许用荷载。

解题时应注意:

在分析杆件的强度和刚度时,应将研究的对象视为可变形固体,在计算杆件的内力时,不能使用力的可传性原理和力偶的可移性原理。

思考题

4-1 轴向拉(压)杆的受力特点与变形特点是什么?辨别图4-31所示各杆件中哪些属于轴向拉伸或压缩。

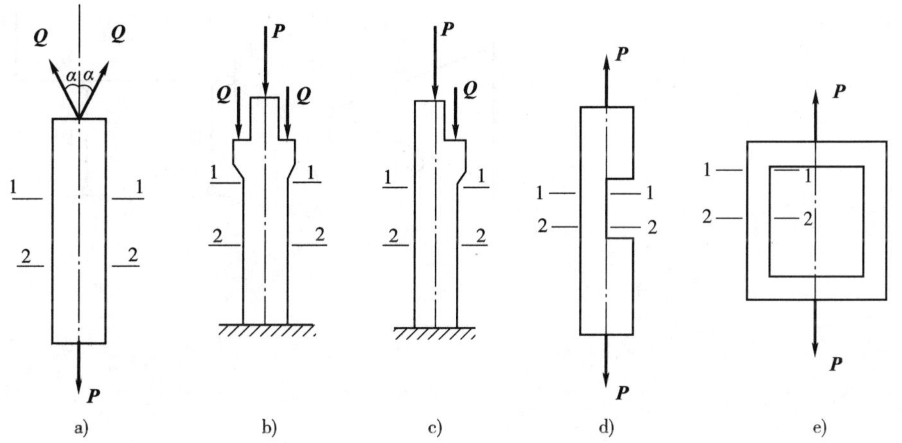

图 4-31

4-2 两根材料不同,横截面面积不相等的拉杆,受相同的轴向拉力,它们的内力是否相等?轴力和横截面面积相等,但截面形状和材料不同的拉杆,它们的应力是否相等?

4-3 已知低碳钢的比例极限 $\sigma_P = 200\text{MPa}$,弹性模量 $E = 200\text{GPa}$。现有一低碳钢试件,测得其应变 $\varepsilon = 0.002$,是否可由此计算 $\sigma = E\varepsilon = 200 \times 10^3 \times 0.002 = 400\text{MPa}$,为什么?

4-4 三种材料的 $\sigma - \varepsilon$ 曲线如图4-32所示,请问哪一种材料:

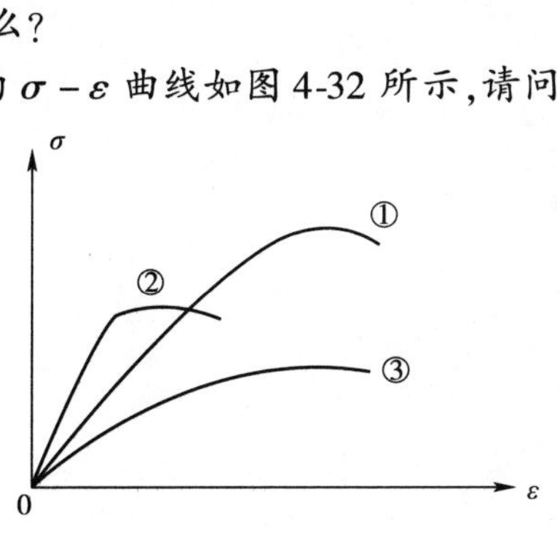

图 4-32

(1)强度高;

(2)刚度大;

(3)塑性好。

4-5 指出下列概念的区别:

(1)材料的拉伸图和应力-应变图;

(2)弹性变形和塑性变形;

(3)极限应力和容许应力。

4-6 何谓冷作硬化现象?它在工程上有什么应用?

4-7 塑性材料和脆性材料各以哪个极限作为其极限应力?

4-8 如图4-33所示结构,现有低碳钢和铸铁两种材料,若用低碳钢制造杆①,用铸铁制造杆②,是否合理?为什么?

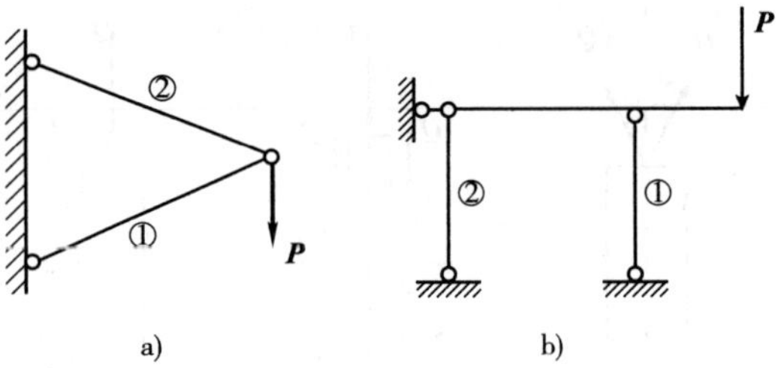

图 4-33

第五章
CHAPTER FIVE

连接件的实用计算

第一节 概述

实际工程中的零件、构件之间,往往用连接件相互连接(图 5-1),如螺栓连接、铆钉连接、销轴连接及键块连接等;连接也可不用连接件,如榫连接、焊接连接及粘胶连接等。连接对整个结构的牢固和安全起着重要作用,对其强度分析应予以足够重视。

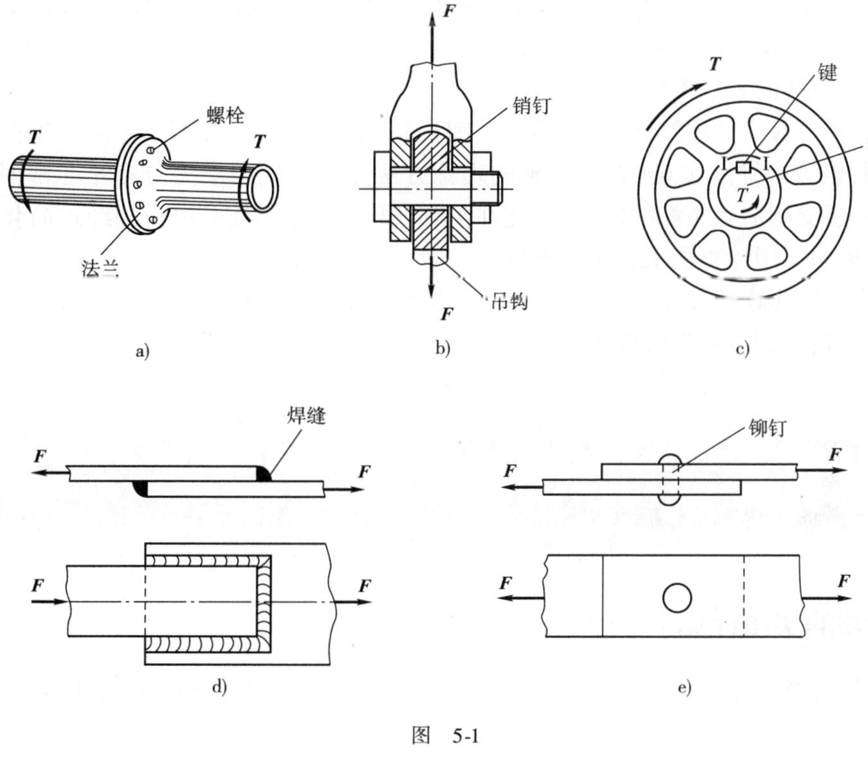

图 5-1

由于连接件大多为粗短杆,应力和变形规律比较复杂,因此理论分析十分困难,通常采用实用计算法。

现在以连接两块钢板的螺栓连接为例,说明连接的受力特点及可能发生的各种破坏现象。如图5-2a)所示,当钢板受到拉力 $\boldsymbol{P}$ 的作用后,由两块钢板传到螺栓上的力有两组。这两组力的合力均为 $\boldsymbol{P}$,作用方向相反并与螺栓轴线垂直。在它们的作用下,螺栓主要在截面 m-m 处发生剪切变形。由于作用线相距很近,所以弯曲变形可略去不计。若 P 力过大或螺栓直径偏小,则螺栓可能沿 m-m 截面被剪断而发生**剪切破坏**(shearing failure),如图5-2b)所示。m-m 截面称为**剪切面**(shearing plane),剪切面上的内力 $\boldsymbol{Q}$ 为**剪力**(shearing force),相应的应力 $\boldsymbol{\tau}$ 为**剪应力**(shearing stress)。螺栓除可能发生剪切破坏外,还可能局部受挤压而破坏。这是因为螺栓和钢板在相互传递作用力的过程中,螺栓的半圆柱面与钢板的圆孔内表面相互压紧。若 P 力过大或接触面偏小,钢板孔的内壁将被压皱,或螺栓表面被压扁,这就是挤压破坏。图5-2a)所示螺栓和钢板孔的挤压面为一半圆柱面[图5-2c)]。两部分接触面上的压力为挤压力 P_c,显然这里 $P_c = P$;相应的应力为**挤压应力** σ_c。

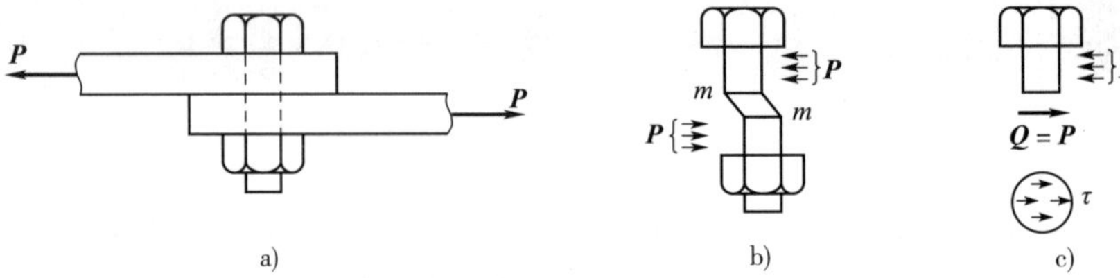

图 5-2

另外,对图5-2a)所示的螺栓连接来说,除了可能发生上面提到的螺栓沿 m-m 截面的剪切破坏及螺栓侧面或钢板内孔的挤压破坏以外,由于螺栓孔对截面的削弱,还可能发生钢板沿螺栓孔处截面被拉断的破坏情况。

像螺栓、铆钉这样的连接件,一般不采用细长杆,由于剪切和挤压破坏面发生在外力作用区域附近,所以变形非常复杂,要用精确的理论方法分析它们的应力分布是非常困难的。同时,受力情况还受制造和装配的影响,因此在工程实际中,通常是采用一种经过简化但切合实际的计算方法即实用计算法来分析其强度。

显然,为了防止连接件在受力后可能发生的各种破坏,在设计连接件时,必须对其有关部分根据受力分析分别进行强度校核。

第二节 剪切和挤压的实用计算

一、剪切的实用计算

剪切实用计算的基本点是:假定剪切面上的剪应力是均匀分布的。剪应力的计算式为:

$$\tau = \frac{Q}{A} \tag{5-1}$$

式中：Q——剪切面上的剪力；

A——剪切面的面积。

显然，式(5-1)确定的剪应力，实际上是剪切面上的平均剪应力。另一方面，根据对这类连接件实际受力相同或相近的剪切试验确定破坏荷载，按照同样的剪应力公式(5-1)算出材料的极限剪应力τ^0，再除以安全系数从而得到材料的容许剪应力$[\tau]$。

因此，剪切强度条件可以表示为：

$$\tau = \frac{Q}{A} \leqslant [\tau] \tag{5-2}$$

实践表明，这种计算方法是可靠的，可以满足工程需要。

二、挤压的实用计算

挤压(extrusion)的实用计算是假定挤压应力$\boldsymbol{\sigma}_c$在计算挤压面A_c上均匀分布，所以挤压应力(extrusion stress)为：

$$\sigma_c = \frac{P_c}{A_c} \tag{5-3}$$

这里需要注意的是挤压面积(extrusion area)A_c的计算。如图5-3a)所示的键连接，实际挤压面是一个平面[图5-3b)]，这时计算挤压面的面积就等于实际挤压面的面积。对于螺栓、销钉这类连接件，它们的实际挤压面是半个圆柱面，如图5-4a)所示，其上挤压应力的分布情况比较复杂，如图5-4b)所示，点B处的挤压应力最大，两侧为零。在实用计算中，是以实际挤压面的正投影面积(或称直径面积)作为计算挤压面积，如图5-4c)所示，即：

$$A_c = t \cdot d$$

式中：t——钢板厚度；

d——铆钉直径。

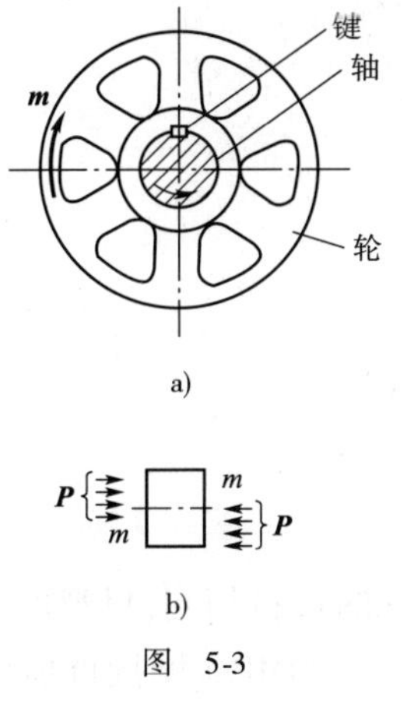

图 5-3

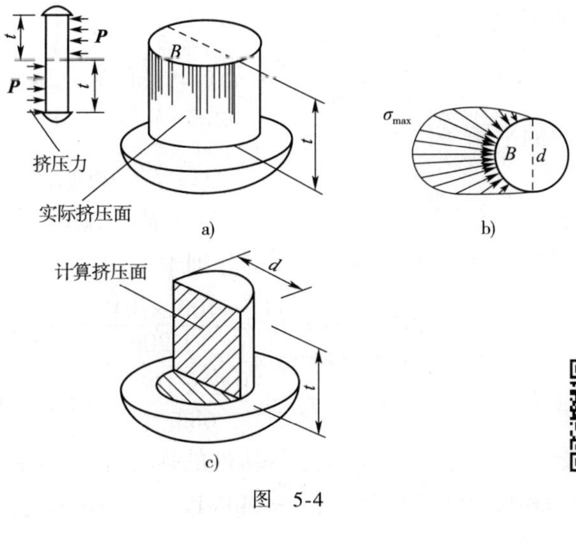

图 5-4

挤压面

确定容许挤压应力也是首先按照连接件的实际工作情况，由试验测定使其半圆柱表面被压溃的挤压极限荷载，然后按实用挤压应力公式(5-3)算出其挤压的极限应力，再除以适当的安全系数而得到材料的容许挤压应力$[\sigma_c]$。由此，可建立连接件的挤压强度条件：

$$\sigma_c = \frac{P_c}{A_c} \leqslant [\sigma_c] \tag{5-4}$$

各种常用工程材料的容许挤压应力可由有关规范查得。对于钢连接件，其容许挤压应力与钢材的容许应力$[\sigma]$之间大致有如下关系：

$$[\sigma_c] = (1.7 \sim 2.0)[\sigma]$$

例 5-1 某接头部分的销钉如图 5-5 所示，已知：$F = 100\text{kN}$，$D = 45\text{mm}$，$d_1 = 32\text{mm}$，$d_2 = 34\text{mm}$，$\delta = 12\text{mm}$。试求销钉的剪应力τ和挤压应力σ_c。

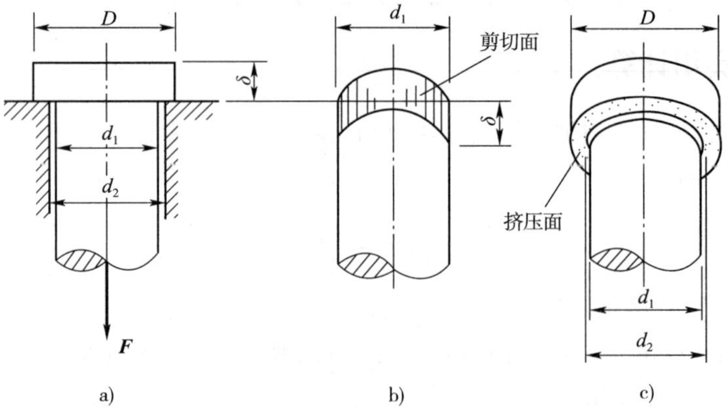

图 5-5

解：由图 5-5 可看出销钉的剪切面是一个高度为$\delta = 12\text{mm}$、直径为$d_1 = 32\text{mm}$的圆柱体的外表面，挤压面是一个外径$D = 45\text{mm}$、内径$d_2 = 34\text{mm}$的圆环面。

剪切面积为：

$$A = \pi d_1 \delta = \pi \times 32 \times 12 = 1\,206(\text{mm}^2)$$

挤压面积为：

$$A_c = \frac{\pi}{4}(D^2 - d_2^2) = \frac{\pi}{4}(45^2 - 34^2) = 683(\text{mm}^2)$$

根据力的平衡条件可得：

剪力 $Q = F = 100\text{kN}$

挤压力 $P_c = F = 100\text{kN}$

于是根据公式(5-1)和式(5-3)可分别求得：

剪应力 $$\tau = \frac{Q}{A} = \frac{100 \times 10^3}{1\,206} = 82.9(\text{MPa})$$

挤压应力 $$\sigma_c = \frac{100 \times 10^3}{683} = 146.4(\text{MPa})$$

例 5-2 试校核图 5-6a)所示铆接件的强度，已知钢板和铆钉的材料相同，材料的容许正应力$[\sigma] = 170\text{MPa}$，容许剪应力$[\tau] = 140\text{MPa}$，容许挤压应力$[\sigma_c] = 200\text{MPa}$，铆接件所受的拉力

$P = 100\text{kN}$。

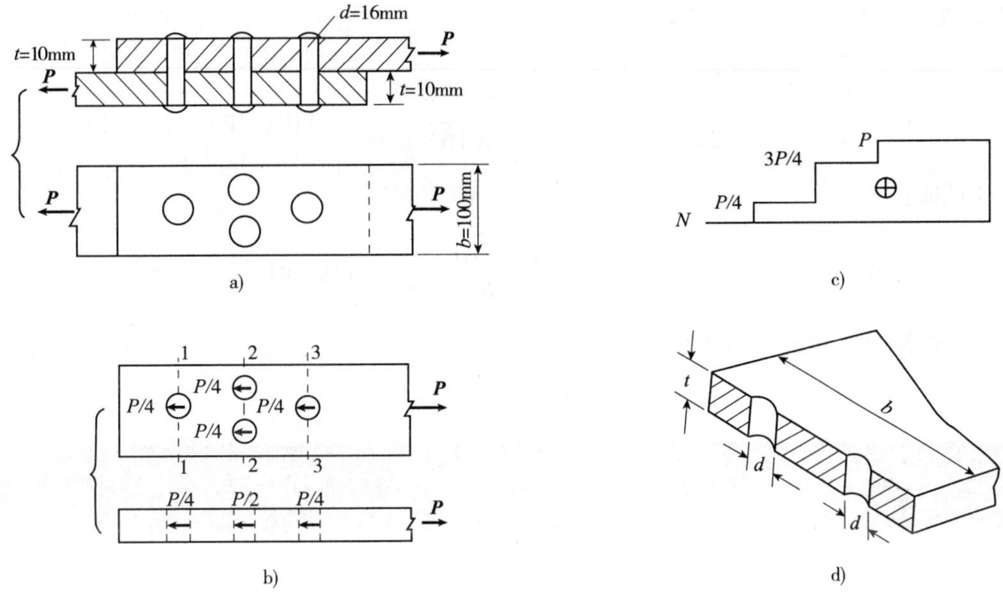

图 5-6

a)铆接件;b)上板受力情况;c)上板轴力图;d)上板 2-2 截面

解:该铆接件的受力分析见图 5-6b),可知铆钉受到剪切和挤压,需要校核铆钉的剪切强度和挤压强度。另外,钢板由于钉孔削弱了截面,还需要校核钢板的抗拉强度。

(1)剪切强度校核。

每一个铆钉所受的剪力均为 $Q = P/4$,受剪面面积 $A = \pi d^2/4$。

根据剪切强度条件,有:

$$\tau = \frac{Q}{A} = \frac{\frac{P}{4}}{\frac{\pi d^2}{4}} = \frac{100 \times 10^3}{4 \times \frac{1}{4} \times \pi \times 16^2} = 124(\text{MPa}) < [\tau]$$

因此,铆钉满足剪切强度条件。

(2)挤压强度校核。

挤压力 $P_c = P/4$,计算挤压面积 $A_c = td$,由挤压强度条件得:

$$\sigma_c = \frac{P_c}{A_c} = \frac{\frac{P}{4}}{td} = \frac{100 \times 10^3}{4 \times 10 \times 16} = 156(\text{MPa}) < [\sigma_c]$$

因此,铆钉满足挤压强度条件。

(3)钢板的抗拉强度校核。

钢板由于铆钉孔而使横截面受到削弱,这就需要对钢板进行抗拉强度校核。因为上下两块钢板的受力及开孔情况相同,所以只需校核其中一块即可。

校核上板,作轴力图[图 5-6c)]。由轴力图分析可知:1-1 截面与 3-3 截面的受拉面面积虽然相同,均为 $(b-d)t$,而 3-3 截面的轴力 $N_3 = P$,大于 1-1 截面的轴力 $N_1 = P/4$,所以 3-3 截面要比 1-1 截面危险。2-2 截面的轴力和受拉面面积都比 3-3 截面的小。可见 3-3 截面和2-2

截面都可能为危险截面,应该分别进行强度校核。

2-2 截面:

$$\sigma_2 = \frac{N_2}{A_2} = \frac{\frac{3P}{4}}{(b-2d)t} = \frac{3 \times 100 \times 10^3}{4(100-2\times16)\times10} = 110(\mathrm{MPa}) < [\sigma]$$

3-3 截面:

$$\sigma_3 = \frac{N_3}{A_3} = \frac{P}{(b-d)t} = \frac{100 \times 10^3}{(100-16)\times10} = 119(\mathrm{MPa}) < [\sigma]$$

因此,钢板满足拉伸强度条件。

第三节 剪切胡克定律与剪应力互等定理

一、剪切胡克定律

杆件发生**剪切变形**(detrusion)时,杆内与外力平行的截面就会产生相对错动。在杆件受剪部位中的某点取一微小的直角六面体(单元体),把它放大,如图 5-7a)所示。剪切变形时,在剪应力 τ 作用下,截面发生相对滑动,致使直角六面体变为斜平行六面体。原来的直角有了微小的变化,这个直角的改变量,即为**剪应变**(shear strain),用 γ 表示,它的单位是弧度(rad)。

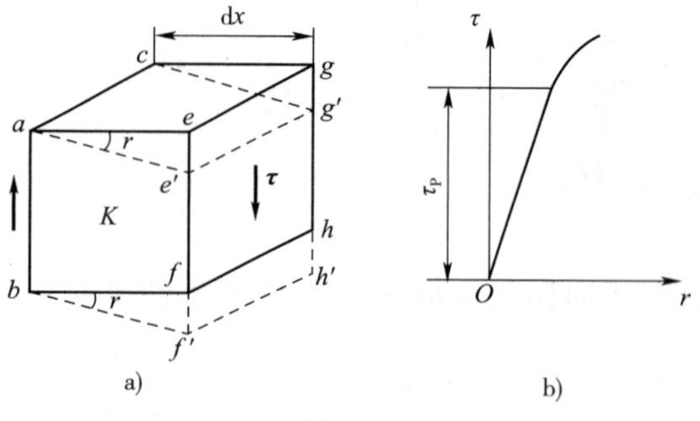

图 5-7

τ 与 γ 的关系,如同 σ 与 ε 一样。试验证明:当剪应力 τ 不超过材料的比例极限 τ_p 时,剪应力与剪应变成正比,如图 5-7b)所示,即:

$$\tau = G\gamma \tag{5-5}$$

式(5-5)称为剪切胡克定律。式中 G 称为材料的**剪切弹性模量**(elasticity),是表示材料抵抗剪切变形能力的量,其单位与应力相同,常采用 GPa 。各种材料的 G 值均由试验测定。钢的 G 值约为 80GPa。G 值越大,表示材料抵抗剪切变形的能力越大,是材料的刚度指标之一。

对于各向同性材料，E、G、μ 三者的关系为：

$$G=\frac{E}{2(1+\mu)} \tag{5-6}$$

二、剪应力互等定理

现在进一步研究单元体的受力情况。设单元体的边长分别为 dx、dy、dz，如图 5-8 所示。已知单元体左右两侧面上，无正应力，只有剪应力 τ。这两个面上的剪应力数值相等，但方向相反。于是这两个面上的剪力组成一个力偶，其力偶矩为 $(\tau dzdy)dx$。单元体的前、后两个面上无任何应力。因为单元体是平衡的，所以它的上、下两个面上必存在大小相等、方向相反的剪应力 τ'，它们组成的力偶矩为 $(\tau' dzdx)dy$，应与左、右面上的力偶平衡，即：

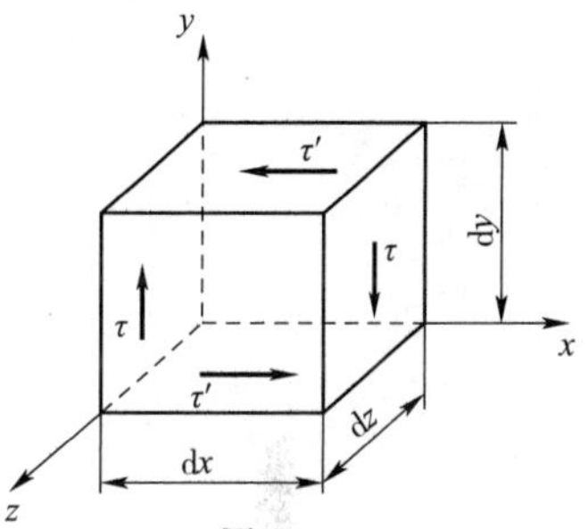

图 5-8

$$(\tau' dzdx)dy=(\tau dzdy)dx$$

由此可得：

$$\tau'=\tau \tag{5-7}$$

上式表明，在过一点相互垂直的两个平面上，剪应力必然成对存在，且数值相等；两者都垂直于这两个平面的交线，方向则共同指向或共同背离这一交线，这一规律称为剪应力互等定理。

上述单元体的两个侧面上只有剪应力而无正应力，这种受力状态称为纯剪切应力状态。剪应力互等定理对纯剪切应力状态或剪应力和正应力同时存在的应力状态都是适用的。

小结

剪切变形是基本变形之一，构件受到一对大小相等、方向相反、作用线互相平行且相距很近的横向力作用，相邻截面会发生相对错动。剪切变形时剪切面上的内力 $\boldsymbol{Q}$ 称为剪力，剪切面上剪力的分布集度 τ 称为剪应力。

连接件在产生剪切变形的同时，常伴有挤压变形，挤压面上的压力 $\boldsymbol{P}_c$ 为挤压力，挤压力在挤压面上的分布集度 $\boldsymbol{\sigma}_c$ 称为挤压应力。

剪切强度条件 $\tau=\frac{Q}{A}\leqslant[\tau]$

挤压强度条件 $\sigma=\frac{P_c}{A_c}\leqslant[\sigma_c]$

剪切胡克定律 $\tau=G\gamma$

思考题

5-1 剪切变形的受力特点和变形特点是什么？

5-2 何谓挤压变形？挤压与压缩有什么区别？

5-3 试述剪切胡克定律。

5-4 挤压面与计算挤压面有何不同？试举例说明。

5-5 指出图 5-9 所示连接件接头中的剪切面与挤压面。

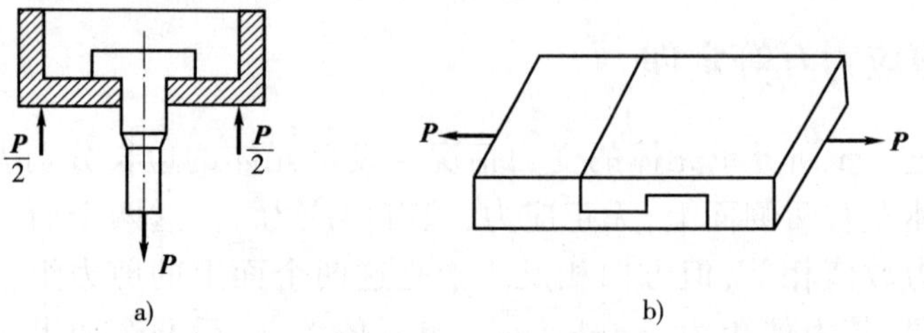

图 5-9

第六章
CHAPTER SIX

扭转

第一节 扭转的概念

一、扭转的受力特点和变形特点

工程实践中，有很多发生**扭转**（torsion）变形的杆件。例如，汽车驾驶员通过方向盘把力偶作用于汽车操纵杆的上端，其下端受到来自转向器的阻力偶作用，使汽车操纵杆发生扭转，其受力如图 6-1a）所示。用螺丝刀拧紧螺钉时，要在手柄上加大小相等、方向相反的力，

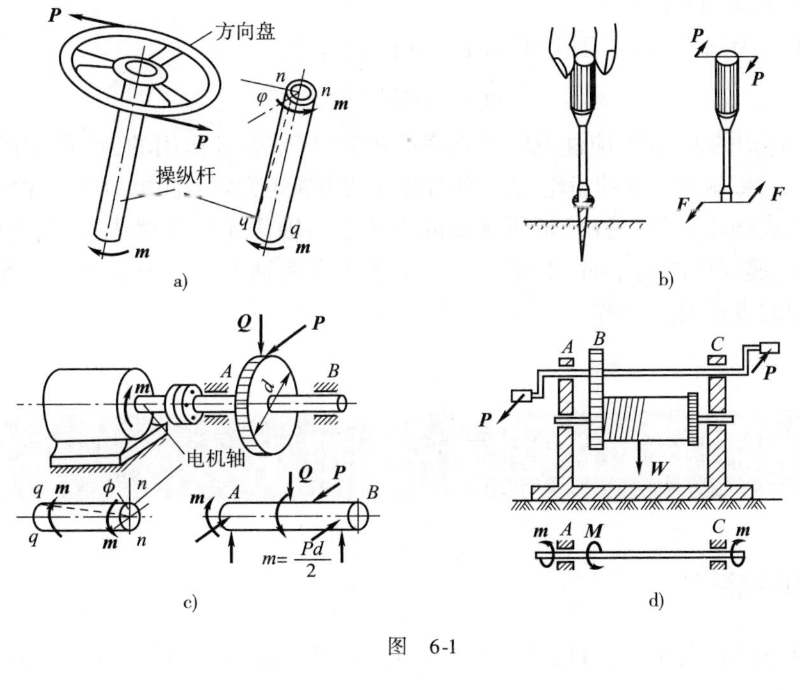

图 6-1

螺丝刀
拧紧螺钉

这两个力在垂直于螺丝刀轴线的平面内构成一个力偶,使螺丝刀转动。下面螺钉的阻力形成转向相反的力偶,阻碍螺丝刀的转动。螺丝刀在这一对力偶的作用下将产生扭转变形,其受力如图6-1b)所示。再如电机的传动轴[图 6-1c)]、卷扬机轴[图 6-1d)]等,这种受力形式在机械传动部分最为常见。

各种扭转变形的构件,虽然外力在构件上的具体作用方式有所不同,但总可以将其一部分作用简化为一个在垂直于轴线平面内的力偶。所以,扭转构件的受力特点是:外力偶的作用面垂直于杆件轴线(图 6-2)。杆件的变形特点是:各横截面绕杆件轴线发生相对转动。

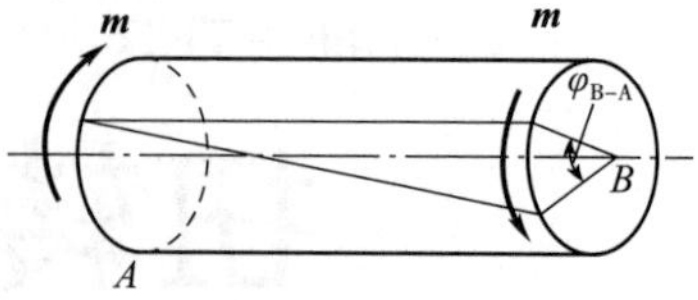

图 6-2

工程中以扭转为主要变形形式的杆件,统称为**轴**(shaft)。杆件任意两横截面之间相对转过的角度 φ 称为**扭转角**。图6-2中截面 B 相对于截面 A 的扭转角为 φ_{B-A}。

扭转变形是杆件的一种基本变形形式,对扭转变形的研究不但是解决这类杆件的强度、刚度计算的需要,同时在全面了解材料破坏形式、认识力和变形的基本性质上都是必不可少的。

由于圆轴是最为常见的扭转变形构件,所以本章主要讨论圆轴的扭转。

二、外力偶矩的计算公式

作用于轴上的外力偶矩,通常不是直接给出其数值,而是给出轴的转速 n 和传递的功率 N,此时需要根据功率、转速、力矩三者的关系来计算外力偶矩的数值,计算公式为:

$$m = 9\,549\,\frac{N}{n} \tag{6-1}$$

式中:m——外力偶矩(N·m);

N——轴传递的功率(kW);

n——轴的转速(r/min)。

若功率的单位为马力(hp),则公式(6-1)应改写为:

$$m = 7\,024\,\frac{N}{n} \tag{6-2}$$

在确定外力偶矩的方向时,应注意输入功率的齿轮、皮带轮等作用的力偶矩为主动力偶矩,方向与轴的转向一致;输出功率的齿轮、皮带轮等作用的力偶矩为阻力偶矩,方向与轴的转向相反。

从式(6-1)、式(6-2)可以看出,轴所承受的力偶矩与轴传递的功率成正比,与轴的转速成反比。因此,在传递同样的功率时,低速轴的力偶矩比高速轴大。所以在传动系统中,低速轴的直径比高速轴的直径要大一些。

第二节 扭转时的内力——扭矩

一、扭矩的计算

与前面研究过的轴向拉压、剪切等基本变形问题一样,在研究扭转变形的强度和变形时,先要计算出杆件截面上的内力。

设轴 AB 在一对大小相等、转向相反的外力偶作用下产生扭转变形，如图 6-3a）所示。

此时轴横截面上也必然产生相应的内力。为了显示和计算内力，仍然采用截面法：用一个假想的截面在轴的任意位置 n-n 处垂直地将轴截开，取左段为研究对象，如图 6-3b）所示。由于 A 端作用一个外力偶 $\boldsymbol{m}_A$，为了保持左段轴的平衡，在截面n-n的平面内，必然存在内力偶与它平衡。由平衡条件 $\sum M_x=0$，可求得这个内力偶的力偶矩大小为：

$$M_n = m_A$$

如取轴的右段为研究对象，也可得到同样的结果，见图 6-3b）。

由此可见，轴扭转时，其横截面上的内力是一个作用在横截面平面内的力偶，其力偶矩 M_n 称为截面上的**扭矩**（torsional moment）。取截面左边部分和取截面右边部分为研究对象所求得的扭矩 M_n 和 M'_n，在数值上应相等而方向上相反，因为它们是作用与反作用的关系。

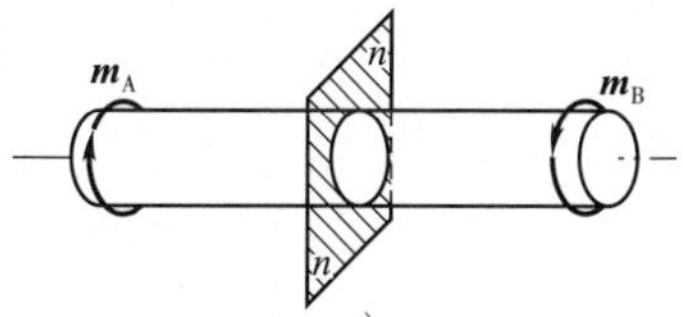

a)

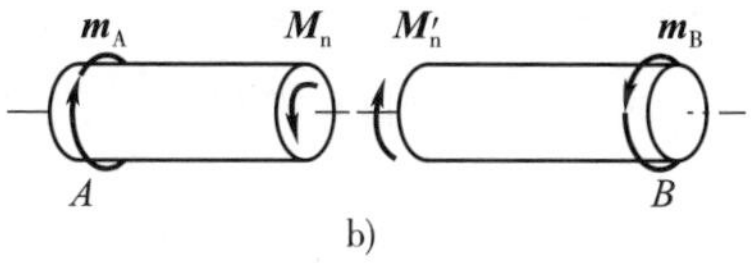

b)

图　6-3

二、扭矩的符号规定

为了使从轴的左、右两段求得同一截面上的扭矩具有相同的正负号，可将扭矩作如下的符号规定：采用右手螺旋法则，如果以右手四指表示扭矩的转向，则拇指的指向与截面外法线方向一致时，扭矩取正号，如图 6-4a）所示；拇指的指向与截面外法线方向相反时，扭矩取负号，如图 6-4b）所示。

a)

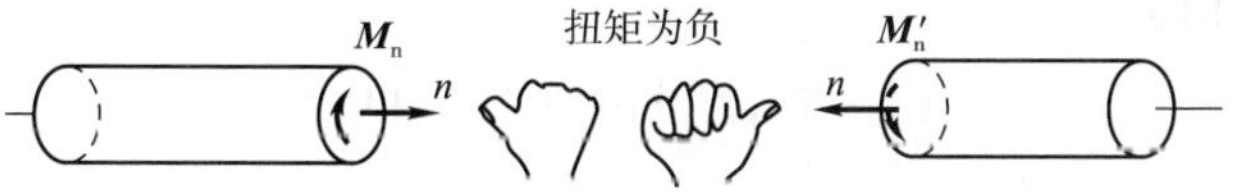

b)

图　6-4

值得注意的是，规定扭矩的正、负号，只是为了区分轴发生扭转变形时，左右相邻截面间相对转动的方向。而在进行强度和刚度计算时，一般只代入扭矩的绝对值大小计算。

三、扭矩图

当一根轴上同时受到多个外力偶作用时，扭矩需要分段计算。为了表示整个轴上各截面（或不同轴段）扭矩的变化规律，以便分析危险截面所在位置及扭矩值大小，常用横坐标表示轴各截面的位置，纵坐标表示相应横截面上的扭矩，正的扭矩画在横坐标轴的上面，负的扭矩画在横坐标轴的下面，这种图线称为扭矩图。

例 6-1 如图 6-5a)所示,已知轮 B 的输入功率 $N_B=30\text{kW}$,轮 A、C、D 的输出功率分别为 $N_A=15\text{kW}$,$N_C=10\text{kW}$,$N_D=5\text{kW}$,轴的转速 $n=500\text{r/min}$,试作该轴的扭矩图。

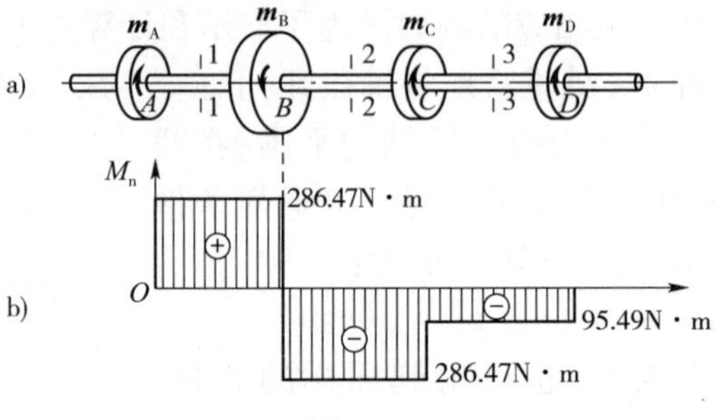

图 6-5

例 6-1 讲解

解:(1)计算外力偶矩。

$$m_A=9\ 549\frac{N_A}{n}=9\ 549\times\frac{15}{500}=286.47(\text{N·m})$$

$$m_B=9\ 549\frac{N_B}{n}=9\ 549\times\frac{30}{500}=572.94(\text{N·m})$$

$$m_C=9\ 549\frac{N_C}{n}=9\ 549\times\frac{10}{500}=190.98(\text{N·m})$$

$$m_D=9\ 549\frac{N_D}{n}=9\ 549\times\frac{5}{500}=95.49(\text{N·m})$$

(2)计算扭矩。

AB 段的扭矩为: $M_{n1}=m_A=286.47\text{N·m}$

BC 段的扭矩为: $M_{n2}=m_A-m_B=286.47-572.94=-286.47(\text{N·m})$

CD 段的扭矩为: $M_{n3}=-m_D=-95.49\text{N·m}$

(3)画扭矩图。

根据各段的扭矩画出扭矩图,如图 6-5b)所示。由扭矩图可知,轴 AB 段和 BC 段为危险截面,最大扭矩(取绝对值)为:

$$|M_{n\max}|=286.47\text{N·m}$$

第三节 扭转强度计算

一、圆轴扭转时横截面上的应力

1. 试验现象

取一等直圆轴,在其圆柱表面画上一组平行于轴线的纵向线和一组代表横截面的圆周线,形成许多小矩形[图 6-6a)]。然后将其一端固定,在另一端作用一个力偶面与轴线垂直的外力偶 $\boldsymbol{m}$[图 6-6b)]。此时圆轴发生扭转变形,在小变形的情况下,可以观察到如下两个现象:

(1)圆周线的形状、大小以及两圆周线间的距离均无变化,只是绕轴线转了不同的角度。

(2)所有纵向线仍近似地为一条直线,只是倾斜了同一个角度 γ,使原来的小矩形变成了平行四边形。

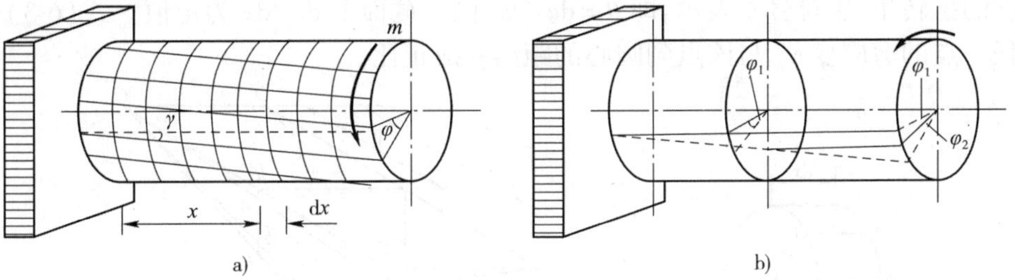

图　6-6

2. 扭转平面假设

根据观察到的表面变形现象,横截面边缘上各点(即圆周线)变形后仍在垂直于轴线的平面内,且离轴线的距离不变,推论整个横截面上每一点也如此,从而得到如下两个假设:

(1)扭转前的横截面,变形后仍保持为平面,且大小与形状保持不变,半径仍保持为直线。这个假设就是扭转变形的**平面假设**(hypothesis of plane)。

按照这个假设,扭转变形可视为各横截面像刚性平面一样,一个接着一个产生绕轴线的相对转动,如图 6-6b)所示。

(2)因为扭转变形时,轴的长度不变,由此可假设各横截面间的距离保持不变。

3. 两点推理

根据上面的假设,可得如下两点推理:

(1)由于扭转变形时,相邻横截面发生旋转式的相对滑移,而出现了剪切变形,所以横截面上必然存在着与剪切变形相对应的剪应力;又因为圆轴的半径大小不变,可以推想剪应力必定与半径垂直。

(2)由于扭转变形时,相邻横截面间的距离保持不变,所以线应变 $\varepsilon=0$,由此推论横截面上不存在正应力,即 $\sigma=0$。

4. 三种关系

下面从变形几何关系、物理关系和静力学关系三方面来建立扭转变形时横截面上剪应力的计算公式。

(1)变形几何关系。现在从受扭转的圆轴中用两截面截取相距为 $\mathrm{d}x$ 的微段[图 6-7a)],并且用夹角无限小的两个纵截面从微段中截取一楔形体[图 6-7b)]。

根据前面的假设,圆轴变形后,两截面相对转动了 $\mathrm{d}\varphi$ 角,使表面的矩形 $abdc$ 变成了平行四边形 $abd'c'$,直角 bac 的角度改变量 γ 就是圆周上任一点处的剪应变。直角 feh 的角度改变 γ_ρ 就是横截面上距圆心为 ρ 的任意一点 e 处的剪应变。在小变形时,由图上的几何关系可以看出:

$$\gamma_\rho \approx \tan\gamma = \frac{hh'}{eh} = \frac{\rho\mathrm{d}\varphi}{\mathrm{d}x}$$

即

$$\gamma_\rho = \rho \frac{d\varphi}{dx} \tag{6-3}$$

式中,$d\varphi/dx$ 表示扭转角 φ 沿轴线的变化率,为两个截面相隔单位长度时的扭转角,称为单位长度的扭转角,用符号 θ 表示,即 $\theta = d\varphi/dx$,同一截面上 $d\varphi/dx$ 为定值。式(6-3)表明,扭转轴内任一点的剪应变 γ_ρ 与该点到圆心的距离 ρ 成正比。

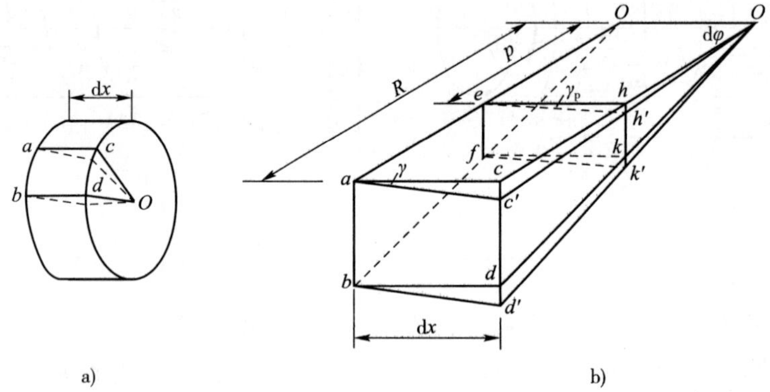

图 6-7

(2)物理关系。根据剪切胡克定律(shearing Hooke's Law),当最大剪应力 τ_{max} 不超过材料的剪切比例极限 τ_p 时,圆轴上离圆心距离为 ρ 处的剪应力 τ_ρ 与该点处的剪应变 γ_ρ 成正比,即

$$\tau_\rho = G\gamma_\rho = G\rho \frac{d\varphi}{dx} \tag{6-4}$$

式中,G 是材料的剪切弹性模量(shearing modulus of elastisity)。式(6-4)表明,圆轴横截面上某点的剪应力大小与该点到圆心的距离 ρ 成正比,圆心处为零,在圆周表面最大,在半径为 ρ 的同一圆周上各点的剪应力相等,其方向与其半径垂直。

剪应力在横截面上的分布规律如图 6-8 所示。

(3)静力学关系。公式(6-4)中的 $d\varphi/dx$ 是一个未知数,因此还不能用来计算剪应力 τ_ρ 的数值,必须借助于静力学关系来解决这一问题。在横截面上距圆心为 ρ 处取微面积 dA,微面积上有微剪力 $\tau_\rho dA$(图 6-9),各微剪力对截面圆心的力矩总和便是该截面的扭矩 M_n:

$$M_n = \int_A \rho \tau_\rho dA$$

将式(6-4)代入得:

$$M_n = \int_A \rho \left(G\rho \frac{d\varphi}{dx} \right) dA = G \frac{d\varphi}{dx} \int_A \rho^2 dA$$

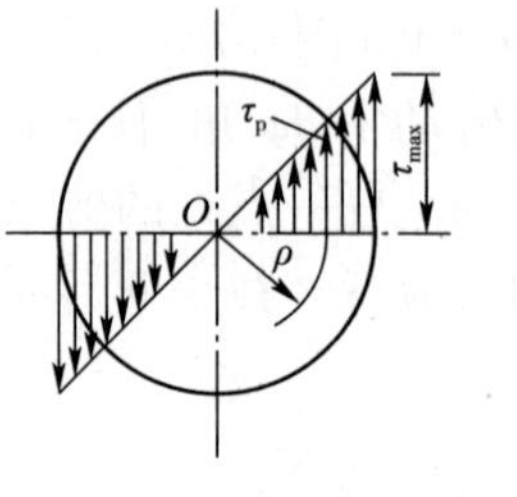

图 6-8

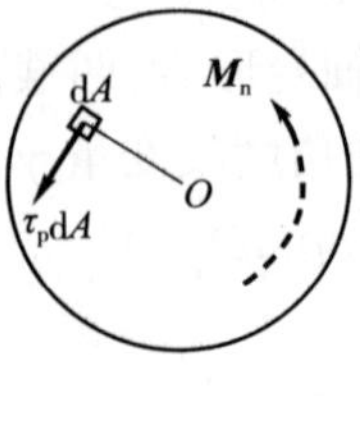

图 6-9

令

$$\int_A \rho^2 \mathrm{d}A = I_p \tag{6-5}$$

则

$$M_n = G\frac{\mathrm{d}\varphi}{\mathrm{d}x}I_p$$

由此得：

$$\frac{\mathrm{d}\varphi}{\mathrm{d}x} = \frac{M_n}{GI_p} \tag{6-6}$$

式(6-6)为单位长度扭转角的计算公式。

将式(6-6)代入式(6-4)，可得圆轴扭转时横截面上任一点处的剪应力为

$$\tau_\rho = \frac{M_n \rho}{I_p} \tag{6-7}$$

式中：M_n——横截面上的扭矩；

ρ——所计算剪应力处到圆心的距离；

I_p——截面对其形心的极惯性矩（polar moment of inertia）（m^4 或 mm^4），与截面形状、大小有关的几何量。

对于直径为 D 的圆形截面：

$$I_p = \frac{\pi D^4}{32} \approx 0.1D^4 \tag{6-8}$$

对于内外径比为$\frac{d}{D}=\alpha$ 的空心圆截面：

$$I_p = \frac{\pi D^4}{32}(1-\alpha^4) \approx 0.1D^4(1-\alpha^4) \tag{6-9}$$

式(6-7)是在平面假设及材料符合胡克定律的前提下推导出来的，因此它只能适用于符合上述条件的等直圆轴在弹性范围内的计算。

二、圆轴扭转时的强度计算

1. 横截面上的最大剪应力

由式(6-7)可知，当 ρ 达到最大值 R 时，扭转轴表面的剪应力达到最大值：

$$\tau_{max} = \frac{M_n R}{I_p}$$

上式中 R 及 I_p 都是与截面几何尺寸有关的量，引入符号

$$W_n = \frac{I_p}{R}$$

便得到：

$$\tau_{max} = \frac{M_n}{W_n} \tag{6-10}$$

式中,W_n 称为抗扭截面系数(section modulus of torsional rigidity)。最大剪应力 τ_{max} 与横截面上的扭矩 M_n 成正比,而与 W_n 成反比。W_n 越大,则 τ_{max} 越小,所以,W_n 是表示圆轴抵抗扭转破坏能力的几何参数,其单位为 m^3 或 mm^3。对于直径为 D 的圆截面:

$$W_n = \frac{I_p}{\frac{D}{2}} = \frac{\frac{\pi}{32}D^4}{\frac{D}{2}} = \frac{\pi D^3}{16} \approx 0.2D^3$$

对于内径为 d、外径为 D 的空心圆截面:

$$W_n = \frac{\pi D^3}{16}(1-\alpha^4) = 0.2D^3(1-\alpha^4)$$

例6-2 在例6-1中,如果轴的直径为 $d=40mm$,传动轴的截面I-I上的点 A 到圆心的距离为 $\rho_A=15mm$,试求该截面上 A 点的剪应力和最大剪应力。

解:由例6-1已知该截面的扭矩为 $M_n=286.47N\cdot m$,圆截面对圆心的极惯性矩与抗扭截面系数分别为:

$$I_p = \frac{\pi d^4}{32} = \frac{\pi \times 40^4}{32}(mm^4)$$

$$W_n = \frac{\pi d^3}{16} = \frac{\pi \times 40^3}{16}(mm^3)$$

例6-2讲解

由公式(6-7)和公式(6-10)可得:

$$\tau_A = \frac{M_n\rho_A}{I_p} = \frac{286.47\times10^3\times15\times32}{\pi\times40^4} = 17.1(MPa)$$

$$\tau_{max} = \frac{M_n}{W_n} = \frac{286.47\times10^3\times16}{\pi\times40^3} = 22.8(MPa)$$

2. 圆轴扭转时的强度条件

为了保证轴的正常工作,轴内最大剪应力应不超过材料的容许剪应力,所以圆轴扭转时的强度条件为:

$$\tau_{max} = \frac{M_{nmax}}{W_n} \leqslant [\tau] \tag{6-11}$$

式中,$[\tau]$ 为材料的容许剪应力。各种材料的容许剪应力可查阅有关手册。根据试验,对于塑性材料,一般可采用:

$$[\tau] = (0.5 \sim 0.6)[\sigma]$$

式中:$[\sigma]$——相同材料的容许拉应力。

3. 圆轴扭转的强度计算

根据强度条件,可以对扭转轴进行强度校核、设计截面尺寸和确定容许扭矩这三方面的强度计算。

例6-3 某传动轴,横截面上的最大扭矩 $M_{max}=1.5kN\cdot m$,材料的容许剪应力 $[\tau]=50MPa$。试求:

(1)若用实心轴,确定其直径 D_1;

(2)若改用空心轴,且 $\alpha=\frac{d}{D}=0.9$,确定其内径 d 和外径 D;

(3)比较空心轴和实心轴的质量。

解:由强度条件得传动轴所需的抗扭截面系数为:

$$W_n \geqslant \frac{M_{max}}{[\tau]} = \frac{1.5 \times 10^6}{50} = 3 \times 10^4 (mm^3)$$

(1)确定实心轴的直径 D_1。

由 $W_n = \frac{\pi D_1^3}{16}$,得:

$$D_1 = \sqrt[3]{\frac{16W_n}{\pi}} \geqslant \sqrt[3]{\frac{16 \times 3 \times 10^4}{3.14}} = 53.5(mm)$$

取　$D_1 = 54mm$

(2)确定空心轴的内径 d 和外径 D。

空心轴的抗扭截面系数为:

$$W_n = \frac{\pi D^3}{16}(1 - \alpha^4)$$

代入式(6-11)得:

$$D = \sqrt[3]{\frac{16W_n}{\pi(1-\alpha^4)}} \geqslant \sqrt[3]{\frac{16 \times 3 \times 10^4}{3.14(1-0.9^4)}} = 76(mm)$$

$$d = \alpha D = 0.9 \times 76 = 68.4(mm)$$

取　$D = 76mm, \quad d = 68mm$

(3)比较空心轴和实心轴的质量。

两根长度和材料都相同的轴,它们的质量比等于它们的横截面面积之比,即:

$$\frac{W_空}{W_实} = \frac{A_空}{A_实} = \frac{\frac{\pi}{4}(D^2 - d^2)}{\frac{\pi}{4}D_1^2} = \frac{76^2 - 68^2}{54^2} = 0.395$$

此例表明,当两轴具有相同的承载能力时,空心轴比实心轴轻,可以节省大量材料,减轻自重。因为采用实心轴仅在圆截面边缘处的剪应力达到许用剪应力值,而在圆形附近的剪应力很小[图 6-10a)],这部分材料未得到充分利用,如将这部分材料移到离圆心较远处的位置,使其成为空心轴[图 6-10b)],这样便提高了材料的利用率,并增大了抗扭截面系数,从而提高了圆轴的承载能力。

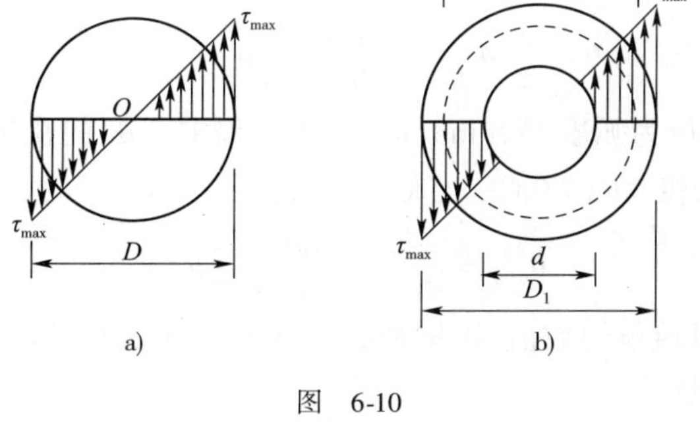

图　6-10

第四节 圆轴扭转变形和刚度计算

一、圆轴扭转时的变形

圆轴扭转时,两横截面间相对转过的角称为扭转角。由公式(6-6)可知,相隔长度为 dx 的两个横截面间的扭转角为:

$$d\varphi = \frac{M_n}{GI_p}dx$$

将上式对 x 积分,便得相距为 l 的两个横截面的扭转角(图 6-11)为:

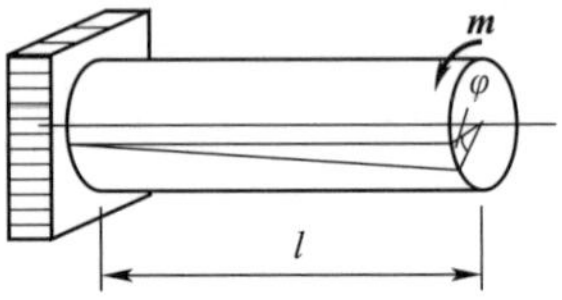

图 6-11

$$\varphi = \int_l d\varphi = \int_l \frac{M_n}{GI_p}dx$$

对于等直圆轴,GI_p 为常量,若扭矩 M_n 也为常量,则上式积分为:

$$\varphi = \frac{M_n l}{GI_p} \tag{6-12}$$

这就是扭转角计算公式,扭转角的单位为弧度。由此式可以看到,扭转角 φ 与扭矩 M_n 和轴的长度 l 成正比,与 GI_p 成反比。GI_p 反映了圆轴抵抗扭转变形的能力,称为圆轴的抗扭刚度(torsional rigidity)。

如果两截面间的扭矩值有变化,或轴的直径发生变化,则应该分段计算各段的扭转角,然后叠加。

二、圆轴扭转时的刚度条件

对于轴类构件,仅仅满足强度条件是不够的,有时还要求不产生过大的扭转变形。例如:机床主轴若产生过大的扭转变形,将引起剧烈的扭转振动,影响工件的加工精度和表面粗糙度;车床丝杆若产生过大的扭转变形,将影响螺纹的加工精度。这类精度要求较高的轴,就需同时满足强度和刚度条件。圆轴扭转时的刚度条件是:最大的单位长度扭转角 θ_{max} 不得超过容许扭转角[θ],即:

$$\theta_{max} = \frac{M_n}{GI_p} \leqslant [\theta] \tag{6-13}$$

式中,θ_{max} 和[θ]的单位为弧度/米(rad/m)。在工程中,[θ]的常用单位为度/米(°/m),因此,θ_{max} 的单位也应换算为度/米(°/m),上式改写为:

$$\theta_{max} = \frac{M_n}{GI_p} \times \frac{180}{\pi} \leqslant [\theta] \tag{6-14}$$

单位长度内的容许扭转角的数值,根据荷载性质和工作条件等因素来决定,具体数值可从有关手册中查得。一般规定:

精密机器的轴　　$[\theta]=(0.15\sim0.50)°/\mathrm{m}$

一般传动轴　　$[\theta]=(0.5\sim1.0)°/\mathrm{m}$

精度较低的轴　　$[\theta]=(2\sim4)°/\mathrm{m}$

例 6-4　已知某机器传动轴的最大扭矩 $M_{\mathrm{nmax}}=286.47\mathrm{N\cdot m}$，轴材料的$[\tau]=40\mathrm{MPa}$，$[\theta]=1°/\mathrm{m}$，剪切弹性模量 $G=80\mathrm{GPa}$。试按轴的强度条件和刚度条件设计轴的直径。

例 6-4 讲解

解：(1)按强度条件设计轴的直径 d。

由式(6-11)得：

$$\tau_{\max}=\frac{M_{\mathrm{nmax}}}{W_{\mathrm{n}}}=\frac{286.47}{\frac{\pi}{16}d^3}\leqslant 40$$

$$d\geqslant\sqrt[3]{\frac{16\times286.47\times10^3}{40\pi}}=33.2(\mathrm{mm})$$

(2)按刚度条件设计轴的直径 d。

由公式(6-14)得：

$$\theta_{\max}=\frac{M_{\mathrm{nmax}}\times180}{GI_{\mathrm{p}}\pi}=\frac{286.47\times10^3\times180}{80\times\frac{\pi d^4}{32}\times\pi}\leqslant 1$$

$$d\geqslant\sqrt[4]{\frac{32\times286.47\times10^3\times180}{80\times\pi^2}}=38(\mathrm{mm})$$

为了使轴同时满足强度和刚度要求，应选取轴的直径 $d\geqslant38\mathrm{mm}$。

第五节　矩形截面杆扭转时的应力简介

在工程中常常会遇到非圆截面杆受扭转的情况。它们在扭转时的变形情况，比圆轴扭转的情况复杂得多。以矩形截面杆为例，如图 6-12a)所示，变形之前为平面的横截面在变形之后不再是平面，而发生了翘曲现象[图 6-12b)]。因此，就不能应用由平面假设导出的圆轴受扭杆的应力和变形的计算公式。

由于矩形截面杆在扭转时横截面将发生翘曲，如果横截面能自由翘曲，则横截面上将只有剪应力而没有正应力，这种扭转称为自由扭转。如果杆件扭转时，横截面的翘曲受到阻碍，这种扭转称为约束扭转。在一般非圆截面杆中，约束扭转在横截面上所产生的正应力是很小的，在计算时可以略去不计；但在薄壁截面杆中，约束扭转所产生的正应力就将成为重要因素了。

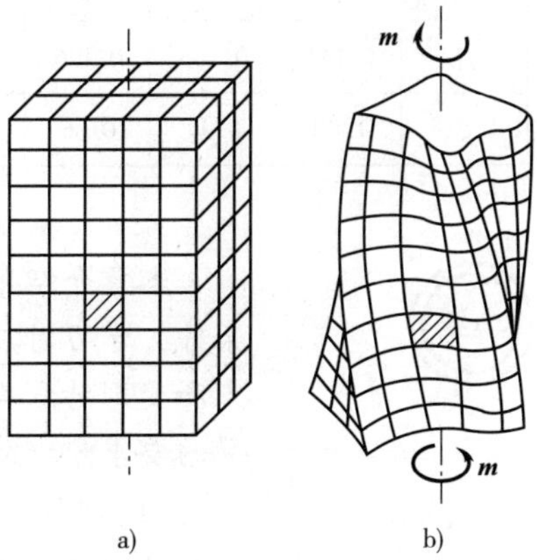

图　6-12

矩形截面杆的扭转问题需用弹性力学的方法来研究。下面将矩形截面杆在自由扭转时由弹性力学研究得出的主要结果叙述如下:

(1)横截面的四个角点处剪应力恒等于零。

(2)横截面周边各点处的剪应力必与周边相切,组成一个与扭转转向相同的环流。

(3)最大剪应力 $\tau_{\max}$ 发生在横截面的长边的中点处,其值为:

$$\tau_{\max} = \frac{M_n}{W_n} = \frac{M_n}{\alpha h b^2} \tag{6-15}$$

式中:α——与 h/b 有关的系数,见表6-1;

h——截面长边长度;

b——截面短边长度;

其余符号意义同前。

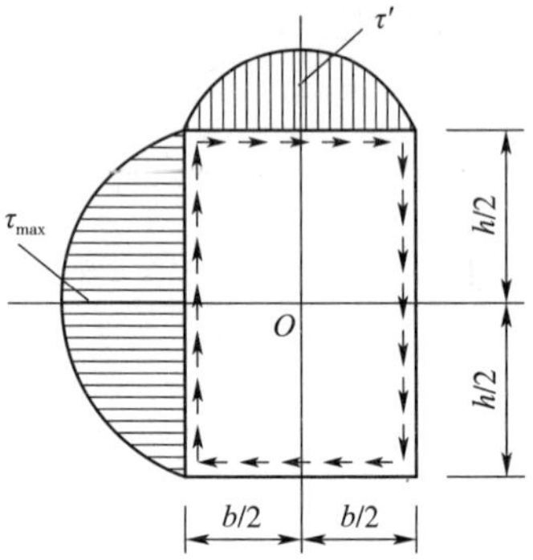

图 6-13

(4)短边中点处的剪应力 τ' 是短边上的最大剪应力,其值为:

$$\tau' = \xi \tau_{\max} \tag{6-16}$$

式中:ξ——与 h/b 有关的系数,见表6-1。

矩形截面杆横截面上剪应力的分布规律见图6-13。

(5)单位长度相对扭转角的计算公式为:

$$\theta = \frac{M_n}{GI_p} = \frac{M_n}{G\beta h b^3} \tag{6-17}$$

式中:G——材料的剪切弹性模量;

β——与 h/b 有关的系数,见表6-1;

其余符号意义同前。

系数 α、β、ξ 数值表 表6-1

h/b	1.00	1.20	1.50	1.75	2.00	2.50	3.00	4.00	5.00	10.00	∞
α	0.208	0.219	0.231	0.239	0.246	0.258	0.267	0.282	0.291	0.313	0.333
β	0.141	0.166	0.196	0.214	0.229	0.249	0.263	0.281	0.291	0.313	0.333
ξ	1.00	0.93	0.86	0.82	0.80	0.77	0.75	0.74	0.74	0.74	0.74

小结

本章介绍了圆轴扭转时的应力和变形计算公式,以及强度条件和刚度条件。学习时应清楚地了解公式建立的基础、应用条件,扭转变形的受力特点和变形特点;掌握扭矩和应力的计算;达到熟练地进行扭转强度、刚度计算的要求。

(1)圆轴扭转时,横截面上的内力是一个力偶矩——扭矩 M_n,截面上只有剪应力存在。

(2)圆轴扭转时,截面上的剪应力大小沿半径方向呈线性分布,圆心处为零,边缘处最大,方向垂直于半径。计算公式为:

$$\tau_{\mathrm{p}} = \frac{M_{\mathrm{n}}\rho}{I_{\mathrm{p}}}, \quad \tau_{\max} = \frac{M_{\mathrm{n}}}{W_{\mathrm{n}}}$$

I_{p}、W_{n} 分别为截面的极惯性矩和抗扭截面系数。

对于直径为 D 的实心圆截面:

$$I_{\mathrm{p}} = \frac{\pi D^4}{32}, \quad W_{\mathrm{n}} = \frac{I_{\mathrm{p}}}{\frac{D}{2}} = \frac{\pi D^3}{16}$$

对于内、外径比$\frac{d}{D}=\alpha$的空心圆截面:

$$I_{\mathrm{p}} = \frac{\pi D^4}{32}(1-\alpha^4), \quad W_{\mathrm{n}} = \frac{I_{\mathrm{p}}}{\frac{D}{2}} = \frac{\pi D^3}{16}(1-\alpha^4)$$

(3)圆轴扭转时,横截面产生绕轴线的相对转动,两截面间相对转动的角度,称为扭转角。计算公式为:

扭转角

$$\varphi = \frac{M_{\mathrm{n}} l}{G I_{\mathrm{p}}} \quad (\mathrm{rad}) \quad (\text{计算扭转绝对变形})$$

单位长度扭转角

$$\theta = \frac{\mathrm{d}\varphi}{\mathrm{d}x} = \frac{M_{\mathrm{n}}}{G I_{\mathrm{p}}}(\mathrm{rad/m}) = \frac{M_{\mathrm{n}}}{G I_{\mathrm{p}}} \times \frac{180}{\pi}(°/\mathrm{m}) \quad (\text{计算扭转相对变形})$$

(4)圆轴扭转时的强度条件和刚度条件分别为:

$$\tau_{\max} = \frac{M_{\mathrm{n}}}{W_{\mathrm{n}}} \leqslant [\tau], \quad \theta_{\max} = \frac{M_{\mathrm{n}}}{G I_{\mathrm{p}}} \times \frac{180}{\pi} \leqslant [\theta]$$

强度条件和刚度条件是两个互相独立的条件,可以应用于强度、刚度校核,设计截面尺寸和计算容许荷载等。当要求同时满足强度和刚度条件时,解出的直径或容许荷载均有两个不同的值,直径应取数值大的,容许扭矩取数值小的。

(5)运用强度条件和刚度条件解决实际问题的一般步骤为:

①求出轴上的外力偶矩;

②画出扭矩图,分析危险截面;

③列出危险截面的强度、刚度条件并进行计算。

(6)圆形截面杆件扭转的应力分析方法,较全面地体现了材料力学研究方法的基本思路——在观察试验现象的基础上,做出合理的假设和推理,综合考虑变形几何方面、物理方面、静力学方面,推导出符合工程实际的力学计算公式。在学习中要认真体会这种科学的思维方法。

需要强调指出,圆形截面杆扭转的研究中提出了平面假设,所得应力、变形计算公式都是建立在平面假设的基础上,非圆形截面杆因为发生翘曲,所以有关圆轴的计算公式均不再适用。

思考题

6-1 试指出图 6-14 所示各轴哪些产生扭转变形?并画出其受力简图。

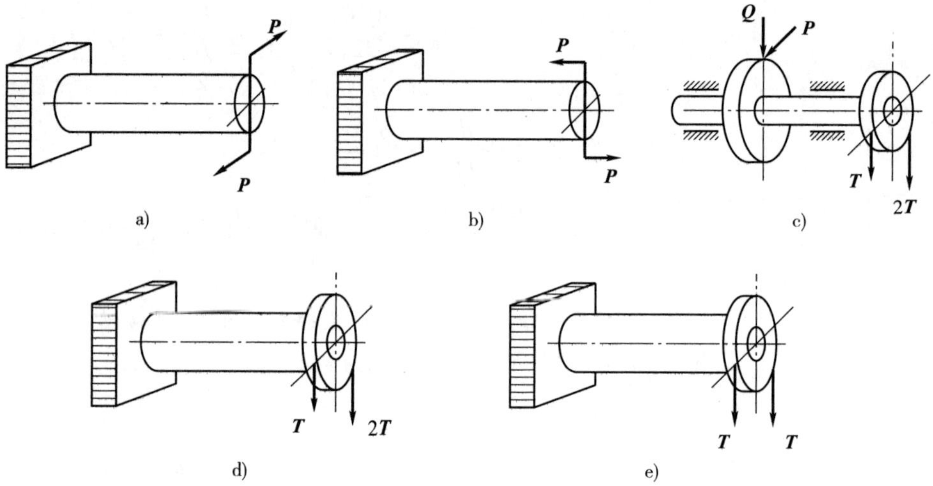

图 6-14

6-2 试说明圆轴扭转时,横截面上只有剪应力而无正应力,并分析图 6-15 所示的剪应力分布图是否正确?为什么?(M_n 为截面上的扭矩)

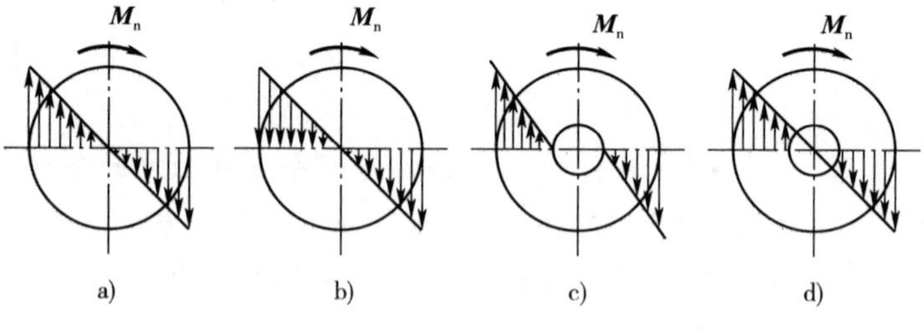

图 6-15

6-3 从强度观点看,图 6-16 所示三个轮的位置哪一种布置比较合理?

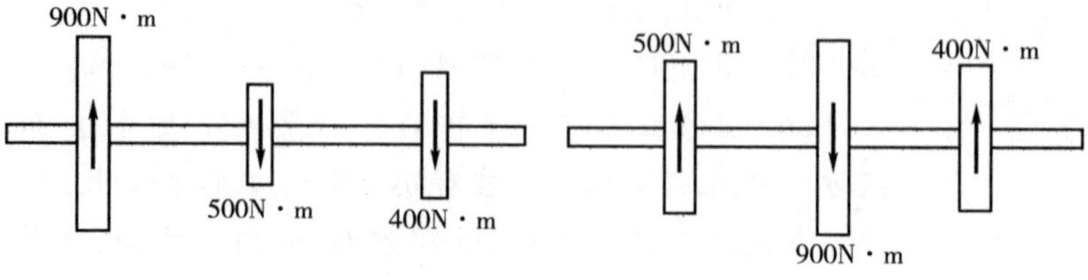

图 6-16

6-4　圆轴直径增大一倍，其他条件均不变，那么最大剪应力、轴的扭转角将如何变化？

6-5　直径 D 和长度 l 都相同，材料不同的两根轴，在相同扭矩 M_n 作用下，它们的最大剪应力 τ_{max} 是否相同？扭转角是否相同？为什么？

6-6　如图 6-17 所示，圆轴的极惯性矩和抗扭截面系数是否可按下式计算？为什么？

$$I_p = \frac{\pi}{32}(D-d)^4, \quad W_p = \frac{\pi}{16}(D^3 - d^3)$$

6-7　圆截面杆与非圆截面杆受扭转时，其应力与变形有什么不同？原因是什么？

6-8　图 6-18 所示单元体，已知其中一个面上的剪应力 τ，其他几个面上的剪应力是否可确定？如何确定？

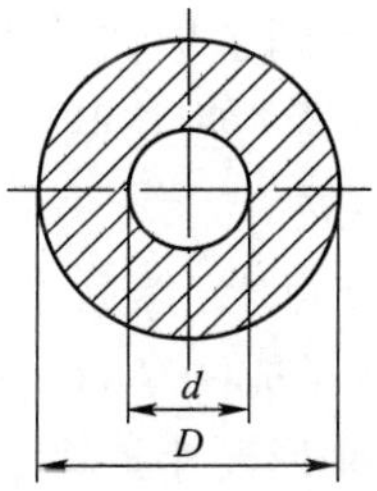

图　6-17

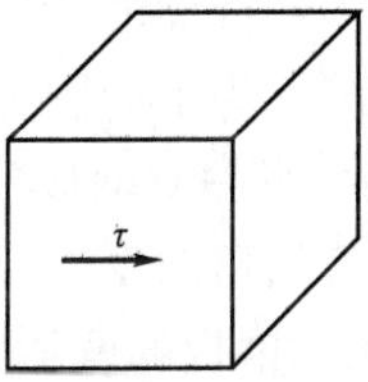

图　6-18

第七章
CHAPTER SEVEN

截面的几何性质

工程中的各种杆件,其横截面都是具有一定几何形状的平面图形,而杆件的强度、刚度和稳定性都与这些平面图形的几何性质有关。在拉压杆的正应力和变形计算中用到了杆件的横截面面积,在扭转剪应力及扭转角的计算中用到了极惯性矩以及抗扭截面系数等,在后面弯曲变形的讨论中还会用到截面的惯性矩和静矩等一些与截面的几何形状和尺寸有关的几何量,通常将这些几何量统称为平面图形的几何性质。

如图7-1a)所示,将一薄钢板放在两个支点上,然后在钢板上放上一个不大的重物,此时薄钢板就会发生显著的弯曲变形。若将钢板做成图7-1b)所示的槽形,仍放在这两个支点上,然后再放上重物,此时钢板的变形比原来的变形要小许多。由此可见,虽然杆件的截面面积相同,但因截面形状不同,它抵抗弯曲变形的能力却大不相同。

再如图7-2所示,将长方形木板分别平放和竖放在两个相同的支点上,然后在中间施加同样大小的竖向外力 $\boldsymbol{P}$,可以看到,木板竖放时的弯曲变形比平放时小得多。这说明截面尺寸和形状完全相同的杆件,因为放置的方式不同,其承载能力也是大不相同的。

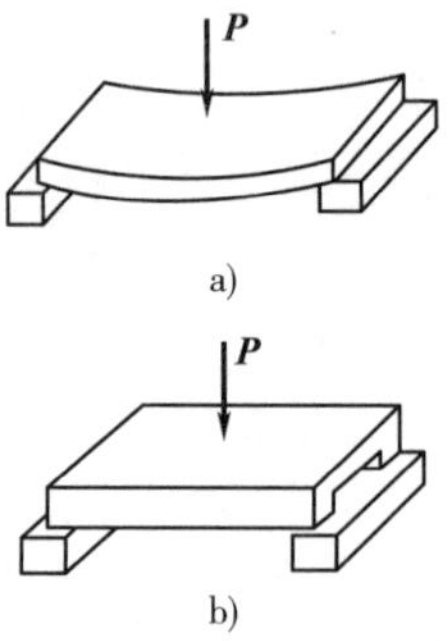

图 7-1

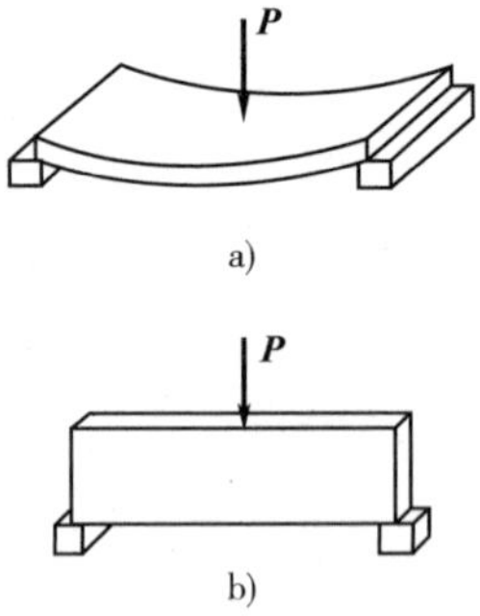

图 7-2

截面形式对弯曲变形的影响

可见,截面的形状和尺寸以及放置方式都是影响杆件承载能力的重要因素,而这些影响因素又是通过截面的某些几何性质来反映的。因此,我们要研究杆件的强度、刚度和稳定性问题,就必须研究截面的几何性质及其计算。此外,研究截面的几何性质还可以帮助我们在设计杆件截面时选用合理的截面形状和尺寸,使杆件的各部分材料都能够充分发挥应有的作用。

截面的几何性质是一个几何问题,与研究对象的物理性质、力学性质无关。

第一节　静矩和形心

一、静矩

图 7-3 所示的平面图形,代表构件的截面,其面积为 A。在图形平面内选取一坐标系 yOz,在图形上坐标为(z,y)处取一微面积 dA,则微面积 dA 和坐标 y 的乘积 ydA 称为微面积对 z 轴的静矩(static moment);而 zdA 称为微面积 dA 对 y 轴的静矩。整个图形上微面积 dA 与它到 z 轴(或 y 轴)距离的乘积的总和称为截面对 z 轴(或 y 轴)的静矩,用 S_z(或 S_y)表示,即:

$$\left.\begin{aligned} S_z &= \int_A y\mathrm{d}A \\ S_y &= \int_A z\mathrm{d}A \end{aligned}\right\} \tag{7-1}$$

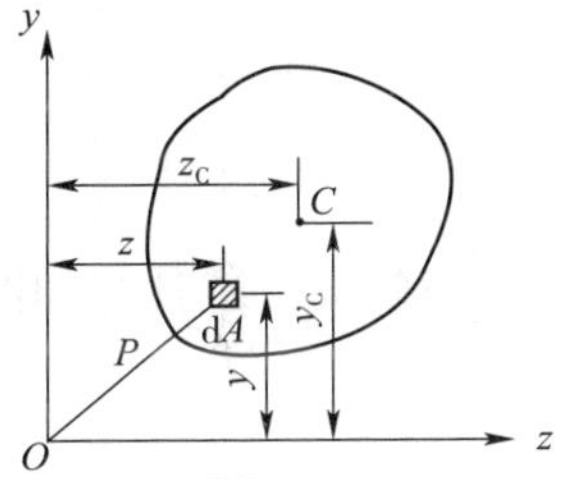

图 7-3

截面的静矩是对某一坐标轴而言的,同一截面图形对不同轴的静矩不同。静矩的数值可能为正,可能为负,也可能为零。静矩的单位为 m^3 或 mm^3。

二、形心

在静力学中,用合力矩定理建立了物体重心的计算公式,并以此导出了匀质薄板形物体(平面图形)的重心坐标计算公式为:

$$\left.\begin{aligned} z_c &= \frac{\int_A y\mathrm{d}A}{A} \\ y_c &= \frac{\int_A z\mathrm{d}A}{A} \end{aligned}\right\} \tag{7-2}$$

由式(7-2)所确定的点,其坐标只与薄板的截面形状与大小有关,称为平面图形的形心。它是平面图形的几何中心。具有对称轴、对称中心的图形,其形心必定在对称轴、对称中心上。

综合式(7-1)和式(7-2),可得静矩与形心坐标之间的关系为:

$$\left.\begin{aligned} S_z &= \int_A y\mathrm{d}A = Ay_C \\ S_y &= \int_A z\mathrm{d}A = Az_C \end{aligned}\right\} \tag{7-3}$$

由式(7-3)可知,平面图形对某轴的静矩等于其面积与形心坐标(形心到该轴的距离)的乘积。当坐标轴通过该平面图形的形心(简称形心轴)时,静矩等于零;反之,若平面图形对某轴的静矩等于零,则该轴必通过形心。

三、组合图形的静矩和形心位置计算

构件截面的图形往往是由矩形、圆形等简单图形组成的,称为组合图形。根据图形静矩的

定义,组合图形对某轴的静矩等于各简单图形对同一轴静矩的代数和,即:

$$\left.\begin{aligned} S_z &= A_1 y_{C1} + A_2 y_{C2} + \cdots + A_n y_{Cn} = \sum_{i=1}^{n} A_i y_{Ci} \\ S_y &= A_1 z_{C1} + A_2 z_{C2} + \cdots + A_n z_{Cn} = \sum_{i=1}^{n} A_i z_{Ci} \end{aligned}\right\} \quad (7\text{-}4)$$

式中:z_{Ci}、y_{Ci}、A_i——分别表示各简单图形的形心坐标和面积;

n——组合图形的简单图形个数。

将公式(7-4)代入公式(7-3),可得组合图形形心坐标计算公式为:

$$\left.\begin{aligned} z_C &= \frac{S_y}{A} = \frac{\sum_{i=1}^{n} A_i z_{Ci}}{\sum_{i=1}^{n} A_i} \\ y_C &= \frac{S_z}{A} = \frac{\sum_{i=1}^{n} A_i y_{Ci}}{\sum_{i=1}^{n} A_i} \end{aligned}\right\} \quad (7\text{-}5)$$

例 7-1 试计算如图 7-4 所示矩形截面对 z_1 轴的静矩 S_{z_1}。

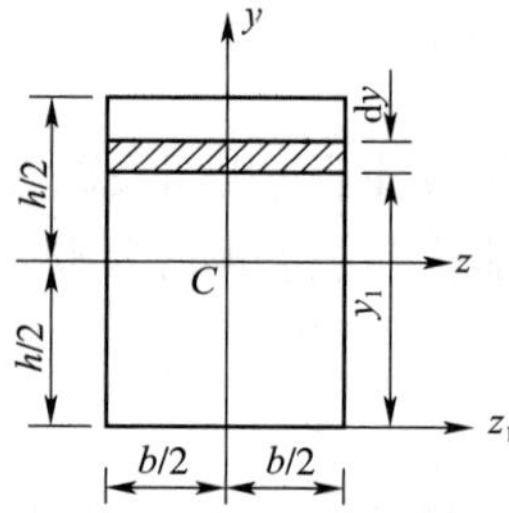

图 7-4

例 7-1 讲解

解:取平行于 z_1 轴的微面积 $dA = bdy$,应用公式(7-1)得:

$$S_{z_1} = \int_A y_1 \mathrm{d}A = \int_0^h y_1 (b\mathrm{d}y) = b \left.\frac{y_1^2}{2}\right|_0^h = \frac{1}{2}bh^2$$

若用式(7-3)计算,则有:

$$S_{z_1} = Ay_C = \frac{h}{2} \times (bh) = \frac{1}{2}bh^2$$

第二节 惯性矩、惯性积和极惯性矩

一、惯性矩

在平面图形中取一微面积 dA(图 7-5),dA 与其坐标平方的乘积 $y^2\mathrm{d}A$、$z^2\mathrm{d}A$ 分别称为该微面积 dA 对 z 轴和 y 轴的惯性矩(moment of inertia),而定积分

$$\left.\begin{aligned} I_z &= \int_A y^2 \mathrm{d}A \\ I_y &= \int_A z^2 \mathrm{d}A \end{aligned}\right\} \quad (7\text{-}6)$$

分别称为整个平面图形对 z 轴和 y 轴的惯性矩。式中，A 是整个图形的面积。

有时为了计算方便，将惯性矩统一表示成图形面积与某一长度平方的乘积，即：

$$\left.\begin{aligned} I_z &= i_z^2 A \\ I_y &= i_y^2 A \end{aligned}\right\} \tag{7-7}$$

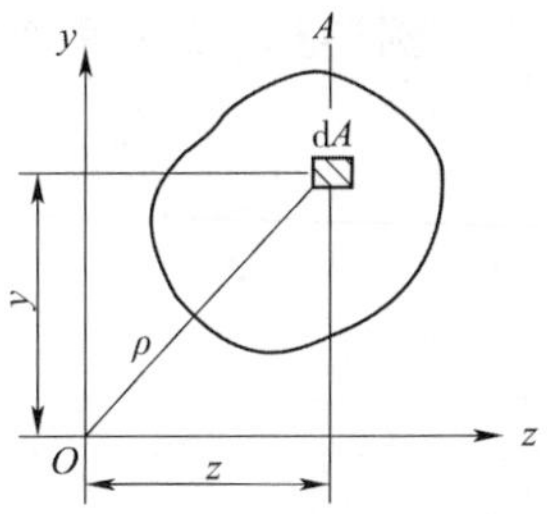

图 7-5

式中，i_z、i_y 分别称为平面图形对 z 轴和 y 轴的惯性半径，单位为 m^4 或 mm^4。由式(7-7)可知，惯性半径愈大，则图形对该轴的惯性矩也愈大。若已知图形面积 A 和惯性矩 I_z、I_y，则惯性半径为：

$$\left.\begin{aligned} i_z &= \sqrt{\frac{I_z}{A}} \\ i_y &= \sqrt{\frac{I_y}{A}} \end{aligned}\right\} \tag{7-8}$$

二、简单图形的惯性矩计算

下面举例说明简单图形惯性矩的计算方法。

例 7-2 试计算图 7-6 所示的矩形对其形心轴 y 轴和 z 轴（z 轴平行于矩形底边）的惯性矩 I_z、I_y。

解：(1)计算 I_z。

取平行于 z 轴的微面积 $dA = bdy$，应用公式(7-6)得：

$$I_z = \int_A y^2 dA = \int_{-\frac{h}{2}}^{\frac{h}{2}} y^2 (bdy) = b \cdot \frac{y^3}{3}\Bigg|_{-\frac{h}{2}}^{\frac{h}{2}} = \frac{bh^3}{12}$$

(2)计算 I_y。

取平行于 y 轴的微面积 $dA = hdz$，代入式(7-6)积分运算后可得 $I_y = \frac{hb^3}{12}$。

由此，得矩形截面对其形心轴的惯性矩为：

$$I_z = \frac{bh^3}{12}, \quad I_y = \frac{hb^3}{12}$$

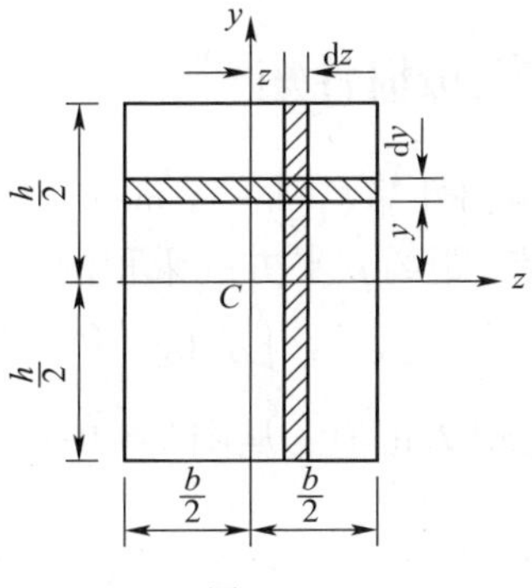

图 7-6

例 7-2 讲解

例 7-3 试计算直径为 d 的圆形(图 7-7)对其形心轴的惯性矩。

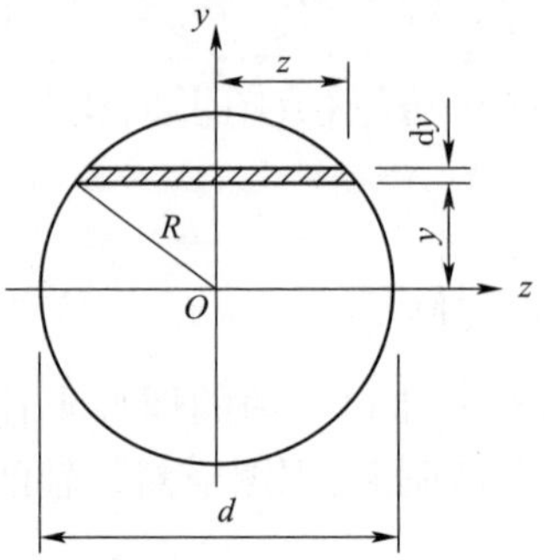

图 7-7

例 7-3 讲解

解:取微面积如图中的阴影部分小长条,则:

$$dA = 2 \cdot z \cdot dy = 2\sqrt{R^2 - y^2}\,dy$$

代入式(7-6)得:

$$I_z = 2\int_{-R}^{R} y^2 \sqrt{R^2 - y^2}\,dy = \frac{\pi R^4}{4} = \frac{\pi d^4}{64}$$

因为圆截面的每一直径轴都是对称轴,所以它对每一直径轴的惯性矩都为$\frac{\pi d^4}{64}$。

三、惯性积

微面积 dA 与它到 y、z 两轴距离的乘积 $yzdA$ 称为微面积 dA 对 y、z 两轴的惯性积(product of inertia),而积分 $\int_A yzdA$ 则定义为整个截面对 y、z 两轴的惯性积,并用 I_{yz} 表示,即:

$$I_{zy} = \int_A yzdA \tag{7-9}$$

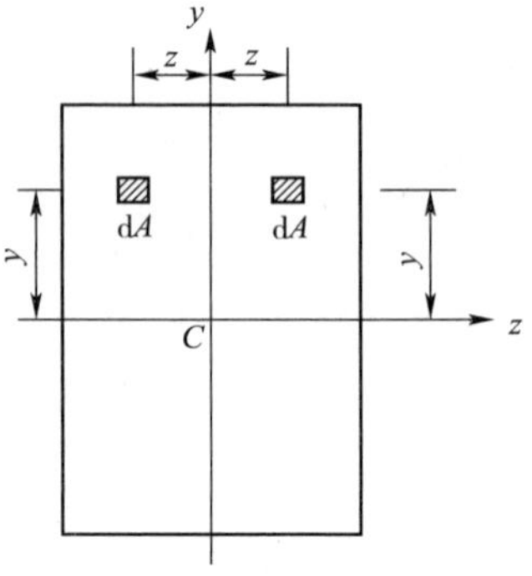

图 7-8

惯性积的量纲也是[长度]^4。它的值可为正,可为负,也可为零。如果截面具有一个(或一个以上)对称轴,如图 7-8 所示,则对称轴两侧微面积的 $yzdA$ 值大小相等,符号相反,这两个对称位置的微面积对 y、z 轴的惯性积之和等于零。推广到整个截面,则整个截面的 $I_{yz}=0$。这说明,只要 y、z 轴之一为截面的对称轴,该截面对两轴的惯性积就一定等于零。

四、极惯性矩

极惯性矩(polar moment of inertia)的定义是整个截面上微面积 dA 与它到坐标原点(也称为极点)距离 ρ 平方的乘积的总和,记为:

$$I_p = \int_A \rho^2 dA \tag{7-10}$$

极惯性矩的单位是 m^4 或 mm^4,恒为正值。从图 7-5 中可以看到,$\rho^2 = y^2 + z^2$,代入式(7-10)后得:

$$I_p = \int_A \rho^2 dA = \int_A (y^2 + z^2) dA = \int_A y^2 dA + \int_A z^2 dA = I_z + I_y$$

即

$$I_p = I_z + I_y \tag{7-11}$$

此式表明：截面对任意两相互垂直轴交点的极惯性矩等于截面对该两轴惯性矩之和。

例 7-4 计算图 7-9 所示直径为 D 的圆形截面对其圆心的极惯性矩 I_p。

解：(1)用式(7-10)积分计算。

取圆环作为微面积，$dA = 2\pi\rho d\rho$，代入式(7-10)，得：

$$I_p = \int_A \rho^2 dA = \int_0^{\frac{D}{2}} \rho^2 (2\pi\rho d\rho) = 2\pi \left.\frac{\rho^4}{4}\right|_0^{\frac{D}{2}} = \frac{\pi D^4}{32}$$

(2)利用惯性矩和极惯性矩的关系式(7-11)计算。

利用已知圆截面的惯性矩值

$$I_z = I_y = \frac{\pi D^4}{64}$$

代入式(7-11)，得：

$$I_p = I_z + I_y = 2I_z = \frac{\pi D^4}{32}$$

例 7-5 如图 7-10 所示，计算内、外径分别为 d 和 D 的空心圆截面对其圆心的极惯性矩 I_p。

解：如图 7-10 所示，取微面积 $dA = 2\pi\rho d\rho$，则：

$$\begin{aligned} I_p &= \int_A \rho^2 dA = \int_{d/2}^{D/2} \rho^2 (2\pi\rho\, d\rho) \\ &= 2\pi \left.\frac{\rho^4}{4}\right|_{d/2}^{D/2} = \frac{\pi D^4}{32} - \frac{\pi d^4}{32} \\ &= \frac{\pi D^4}{32}(1 - \alpha^4) \end{aligned}$$

其中，$\alpha = \frac{d}{D}$。为便于计算时查用，在表 7-1 中列出了一些常用简单平面图形的几何性质。

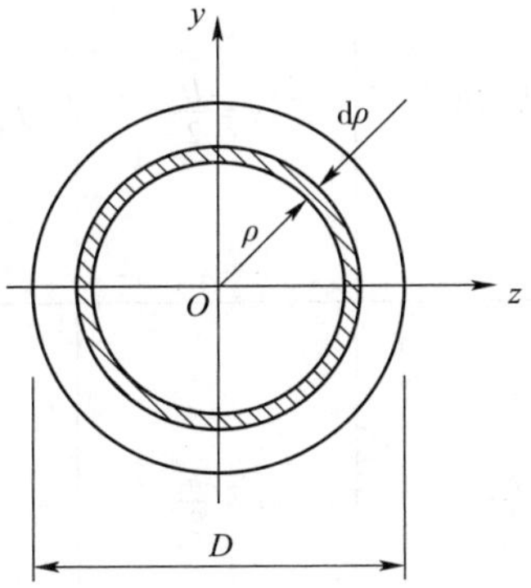

图 7-9

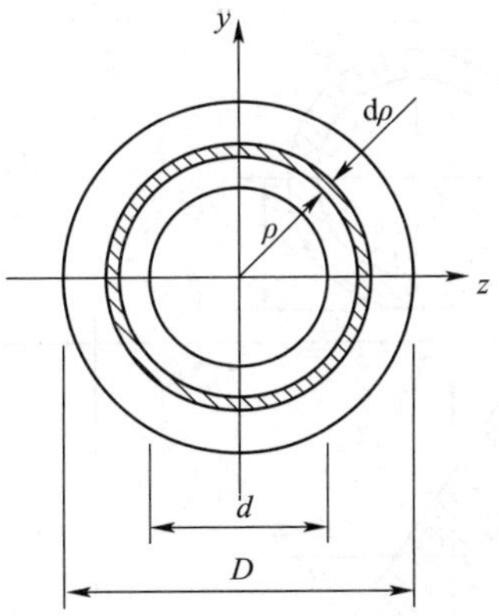

图 7-10

常用平面图形的几何性质

表 7-1

序号	图形	面积	形心位置	惯性矩
1	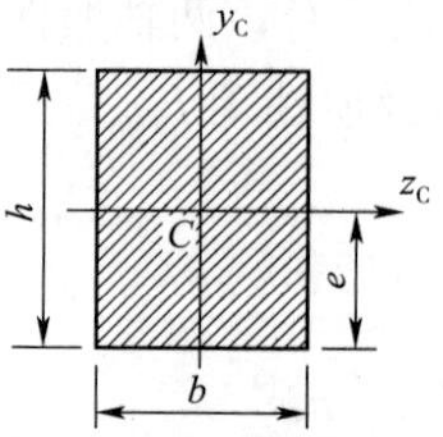	$A=bh$	$e=\dfrac{h}{2}$	$I_{zC}=\dfrac{bh^3}{12}$ $I_{yC}=\dfrac{hb^3}{12}$
2	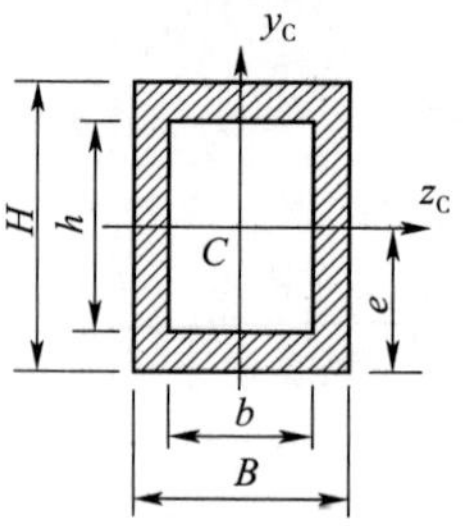	$A=BH-bh$	$e=\dfrac{H}{2}$	$I_{zC}=\dfrac{BH^3-bh^3}{12}$ $I_{yC}=\dfrac{HB^3-hb^3}{12}$
3	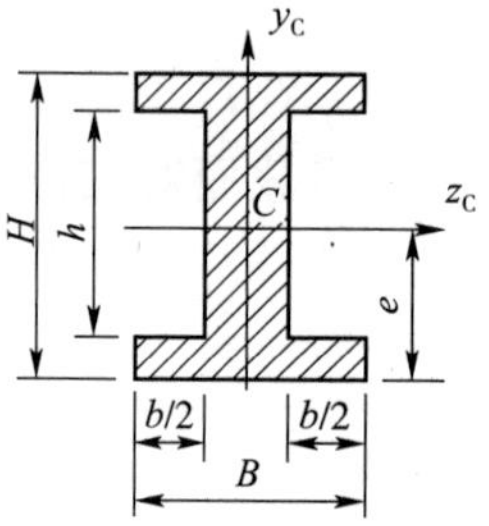	$A=BH-bh$	$e=\dfrac{H}{2}$	$I_{zC}=\dfrac{BH^3-bh^3}{12}$ $I_{yC}=\dfrac{(H-h)B^3+h(B-b)^3}{12}$
4	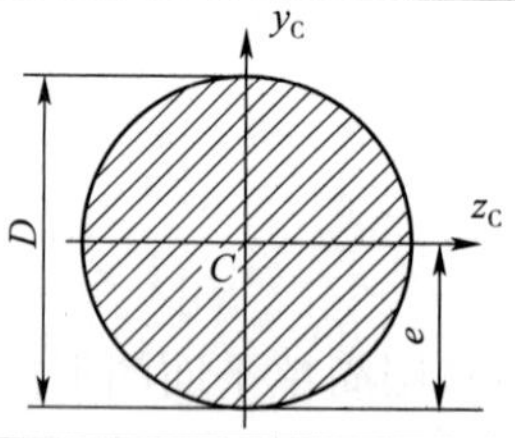	$A=\dfrac{\pi D^2}{4}$	$e=\dfrac{D}{2}$	$I_{zC}=I_{yC}=\dfrac{\pi D^4}{64}$
5	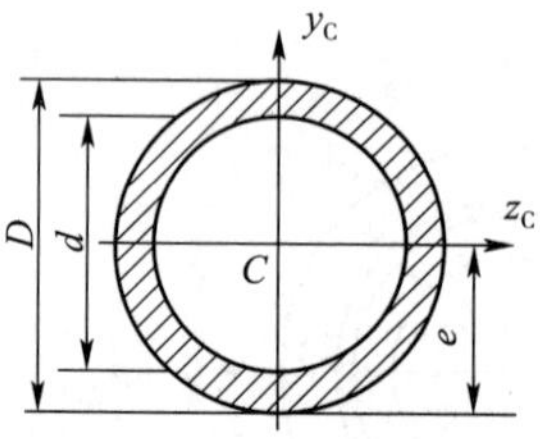	$A=\dfrac{\pi(D^2-d^2)}{4}$	$e=\dfrac{D}{2}$	$I_{zC}=I_{yC}=\dfrac{\pi(D^4-d^4)}{64}$
6	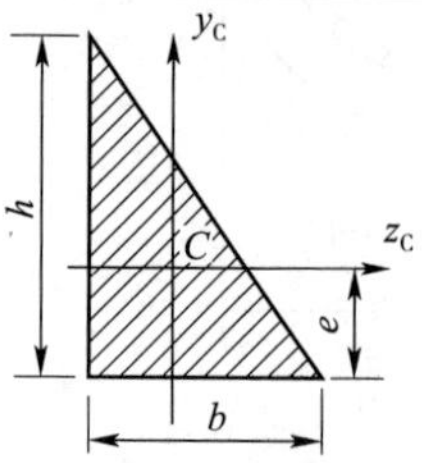	$A=\dfrac{bh}{2}$	$e=\dfrac{h}{3}$	$I_{zC}=\dfrac{bh^3}{36}$

续上表

序号	图　　形	面　　积	形心位置	惯　性　矩
7	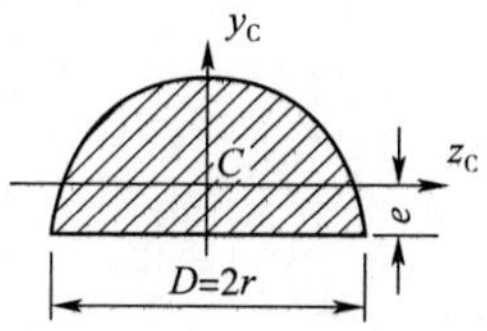	$A=\frac{\pi r^2}{2}$	$e=\frac{4r}{3\pi}$	$I_{z_C}=\left(\frac{1}{8}-\frac{8}{9\pi^2}\right)\pi r^2$
8	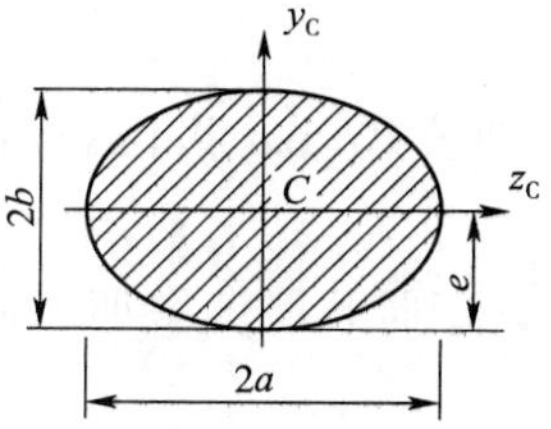	$A=\pi ab$	$e=b$	$I_{z_C}=\frac{\pi ab^3}{4}$ $I_{y_C}=\frac{\pi ba^3}{4}$

第三节　惯性矩的平行移轴公式

一、平行移轴公式

同一截面对不同坐标轴的惯性矩是不同的，但相互之间却存在着一定的关系。先讨论截面对相互平行的坐标轴的惯性矩之间的关系。

图7-11中C为截面形心，z_C和y_C为形心轴。Oz轴与Cz_C轴相互平行，两轴间的距离为a；Oy轴与Cy_C轴相互平行，其间距为b。相互平行的坐标轴之间的关系可表示为：

$$\left.\begin{aligned} y &= y_C + a \\ z &= z_C + b \end{aligned}\right\} \tag{a}$$

按定义，截面图形A对形心轴z_C、y_C的惯性矩分别为：

$$I_{z_C} = \int_A y_C^2 \mathrm{d}A,\quad I_{y_C} = \int_A z_C^2 \mathrm{d}A \tag{b}$$

对z、y轴的惯性矩分别为：

$$I_z = \int_A y^2 \mathrm{d}A,\quad I_y = \int_A z^2 \mathrm{d}A \tag{c}$$

将式(a)代入式(c)并展开，得：

$$\begin{aligned} I_z &= \int_A (y_C + a)^2 \mathrm{d}A = \int_A (y_C^2 + 2y_C a + a^2) \mathrm{d}A \\ &= \int_A y_C^2 \mathrm{d}A + 2a\int_A y_C \mathrm{d}A + a^2\int_A \mathrm{d}A \end{aligned}$$

式中第一项$\int_A y_C^2 \mathrm{d}A$是截面对形心轴z_C的惯性矩I_{zC};第二项$\int_A y_C \mathrm{d}A$是截面对形心轴z_C的静矩S_{z_C},因为z_C轴是截面的形心轴,故$S_{z_C}=0$;第三项$\int_A \mathrm{d}A$是截面的面积A。所以:

$$\left.\begin{aligned} I_z &= I_{z_C} + Aa^2 \\ I_y &= I_{y_C} + Ab^2 \end{aligned}\right\} \tag{7-12}$$

截面对互相平行的坐标轴的惯性积,也可通过类似的方法得到:

$$I_{yz} = I_{y_Cz_C} + abA \tag{7-13}$$

式(7-12)、式(7-13)称为平行移轴定理,或称为平行移轴公式(parallel-axes for mulas)。它表明:

(1)截面对任意轴的惯性矩,等于截面对与该轴平行的形心轴的惯性矩加上截面面积与两轴间距离平方的乘积。

(2)截面对任意一对正交轴的惯性积,等于截面对与之平行的一对正交形心轴的惯性积加上截面面积与两对轴之间距离的乘积。

例 7-6 用平行移轴公式计算图 7-12 所示矩形对y轴与z轴的惯性矩I_y、I_z和惯性积I_{yz}。

解:已知矩形截面对形心轴的惯性矩和惯性积分别为:

$$I_{z_C} = \frac{bh^3}{12},\quad I_{y_C} = \frac{hb^3}{12},\quad I_{y_Cz_C} = 0$$

利用平行移轴公式(7-12)、式(7-13)得:

$$I_z = I_{z_C} + a^2A = \frac{bh^3}{12} + \left(\frac{h}{2}\right)^2 bh = \frac{bh^3}{3}$$

$$I_y = I_{y_C} + b^2A = \frac{hb^3}{12} + \left(\frac{b}{2}\right)^2 bh = \frac{hb^3}{3}$$

$$I_{yz} = I_{y_Cz_C} + abA = 0 + \left(\frac{h}{2}\right)\left(\frac{b}{2}\right)bh = \frac{1}{4}b^2h^2$$

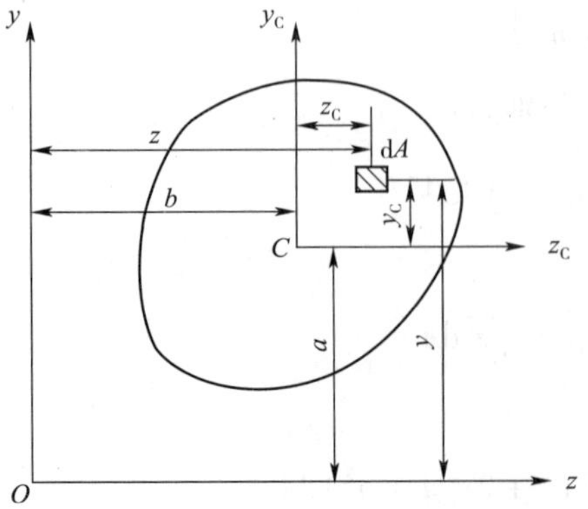

图 7-11

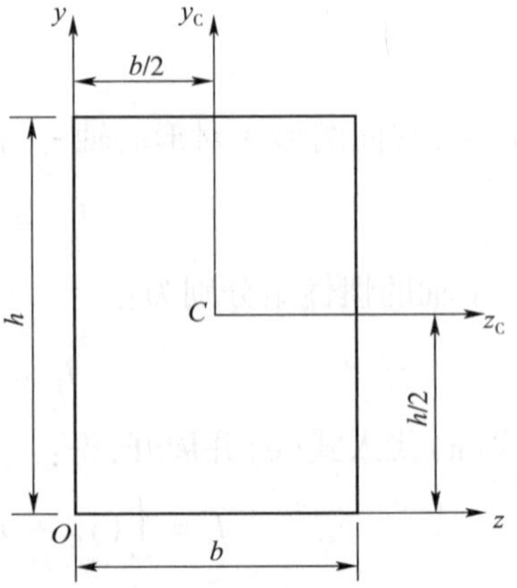

图 7-12

二、组合截面惯性矩的计算

根据惯性矩定义可知,组合截面对某轴的惯性矩就等于组成它的各简单截面对同一轴惯性矩的和。简单截面对本身形心轴的惯性矩可通过积分或查表求得,再利用平行移轴公式便可求得它对组合截面形心轴的惯性矩。这样就可较方便地计算组合截面的惯性矩。现在通过例题来说明组合截面惯性矩的计算方法。

例 7-7 T 字形截面尺寸及形心位置如图 7-13a)所示,求该截面对其形心轴 z_C、y_C 的惯性矩 I_{z_C}、I_{y_C}。

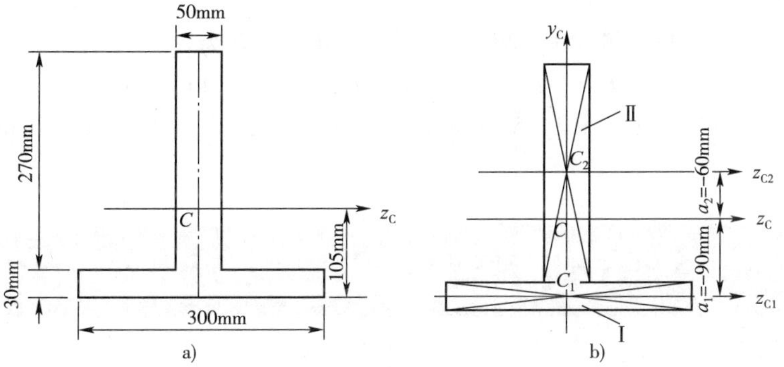

图 7-13

解:先将 T 形截面分为Ⅰ、Ⅱ两块矩形,如图 7-13b)所示,整个截面对轴的惯性矩应等于各块矩形对轴的惯性矩之和,即:

$$I_{z_C} = I_{z_C}^{\mathrm{I}} + I_{z_C}^{\mathrm{II}}$$

矩形Ⅰ和Ⅱ对自身形心轴的惯性矩为 $I_{z_{C1}} = \dfrac{b_1 h_1^3}{12}$, $I_{z_{C2}} = \dfrac{b_2 h_2^3}{12}$,由平行移轴公式(7-12)可计算它们对 z_C 轴的惯性矩:

$$I_{z_C}^{\mathrm{I}} = I_{z_{C1}} + a_1^2 A_1 = \frac{300 \times 30^3}{12} + (-90)^2 \times 300 \times 30 = 73.58 \times 10^6 (\mathrm{mm}^4)$$

$$I_{z_C}^{\mathrm{II}} = I_{z_{C2}} + a_2^2 A_2 = \frac{50 \times 270^3}{12} + (60)^2 \times 50 \times 270 = 130.6 \times 10^6 (\mathrm{mm}^4)$$

所以:

$$I_{z_C} = I_{z_C}^{\mathrm{I}} + I_{z_C}^{\mathrm{II}} = 73.58 \times 10^6 + 130.6 \times 10^6 = 204.2 \times 10^6 (\mathrm{mm}^4)$$

y_C 轴通过矩形Ⅰ、Ⅱ的形心,所以:

$$I_{y_C} = I_{y_C}^{\mathrm{I}} + I_{y_C}^{\mathrm{II}} = \frac{h_1 b_1^3}{12} + \frac{h_2 b_2^3}{12} = \frac{30 \times 300^3}{12} + \frac{270 \times 50^3}{12} = 70.3 \times 10^6 (\mathrm{mm}^4)$$

因为 y_C 轴是组合截面的对称轴,所以截面对形心轴的惯性积为零,即:

$$I_{z_C y_C} = 0$$

例 7-8 如图 7-14 所示,试求由两根№20 槽钢组成的截面对形心轴的惯性矩 I_z 及 I_y。槽钢相距 50mm。

解:组合截面有两根对称轴,形心 C 在对称轴的交点。由附录型钢表上查得两槽钢的形心 C_1、C_2 到腹板边缘的距离为 19.5mm,槽钢面积 $A_1 = A_2 = 3.283 \times 10^3 \mathrm{mm}^2$,槽钢对各自形心

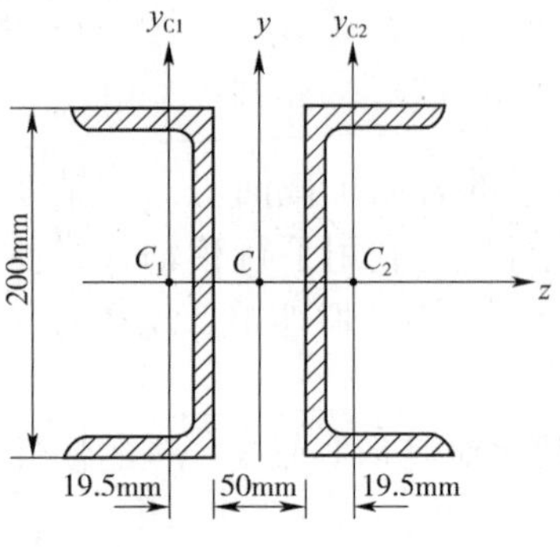

图 7-14

轴的惯性矩为：

$$I_{z_{C1}} = I_{z_{C2}} = 19.137 \times 10^6 \mathrm{mm}^4$$

$$I_{y_{C1}} = I_{y_{C2}} = 1.436 \times 10^6 \mathrm{mm}^4$$

因为 z 轴与两槽钢的形心轴 z_{C1}、z_{C2} 重合，所以截面对 z 轴的惯性矩就等于两槽钢分别对 z_{C1} 轴和 z_{C2} 轴的惯性矩之和：

$$I_z = I_{z_{C1}} + I_{z_{C2}} = 19.137 \times 10^6 + 19.137 \times 10^6$$

$$= 38.274 \times 10^6 (\mathrm{mm}^4)$$

槽钢形心轴 y_{C1}、y_{C2} 与 y 轴平行，两轴与 y 轴之间的距离为：

$$b_1 = CC_1 = b_2 = CC_2 = 19.5 + 25 = 44.5(\mathrm{mm})$$

所以 $I_y = (1.436 \times 10^6 + 44.5^2 \times 3.283 \times 10^3) \times 2 = 15.874 \times 10^6 (\mathrm{mm}^4)$

第四节 转轴定理、主惯性轴和主惯性矩

一、转轴定理

如图 7-15 所示，截面图形对 z 轴、y 轴的惯性矩和惯性积均为已知，当坐标轴绕点旋转 α 角(α 以逆时针为正)以后，截面对新坐标轴的惯性矩 I_{z1}、I_{y1} 和惯性积 I_{z1y1} 与已知的 I_z、I_y、I_{zy} 之间有如下关系(推导过程从略)：

$$\left.\begin{aligned} I_{z1} &= \frac{I_z + I_y}{2} + \frac{I_z - I_y}{2}\cos 2\alpha - I_{yz}\sin 2\alpha \\ I_{y1} &= \frac{I_z + I_y}{2} + \frac{I_z - I_y}{2}\cos 2\alpha + I_{yz}\sin 2\alpha \end{aligned}\right\} \quad (7\text{-}14)$$

$$I_{y1z1} = \frac{I_z - I_y}{2}\sin 2\alpha + I_{yz}\cos 2\alpha \quad (7\text{-}15)$$

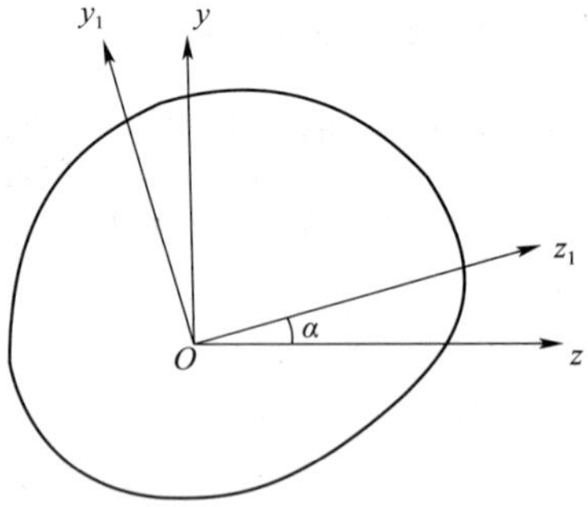

图 7-15

式(7-14)和式(7-15)称为转轴定理。

如果将式中的 I_{z1} 和 I_{y1} 相加，并根据式(7-11)，可得：

$$I_{z1} + I_{y1} = I_z + I_y = I_p \quad (7\text{-}16)$$

这说明截面对通过一点的任意一对互相垂直的轴的惯性矩之和是一个常数，而且等于对坐标原点的极惯性矩。

二、形心主轴及形心主惯矩

由惯性积的转轴公式 $I_{y1z1} = \frac{I_z - I_y}{2}\sin 2\alpha + I_{yz}\cos 2\alpha$ 可知，当 α 角发生变化时，惯性积也随之

变化，可为正，可为负，也可为零。

若截面对轴的惯性积 $I_{yz}=0$，则这对坐标轴（y,z）称为截面的主惯性轴（principal moment of inertia），简称主轴。截面对主惯性轴的惯性矩称为主惯性矩（principal moment of inertia），简称主惯矩。通过形心的主惯性轴，称为形心主惯性轴（centroid principal moment of inertia），简称形心主轴。

前面介绍过，当一对坐标轴中有一根是截面的对称轴时，截面对这对坐标轴的惯性积等于零。由此可知，凡包含有一对称轴的一对坐标轴一定是主惯性轴。凡形心坐标轴中包含有对称轴的一对坐标轴一定是形心主轴。

当截面没有对称轴时，主轴的位置需要通过计算来确定。

小结

截面的几何性质是一个几何问题，各种几何性质本身并无力学和物理意义，但在力学中这些几何量与构件的承载能力之间有着密切的关系。对这些几何性质的力学意义和计算方法要深刻领会和熟练掌握。

（1）杆件变形时，如果截面只做相对平移（如拉伸和压缩），则应力均匀分布，应力、应变只与截面面积有关；如果截面做相对转动（如扭转和弯曲），则应力将不均匀分布，应力、变形与截面的极惯性矩、惯性矩、静矩等有关。

（2）本章的主要计算公式如下：

静矩

$$\left.\begin{aligned} S_z &= \int_A y\mathrm{d}A = A\cdot y_C \\ S_y &= \int_A z\mathrm{d}A = A\cdot z_C \end{aligned}\right\}$$

形心坐标

$$\left.\begin{aligned} z_c &= \frac{\int_A z\mathrm{d}A}{A} = \frac{S_y}{A} \\ y_o &= \frac{\int_A y\mathrm{d}A}{A} = \frac{S_z}{A} \end{aligned}\right\}$$

惯性矩

$$\left.\begin{aligned} I_z &= \int_A y^2\mathrm{d}A = A\cdot i_z^2 \\ I_y &= \int_A z^2\mathrm{d}A = A\cdot i_y^2 \end{aligned}\right\}$$

极惯性矩

$$I_p = \int_A \rho^2\mathrm{d}A = I_z + I_y$$

惯性积

$$I_{yz} = \int_A yz\mathrm{d}A$$

平行移轴公式

$$\left.\begin{aligned} I_z &= I_{z_c} + A\cdot a^2 \\ I_y &= I_{y_c} + A\cdot b^2 \\ I_{yz} &= I_{y_c z_c} + abA \end{aligned}\right\}$$

(3)惯性矩、极惯性矩的值永远为正。静矩、惯性积的值可为正,可为负,也可为零,这与截面在坐标系中的位置有关。当轴通过截面形心时,静矩一定为零;当轴为对称轴时,惯性积一定为零。

(4)平行移轴公式在计算惯性矩时经常使用,要注意其应用条件是二轴平行,并有一轴通过图形的形心。

(5)组合图形对某轴的静矩、惯性矩分别等于各简单图形对同一轴的静矩、惯性矩之和。

思考题

7-1　静矩、惯性矩、惯性积、极惯性矩是怎样定义的?它们的量纲是什么?为什么它们的值有的恒为正?有的可正、可负,还可为零?

7-2　如图 7-16 所示,矩形截面 m-m 以上部分对形心轴 z 和 m-m 以下部分对形心轴 z 的静矩有何关系?

7-3　已知截面如图 7-17 所示,C 为形心,z 为形心轴,问 z 轴上下两部分的形心 C_1 与 C_2 到 z 轴的距离存在什么关系?

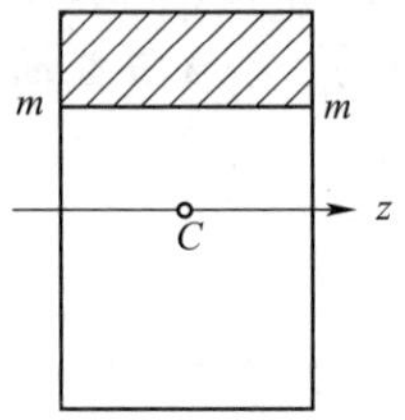

图　7-16

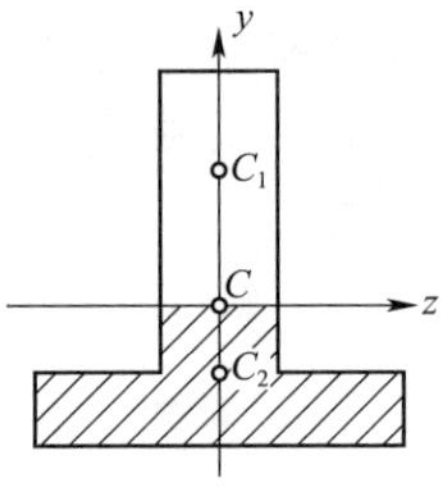

图　7-17

7-4　矩形截面宽为 b,高 $h=2b$,问:①宽度增加一倍时,②高度增加一倍时,③高度与宽度互换时,图形对形心轴 z 的惯性矩 I_z 各是原来的多少倍?

7-5　从附录型钢表中查出图 7-18 所示图形的面积,形心坐标及对形心轴的惯性矩 I_z、I_y。

7-6　如图 7-19 所示,两个由№20 槽钢组合成的两种截面,试比较它们对形心轴的惯性矩 I_z、I_y 的大小,并说明原因。

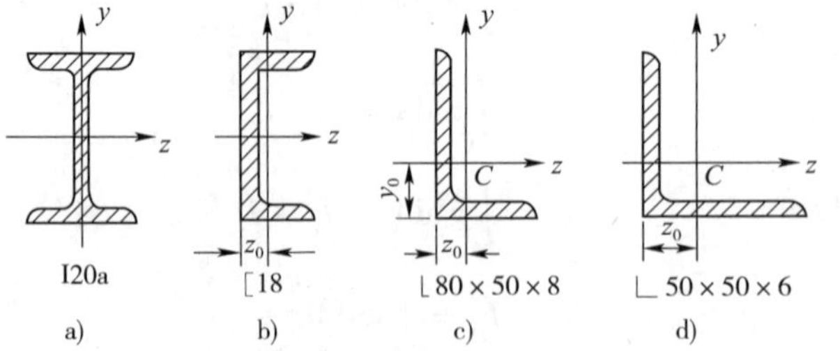

图　7-18

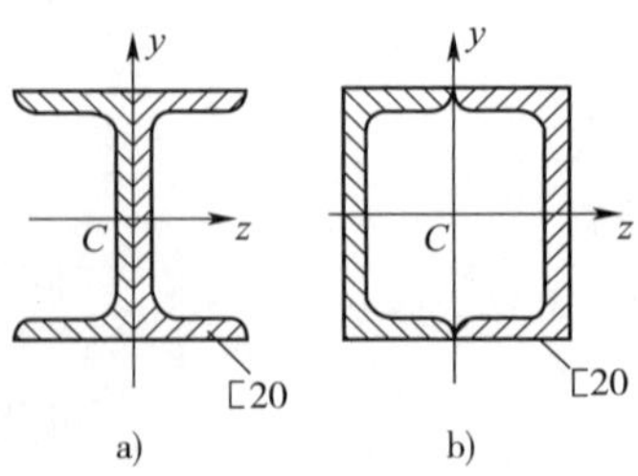

图　7-19

第八章
CHAPTER EIGHT
梁的内力

第一节 概述

一、弯曲变形与平面弯曲的概念

弯曲变形是工程中比较常见的一种变形。例如房屋建筑中的楼面梁[图 8-1a)],受到楼面荷载的作用,将发生弯曲变形;阳台挑梁[图 8-1b)]、桥式起重机横梁 AB[图 8-1c)],在自重与荷载的作用下将变弯。其他如挡土墙[图 8-1d)]、桥梁中的主梁[图 8-1e)]、吊车梁、桥面板等,都是工程中常见的受弯构件。

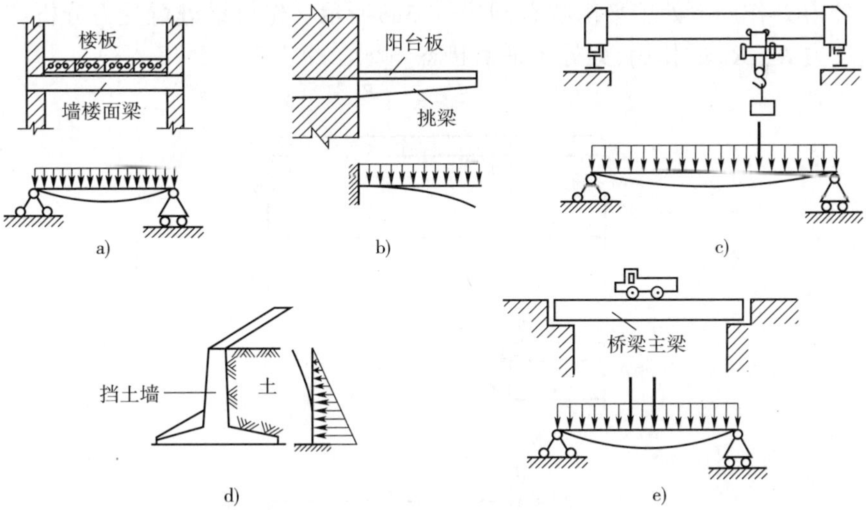

图 8-1

发生弯曲变形杆件的受力特点是:**杆件受到了垂直于轴线的外力作用**;变形特点是:**杆件的轴线由直线变成了曲线。**

工程上将以弯曲变形为主要变形形式的杆件统称为**梁**(beam)。

梁的横截面通常具有对称轴[如图 8-2a)中的矩形、圆形、工字形和 T 形等],对称轴与梁轴线所组成的平面称为梁的**纵向对称面**[图 8-2b)]。

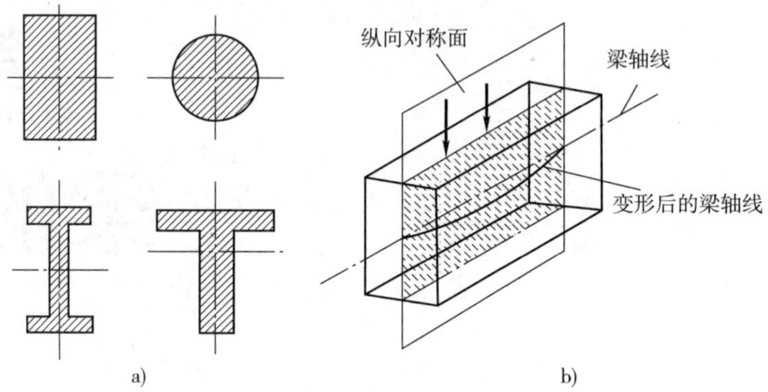

图 8-2

如果作用在梁上的外力(包括荷载和支座的约束反力)均位于梁的纵向对称面内,且外力垂直于梁的轴线,则轴线将在这个纵向对称面内弯曲成一条平面曲线,这种弯曲变形称为**平面弯曲**(plane bending)。本书所研究的弯曲问题仅限于这种平面弯曲。

二、梁的内力——剪力和弯矩

1. 剪力和弯矩的概念

为了对梁进行强度、刚度计算,在确定了梁上的外力之后,就必须计算它的内力。梁受到外力作用后,各个横截面上将产生内力。下面以图 8-3 所示的简支梁为例来分析梁横截面上的内力。

设梁在外力 $\boldsymbol{P}$ 作用下处于平衡状态,如图 8-3a)所示。先对梁进行受力分析:梁受到外力 $\boldsymbol{P}$ 以及支座反力 $\boldsymbol{R}_A$、$\boldsymbol{R}_B$ 的作用,梁处于平衡状态。

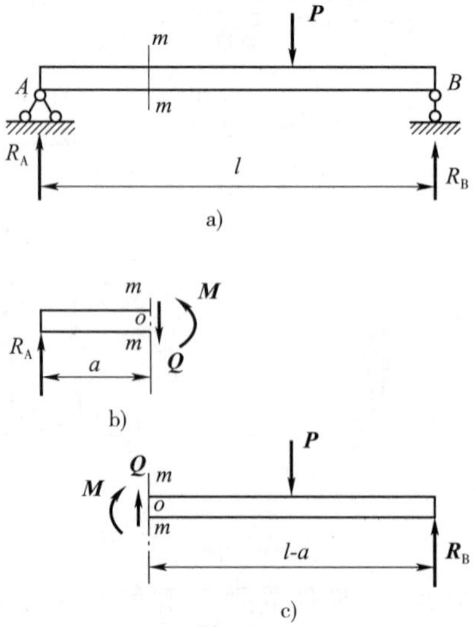

图 8-3

弯曲内力

现在用一个假想的截面 m-m 将梁截为左、右两段，取左段为研究对象（也可取右段为研究对象，可得出相同的结论）。左段梁在 A 处受到方向向上的支座反力（外力）$\boldsymbol{R}_A$ 作用，为保持左段梁的平衡，在截面 m-m 上必定有一个与 $\boldsymbol{R}_A$ 大小相等、方向相反的内力存在，这个内力用 $\boldsymbol{Q}$ 表示，称为**剪力**（shearing forces），如图 8-3b）所示。而此时的内力 $\boldsymbol{Q}$ 与 $\boldsymbol{R}_A$ 不共线，构成一个力偶，根据**力偶只能与力偶平衡**的性质可知，在梁的 m-m 截面上，除了剪力 $\boldsymbol{Q}$ 以外，必定还存在一个内力组成的力偶来与力偶（$\boldsymbol{Q}$,$\boldsymbol{R}_A$）相平衡，这个内力偶的力偶矩用 $\boldsymbol{M}$ 表示，称为**弯矩**（bending moment），如图 8-3b）所示。由此可见，梁发生弯曲时，横截面上同时存在两个内力——剪力 $\boldsymbol{Q}$ 和弯矩 $\boldsymbol{M}$。剪力的常用单位为牛顿（N）或千牛顿（kN），弯矩的常用单位为牛 · 米（N·m）或千牛 · 米（kN·m）。

剪力和弯矩的大小可由左端梁的静力平衡条件确定，由

$$\sum Y = 0,\quad R_A - Q = 0$$

$$Q = R_A$$

$$\sum M_0 = 0,\quad R_A a - M = 0$$

$$M = R_A a$$

如果取右段梁为研究对象，如图 8-3c）所示，同样可求得 $\boldsymbol{Q}$ 与 $\boldsymbol{M}$，根据作用力与反作用力原理，右段梁在截面上的 $\boldsymbol{Q}$ 及 $\boldsymbol{M}$ 应与左段梁在 m-m 截面上的 $\boldsymbol{Q}$、$\boldsymbol{M}$ 大小相等、方向相反。

2. 剪力和弯矩的符号规定

由于同一截面上的内力在左段梁和右段梁上的方向相反，为了使它们具有相同的正负号，并由它们的正负来反映梁的变形的情况，特对剪力和弯矩的符号作如下的规定。

对于剪力，以所求的截面 m-m 为界，如左段沿该截面相对右段向上滑移[图 8-4a）]，则剪力为正，反之为负[图 8-4b）]。由图可知，截面左侧向上的外力与截面右侧向下的外力，产生的剪力为正，反之则产生的剪力为负。因此，按外力计算某一截面的剪力时，截面左侧的外力，向上取正号，向下取负号。截面右侧外力的正负号规定则与此相反。简略地说："左上右下"的外力为正，反之为负。这样，剪力的正负便可直接根据外力的代数和来确定，如代数和为正，则说明截面左侧的外力合力向上，截面右侧的外力合力向下，所以剪力为正；如代数和为负，则剪力为负。剪力的这个符号规则简称为"**左上右下为正，左下右上为负**"。

对于弯矩，如果梁在所求弯矩的截面 m-m 附近呈上凹下凸的变形[图 8-5a）]，则弯矩为正，反之为负[图 8-5b）]。由图可知，凡是向上的外力，以及截面左侧转向为顺时针方向，截面右侧转向为逆时针方向的外力偶产生的弯矩为正，因此规定它们对截面形心的力矩为正，反之为负。简略地说："左顺右逆"为正，反之为负。这样，截面之左（或右）所有外力对截面形心力矩的代数和为正时，则弯矩为正，代数和为负则弯矩为负。弯矩的这个符号规则简称为"**左顺右逆为正，左逆右顺为负**"。

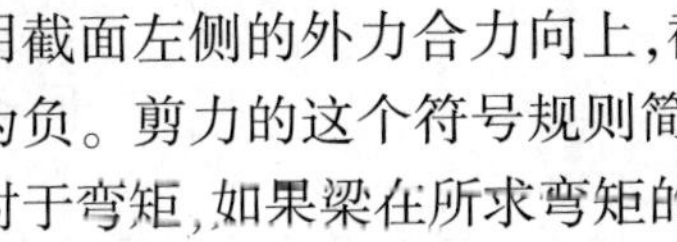

剪力为正值　　剪力为负值

a)　　b)

图 8-4

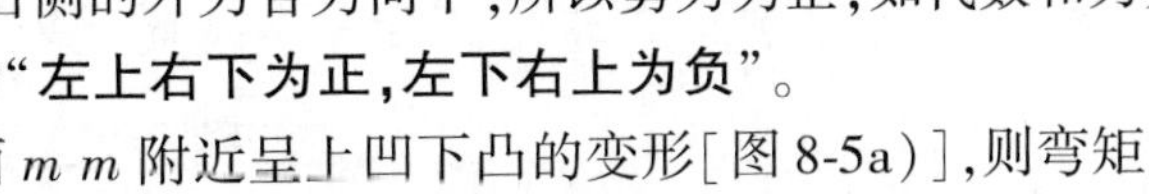

弯矩为正　　弯矩为负

a)　　b)

图 8-5

例 8-1 简支梁受力如图 8-6 所示,试求 1-1 截面的剪力和弯矩。

解:(1)计算支座反力。由梁的整体平衡条件,可求得 A、B 两支座反力为:

$$R_A = \frac{P_1 \times 5 + P_2 \times 2}{6} \approx 29.2(\mathrm{kN})$$

$$R_B = \frac{P_1 \times 1 + P_2 \times 4}{6} \approx 20.8(\mathrm{kN})$$

(2)计算截面内力。用1-1 截面将梁截成两段,取左段为研究对象,并先设剪力 $\boldsymbol{Q}_1$ 和弯矩 $\boldsymbol{M}_1$ 都为正,如图 8-6b)所示。由平衡条件:

$$\sum Y = 0, \quad R_A - P_1 - Q_1 = 0$$

得

$$Q_1 = R_A - P_1 = 29.2 - 25 = 4.2(\mathrm{kN})$$

$$\sum M_1 = 0, \ -R_A \times 3 + P_1 \times 2 + M_1 = 0$$

得

$$M_1 = R_A \times 3 - P_1 \times 2 = 29.2 \times 3 - 25 \times 2 = 37.6(\mathrm{kN \cdot m})$$

所得 $\boldsymbol{Q}_1$、$\boldsymbol{M}_1$ 为正值,表示 $\boldsymbol{Q}_1$、$\boldsymbol{M}_1$ 方向与实际方向相同。实际方向按剪力和弯矩的符号规定均为正。

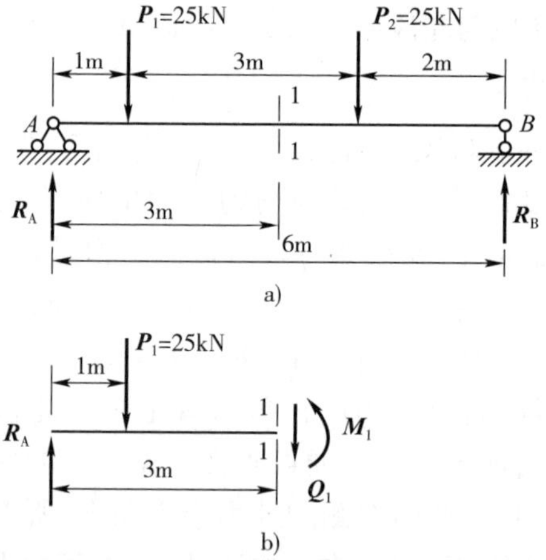

图 8-6

例 8-1 讲解

例 8-2 计算图 8-7a)所示外伸梁 C 支座稍左的1-1截面和稍右的 2-2 截面上的剪力和弯矩。

解:(1)计算支座反力。

$$R_A = -\frac{qa \times \frac{a}{2}}{2a} = -\frac{1}{4}qa(\downarrow)$$

$$R_C = \frac{qa \times \frac{5}{2a}}{2a} = \frac{5}{4}qa(\uparrow)$$

(2)计算 1-1 截面上的内力。

取 1-1 截面以左为研究对象,见图 8-7b),由平衡条件:

$$\sum Y = 0, \quad R_A - Q_1 = 0$$

得

$$Q_1 = R_A = -\frac{1}{4}qa$$

$$\sum M_1 = 0, \quad R_A \times 2a - M_1 = 0$$

得
$$M_1 = R_A \times 2a = -\frac{1}{2}qa^2$$

(3)计算2-2截面上的内力。

取2-2截面以左部分为研究对象,见图8-7c),由平衡条件:

$$\sum Y = 0, \quad R_A + R_C - Q_2 = 0$$

得
$$Q_2 = R_A + R_C = -\frac{1}{4}qa + \frac{5}{4}qa = qa$$

$$\sum M_2 = 0, \quad -R_A \times 2a + R_C \times 0 + M_2 = 0$$

得
$$M_2 = R_A \times 2a = -\frac{1}{2}qa^2$$

由以上的计算可知,在集中力左右两侧无限接近的横截面上弯矩相同,但剪力不同,相差的数值就等于该集中力的值,我们称为剪力发生了突变。集中力偶左右两侧无限接近的横截面上的剪力相同,但弯矩发生了突变,突变的数值就等于集中力偶的力偶矩。

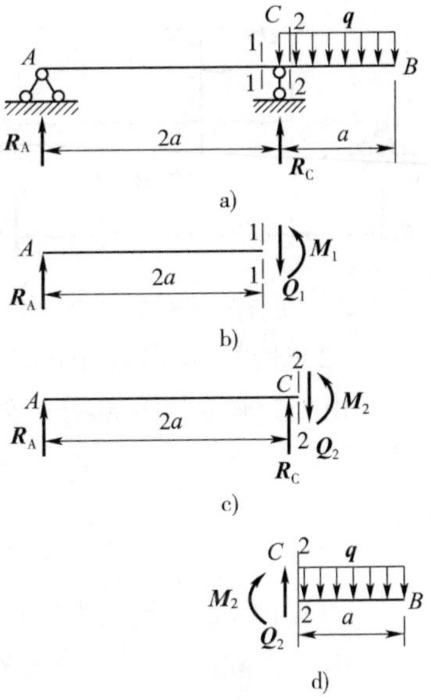

图 8-7

3. 用截面法计算内力的规律

用截面法计算梁指定截面上的内力,是计算梁内力的基本方法,对学习本课程及后续课程都是十分有用的。下面讨论用截面法计算梁内力的三个问题。

(1)用截面法计算内力的规律。

根据前面的讨论和例题的求解,截面上的剪力和弯矩与梁上的外力之间存在着下列规律:梁上任一横截面上的剪力 $\boldsymbol{Q}$ 在数值上等于此截面左侧(或右侧)梁上所有外力的代数和;梁上任一横截面上的弯矩 $\boldsymbol{M}$ 在数值上等于此截面左侧(或右侧)梁上所有外力对该截面形心的力矩的代数和。

(2)关于剪力 $\boldsymbol{Q}$ 和弯矩 $\boldsymbol{M}$ 的符号问题。

这是初学者很容易发生错误的地方。在用截面法计算内力时,应分清两种正负号:第一种正、负号是在求解平衡方程时出现的。在梁被假想地截开以后,内力被作为研究对象上的外力看待,其方向是任意假定的。这种正负号是说明外力方向(研究对象上的内力当作外力)的符号。第二种正负号是由内力的符号规定而出现的。按图8-4、图8-5关于 $\boldsymbol{M}$ 与 $\boldsymbol{Q}$ 的正负号规定,判别已求得的内力实际方向,则内力有正、有负。这种正、负号是内力的符号。两种正负号的意义不相同。

为计算方便,通常将未知内力的方向都假设为内力的正方向(如前两例都是这样假设的),当平衡方程解得内力为正号时(这是第一种正负号),表示实际方向与所设方向一致,即内力为正值;解得内力为负号时,表示实际方向与所设方向相反,即内力为负值。这种假设未知力方向的方法将外力符号与内力符号两者统一了起来,由平衡方程中出现的正负号就可定出内力的正负号。

(3)用截面法计算内力的简便方法。

利用上面几条规律,可使计算截面上内力的过程简化,省去列平衡方程式的步骤,直接由外力写出所求的内力。

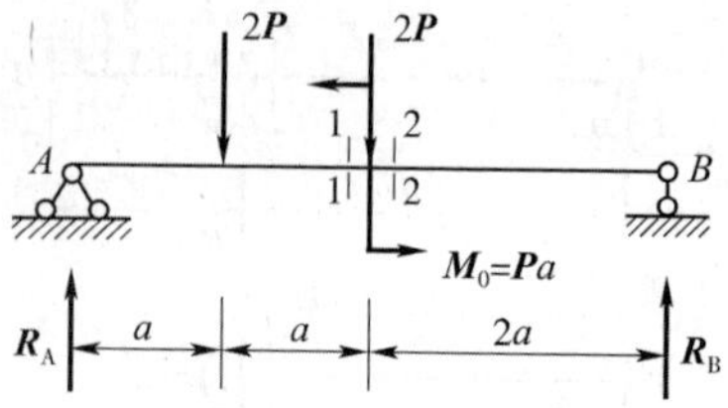

图 8-8

例 8-3 用简便方法计算图 8-8 所示简支梁 1-1 和 2-2 截面上的内力。

解:(1)计算支座反力。

$$R_A = \frac{2P \times 3a + M_0 + 2P \times 2a}{4a} = \frac{11}{4}P(\uparrow)$$

$$R_B = 2P + 2P - R_A = \frac{5}{4}P(\uparrow)$$

(2)计算 1-1 截面上的内力。

由 1-1 截面以左部分的外力来计算内力:

$$Q_1 = R_A - 2P = \frac{11}{4}P - 2P = \frac{3}{4}P$$

$$M_1 = R_A \times 2a - 2P \times a = \frac{11}{4}P \times 2a - 2Pa = \frac{7}{2}Pa$$

(3)计算 2-2 截面上的内力。

由 2-2 截面以左部分的外力来计算内力:

$$Q_2 = R_A - 2P - 2P = \frac{11}{4}P - 2P - 2P = -\frac{5}{4}P$$

$$M_2 = R_A \times 2a - 2P \times a - M_0 = \frac{5}{2}Pa$$

第二节 剪力图和弯矩图

一般情况下,剪力和弯矩是随着截面的位置不同而改变。如取梁的轴线为 x 轴,以 x 坐标表示梁的横截面位置,则剪力和弯矩可表示为 x 的函数,即:

$$\boldsymbol{Q} = \boldsymbol{Q}(\boldsymbol{x}),\quad \boldsymbol{M} = \boldsymbol{M}(\boldsymbol{x})$$

以上两种函数表示剪力 $\boldsymbol{Q}$ 和弯矩 $\boldsymbol{M}$ 沿梁轴线变化的规律,分别称为梁的剪力方程和弯矩方程。

为了清楚地看出两各个截面上的剪力和弯矩的大小与正负,以便确定梁的危险截面位置所在,把剪力方程和弯矩方程用图像表示,称为**剪力图**和**弯矩图**。

作剪力图和弯矩图的基本方法是首先求得梁的支座反力,列出剪力方程和弯矩方程,然后取横坐标 x 代表截面的位置,纵坐标表示各个横截面的剪力和弯矩的数值,按方程作图。需要注意的是,土建工程中习惯把正的剪力画在 x 轴的上方,负的剪力画在 x 轴的下方;而弯矩规定画在梁受拉的一侧。根据弯矩正负号的规定,正的弯矩使梁的下边受拉,负的弯矩使梁的上边受拉,所以在画梁的弯矩图时,正的弯矩画在 x 轴的下边,负的弯矩画在 x 轴的上边。

下面举例说明剪力图和弯矩图的绘制方法。

一、悬臂梁在集中力作用下的剪力图和弯矩图

例 8-4 悬臂梁在自由端受集中力作用,如图 8-9a)所示。试写出梁的剪力方程和弯矩方

程，画出剪力图和弯矩图，并确定梁的最大剪力 $|Q|_{max}$ 和最大弯矩 $|M|_{max}$。

例 8-4 讲解

解：(1)列剪力方程和弯矩方程。

以悬臂梁端 A 为坐标原点，沿梁轴线作 x 轴，任一截面的位置以 x 坐标表示［图 8-9b)］。列出坐标为 x 的截面的剪力方程和弯矩方程，并考察方程成立的范围。以截面之左的外力来表示剪力和弯矩，剪力方程和弯矩方程如下：

$$Q(x) = -P \quad (0 < x < l)$$
$$M(x) = -Px \quad (0 \leqslant x < l)$$

(2)按剪力方程和弯矩方程作剪力图和弯矩图。

取两个坐标系，Ox 轴与梁轴线平行，原点与梁的 A 端对应。

横坐标 x 表示横截面的位置，纵坐标分别表示剪力 Q 和弯矩 M，然后按方程作函数图像。

由 $Q=P$ 可知，各横截面的剪力均等于力 P，且为负值，所以剪力图为平行于 x 轴的直线［图 8-9c)］。

由 $M=-Px$ 可知，各横截面的弯矩沿 x 轴线呈直线变化，故可由弯矩方程确定两点：

$$x = 0, \quad M = 0$$
$$x = l, \quad M = -Pl$$

根据这两点，按一定比例作出弯矩图［图 8-9d)］。由图可见，梁固定端横截面上的弯矩绝对值最大，即

$$|M|_{max} = Pl$$

根据工程要求，剪力图和弯矩图上应标注图名（**Q** 图、**M** 图）、正负、控制点值及单位。坐标轴可以省略不画。

二、简支梁在集中力作用下的剪力图和弯矩图

例 8-5　简支梁受集中力作用如图 8-10a)所示，求梁的剪力方程和弯矩方程，画出 **Q**、**M** 图，并确定 $|Q|_{max}$ 和 $|M|_{max}$。

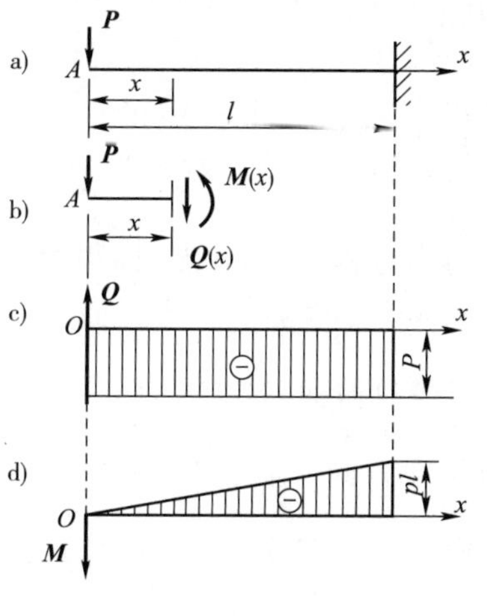

图　8-9

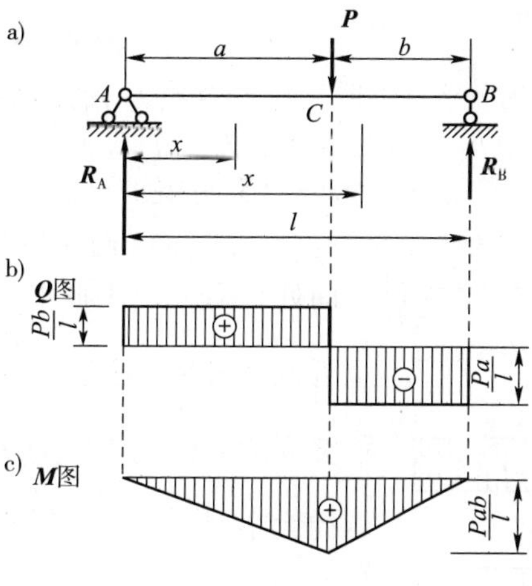

图　8-10

解：(1)计算支座反力。

取整个梁为研究对象，由平衡条件求得支座反力为：

$$R_A = \frac{Pb}{l}, \quad R_B = \frac{Pa}{l}$$

(2)列出剪力方程和弯矩方程。

由于剪力在集中力 **P** 作用点 C 发生突变,梁的剪力和弯矩在 AC 段与 BC 段不能用同一方程表示。因此,必须分别建立 AC 段和 BC 段的剪力方程和弯矩方程。各段任一截面的剪力和弯矩均以截面之左的外力表示,则得

AC 段:

$$Q(x) = R_A = \frac{Pb}{l} \quad (0 < x < a) \tag{a}$$

$$M(x) = R_A x = \frac{Pbx}{l} \quad (0 \leqslant x \leqslant a) \tag{b}$$

BC 段:

$$Q(x) = R_A - P = -\frac{Pa}{l} \quad (a < x < l) \tag{c}$$

$$M(x) = R_A x - P(x-a) = \frac{Pa}{l}(l-x) \quad (a \leqslant x \leqslant l) \tag{d}$$

(3)按方程分段作图。

由式(a)与式(c)可知,AC 段与 BC 段的剪力均为常数,所以剪力图是平行于 x 轴的直线。AC 段的剪力为正,所以剪力图在 x 轴的之上,BC 段剪力为负,故剪力图在 x 轴之下[图 8-10b)]。

由式(b)与式(d)可知,弯矩都是 x 的一次函数,所以弯矩图是两段斜直线。根据式(b)和式(d)确定三点:

$$x = 0, \quad M = 0; \qquad x = a, \quad M = \frac{Pab}{l}; \qquad x = l, \quad M = 0$$

由这三点分别作出 AC 段与 BC 段的弯矩图[图 8-10c)]。

(4)确定 $|Q|_{max}$ 及 $|M|_{max}$。

设 $a > b$,则在力作用处的截面:

$$|Q|_{max} = \frac{Pa}{l}$$

$$|M|_{max} = \frac{Pab}{l}$$

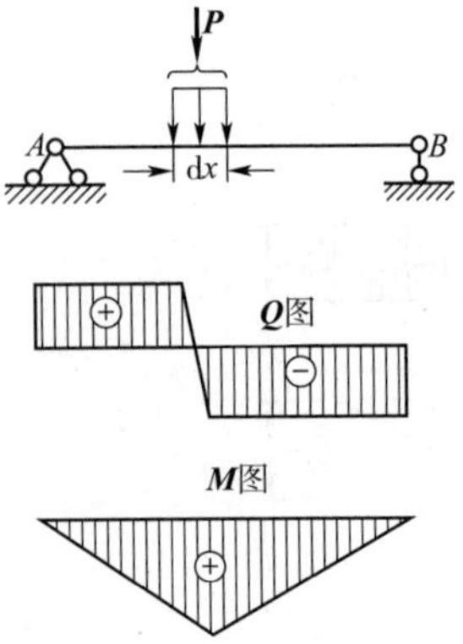

图 8-11

(5)讨论。

由式(a)、式(c)可知,剪力方程在 $x = a$ 点(即集中力 **P** 作用的截面处)不连续,因此剪力图在该点发生突变。当截面从左向右无限趋近截面 C 时,剪力为$\frac{Pb}{l}$;一旦越过截面 C,则剪力即变为 $-\frac{Pa}{l}$,剪力图突变的方向和集中力 **P** 的作用方向一致,突变值的大小为集中力 **P** 的大小,$\left|\frac{Pb}{l}\right| + \left|\frac{Pa}{l}\right| = P$,截面 C 上的剪力在剪力图中没有确定值。这种突变现象是由于假设集中力作用在一"点"上造成的。实际上荷载应是作用在很短的一段梁上,剪力图和弯矩图在这一小段上应是连续变化的(图 8-11)。

三、简支梁在均布荷载作用下的剪力图和弯矩图

例 8-6 简支梁受均布荷载作用,如图 8-12a)所示,求梁的剪力方程和弯矩方程,画 $\boldsymbol{Q}$、$\boldsymbol{M}$ 图,并确定 $|Q|_{max}$ 和 $|M|_{max}$。

解:(1)计算支座反力。

本题根据对称关系,可得:

$$R_A = R_B = \frac{1}{2}ql$$

(2)列剪力方程和弯矩方程。

取任意截面 x,写出全梁的剪力方程和弯矩方程为:

$$Q(x) = R_A - qx = \frac{1}{2}ql - qx \quad (0 < x < l) \tag{a}$$

$$M(x) = R_A x - \frac{1}{2}qx^2 = \frac{1}{2}qlx - \frac{1}{2}qx^2 \quad (0 \leqslant x \leqslant l) \tag{b}$$

(3)绘剪力图和弯矩图。

剪力方程(a)式为直线方程,应计算两个控制点的剪力值:

$$x = 0,\quad Q = \frac{1}{2}ql;\qquad x = l,\quad Q = -\frac{1}{2}ql$$

两点的剪力值分别在 x 轴的上方和下方,相连后得 $\boldsymbol{Q}$ 图,如图 8-12b)所示。

弯矩方程(b)式为二次抛物线方程,应至少计算三个控制点的弯矩值:

$$x=0,\quad M=0;\qquad x=\frac{1}{2}l,\quad M=\frac{1}{8}ql^2;\qquad x=l,\quad M=0$$

根据描点法作出弯矩图,如图 8-12c)所示。

(4)确定 $|Q|_{max}$ 和 $|M|_{max}$。

在 A、B 两端截面 $\quad |Q|_{max} = \frac{1}{2}ql$

在跨中截面 $\quad |M|_{max} = \frac{1}{8}ql^2$

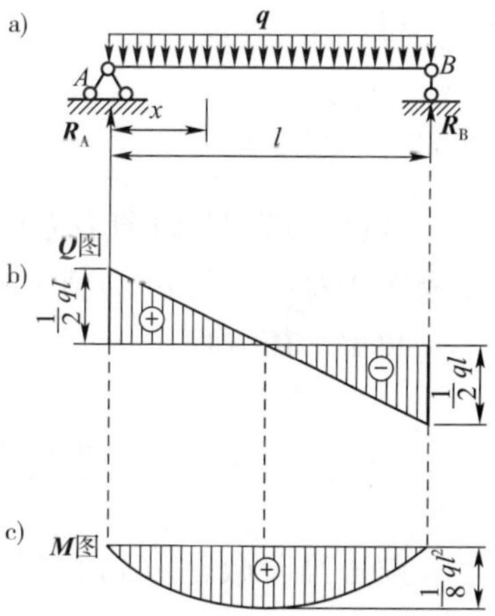

图 8-12

第三节 剪力、弯矩与荷载集度间的关系

一、剪力、弯矩与分布荷载集度间的微分关系

为了简捷、正确地绘制、校核剪力图和弯矩图,下面建立剪力、弯矩与荷载集度之间的关系。

设在简支梁上作用有分布荷载 $\boldsymbol{q}(x)$，荷载集度是横截面位置 x 的函数。先取分布荷载作用下的微段 dx 为研究对象，其受力如图 8-13a）所示。

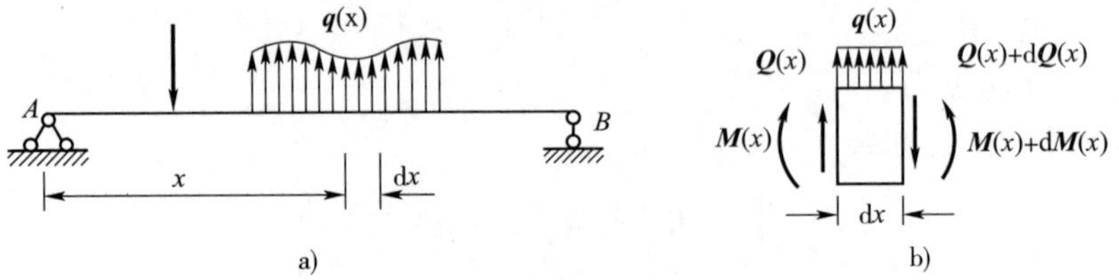

图 8-13

x 截面上的剪力和弯矩为 $Q(x)$、$M(x)$。由于分布荷载的作用，在 $x+dx$ 截面上的剪力和弯矩有增量 $dQ(x)$ 和 $dM(x)$，所以剪力为 $Q(x)+dQ(x)$，弯矩为 $M(x)+dM(x)$。因为 dx 很微小，作用在它上面的分布荷载可视为均布荷载。由于整个梁是平衡的，该小段也处于平衡状态。由平衡方程：

$$\sum Y=0,\quad Q(x)+q(x)dx-[Q(x)+dQ(x)]=0$$

简化为

$$q(x)dx-dQ(x)=0$$

得

$$\frac{dQ(x)}{dx}=q(x) \tag{8-1}$$

式(8-1)表明，将剪力方程对 x 求导，便得分布荷载的集度。因此，剪力图上某点切线的斜率就等于对应点的 $q(x)$ 值。

再由平衡方程：

$$\sum M_c=0$$

$$M(x)+Q(x)dx+q(x)dx\frac{dx}{2}-[M(x)+dM(x)]=0$$

略去高阶微量 $q(x)\dfrac{(dx)^2}{2}$，并加以整理，便得：

$$\frac{dM(x)}{dx}=Q(x) \tag{8-2}$$

将上式再对 x 求导，并将式(8-2)代入，便得：

$$\frac{d^2M(x)}{dx^2}=\frac{dQ(x)}{dx}$$

$$\frac{d^2M(x)}{dx^2}=q(x) \tag{8-3}$$

式(8-2)表明，将弯矩方程对 x 求导便得剪力方程。所以，弯矩图上某点的切线斜率等于对应截面上的剪力值。如例 8-6 中梁的中点截面上的剪力 $Q=0$，所以 $\dfrac{dM(x)}{dx}=0$，弯矩图在此点的切线为水平方向，弯矩取极值。

式(8-3)表明，将弯矩方程对 x 求二阶导数便得荷载集度。所以，弯矩图的凹凸方向由 $q(x)$ 的正负确定。如例 8-6 中的分布荷载方向向下，$q<0$，所以 $\frac{\mathrm{d}^2M(x)}{\mathrm{d}x^2}<0$，弯矩图是向下凸的曲线。

二、$M(x)$、$Q(x)$、$q(x)$ 之间的微分关系在内力图上的应用

1. 各种荷载作用下 Q、M 图的基本规律

式(8-1)～式(8-3)阐明了剪力、弯矩与荷载集度之间的关系。根据这个关系，对照上节的例题，并设 x 轴向右为正，$q(x)$ 向上为正，向下为负，正的剪力画在 x 轴的上方，正的弯矩画在 x 轴的下方，便得各种形式载荷作用下的剪力图和弯矩图的基本规律如下：

(1)梁上某段无分布荷载作用，即 $q(x)=0$。

由 $\frac{\mathrm{d}Q(x)}{\mathrm{d}x}=q(x)=0$ 可知，该段梁的剪力图上各点切线的斜率为零，所以剪力图是一条平行于梁轴线的直线，$Q(x)$ 为常数；又由 $\frac{\mathrm{d}M(x)}{\mathrm{d}x}=Q(x)=C$(常量)，可知，该段梁弯矩图线上各点切线的斜率为常量，所以弯矩图为斜直线。可能出现下列三种情况：

$Q(x)=C$ 且为正值时，M 图为一条下斜直线；

$Q(x)=C$ 且为负值时，M 图为一条上斜直线；

$Q(x)=C$ 且为零时，M 图为一条水平直线。

(2)梁上某段有均布载荷，即 $q(x)=C$(常量)。

由于 $\frac{\mathrm{d}Q(x)}{\mathrm{d}x}=q(x)=C$，所以剪力图为斜直线。$q(x)>0$ 时(方向向上)，直线的斜率为正，Q 图为上斜直线(与 x 轴正向夹锐角)；$q(x)<0$ 时(方向向下)，直线的斜率为负，Q 图为下斜直线(与 x 轴正向夹钝角)。

再由 $\frac{\mathrm{d}M(x)}{\mathrm{d}x}=Q(x)$，得 $\frac{\mathrm{d}M(x)}{\mathrm{d}x}$ 为变量，所以弯矩图为二次抛物线。若 $\frac{\mathrm{d}^2M(x)}{\mathrm{d}x^2}=q(x)>0$ 则 M 图为向上凸的抛物线，若 $q(x)<0$ 则 M 图为向下凸的抛物线。

(3)在 $Q=0$ 的截面上(Q 图与 x 轴的交点)，弯矩有极值(M 图的抛物线达到顶点)。

(4)在集中力作用处，剪力图发生突变，突变值等于该集中力的大小。若从左向右作图，则向下的集中力将引起剪力图向下突变，相反则向上突变。弯矩图由于切线斜率突变而发生转折(出现尖角)。

(5)梁上有集中力偶在集中力偶作用处，剪力图无变化，弯矩图发生突变，突变值等于该集中力偶矩的大小。

以上归纳总结的 5 条内力图的基本规律中，前两条反映了一段梁上内力图的形状，后三条反映了梁上某些特殊截面的内力变化规律。梁的荷载、剪力图、弯矩图之间的相互关系列于表 8-1 中，以便掌握、记忆和应用。

梁的荷载、剪力图、弯矩图相互间的关系　　表 8-1

梁上外力情况	剪力图	弯矩图
无分布荷载 ($q=0$)	$\frac{dQ}{dx}=0$ 剪力图平行于 x 轴 $Q=0$  $Q>0$ 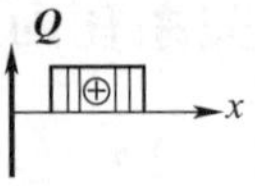 $Q<0$ 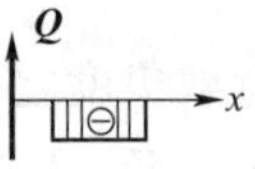	$\frac{dM}{dx}=Q=0$ 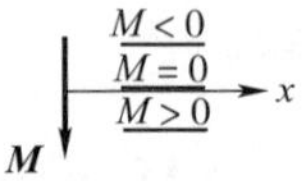 $M<0$, $M=0$, $M>0$ $\frac{dM}{dx}=Q>0$ 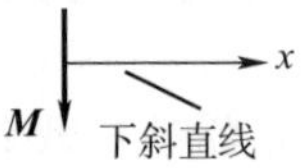 下斜直线 $\frac{dM}{dx}=Q<0$ 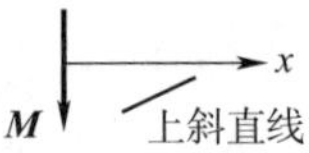 上斜直线
均布荷载向上作用 $q>0$ 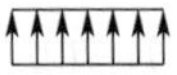	$\frac{dQ}{dx}=q>0$ 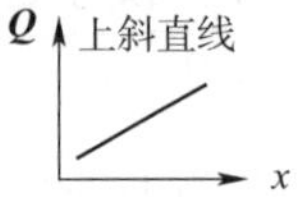 上斜直线	$\frac{d^2M}{dx^2}=q>0$  上凸曲线
均布荷载向下作用 $q<0$ 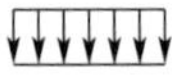	$\frac{dQ}{dx}=q<0$ 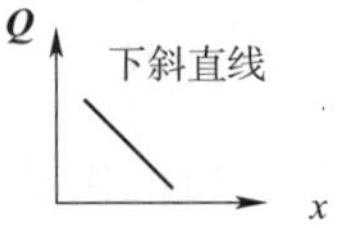 下斜直线	$\frac{d^2M}{dx^2}=q<0$  下凸曲线
集中力作用 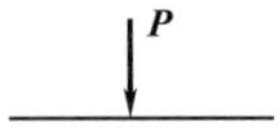	在集中力作用处截面突变 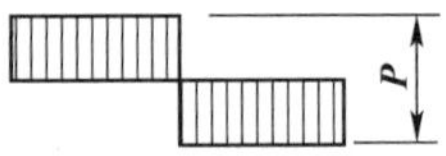	在集中力作用处截面出现尖角 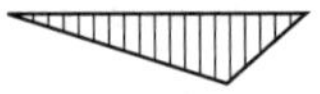
集中力偶作用 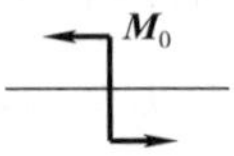	无影响	在集中力偶作用处截面突变 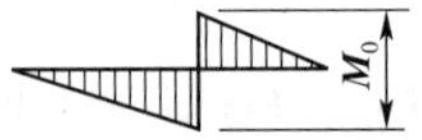

2. 运用简捷作图法绘制剪力图和弯矩图

运用弯矩、剪力和荷载集度间的微分关系，结合上面总结的内力图基本规律，可以根据作用在梁上的已知荷载简便、快捷地作出剪力图和弯矩图，或对内力图进行校核，而不必列出剪力方程和弯矩方程。这种直接作内力图的方法称为**简捷作图法**，也是绘制梁的内力图的基本方法之一。

例 8-7　运用简捷作图法作图 8-14a)所示外伸梁的内力图。

解：(1)计算支座反力。

$$R_A = 8\text{kN},\quad R_C = 20\text{kN}$$

根据梁上的荷载作用情况，应将梁分为 AB、BC 和 CD 三段作内力图。

(2)作 $\boldsymbol{Q}$ 图。

AB 段：梁上无荷载，$\boldsymbol{Q}$ 图为一条水平线，根据 $Q_A^{右}=R_A=8\text{kN}$，即可画出此段水平线。

BC 段：梁上无荷载，$\boldsymbol{Q}$ 图为一条水平线，根据 $Q_B^{右}=R_A-P=8-20=-12(\text{kN})$，可画出该段水平线。

在 B 截面处有集中力 $\boldsymbol{P}$，$\boldsymbol{Q}$ 由 $+8\text{kN}$ 突变到 -20kN[突变值为 $12+8=20(\text{kN})=P$]。

CD 段:梁上荷载常数小于 0,$\boldsymbol{Q}$ 图为下斜直线,根据 $Q_C^{右}=R_A-P+R_C=8-20+20=8$(kN)及 $Q_D=0$ 可画出该斜直线。

在 C 截面处有支座反力 $\boldsymbol{R_C}$,$\boldsymbol{Q}$ 由 -12kN 突变到 +8kN[突变值为 12+8=20(kN)= R_C]。

全梁的 $\boldsymbol{Q}$ 图如图 8-14b)所示。

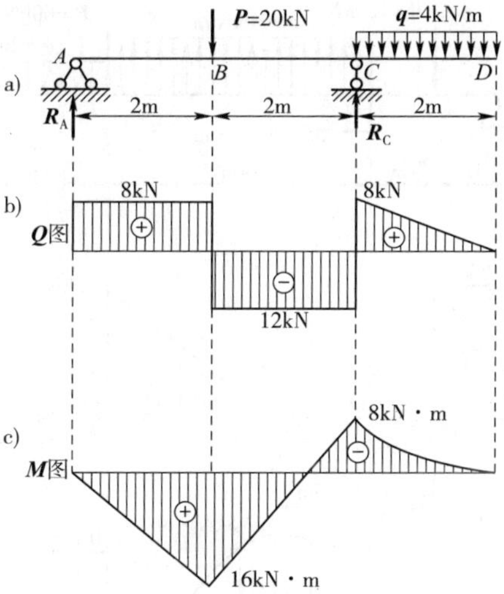

图 8-14

例 8-7 讲解

(3)作 $\boldsymbol{M}$ 图。

AB 段:$q=0$,Q = 常数 >0,$\boldsymbol{M}$ 图为一条下斜直线。根据 $M_A=0$ 及 $M_B=R_A\times2=8\times2=16$(kN·m)作出。

BC 段:$q=0$,Q = 常数 <0,$\boldsymbol{M}$ 图为一条上斜直线。根据 $M_B=16$kN·m 和 $M_C=R_A\times4-P\times2=-8$(kN·m)作出。

CD 段:q = 常数 <0,$\boldsymbol{M}$ 图为一条下凸抛物线。由 $M_C=-8$kN·m,$M_D=0$ 可作出大致形状。

全梁的 $\boldsymbol{M}$ 图如图 8-14c)所示。

例 8-8 利用简捷作图法作图 8-15 所示简支梁在多种荷载作用下的剪力图和弯矩图。

解:(1)计算支座反力。

$$R_A=75\text{kN},\quad R_B=25\text{kN}$$

根据荷载作用情况,应将全梁分为 AC、CD、DE、EB 四段作内力图。

(2)作 $\boldsymbol{Q}$ 图。

AC 段:$q=0$,$\boldsymbol{Q}$ 图为水平直线,根据 $Q_A=R_A=75$kN 作出。

CD 段:$q=0$,$\boldsymbol{Q}$ 图为水平直线,根据 $Q_C^{右}=R_A-P_1=-45$(kN)作出。

DE 段:q = 常数 >0,$\boldsymbol{Q}$ 图为上斜直线,由 $Q_D^{右}=-45$kN 和 $Q_E^{左}=R_A-P_1+q\times4=75$(kN)两点作出。

EB 段:q = 常数 <0,剪力图为下斜直线,由 $Q_E^{右}=Q_E^{左}-P_2=15$(kN)和 $Q_B=-25$kN 两点作出。

全梁的 $\boldsymbol{Q}$ 图如图 8-15b)所示。

(3)作 $\boldsymbol{M}$ 图。

AC 段:$\boldsymbol{M}$ 图为下斜直线,由 $M_A=0$,$M_C=R_A\times1=75$(kN·m)作出。

CD 段:$\boldsymbol{M}$ 图为上斜直线,由 $M_C=75(\text{kN}\cdot\text{m})$ 及 $M_D^{左}=R_A\times2-P_1\times1=30(\text{kN}\cdot\text{m})$ 作出。

DE 段:$\boldsymbol{M}$ 图为上凸曲线,则

$$M_D^{右}=R_A\times2-P_1\times1-M_0=-50(\text{kN}\cdot\text{m})$$

$$M_E=R_A\times6-P_1\times5-M_0+q_1\times4\times2=10(\text{kN}\cdot\text{m})$$

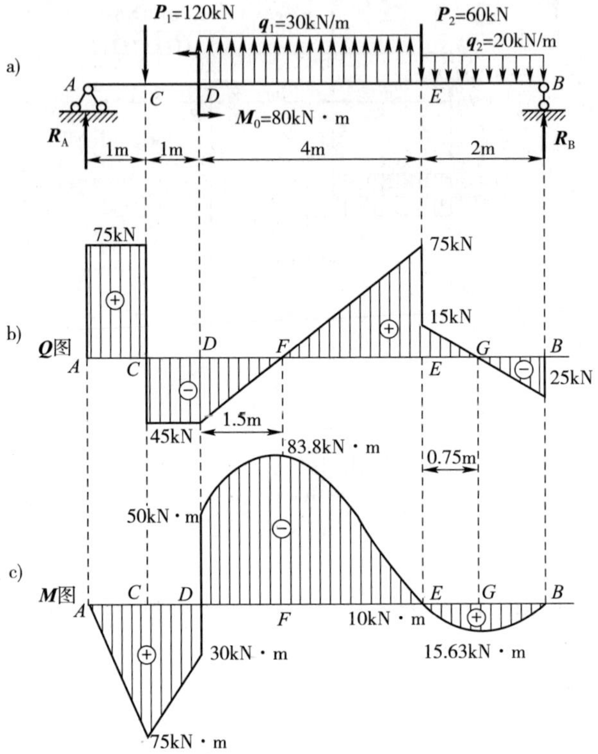

图 8-15

此时弯矩在 D 点有突变,由 $+30\text{kN}\cdot\text{m}$ 突变为 $-50\text{kN}\cdot\text{m}$,突变值为 $M_0=-80\text{kN}\cdot\text{m}$。由于 $\boldsymbol{Q}$ 图在 F 点与轴相交($Q=0$),相应的在 $\boldsymbol{M}$ 图上应有极值。从图中的几何关系找出 F 点位置。

根据 $$45:(45+75)=DF:DE$$

得 $$DF=1.5\text{m}$$

F 截面的弯矩为:

$$M_F=R_A\times3.5-P_1\times2.5-M_0+\frac{1}{2}q_1\times1.5^2=-83.8(\text{kN}\cdot\text{m})$$

从而可作出 DE 段的 $\boldsymbol{M}$ 图。

EB 段:$\boldsymbol{M}$ 图为下凸曲线,$M_E=10\text{kN}\cdot\text{m}$,$M_B=0$。在 $\boldsymbol{Q}$ 图上 $Q_G=0$,$\boldsymbol{M}$ 图上也有极值,类似上面计算,找出 G 点的位置为:$EG=0.75\text{m}$。再求出 G 截面的弯矩为:

$$M_G=R_A\times6.75-P_1\times5.75-M_0+q_1\times4\times2.75-P_2\times0.75-\frac{1}{2}q_2\times0.75^2$$

$$=15.63(\text{kN}\cdot\text{m})$$

从而可作出 EB 段的 $\boldsymbol{M}$ 图。

全梁的 $\boldsymbol{M}$ 图如图 8-15c)所示。

第四节 叠加法作弯矩图

在力学计算中，常运用叠加原理。所谓叠加原理(principle of position)指的是：在线弹性、小变形条件下，由几种荷载共同作用所引起的某一参数(反力、内力、应力、变形)等于各种荷载单独作用时引起的该参数值的代数和。运用叠加原理画弯矩图的方法称为叠加法。

用叠加法画弯矩图的步骤是：①将作用在梁上的复杂荷载分成几组简单荷载，分别画出梁在各简单荷载作用下的弯矩图(其弯矩图见表8-2)；②在梁上每一控制截面处，将各简单荷载弯矩图相应的纵坐标代数相加，就得到梁在复杂荷载作用下的弯矩图。例如在图8-16中，梁 *AB* 在荷载 $\boldsymbol{q}$ 和 $\boldsymbol{M}$ 的共同作用下的弯矩图就是荷载 $\boldsymbol{q}$、$\boldsymbol{M}$ 单独作用下的弯矩图的叠加。

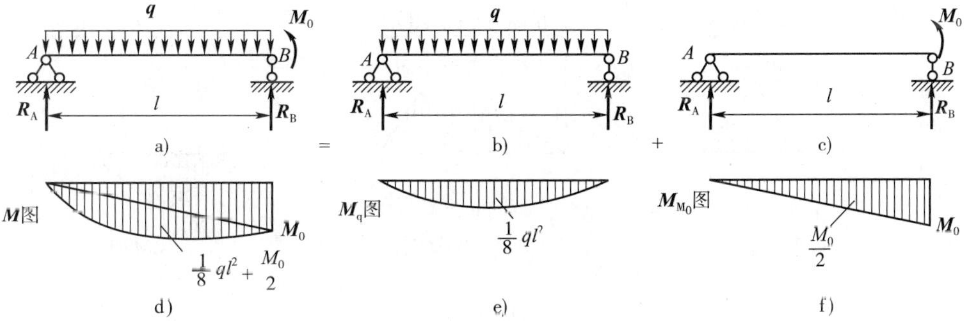

图 8-16

由以上分析可知，当梁上有几项荷载共同作用时，作弯矩图可先分别作出各项荷载单独作用下梁的弯矩图，然后，将横坐标对齐，纵坐标叠加，即得到梁在所有荷载共同作用下的弯矩图。若对梁在简单荷载作用下的弯矩图比较熟悉时，用叠加法作弯矩图是很方便的。

表8-2是单跨梁在简单荷载作用下的弯矩图，可供叠加法作图时查用。

单跨梁在简单荷载作用下的弯矩图 表8-2

荷载形式	弯矩图	荷载形式	弯矩图	荷载形式	弯矩图
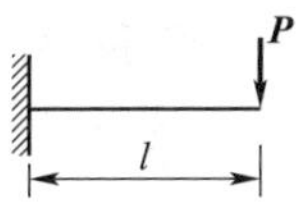	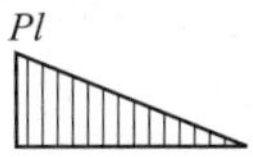	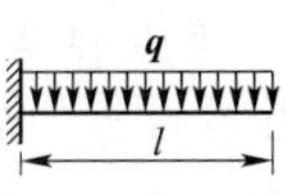	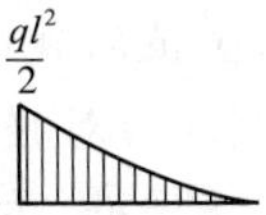	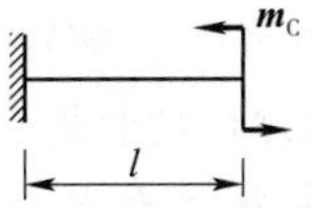	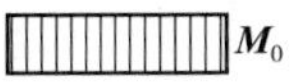
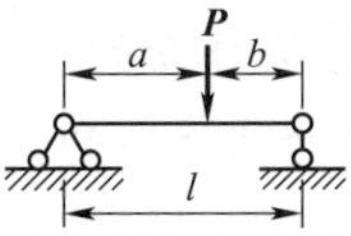	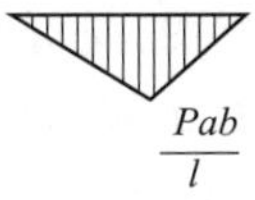	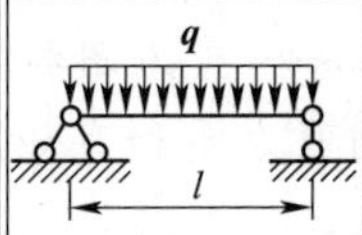	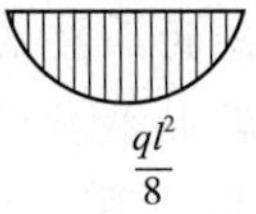	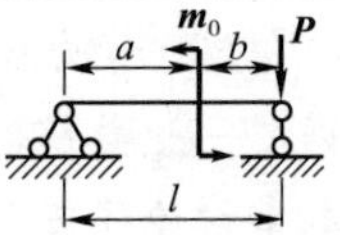	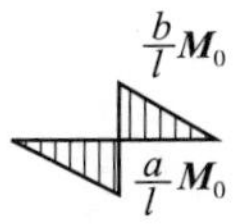
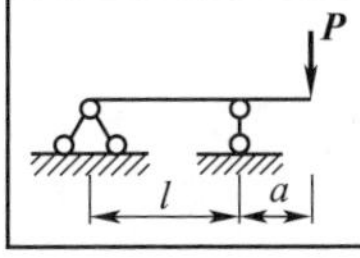	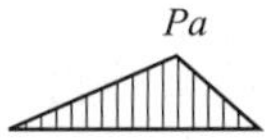	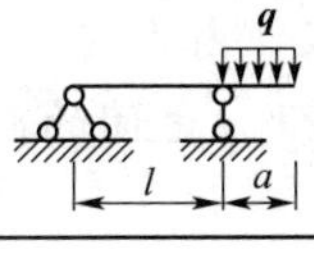	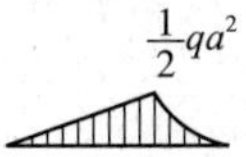	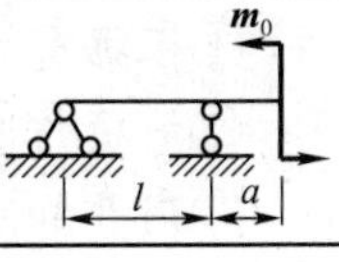	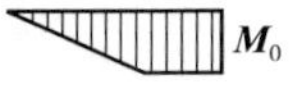

例 8-9 外伸梁上作用有集中力 $\boldsymbol{P}_1$ 和 $\boldsymbol{P}_2$，如图 8-17a)所示，试用叠加法作 $\boldsymbol{M}$ 图。

解：先分别作出 $\boldsymbol{P}_1$ 单独作用下梁的弯矩图 M_1［图 8-17b)］及 $\boldsymbol{P}_2$ 单独作用下的弯矩图 $\boldsymbol{M}_2$［图 8-17c)］，然后叠加。

例 8-9 讲解

各控制点的弯矩值为：

$$M_A = M_{A1} + M_{A2} = 0$$

$$M_B = M_{B1} + M_{B2} = -\frac{1}{2} \times 150 + 120 = 45(\mathrm{N \cdot m})$$

$$M_C = M_{C1} + M_{C2} = -150 + 0 = -150(\mathrm{N \cdot m})$$

$$M_D = M_{D1} + M_{D2} = 0$$

将这些控制截面的弯矩数值标出，然后用直线连接，作出 $\boldsymbol{M}$ 图如图 8-17a)所示。

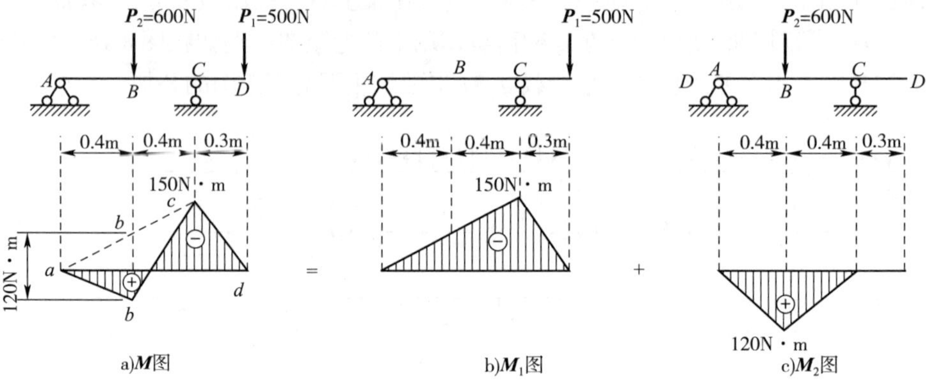

a)$\boldsymbol{M}$图　　b)$\boldsymbol{M}_1$图　　c)$\boldsymbol{M}_2$图

图 8-17

小结

平面弯曲是杆的基本变形形式之一。对受弯构件进行内力分析和作内力图是一项重要内容，在梁的计算中尤其重要，今后各章及后续课(结构力学)的学习中反复用到，应熟练掌握。

(1)杆件弯曲时，一般情况下，横截面上同时存在两种内力——弯矩 $\boldsymbol{M}$ 和剪力 $\boldsymbol{Q}$。它们分别是微内力 $\tau \mathrm{d}A$ 和 $\sigma \mathrm{d}A$ 合成的结果。计算内力的基本方法是截面法。在应用截面法时，可直接依据外力确定截面上内力的数据与符号。确定内力数值的规律为：剪力 $\boldsymbol{Q}$ 等于截面一侧外力的代数和，弯矩 $\boldsymbol{M}$ 等于截面一侧外力对横截面形心力矩的代数和。确定内力符号的规律为："左上右下剪力为正，左顺右逆弯矩为正"。

(2)剪力和弯矩的函数图像——剪力图和弯矩图，是分析危险截面的依据之一。熟练、正确、快捷地绘制剪力图和弯矩图是工程力学的一项基本功。本章讨论了三种作内力图的方法：

①根据剪力方程和弯矩方程作内力图；

②简捷作图法——利用 $\boldsymbol{M}$、$\boldsymbol{Q}$、$\boldsymbol{q}$ 之间的微分关系作内力图；

③用叠加法作内力图。

其中第一种方法是最基本的方法，运算步骤为：

①求支座反力（一般悬臂梁可省略）；

②分段，在集中力（包括支座反力）和集中力偶作用处，以及分布荷载的分布规律发生变化的截面处将梁分段；

③列出各段的内力方程；

④计算控制截面的内力数值，并作图；

⑤在图中确定最大内力的位置及数值。

当对梁在简单荷载作用下的弯矩图比较熟悉时，用叠加法作弯矩图是非常方便的。

(3)学习本章时，需特别注意下列几点：

①应将截面法计算内力作为基本方法。要掌握用截面法计算内力，则必须熟练而正确地画出研究对象图，根据研究对象上的力建立平衡方程。

②在列平衡方程计算内力时，要弄清静力平衡方程中出现的正负号和对 $\boldsymbol{Q}$、$\boldsymbol{M}$ 规定的正负号之间的区别。

③正确校核支座反力值和方向的精确性，正确判断外力和外力矩的正负。

思考题

8-1 平面弯曲的受力特点及变形特点是什么？

8-2 内力的正负号与静力平衡方程中的正负号有何区别？就图 8-18 中所画情况回答问题。

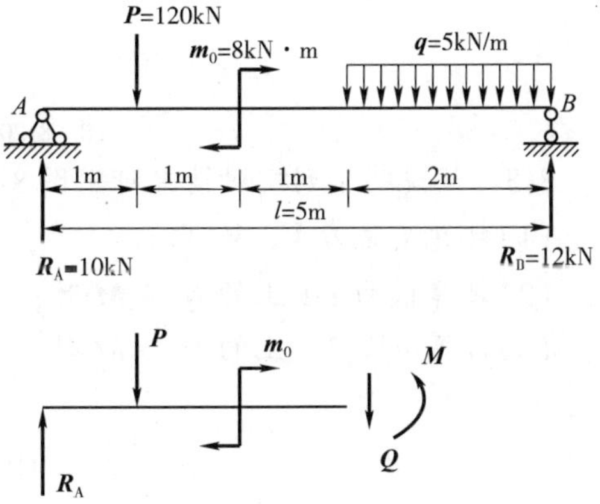

图 8-18

(1)图中所设 $\boldsymbol{M}$、$\boldsymbol{Q}$，按内力的符号规定是正还是负？

(2)为求 $\boldsymbol{Q}$、$\boldsymbol{M}$ 值，在列平衡方程 $\sum Y=0$、$\sum M_0=0$ 时，$\boldsymbol{Q}$ 与 $\boldsymbol{M}$ 分别用什么符号？

(3)若由平衡方程算得：$Q=-2\text{kN}$，$M=+14\text{kN}\cdot\text{m}$，其正负号说明什么？

(4)$\boldsymbol{Q}$、$\boldsymbol{M}$ 的实际方向应该怎样?实际方向的正负号应取什么?

8-3 如图8-19所示,悬臂梁的B端作用有集中力$\boldsymbol{P}$,它与xOy平面的夹角如侧视图所示,试说明当截面分别为圆形、正方形、长方形时,梁是否发生平面弯曲?为什么?

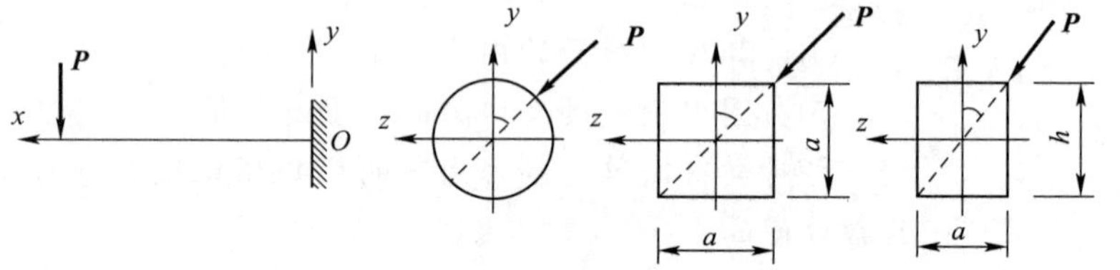

图 8-19

8-4 弯矩、剪力与分布荷载集度三者之间的微分关系是如何建立的?试述其物理意义和几何意义。建立微分关系时分布荷载集度与坐标轴的取向有什么联系?图8-20中所示的几种情况所推出的微分关系中的符号是否相同?为什么?

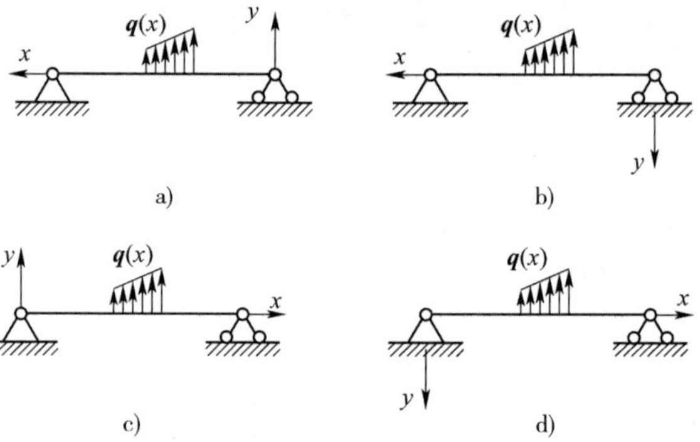

图 8-20

8-5 试说明下列哪种情况可用图8-21中的b)图代替a)图?

(1)计算支反力$\boldsymbol{V}_{\mathrm{A}}$、$\boldsymbol{V}_{\mathrm{B}}$时;

(2)计算截面1-1上的$\boldsymbol{Q}$与$\boldsymbol{M}$时;

(3)计算截面2-2上的$\boldsymbol{Q}$与$\boldsymbol{M}$时。

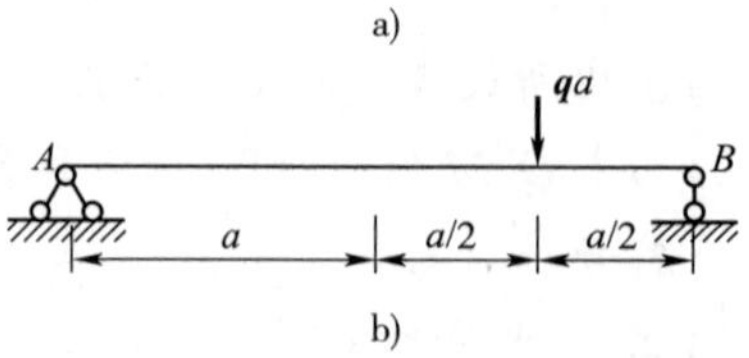

图 8-21

8-6　一悬臂梁的 **Q** 图、**M** 图如图 8-22 所示，试问：

(1) A 点处的剪力 $Q_A=0$，**M** 图上 A 点的斜率应为多少？

(2) 弯矩在 A 点处是否有极值？并说明极值和最大弯矩值的关系。

8-7　试利用 **M**、**Q**、**q** 之间的微分关系，检查图 8-23 所示各梁的 **Q** 图与 **M** 图。

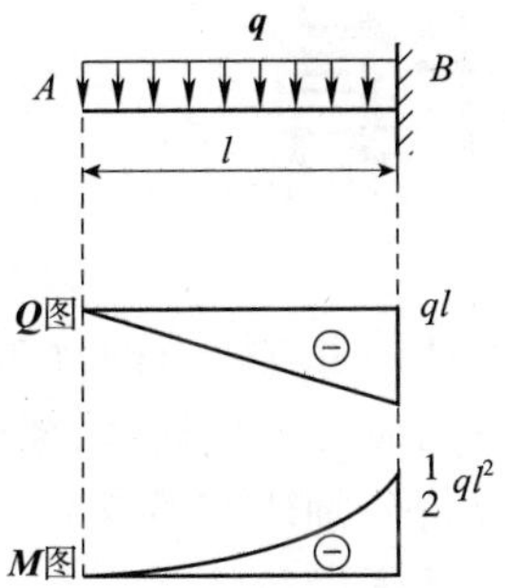

图　8-22

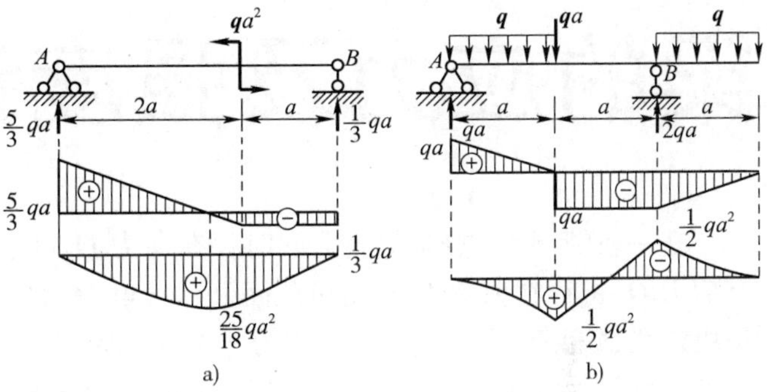

图　8-23

8-8　如图 8-24 所示梁弯矩图的叠加是否正确？若不正确请说明理由。

8-9　外伸梁受分布荷载作用如图 8-25a) 所示，用叠加法作弯矩图时，可由图 8-25b) 与图 8-25c) 叠加，得图 8-25d)。图 b) 的抛物线以水平线为基线，而图 d) 的抛物线则以斜线为基线。试问图 d) 所表示的弯矩图是否正确？为什么？

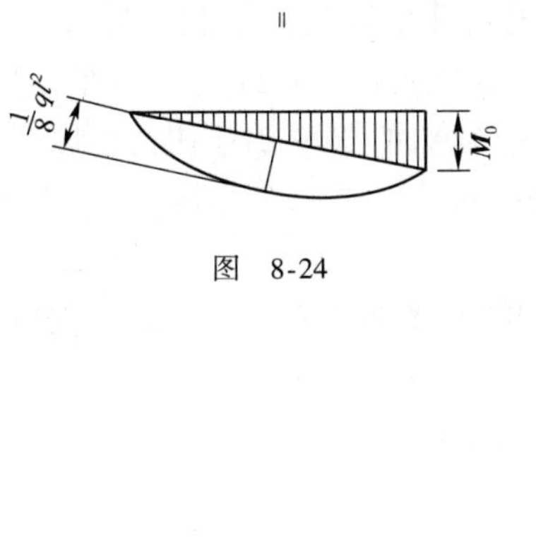

图　8-24

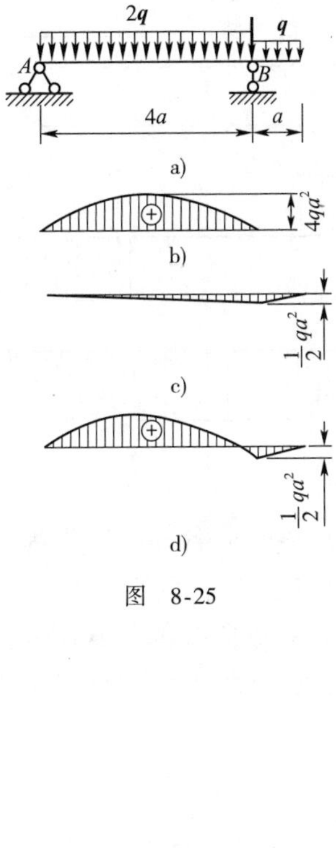

图　8-25

第九章
CHAPTER NINE

梁的应力及强度计算

在一般情况下,梁横截面上同时存在剪力 $\boldsymbol{Q}$ 和弯矩 $\boldsymbol{M}$。通过以下的分析可知,横截面上有剪力 $\boldsymbol{Q}$,将存在剪应力 τ;而横截面上有弯矩 $\boldsymbol{M}$,将存在正应力 σ。通常,梁的弯曲正应力 σ 是决定梁强度的主要因素,而剪应力 τ 是次要因素。本章将分别研究梁弯曲时的正应力、正应力的强度条件和强度计算以及剪应力、剪应力的强度条件和强度校核。

第一节 纯弯曲梁横截面上的正应力

如图9-1所示的简支梁,由内力图可知,梁 CD 段内任一横截面上剪力都等于零,而弯矩均为常量 Pa,只有弯矩而无剪力作用的弯曲变形称为**纯弯曲**(pure bending)。

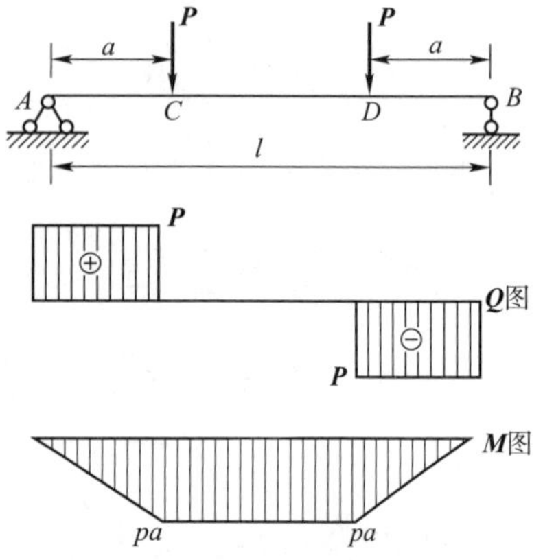

图 9-1

一、纯弯曲梁横截面上的正应力

以矩形截面梁为例,观察其在纯弯曲时的变形现象,根据假设和推理,推导正应力的计算公式。

1. 矩形截面梁纯弯曲时的变形观察

为了观察变形情况,加载前先在梁的表面上画出一系列与轴线平行的纵向线和与轴线垂直的横向线,这些线组成许多小矩形[图9-2a)]。当在梁的两端加上外力偶 $\boldsymbol{M}$ 使梁发生纯弯曲[图9-2b)]时,可以观察到:

(1)变形后各横向线仍为直线,只是相对旋转了一个角度,且与变形后的梁轴曲线保持垂直,即小矩形格仍为直角。

(2)各纵向线都弯成弧线,上部(凹边)的纵向线缩短,下部(凸边)的纵向线伸长;横截面上部变宽,下部变窄[图9-2b)]。

2. 假设

根据上面所观察到的变形现象,我们提出如下假设:

(1)平面假设。梁变形后,横截面仍保持为平面,只是绕某一轴旋转了一个角度,且仍与变形后的梁轴曲线垂直。

(2)如果设想梁由无数根纵向纤维组成,则梁变形后各纤维只受拉伸或压缩,不存在相互挤压。

梁变形后,在凸边的纤维伸长,而凹边的纤维缩短,纤维层从缩短到伸长变形是连续的,其中必有一层纤维既不伸长也不缩短,这一纤维层称为**中性层**(neutral surface)。中性层与横截面的交线称为**中性轴** (neutral axis)[图 9-2c)]。中性轴将横截面分为两个区域——拉伸区和压缩区。

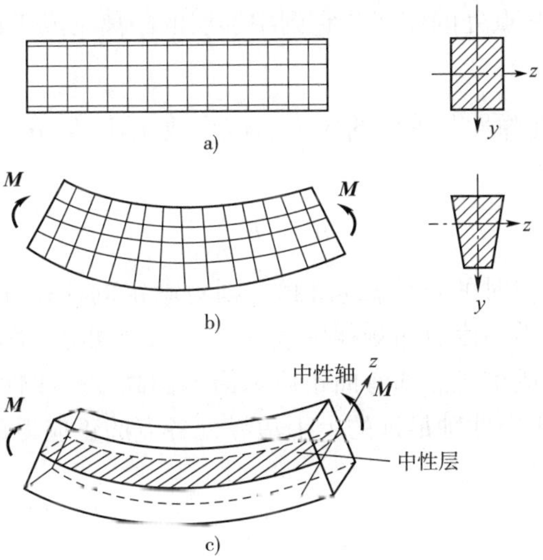

图 9-2

中性层与中性轴

3. 推理

依据上述对纯弯曲梁的平面假设及对梁的变形分析,可以推理:纯弯曲梁横截面上只有正应力。

二、正应力公式推导

弯曲正应力公式的推导从变形几何条件、物理条件和静力平衡条件三方面来进行。

1. 变形几何条件

从梁的相邻截面 m-m 和 n-n 中截出一长为 dx 的微段[图 9-3a)]。令 y 轴为横截面的对称轴,z 轴为中性轴[图 9-3b)]。微段 dx 弯曲变形后,下部距中性层 o_1o_2 为 y 处的某层纤维 m_1n_1 的应变为[图 9-3c)]:

$$\varepsilon = \frac{\overset{\frown}{m'_1n'_1} - \overset{\frown}{o_1o_2}}{\overset{\frown}{o_1o_2}} = \frac{\overset{\frown}{m'_1n'_1} - dx}{dx} = \frac{(y+\rho)d\theta - \rho d\theta}{\rho d\theta} = \frac{y}{\rho} \qquad (a)$$

式中:$d\theta$ ——微段梁两端截面相对旋转的角度;

ρ——微段中性层 o_1o_2 的曲率半径,对于确定的截面,ρ 为常数。

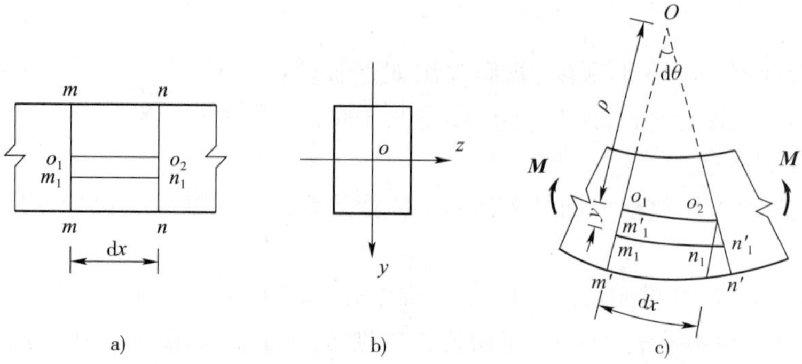

图 9-3

由(a)式可知截面上某点处的应变与它到中性层的距离 y 成正比。

2. 物理条件

根据胡克定律,材料在弹性范围内的应力与应变成正比,即 $\sigma = E\varepsilon$,所以梁横截面上某点处的正应力为:

$$\sigma = E\frac{y}{\rho} \tag{b}$$

假设材料在拉伸和压缩时的弹性模量相等,则对确定的横截面,E/ρ 是常数,所以(b)式就是横截面上正应力沿截面高度分布规律的表达式。由此可知,横截面上任一点处的正应力与该点到中性轴的距离 y 成正比。即弯曲正应力沿截面高度呈线性分布(图 9-4)。中性轴上各点处的正应力等于零,距中性轴最远的上下边缘处各点的正应力最大,而与中性轴距离相等的各点的正应力都相等。

3. 静力平衡条件

在横截面上取一微面积 $\mathrm{d}A$,其上作用法向内力 $\sigma\mathrm{d}A$(图 9-5)。整个横截面上内力 $\sigma\mathrm{d}A$ 组成一个垂直于横截面的空间平行力系。由于纯弯曲时,横截面上只有弯矩没有剪力,所以,上述空间平行力系合成的结果是一力偶,其力偶矩等于弯矩,而微内力的代数和为零,即:

$$N = \int_A \sigma\mathrm{d}A = \int_A E\frac{y}{\rho}\mathrm{d}A = 0 \tag{c}$$

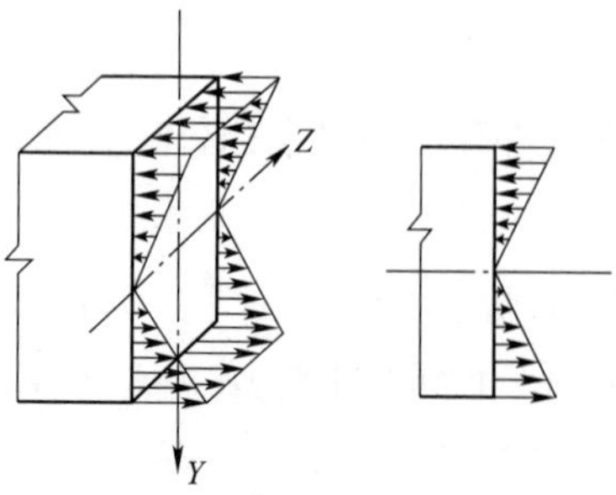

图 9-4

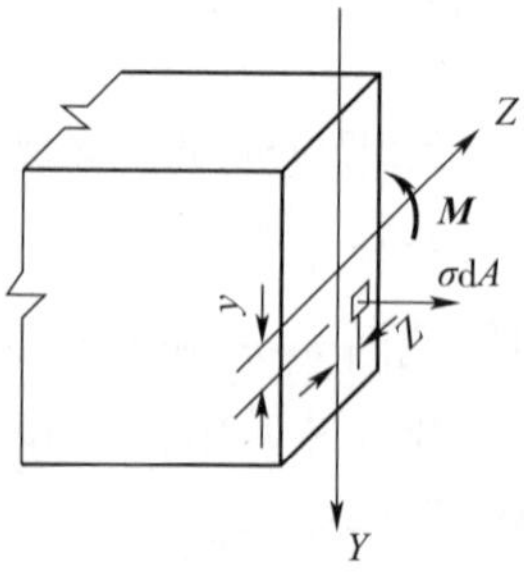

图 9-5

(c)式中 E 与 ρ 都是常量,故必有 $\int_A y\mathrm{d}A = 0$,即截面对 z 轴的静矩为零。从截面的几何性质可知,截面对 z 轴的静矩为零时,z 轴一定通过截面的形心。由此可知,中性轴(z 轴)的位置是通过截面形心的。

由平衡条件$\sum M_z=0$得：

$$M=\int_A \sigma y \mathrm{d}A=\int_A \frac{E}{\rho}y^2\mathrm{d}A=\frac{E}{\rho}\int_A y^2\mathrm{d}A=\frac{E}{\rho}I_z \tag{d}$$

式中，$I_z=\int_A y^2\mathrm{d}A$是截面对中性轴($z$轴)的惯性矩。则：

$$\frac{1}{\rho}=\frac{M}{EI_z} \tag{9-1}$$

式中：$1/\rho$——梁弯曲后中性层的曲率，它反映了梁的变形程度；

EI_z——截面的抗弯刚度，它反映了梁抗弯曲变形的能力，EI_z愈大，曲率$1/\rho$就愈小，也即梁弯曲程度愈小，反之梁弯曲程度就愈大。

将式(9-1)代入(b)式，得：

$$\sigma=\frac{M}{I_z}y \tag{9-2}$$

这就是梁在纯弯曲时横截面上任一点的正应力计算公式。公式表明，梁横截面上任一点的正应力σ与截面上的弯矩M和该点到中性轴的距离y成正比，而与截面对中性轴的惯性矩I_z成反比。

计算截面上各点应力时，M和y通常以绝对值代入，求得σ的大小。应力σ的正负号可直接由弯矩M的正负号来判断。M为正时，中性轴上部截面为压应力，下部为拉应力；M为负时，中性轴上部截面为拉应力，下部为压应力。

例 9-1 如图 9-6 所示，简支梁受均布荷载作用，$q=3.5\text{kN/m}$，梁截面为矩形，$b\times h=120\text{mm}\times180\text{mm}$，跨度$l-3\text{m}$。试计算跨中横截面上$A$、$B$、$C$三点处的正应力。

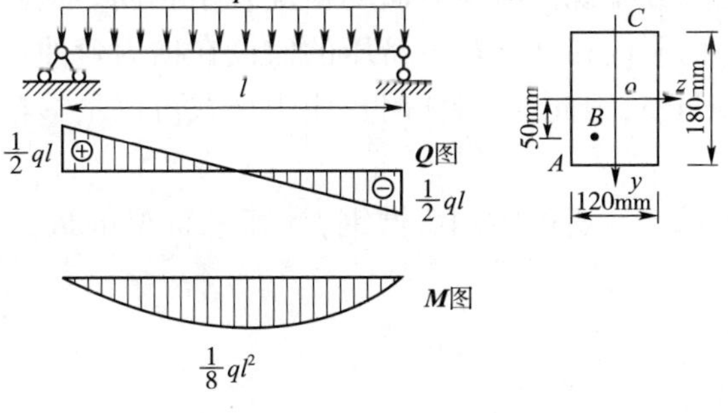

图 9-6

例 9-1 讲解

解：(1)作梁的剪力图和弯矩图。

跨中截面上： $Q=0$

$$M=\frac{1}{8}\times3.5\times3^2=3.94(\text{kN}\cdot\text{m})$$

梁的跨中截面处于纯弯曲状态。

(2)计算应力。

截面对中性轴z的惯性矩为：

$$I_z=\frac{bh^3}{12}=\frac{1}{12}\times120\times180^3=58.32\times10^6(\text{mm}^4)$$

$$\sigma_A=\frac{My_A}{I_z}=\frac{3.94\times10^6\times90}{58.32\times10^6}=6.08(\text{MPa}) \quad (拉)$$

$$\sigma_B = \frac{My_B}{I_z} = \frac{3.94 \times 10^6 \times 50}{58.32 \times 10^6} = 3.38(\text{MPa}) \quad (拉)$$

$$\sigma_C = \frac{My_C}{I_z} = \frac{3.94 \times 10^6 \times (-90)}{58.32 \times 10^6} = -6.08(\text{MPa}) \quad (压)$$

上述三点处应力是拉应力还是压应力是由截面上弯矩的正负判断的,中性轴以上的点 C 处为压应力,中性轴以下的点 A、B 处为拉应力。

例 9-2 简支梁受力如图 9-7 所示。$P = 15\text{kN}$,$a = 2\text{m}$,$l = 6\text{m}$,截面为№20b 工字钢。试计算梁内最大正应力 $\sigma_{\max}$。

解:(1)作梁的剪力图和弯矩图。

从内力图可以看出 CD 段弯矩最大:

$$M_{\max} = Pa = 15 \times 2 = 30(\text{kN·m})$$

(2)计算梁内最大应力。

$$\sigma_{\max} = \frac{M_{\max} y_{\max}}{I_z} = \frac{30 \times 10^6 \times 100}{25 \times 10^6} = 120(\text{MPa})$$

截面上边缘处有最大的压应力,下边缘处有最大的拉应力。

应该指出,弯曲正应力公式(9-2)是以平面假设为基础,并按梁在纯弯曲的情况下推导出来的。但工程实际中最常见的梁,横截面上既有弯矩又有剪力,称为**横力弯曲**。此时,横截面在变形后不再保持平面,同时在与中性层平行的纵向截面上还有横向力引起的挤压应力。但是,由弹性力学可以证明,对于梁的跨度 l 与横截面高度 h 之比 l/h 大于 5 的梁,虽有上述因素影响,但横截面上的正应力分布规律与纯弯曲的情况几乎相同。这就是说,剪力的影响很小,可以忽略不计。因此,平面假设和纤维互不挤压的假设在横力弯曲情况下仍可适用。工程实际中常用梁的 l/h 值远大于 5,因此,纯弯曲时正应力公式可以足够精确地用于计算梁在横力弯曲时横截面上的正应力。

例 9-3 如图 9-8 所示,梁截面为№10 槽钢,计算悬臂梁的最大拉应力 $\sigma_{\max}$ 和最大压应力 $\sigma_{\min}$。

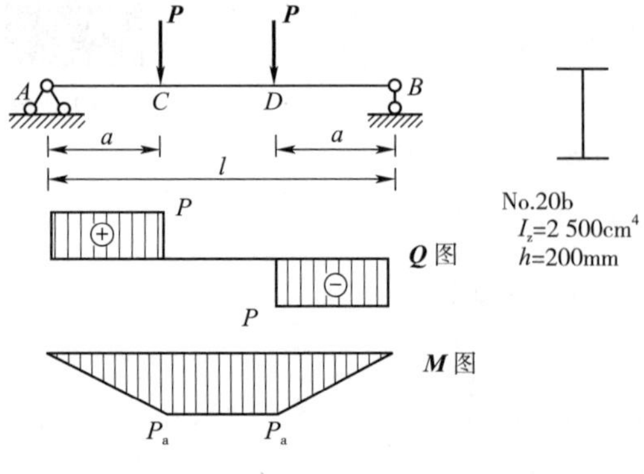

图 9-7

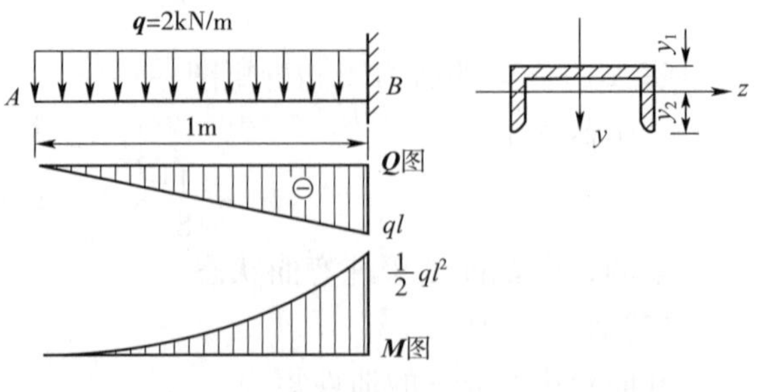

图 9-8

解:(1)作梁的剪力图和弯矩图。在 B 截面处具有最大弯矩。

$$M_{\max} = \frac{1}{2}ql^2 = \frac{1}{2} \times 2 \times 1^2 = 1(\text{kN·m})$$

(2)计算应力。

由型钢表查得№10 槽钢 $I_z=25.6\times10^4\text{mm}^4$,中性轴到上边缘距离 $y_1=15.2\text{mm}$,到下边缘距离 $y_2=32.8\text{mm}$。由于 B 截面上的弯矩是负弯矩,中性轴上部为拉伸区、下部为压缩区。

最大拉应力发生在上边缘处:

$$\sigma_{\max}=\frac{M_{\max}y_1}{I_z}=\frac{1\times10^6\times15.2}{25.6\times10^4}=59.4(\text{MPa})\quad(拉)$$

最大压应力发生在下边缘处:

$$\sigma_{\min}=\frac{M_{\max}y_2}{I_z}=-\frac{1\times10^6\times32.8}{25.6\times10^4}=-128.1(\text{MPa})\quad(压)$$

第二节 梁的正应力强度条件

一、梁的正应力强度条件

为了从强度方面保证梁在使用中安全可靠,应使梁内最大正应力不超过材料的许用应力。我们把梁内产生最大应力的截面称为危险截面。危险截面上的最大应力点称为危险点。

对于等截面梁,弯矩最大的截面是危险截面,截面上离中性轴最远的边缘上的各点为危险点,其最大正应力公式为:

$$\sigma_{\max}=\frac{M_{\max}y_{\max}}{I_z}$$

令 $W_z=\dfrac{I_z}{y_{\max}}$,则:

$$\sigma_{\max}=\frac{M_{\max}}{W_z}\tag{9-3}$$

式中:$M_{\max}$——梁的最大弯矩;

W_z——截面对中性轴 z 的抗弯截面系数,它是一个与截面尺寸和形状有关的几何量,反映了截面尺寸和形状对弯曲构件强度的影响。

W_z 越大,σ 就越小,构件抗弯强度就高。

对于宽度为 b,高度为 h 的矩形截面:

$$I_z=\frac{bh^3}{12},\quad y_{\max}=\frac{h}{2},\quad W_z=\frac{bh^2}{6}$$

对于直径为 D 的圆形截面:

$$I_z=\frac{\pi D^4}{64},\quad y_{\max}=\frac{D}{2},\quad W_z=\frac{\pi D^3}{32}$$

对于各种型钢,例如工字钢、角钢、槽钢等截面的 I_z 和 W_z 值,可从附录的型钢表中查得。

梁的正应力强度条件为:

$$\sigma_{\max}=\frac{M_{\max}}{W_z}\leqslant[\sigma]\tag{9-4}$$

式中:$[\sigma]$——材料的容许弯曲正应力。

用脆性材料制成的梁,由于材料的抗拉与抗压性能不同,即$[\sigma_l] \neq [\sigma_y]$,故采用上下不对称于中性轴的梁截面形状(图9-9)。因截面上下边缘到中性轴的距离不同,所以,同一个截面有两个抗弯截面系数:

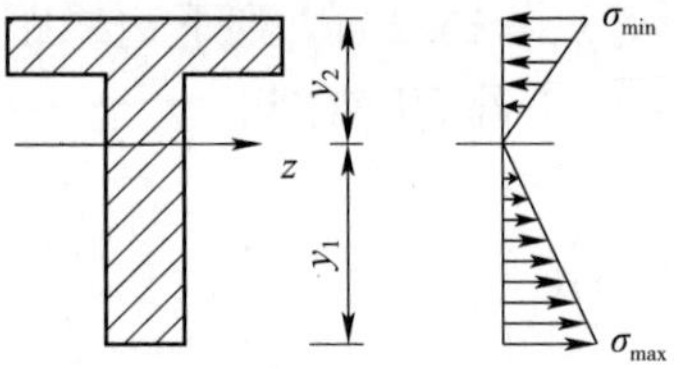

图 9-9

$$W_1 = \frac{I_z}{y_1}, \quad W_2 = \frac{I_z}{y_2}$$

应用(9-4)式,应该分别建立拉、压强度条件:

$$\sigma_{l\max} = \frac{M_{\max}}{W_1} \leqslant [\sigma_l]$$

$$\sigma_{y\max} = \frac{M_{\max}}{W_2} \leqslant [\sigma_y]$$

二、梁的正应力强度计算

应用梁的正应力强度条件式(9-4),可以解决梁的强度方面的三类问题。

1. 强度校核

已知梁的材料、截面尺寸与形状(即$[\sigma]$和W_z的值)以及所受荷载(即$\boldsymbol{M}$)的情况下,校核梁的最大正应力是否满足强度条件。即:

$$\sigma_{\max} = \frac{M_{\max}}{W_z} \leqslant [\sigma]$$

2. 截面设计

已知荷载和采用的材料(即$\boldsymbol{M}$和$[\sigma]$)时,根据强度条件,设计截面尺寸。将(9-4)式改写为:

$$W_z \geqslant \frac{M_{\max}}{[\sigma]}$$

求出W_z后,进一步根据梁的截面形状确定其尺寸。若采用型钢时,则可由型钢表查得型钢的型号。

3. 计算容许荷载

已知梁的材料及截面尺寸(即$[\sigma]$和W_z),根据强度条件确定梁的容许最大弯矩$M_{\max}$。将式(9-4)改写为:

$$[M_{\max}] \leqslant [\sigma] W_z$$

求出$[M_{\max}]$后,进一步根据平衡条件确定容许荷载。

在进行上述各类计算时,为了保证既安全可靠又节约材料,设计规范还规定梁内的最大应力允许稍大于$[\sigma]$,但以不超过$[\sigma]$的5%为限。即:

$$\frac{\sigma_{\max} - [\sigma]}{[\sigma]} \times 100\% < 5\%$$

例 9-4 外伸梁受力、支承及截面尺寸如图9-10所示。材料的容许拉应力$[\sigma_l] = 32\text{MPa}$,容许压应力$[\sigma_y] = 70\text{MPa}$。试校核梁的正应力强度。

解:(1)作梁的弯矩图。由弯矩图可知,B截面有最大负弯矩,C截面有最大正弯矩。

(2)计算截面的形心位置及截面对中性轴的惯性矩。

$$y_2 = \frac{\sum A_i y_{ci}}{\sum A_i} = \frac{30 \times 170 \times 85 + 200 \times 30 \times 185}{30 \times 170 + 200 \times 30} = 139(\mathrm{mm})$$

$$I_z = \sum(I_{zci} + a_i^2 A_i)$$

$$= \frac{30 \times 170^3}{12} + 30 \times 170 \times 54^2 + \frac{200 \times 30^3}{12} + 200 \times 30 \times 46^2 = 40.3 \times 10^6(\mathrm{mm}^4)$$

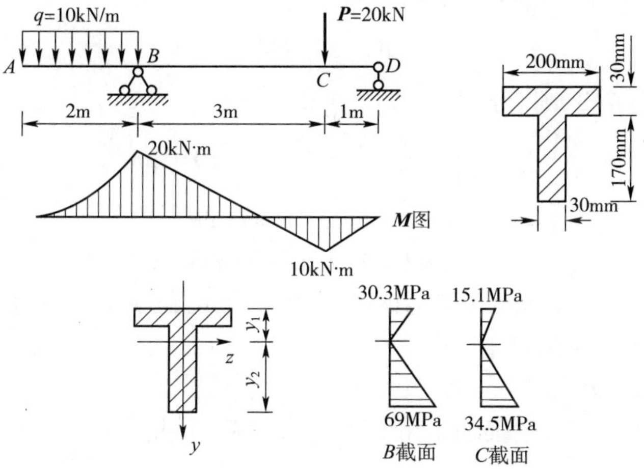

图 9-10

例 9-4 讲解

(3)校核梁的正应力强度。

B 截面：

上边缘处最大拉应力：

$$\sigma_{l\max} = \frac{M_B y_1}{I_z} = \frac{20 \times 10^6 \times (200 - 139)}{40.3 \times 10^6} = 30.3(\mathrm{MPa}) < [\sigma_l]$$

下边缘处最大压应力：

$$\sigma_{y\max} = \frac{M_B y_2}{I_z} = \frac{20 \times 10^6 \times 139}{40.3 \times 10^6} = 69(\mathrm{MPa}) < [\sigma_y]$$

C 截面：

上边缘处最大压应力：

$$\sigma_{y\max} = \frac{M_C y_1}{I_z} = \frac{10 \times 10^6 \times (200 - 139)}{40.3 \times 10^6} = 15.1(\mathrm{MPa}) < [\sigma_y]$$

下边缘处最大拉应力：

$$\sigma_{l\max} = \frac{M_C y_C}{I_z} = \frac{10 \times 10^6 \times 139}{40.3 \times 10^6} = 34.5(\mathrm{MPa}) > [\sigma_l]$$

校核结果，梁不安全。

本例说明，当材料抗拉与抗压强度不相同，截面上、下又不对称时，对梁内最大正弯矩和最大负弯矩截面均应校核。

例 9-5 矩形截面木梁（图 9-11），已知截面宽高比 $b:h = 2:3$，木梁的容许应力为 $[\sigma] =$

10MPa,试选择截面尺寸。

解:(1)作梁的剪力图和弯矩图。

$$M = 1.33\text{kN} \cdot \text{m}$$

(2)选择截面尺寸。

$$W_z \geqslant \frac{M_{max}}{[\sigma]} = \frac{1.33 \times 10^6}{10} = 1.33 \times 10^5 (\text{mm}^3)$$

矩形截面的抗弯截面系数为:

$$W_z = \frac{1}{6}bh^2$$

由已知条件 $b:h = 2:3$,则有:

$$W_z = \frac{1}{6} \times \frac{2h}{3}h^2 = 1.33 \times 10^5 (\text{mm}^3)$$

解得 $h = 106\text{mm}$, $b = 71\text{mm}$

选用截面 $h \times b = 110\text{mm} \times 75\text{mm}$

例 9-6 如图 9-12 所示,№40a 工字钢梁,跨度 $l = 8\text{m}$,跨中受集中力 $\boldsymbol{P}$ 作用。已知容许应力为$[\sigma] = 140\text{MPa}$,考虑梁的自重,试求:

(1)梁的容许荷载$[P_1]$;

(2)若将梁改用与工字钢截面面积相同的正方形截面,此梁的容许荷载$[P_2]$。

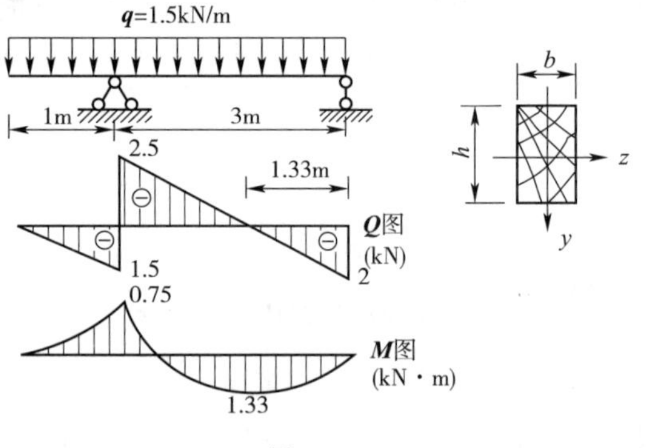

图 9-11

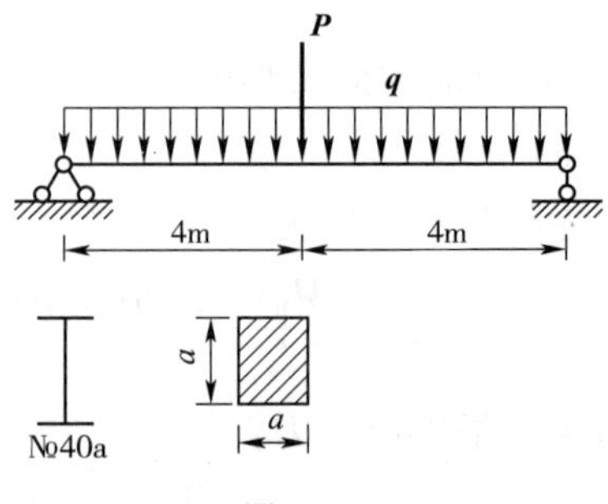

图 9-12

解:由型钢表查得№40a 工字钢每米长自重力 $q = 676\text{N/m}$(即梁上均布荷载),$W_z = 1\ 090\text{cm}^3$,$A = 86.1\text{cm}^2$。

(1)按工字钢截面求容许荷载$[P_1]$。

梁内最大弯矩在跨中截面:

$$M_{max} = \frac{1}{8}ql^2 + \frac{1}{4}P_1 l = \frac{1}{8} \times 676 \times 8^2 + \frac{1}{4} \times P_1 \times 8 = (5\ 408 + 2P_1)\ (\text{N} \cdot \text{m})$$

根据强度条件 $[M_{max}] \leqslant [\sigma] W_z$

$$5\ 408 + 2P_1 \leqslant 1\ 090 \times 10^{-6} \times 140 \times 10^6$$

解得 $[P_1] = 73.6\text{kN}$

(2)采用正方形截面求容许荷载$[P_2]$。

根据两个截面面积相等的条件确定正方形截面的尺寸:

$$a = \sqrt{86.1} = 9.28(\text{cm})$$

正方形截面的抗弯截面系数：

$$W_z = \frac{a^3}{6} = \frac{9.28^3}{6} = 133(\text{cm}^3)$$

根据强度条件

$$[M_{\max}] \leqslant [\sigma] W_z$$

$$5\ 408 + 2P_2 \leqslant 133 \times 10^{-6} \times 140 \times 10^6$$

解得

$$[P_2] = 6.6\text{kN}$$

通过上例计算可见，尽管两梁的截面面积相等，但其截面形状不同时，它们的抗弯截面系数不同，从而抗弯能力也不同。工字钢梁的抗弯能力为正方形梁的 8.2 倍（$W_{工1}/W_{正1} = 1\ 090/133$），由此，可以看出截面形状对梁抗弯能力的影响，所以常用钢梁不采用方形钢而要轧制成型钢（如工字钢、槽钢等）。

第三节 梁的剪应力强度条件

梁弯曲时，一般情况下是横力弯曲，其横截面上不仅有正应力 σ，还有剪应力 τ。现在讨论剪力 Q 与剪应力 τ 的关系。

一、矩形截面梁横截面上的剪应力

如图 9-13 所示，高度 h 大于宽度 b 的矩形截面梁，截面上的剪力 Q 沿 Y 轴方向。

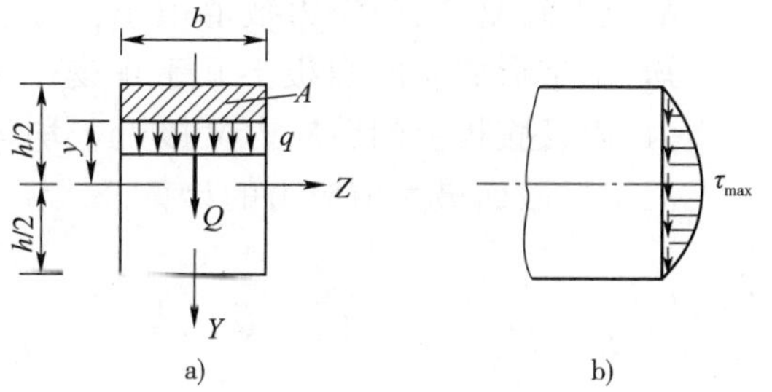

图 9-13

对剪应力 τ 的分布作如下假设：

（1）横截面上各点处的剪应力 τ 与剪力 Q 平行；

（2）横截面上距中性轴等距离各点处剪应力大小相等。

根据以上假设，可以推导出剪应力计算公式为：

$$\tau = \frac{QS_z^*}{I_z b} \tag{9-5}$$

式中：τ——横截面上距中性轴为 y 处各点的剪应力；

Q——该截面上的剪力；

I_z——横截面对中性轴的惯性矩；

b——需求剪应力处横截面的宽度;

S_z^*——横截面上距中性轴为 y 处以上一侧(或以下一侧)的部分截面面积对中性轴的静矩。

$$S_z^* = b\left(\frac{h}{2} - y\right)\left[y + \frac{1}{2}\left(\frac{h}{2} - y\right)\right] = \frac{b}{2}\left(\frac{h^2}{4} - y^2\right)$$

将 $S_z^* = \frac{b}{2}\left(\frac{h^2}{4} - y^2\right)$代入式(9-5)得:

$$\tau = \frac{Q}{2I_z}\left(\frac{h^2}{4} - y^2\right)$$

上式表明矩形截面梁横截面上的剪应力沿截面高度呈抛物线规律变化[图 9-13b)]。截面上、下边缘上各点$\left(y = \pm\frac{h}{2}\right)$剪应力为零;中性轴上各点($y=0$)剪应力最大,其值为:

$$\tau_{max} = \frac{Q}{2I_z}\left(\frac{h^2}{4} - y^2\right) = \frac{Qh^2}{8I_z} = \frac{Qh^2}{8 \times \frac{1}{12}bh^3} = \frac{3Q}{2bh} = \frac{3}{2} \cdot \frac{Q}{A} \tag{9-6}$$

式(9-6)表明,矩形截面梁横截面上最大的剪应力在中性轴的各点处,它的大小为平均剪应力(Q/A)的 1.5 倍。

二、工字形截面梁的剪应力

工字形截面是由上、下两翼板和中间的腹板组合而成。因腹板是矩形,故腹板上各点处的剪应力仍可用式(9-5)计算。通过与矩形截面同样的分析可知,剪应力沿腹板高度按抛物线规律分布[图 9-14b)]。在中性轴上,剪应力最大;在腹板与翼缘的交界处,剪应力与最大剪应力相差不多,接近均匀分布。至于翼板上的剪应力,情况比较复杂,剪应力数值很小,一般不考虑。由理论分析可知,工字形截面的腹板上几乎承受了截面上 95% 左右的剪应力,而且腹板上的剪应力又接近于均匀分布,故可近似地得出工字形截面最大剪应力的计算公式:

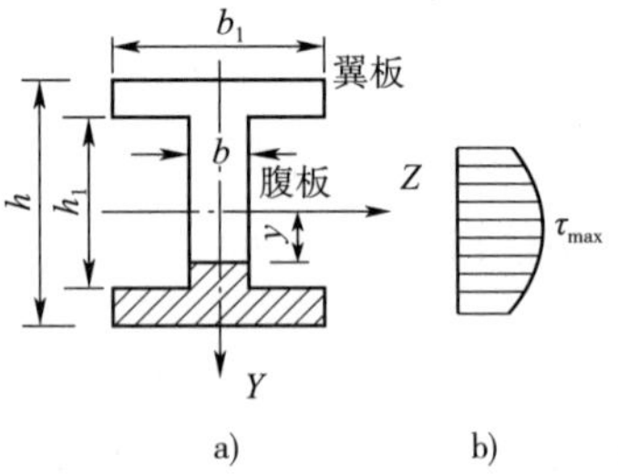

图 9-14

$$\tau_{max} \approx \frac{Q}{bh_1} \tag{9-7}$$

式中:Q——该截面的剪力;

b——腹板宽度;

h_1——腹板高度。

工程中,工字钢常采用轧制的工字型钢,由以下公式计算最大剪应力:

$$\tau_{max} = \frac{Q_{max}S_{zmax}^*}{I_z b} = \frac{Q_{max}}{\frac{I_z}{S_{zmax}^*} \cdot b}$$

式中,S_{zmax}^*为工字形截面中性轴一侧面积对中性轴的静矩。I_z/S_{zmax}^*可以直接由型钢表中查取,代入上式计算。

三、圆形截面梁横截面上的最大剪应力

圆形截面梁横截面上的最大剪应力也发生在中性轴上，并沿中性轴均匀分布（图 9-15），其值为：

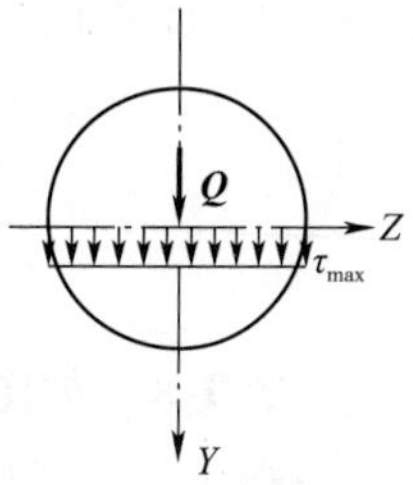

图 9-15

$$\tau_{max} = \frac{4Q}{3A} \tag{9-8}$$

其他形状的截面，一般地说最大剪应力也发生在中性轴的各点上。

表 9-1 列出了几种常见截面梁最大剪应力的计算公式。

常见截面梁 τ_{max} 计算公式 表 9-1

截面形状	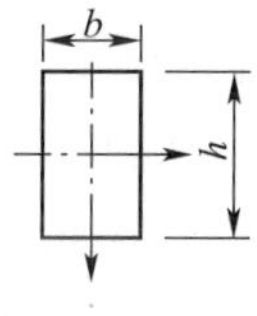	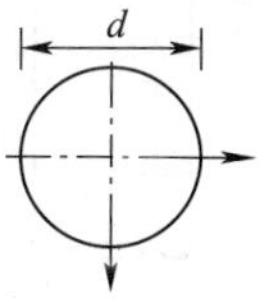	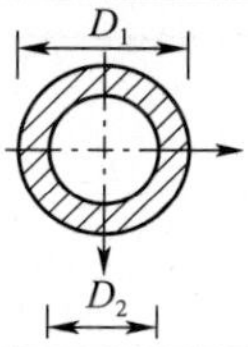	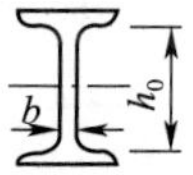	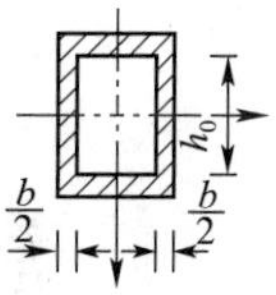
截面面积	$A = bh$	$A = \frac{\pi d^2}{4}$	$A = \frac{\pi}{4}(D_1^2 - D_2^2)$	$A = bh_0$	$A = bh_0$
最大剪应力	$\tau_{max} = 1.5\frac{Q}{A}$	$\tau_{max} = \frac{4Q}{3A}$	$\tau_{max} = 2\frac{Q}{A}$	$\tau_{max} = \frac{Q}{A}$	$\tau_{max} = \frac{Q}{A}$

例 9-7 试求图 9-16 中梁的最大剪应力及同一截面上 K 点处的剪应力。

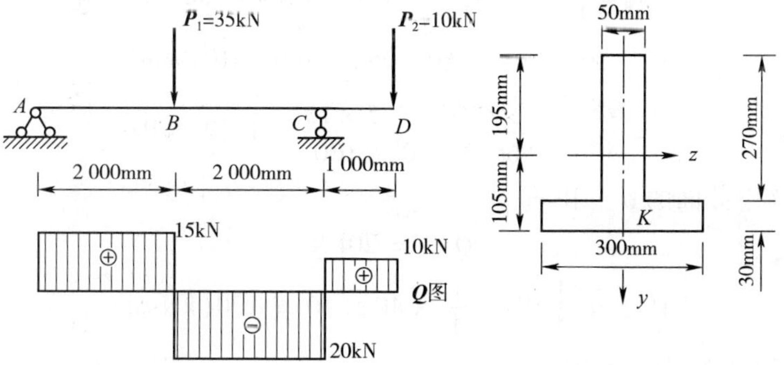

图 9-16

解：(1)作梁的剪力图，危险截面在 BC 段内。

$$|Q|_{max} = 20\text{kN}$$

(2)计算最大剪应力。最大剪应力发生在危险截面中性轴上的各点处。

$$S_{z\,max}^{*} = 195 \times 50 \times \frac{195}{2} = 951 \times 10^3(\text{mm}^3)$$

$$b = 50\text{mm}$$

$$I_z = 20\ 420\text{cm}^4$$

$$\tau_{max} = \frac{Q_{max}S_{z\,max}^{*}}{I_z b} = \frac{20 \times 10^3 \times 951 \times 10^3}{20\ 420 \times 10^4 \times 50} = 1.86(\text{MPa})$$

(3)计算截面上 K 点处的剪应力。

$$S_z^* = 300 \times 30 \times (105 - 15) = 810 \times 10^3 (\text{mm}^3)$$

$$\tau_K = \frac{Q_{max} S_z^*}{I_z b} = \frac{20 \times 10^3 \times 810 \times 10^3}{20\,420 \times 10^4 \times 50} = 1.59(\text{MPa})$$

例 9-8 如图 9-17 所示为矩形截面简支梁,在跨中受集中力 $P = 40\text{kN}$ 的作用,已知 $l = 10\text{m}$,$b = 100\text{mm}$,$h = 200\text{mm}$,试求:

(1)m-m 截面上 $y = 50\text{mm}$ 处的剪应力;

(2)比较梁中的最大正应力和最大剪应力。

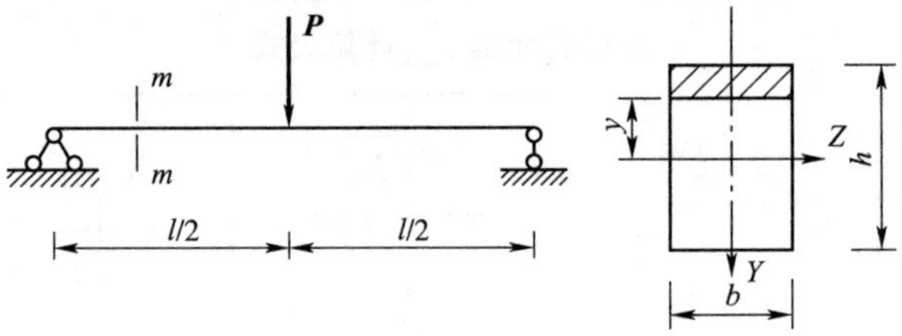

图 9-17

解:(1)求 m-m 截面上 $y = 50\text{mm}$ 处的剪应力。

$$Q = \frac{P}{2} = 20\text{kN}$$

截面对中性轴的惯性矩 I_z 和剖面线部分的面积对中性轴的静矩 S_z^* 分别为:

$$I_z = \frac{bh^3}{12} = \frac{100 \times 200^3}{12} = 66.7 \times 10^6 (\text{mm}^4)$$

$$S_z^* = 100 \times 50 \times (50 + 25) = 375 \times 10^3 (\text{mm}^3)$$

$$\tau = \frac{QS_z^*}{I_z b} = \frac{20 \times 10^3 \times 375 \times 10^3}{66.7 \times 10^6 \times 100} = 1.12(\text{MPa})$$

(2)比较梁跨中截面的 σ_{max} 和 τ_{max}。

$$Q_{max} = 20\text{kN}$$

$$M_{max} = \frac{1}{4}Pl = \frac{1}{4} \times 40 \times 10 = 100(\text{kN·m})$$

跨中截面上的最大正应力为:

$$\sigma_{max} = \frac{M_{max}}{W_z} = \frac{100 \times 10^6}{\frac{1}{6} \times 100 \times 200^2} = 150(\text{MPa})$$

跨中截面上的最大剪应力为:

$$\tau_{max} = \frac{3}{2}\frac{Q_{max}}{A} = \frac{3 \times 20 \times 10^3}{2 \times 100 \times 200} = 1.5(\text{MPa})$$

故

$$\frac{\sigma_{max}}{\tau_{max}} = \frac{150}{1.5} = 100$$

由此可以看出,梁跨中的最大正应力比最大剪应力大得多,所以有时在校核实体梁的强度时,可以忽略剪力的影响。

四、梁的剪应力校核

以上讨论了几种常见截面梁的剪应力计算公式。梁的剪应力强度条件为：

$$\tau_{max} = \frac{Q_{max} S^*_{z\,max}}{I_z b} \leqslant [\tau] \tag{9-9}$$

在梁的强度计算中，必须同时满足弯曲正应力强度条件和剪应力强度条件。但在一般情况下，满足了正应力强度条件后，剪应力强度条件都能满足，故通常只需按正应力强度条件进行计算。但在下列几种情况下，还需进行剪应力强度校核：

(1)梁的跨度很小而又受到很大的集中力作用，或在支座附近有较大的集中荷载，此时梁的最大弯矩较小，但最大剪力却很大。

(2)工字梁的腹板宽度很小，或某些铆接或焊接的组合截面钢梁中，其腹板宽度与高度之比小于一般型钢截面的相应比值时，此时腹板上的剪应力可能较大。

(3)木梁。由于木材在顺纹方向的抗剪切强度小，当横截面中性轴上有较大的剪应力时，根据剪应力互等定律，梁的中性层上也产生较大的剪应力，可能使木梁沿顺纹方向破坏。

需要指出的是，梁截面上离中性轴最远的上、下边缘处各点有最大正应力而剪应力为零，在中性轴处各点有最大的剪应力而正应力为零，截面上其余各点既有正应力，又有剪应力。

例 9-9　图 9-18a)所示简支梁，已知 $P = 60\text{kN}$，$l = 2\text{m}$，$a = 0.2\text{m}$，材料的容许应力$[\sigma] = 140\text{MPa}$，$[\tau] = 80\text{MPa}$，试选择工字钢型号。

解：(1)作 *AB* 梁的剪力图和弯矩图[图 9 18b、c)]。

$$M_{max} = 10.8\text{MPa}$$

$$Q_{max} = 54\text{kN}$$

(2)按正应力强度条件初选工字形截面型号。

$$W_z = \frac{M_{max}}{[\sigma]} = \frac{10.8 \times 10^6}{140} = 77.1 \times 10^3(\text{mm}^3)$$

查型钢表选用№12.6 工字钢。其截面几何参数为

$$W_z = 77.529 \times 10^3 \text{mm}^3$$

$$I_z : S_z = 10.8\text{cm}, \quad d = 5.0\text{mm}$$

(3)按剪应力强度条件校核。

$$\tau_{max} = \frac{Q_{max} S^*_{z\,max}}{I_z b} = \frac{54 \times 10^3}{10.8 \times 10 \times 5} = 100(\text{MPa}) > [\tau]$$

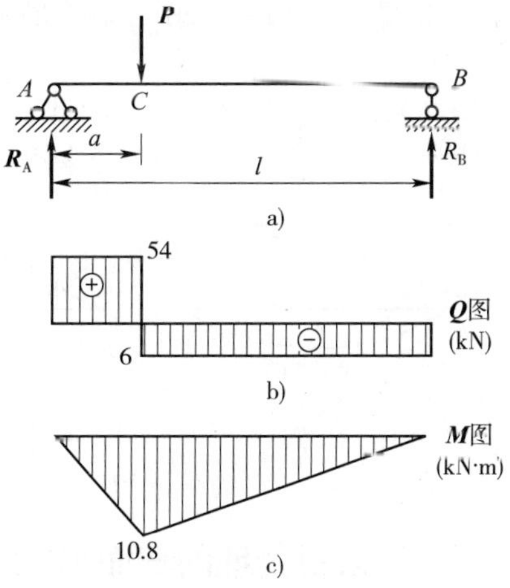

图 9-18

故选№12.6 工字钢不能满足剪应力强度条件。

(4)重选大一号的工字钢型号。

选用№14 工字钢，查型钢表得：

$$I_z : S_z = 12\text{cm}, \quad d = 5.5\text{mm}$$

$$\tau_{max} = \frac{54 \times 10^3}{12 \times 10 \times 5.5} = 81.8(\text{MPa})$$

显然工作剪应力大约超过了容许剪应力的2.25%,但工程中偏差5%以内是允许的,故可最后选择№14 工字钢。

第四节 提高梁弯曲强度的措施

根据弯曲正应力的强度公式(9-4),减小梁的工作应力的办法主要是降低最大弯矩值 M_{max} 和增加截面的抗弯截面系数 W_z。

一、合理安排梁的支座与荷载

当荷载一定时,梁的最大弯矩 M_{max} 与梁的跨度有关,因此,首先应当合理安排支座。例如,简支梁受均布荷载作用[图9-19a)],其最大弯矩值为 $M_{max}=\frac{1}{8}ql^2=0.125ql^2$,如果将两支座向跨中方向移动 $0.2l$[图9-19b)],则最大弯矩降为 $0.025ql^2$,即只有前者的 $\frac{1}{5}$。所以,工程中起吊大梁时,两吊点位于梁端以内的一定距离处,就可以降低 M_{max} 值。

其次,如果结构允许,应尽可能合理地布置梁上的荷载,把梁所受的一个集中力分为几个较小的集中力(图9-20),梁的最大弯矩就会明显减小。

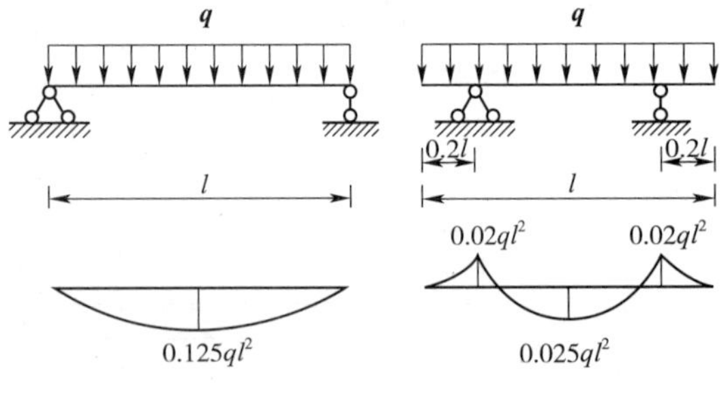

图 9-19

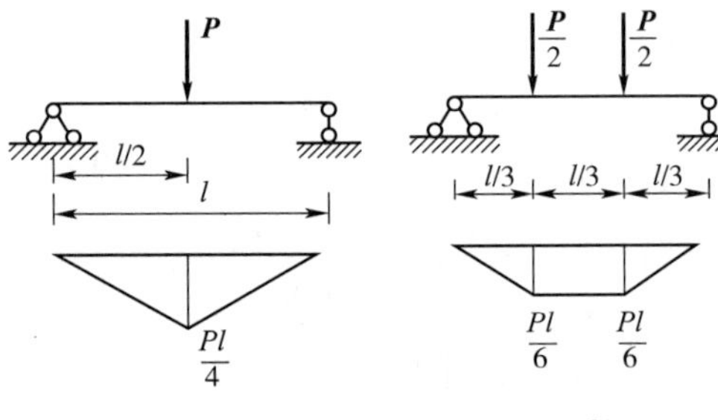

图 9-20

二、采用合理的截面形状

(1)从应力分布规律考虑,应使截面面积较多的部分布置在离中性轴较远的地方。以矩形截面为例,由于弯曲正应力沿梁截面高度按直线分布,截面的上、下边缘处正应力最大,在中性轴附近应力很小,所以靠近中性轴处的一部分材料未能充分发挥作用。如果将中性轴附近的阴影部分(图9-21)面积移至虚线位置,这样,就形成了工字形截面,其截面积大小不变,而更多的材料则较好地发挥了作用。所以从应力分布情况看,工字形、槽形等截面形状比面积相等的矩形截面更合理,而圆形截面又不如矩形截面。凡是中性轴附近用料较多的截面就是不合理的截面。

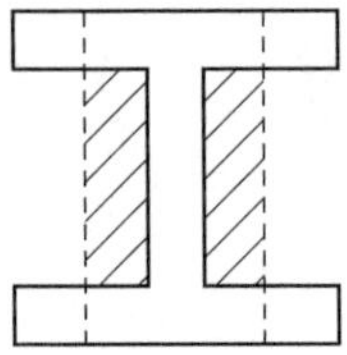

图 9-21

(2)从抗弯截面系数 W_z 考虑，应在截面面积相等的条件下，使得抗弯截面系数 W_z 尽可能地增大，由式 $M_{max}=[\sigma]W_z$ 可知，梁所能承受的最大弯矩 M_{max} 与抗弯截面系数 W_z 成正比。所以从强度角度看，当截面面积一定时，W_z 值愈大愈有利。通常用抗弯截面系数 W_z 与横截面面积 A 的比值 W_z/A 来衡量梁的截面形状的合理性和经济性。表 9-2 中列出了几种常见的截面形状及其 W_z/A 的值。由表可见，槽形截面和工字形截面的 $W_z/A=(0.27\sim0.31)h$，可知这种截面比较合理。

常见截面的 W_z/A 值 表 9-2

截面形状	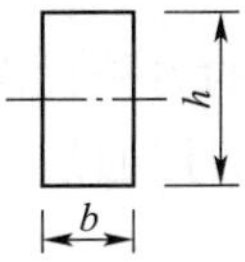	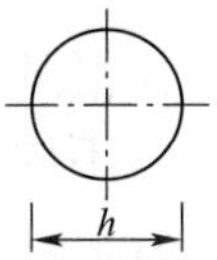	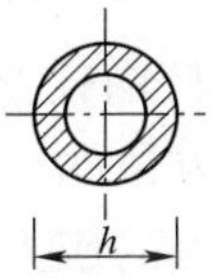	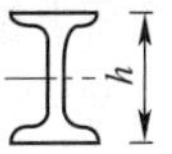	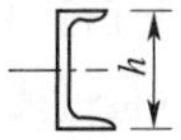
W_z/A	$0.167h$	$0.125h$	$0.205h$	$(0.27\sim0.31)h$	$(0.27\sim0.31)h$

(3)从材料的强度特性考虑，合理地布置中性轴的位置，使截面上的最大拉应力和最大压应力同时达到材料的容许应力。对抗拉和抗压强度相等的材料，一般应采用对称于中性轴的截面形状，如矩形、工字形、槽形、圆形等。对于抗拉和抗压强度不相等的材料，一般采用非对称截面形状，使中性轴偏向强度较低的一边，如 T 形、槽形等(图 9-22)。设计时最好使 $\dfrac{\sigma_{y\max}}{\sigma_{l\max}}=\dfrac{\dfrac{My_y}{I_z}}{\dfrac{My_l}{I_z}}=\dfrac{y_y}{y_l}=\dfrac{[\sigma_y]}{[\sigma_l]}$，这样才能充分发挥材料的潜力。

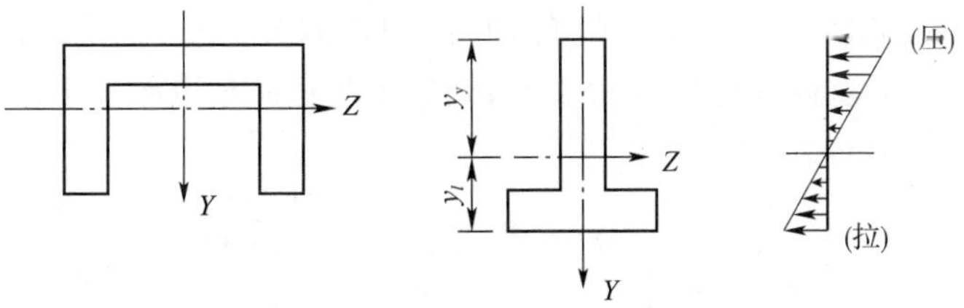

图 9-22

三、等强度梁

一般承受横力弯曲的梁，各截面上的弯矩是随截面位置而变化的。对于等截面梁，除 M_{max} 所在截面以外，其余截面的材料都没有充分发挥作用。若将梁制成变截面梁，使各截面上的最大弯曲正应力与材料的容许应力$[\sigma]$相等或接近，这种梁称为**等强度梁**(beam of uniform strength)。图 9-23 所示的阶梯轴、薄腹梁、鱼腹式吊车梁，都是近似地按等强度原理设计的。

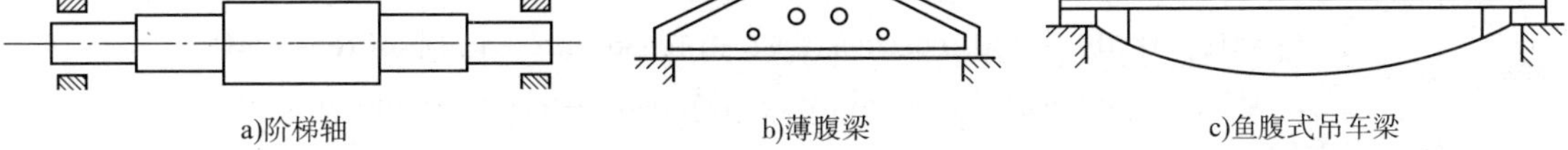

a)阶梯轴 b)薄腹梁 c)鱼腹式吊车梁

图 9-23

第五节 梁的主应力与强度理论

一、梁的主应力公式

分析拉(压)杆斜截面上的应力时,杆内任意一点的应力随所在截面的方位而改变。一般说来,通过受力构件内任意一点处不同方位的截面上应力是不同的。我们把通过一点沿不同方位所有截面上的应力情况,统称为一点的**应力状态**(uniaxial stress state)。

为了研究构件内一点处的应力状态,通常是围绕该点取一个**单元体**(element)作为研究对象。所谓单元体,是围绕一点用三对互相垂直的平面截取的边长无限小的正六面体。由于单元体取得无限小,所以可将每个面上的应力看作均匀分布,且每对相互平行面上的应力相同。若单元体有一对平面上的应力等于零,则称为平面应力状态。例如:当梁受力后发生平面弯曲时,绕梁内任意一点平行于横截面截取一个单元体,单元体的前后面应力为零,所以该点为平面应力状态,横截面上该点的应力可以由公式 $\sigma_x=\sigma=\dfrac{My}{I_z}$ 和 $\tau_x=\tau=\dfrac{QS^*}{I_zb}$ 求得,由剪应力互等定理可确定单元体上下表面上的剪应力 $\tau_y=-\tau_x$。

如图9-24a)所示为平面弯曲梁的某点单元体,已知 σ_x、$\tau_x=-\tau_y$,与 z 轴垂直的两平面上无应力作用,现求此单元体任意平行于 z 轴的斜截面上的应力。平面应力状态的单元体可表示为如图9-25a)所示,如将单元体沿斜截面 BC 假想地截开,一般说来在此斜截面上将作用有任意方向的应力,但总可以将其分解为垂直于该截面的正应力和平行于该截面的剪应力,并分别以 σ_α 和 τ_α 表示,如图9-25b)所示。

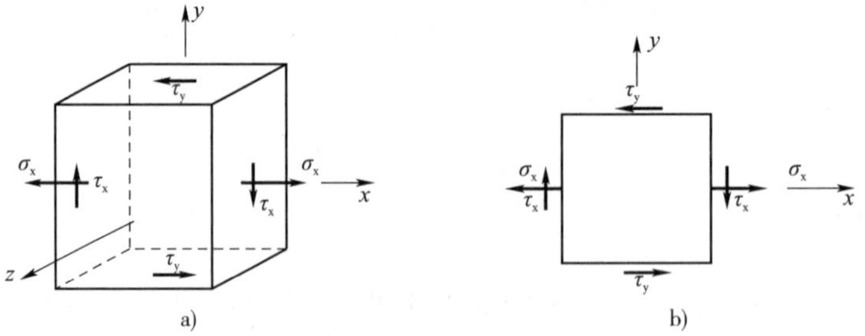

图 9-24

用截面法截取部分单元体为研究对象,其受力图如图9-25c)所示。设斜截面 BC 的外法线与 x 轴的夹角为 α,面积为 $\mathrm{d}A$,平面 x(与 x 轴垂直的平面)的面积为 $\mathrm{d}A\cos\alpha$,平面 y(与 y 轴垂直的平面)的面积为 $\mathrm{d}A\sin\alpha$。取垂直和平行于斜截面的坐标轴 n 和 t,列平衡方程得:

$$\sum F_n=0,\quad \sigma_\alpha\mathrm{d}A-\sigma_x\mathrm{d}A\cos\alpha\cos\alpha+\sigma_x\mathrm{d}A\cos\alpha\sin\alpha+\tau_y\mathrm{d}A\sin\alpha\cos\alpha=0$$

$$\sum F_t=0,\quad \tau_\alpha\mathrm{d}A-\sigma_x\mathrm{d}A\cos\alpha\sin\alpha-\tau_x\mathrm{d}A\cos\alpha\cos\alpha+\tau_y\mathrm{d}A\sin\alpha\sin\alpha=0$$

由剪应力互等定律 $\qquad\tau_x=-\tau_y$

再结合三角函数关系 $\sin^2\alpha=\frac{1}{2}(1-\cos2\alpha)$， $\cos^2\alpha=\frac{1}{2}(1+\cos2\alpha)$， $2\sin\alpha\cos\alpha=\sin2\alpha$

将上面两个平衡方程简化和整理得：

$$\left.\begin{aligned}\sigma_\alpha &= \frac{\sigma_x}{2}+\frac{\sigma_x}{2}\cos2\alpha-\tau_x\sin2\alpha\\ \tau_\alpha &= \frac{\sigma_x}{2}\sin2\alpha+\tau_x\cos2\alpha\end{aligned}\right\}\tag{9-10}$$

式(9-10)反映了平面应力状态下任一斜截面上的应力值随 α 角变化的规律。运用这一公式，就可以从单元体上的已知应力 σ_x 和 $\tau_x=-\tau_y$，求得任意斜截面上的正应力 σ_α 和剪应力 τ_α。并且由式(9-10)出发，还可以求得单元体的最大正应力 σ_{max}（主应力）和最大剪应力 τ_{max} 的大小和作用面方位。

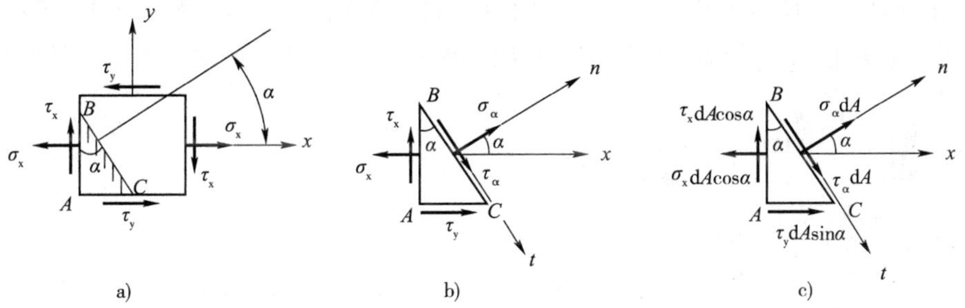

图 9-25

利用式(9-10)进行计算时，还应注意符号的规定：正应力以拉应力为正，压应力为负；剪应力在其绕单元体内任一点为顺时针转向为正，反之为负。对于夹角 α，则规定从 x 轴转到斜截面的外法线 n，逆时针转向时为正，反之为负。例如图 9-25 中的 α 角就取正号。

当 α 角变化到某一角度时，τ_α 为零，此时的平面为**主平面**（principal plane），作用在主平面上的正应力为**主应力**（principal stress）。由公式(9-10)可以推出（推导过程略）：

$$\left.\begin{aligned}\sigma_{max} &= \frac{\sigma_x}{2}+\sqrt{\left(\frac{\sigma_x}{2}\right)^2+\tau_x^2}\\ \sigma_{min} &= \frac{\sigma_x}{2}-\sqrt{\left(\frac{\sigma_x}{2}\right)^2+\tau_x^2}\end{aligned}\right\}\tag{9-11}$$

$$\tan2\alpha_0=-\frac{2\tau}{\sigma}\tag{9-12}$$

从(9-11)式可以判定，当 τ_x 不为零时，σ_{max} 一定大于零，σ_{min} 一定小于零。所以，σ_{max} 是主拉压力，σ_{min} 是主压应力。

二、梁的主应力迹线

梁在剪切弯曲时，横截面上除了上、下边缘及中性轴上各点处只有一种应力外，其余各点处都有正应力和剪应力两种应力。利用上面的结论可以确定任一点处的主应力。

图 9-26a)表示一个剪切弯曲的梁。从任一横截面 m-m 上取 1、2、3、4、5 五个单元体。各单元体 x 面上的正应力可由公式 $\sigma_x=\sigma=\frac{My}{I_z}$ 来计算；x 面上的剪应力可由公式 $\tau_x=\tau=\frac{QS^*}{I_zb}$ 来计

算。在单元体的 y 面上，$\sigma_y=0$，$\tau_y=-\tau_x$。1、5 两个单元体位于梁的上、下边缘，x 面上只有正应力($\sigma=\sigma_{max}$)，没有剪应力，处于单向应力状态。3 点在中性轴上，单元体上只有剪应力，处于纯剪切应力状态。2、4 两个单元体是在中性轴与上、下边缘之间，既有正应力，又有剪应力。由各单元体上的应力及式(9-11)确定主应力的数值和主平面的位置。图 9-26b)中单元体上绘出了个主平面的位置和主应力。若在梁内取若干个横截面，从其中任一横截面 1-1 上的任一点 a 开始，求出 a 点处的主应力(主拉应力或主压应力)方向，将它延长与邻近一个横截面 2-2 相交于 b，求出 b 点处的主应力方向，延长后与邻近的横截面 3-3 相交，再求出交点处的主应力方向。如此继续进行下去，便可得到一条折线，如图 9-27a)所示。如果截面取得很多且很密集，此折线就成为一条光滑的曲线，此曲线称为梁的主应力迹线。这根曲线上任意一点的切线就是该点处主应力的方向。

一根梁可以画出很多条主拉应力迹线[图 9-27b)中的实线]和主压应力迹线[图 9-27b)中的虚线]。因单元体的主拉应力和主压应力方向总是相互垂直的，所以主拉应力迹线和主压应力迹线必成正交。梁的上、下边缘处，主应力迹线为水平线，梁的中性层处主应力迹线的倾角为 45°。

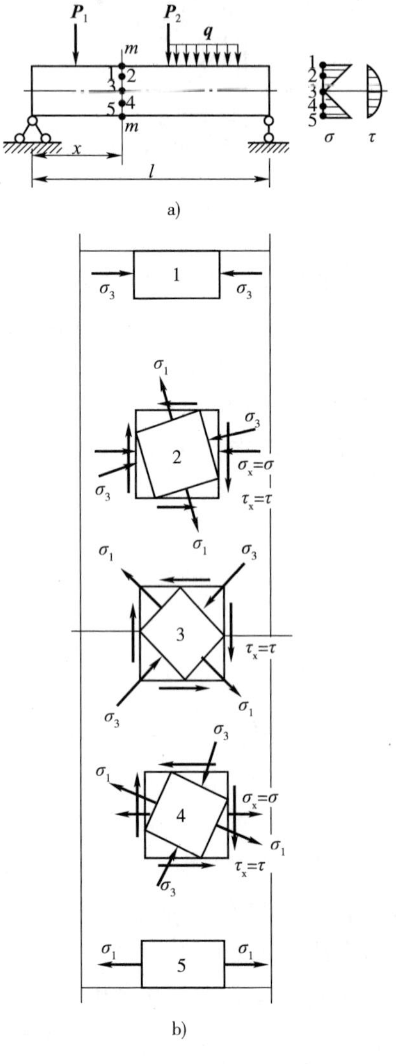

图 9-26

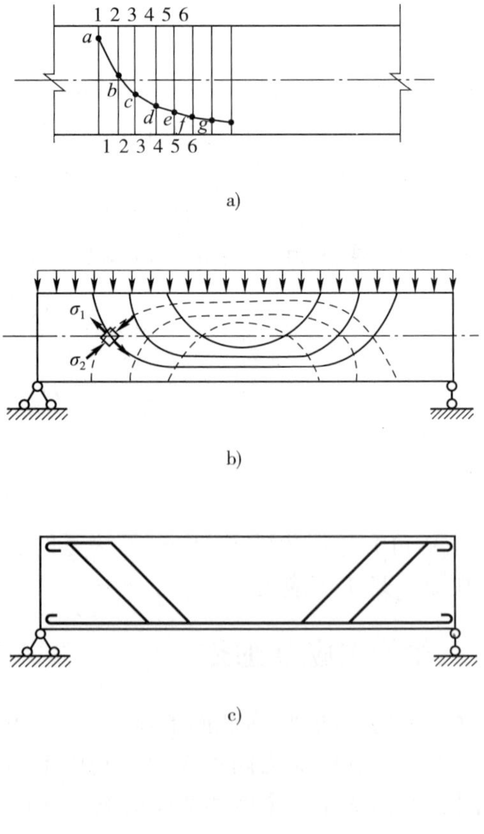

图 9-27

在钢筋混凝土中，主拉应力会使混凝土沿主拉线方向受拉而产生裂缝，所以梁内根据主拉应力迹线配置钢筋，如图 9-27c）所示。浇筑混凝土重力坝时，将施工缝留在大体上与主压应力迹线垂直的斜面，利用主压应力将施工缝互相压紧。

三、强度理论简介

我们把关于引起材料破坏的决定性因素的假说或推断，称为强度理论。材料的破坏按其形式，归结为脆性断裂和屈服破坏两大类。脆性断裂破坏和塑性屈服破坏不仅与材料本身有关，而且还与应力状态、温度以及其他因素有关。因此，强度理论也相应地分为两类：一类是以脆性断裂作为破坏标志，另一类是以塑性屈服为破坏标志，依次介绍如下。

1. 第一强度理论（最大拉应力理论）

这一理论认为，无论出于何种应力状态，材料破坏的主要因素是最大拉应力。或者说，在复杂应力状态下，只要危险点的最大拉伸主应力 σ_1 达到单向应力状态时的极限应力 σ_b，就会引起断裂破坏。它的破坏判据是：

$$\sigma_1 = \sigma_b$$

于是，强度条件可写成：

$$\sigma_1 \leqslant [\sigma], \quad [\sigma] = \frac{\sigma_b}{K_b} \tag{9-13}$$

试验证明，这一理论与砖、石、铸铁等脆性材料的拉断现象相符合；对于断裂前有显著塑性变形的材料，这一理论不适用。同时，该理论没有考虑其他两个主应力对破坏的影响，而且对于单向受压或三向受压等没有拉应力的应力状态也无法应用。

2. 第二强度理论（最大拉应变理论）

这一理论认为，材料破坏的主要因素是最大拉应变 ε_{max} 所致，或者说，无论是复杂应力状态还是单向应力状态，只要危险点的最大拉伸主应变 ε_1 达到同一个极限 ε_{jx} 时，材料就会发生破坏。它的破坏判据是：

$$\varepsilon_1 = \varepsilon_{jx} = \frac{\sigma_b}{E}$$

第二强度理论的强度条件是：

$$\sigma_1 - \mu(\sigma_2 + \sigma_3) \leqslant [\sigma], \quad [\sigma] = \frac{\sigma_b}{K_b} \tag{9-14}$$

公式(9-14)表明，这一理论只适用于直到破坏时仍服从胡克定律的材料。对于石料或混凝土材料，受压时沿横向发生的断裂现象能得到较好的解释，但按照此理论，材料处于二向拉应力状态比单向拉应力更安全，这与实践、试验的结论都不相符合。最大拉应变理论目前已很少应用。

3. 第三强度理论（最大剪应力理论）

这一理论认为，材料塑性破坏的主要因素是最大剪应力。或者说，无论在复杂应力状态还是在单向应力状态下，只要危险点的最大剪应力 τ_{max} 达到极限应力 τ_{jx} 时，材料就会发生塑性破坏。它的破坏判据是：

$$\tau_{max} = \tau_{jx}$$

第三强度理论的强度条件是：

$$\sigma_1 - \sigma_3 \leqslant [\sigma] \tag{9-15}$$

第三强度理论能较完善地解释屈服破坏现象。对于发生屈服破坏的构件，根据这个理论计算的结果与试验较符合，且偏于安全。这是由于忽略了中间应力 σ_2 的影响之故。

4. 第四强度理论(形状改变比能理论)

三向应力状态下，单元体在 σ_1、σ_2、σ_3 的作用下，其体积和形状都会发生改变。此时单元体储存的总比能，相应地可看作体积改变比能和形状改变比能两部分，其中形状改变比能与强度有关。

第四强度理论认为材料塑性破坏的主要因素是形状改变比能 u_x。或者说，无论是复杂应力状态还是单向应力状态，只要危险点的形状改变比能达到同一个极限时，材料就会发生塑性破坏。

第四强度理论的破坏判据为：

$$\sqrt{\frac{1}{2}[(\sigma_1 - \sigma_2)^2 + (\sigma_2 - \sigma_3)^2 + (\sigma_3 - \sigma_1)^2]} = \sigma_s$$

第四强度理论的强度条件为：

$$\sqrt{\frac{1}{2}[(\sigma_1 - \sigma_2)^2 + (\sigma_2 - \sigma_3)^2 + (\sigma_3 - \sigma_1)^2]} \leqslant [\sigma] \tag{9-16}$$

其中，$[\sigma] = \dfrac{\sigma_s}{n_s}$。

试验表明，塑性材料在平面应力状态下，根据这个理论计算的结果与试验相符，而且比第三强度理论更接近实际情况。

强度是个极复杂的问题，许多因素彼此错综地相互影响着，而且破坏必然是从微观的过程发展到宏观的最后现象，以致目前还不能完全总结它们的规律，有待进一步研究和探索。尽管如此，在常温、静载情况下，前面介绍的四个强度理论，仍不失为对材料强度估算的有效方法。

小结

本章主要研究梁弯曲的有关理论：梁在平面弯曲情况下横截面上正应力及剪应力的分布规律，梁的强度计算。弯曲理论在工程中有着广泛的实用意义。同时，它比较集中和完整地反映了材料力学研究问题的基本方法，因此是工程力学的重点内容。

弯曲时梁的横截面上一般存在着弯曲正应力 σ 和剪应力 τ。

正应力计算公式　　$\sigma_{max} = \dfrac{My}{I_z}$

正应力强度条件 $\sigma_{max} = \dfrac{M_{max}}{W_z} \leqslant [\sigma]$

剪应力计算公式 $\tau = \dfrac{QS_z^*}{I_z b}$

剪应力强度条件 $\tau_{max} = \dfrac{Q_{max}S_{zmax}^*}{I_z b} \leqslant [\tau]$

在使用计算公式及对梁进行强度计算时,应注意以下几点:

(1)通常情况下,弯曲正应力是决定梁强度的主要因素。因此,应按弯曲正应力强度条件对梁进行强度计算(校核、设计截面尺寸及确定许可的外荷载),而在一些特殊情况下,才需对梁进行剪应力强度校核。

(2)正确使用正应力公式及对梁进行强度计算。

①必须弄清楚所要求的是哪个截面上、哪一点的正应力,从而确定该截面上的弯矩 M、该截面对中性轴的惯性矩 I_z 及该点到中性轴的距离 y,然后代入公式进行计算。

②梁在中性轴的两侧分别受拉或受压,弯曲正应力的正负号可根据弯矩的正负号来判断确定。

③正应力在横截面上沿高度呈线性规律分布,在中性轴上正应力为零,而在梁的上、下边缘处正应力最大。材料的抗拉、抗压性能相同时,正应力强度条件为:

$$\begin{matrix}\sigma_{max}\\ \sigma_{min}\end{matrix} = \pm\frac{M_{max}}{W_z} \leqslant [\sigma]$$

材料抗拉、抗压性能不同时,对最大正弯矩截面和最大负弯矩(又称 M_{min})截面都要进行强度计算,正应力强度条件为:

$$\sigma_{max} = \frac{M_{max}y_1}{I_z} \leqslant [\sigma_l]$$

$$\sigma_{min} = \frac{M_{min}y_2}{I_z} \leqslant [\sigma_y]$$

(3)正确使用剪应力方式。剪应力公式中 S_z^* 是横截面上所求剪应力处截面一侧到边缘部分面积对中性轴的静矩;I_z 是整个截面对中性轴的惯性矩,b 是所求剪应力处截面的宽度。

(4)梁内 $|M_{max}|$ 和 $|Q_{max}|$ 一般不在同一截面,或在同一截面上,但 σ_{max} 和 τ_{max} 不在同一点。因此,危险点均要分别判断。

(5)无论是正应力还是剪应力,都与梁的横截面形状、尺寸及其放置的方式有关。因此,必须对有关截面图形的几何性质有足够的重视,并能熟练地进行运算。

(6)对梁进行强度计算的步骤:

①根据梁所受荷载及约束反力,画出剪力图和弯矩图,确定$|M_{max}|$和$|Q_{max}|$及其所在截面位置,即确定危险截面;

②判断危险截面上的危险点,即σ_{max}和τ_{max}作用点(两者不一定在同一截面上,更不在同一点),分别计算其数值;

③进行弯曲正应力强度计算,必要时进行剪应力强度校核。

总之,在梁的弯曲强度计算这一部分内容中,应抓住"一个核心,两个推广",即以弯曲正应力公式推导及其应用为核心,由对称截面梁的纯弯曲推广到横力弯曲,由对称截面梁推广到非对称截面梁。

(7)本章讨论了梁的主应力、材料破坏的基本形式和强度理论,其目的是分析材料的破坏现象,解决复杂应力状态下构件的强度计算问题,这些理论将使构件在复杂应力状态下的强度问题解决得更深刻、更全面。平面应力状态分析的一个主要问题是,已知两个互相垂直的截面上的应力,求主应力和最大剪应力的大小和作用平面方位。

(8)单元体上,剪应力为零的平面是主平面,作用在主平面上的正应力称为主应力。主应力是正应力的极值。

(9)有两个主应力不为零的应力状态称为平面应力状态。平面应力状态中,任意斜面上的应力解析计算公式为:

$$\sigma_\alpha = \frac{\sigma_x + \sigma_y}{2} + \frac{\sigma_x - \sigma_y}{2}\cos 2\alpha - \tau_x \sin 2\alpha$$

$$\tau_\alpha = \frac{\sigma_x - \sigma_y}{2}\sin 2\alpha + \tau_x \cos 2\alpha$$

(10)材料破坏的基本形式有两种:脆性断裂和塑性屈服。脆性断裂常发生在最大正应力所作用的截面上,破坏前不产生什么塑性变形,破坏是突然发生的;塑性屈服是在最大剪应力所作用的截面上,由于晶体的滑移,使材料产生较大的塑性变形所致。材料究竟发生什么形式的破坏,这不仅与材料本身的抗力有关,还与材料所处的应力状态有关。

强度理论是为解决复杂应力状态下的强度问题,对材料的破坏原因提出的假说。根据这个假说可利用单向应力状态下的试验结果,建立复杂应力状态下的强度条件。常用的有四种强度理论,见表9-3。

常用的四种强度理论　　表 9-3

强度理论		强度条件
名称	适用范围	
最大拉应力理论	适用于脆断作为破坏标志的情况	$\sigma_1 \leqslant [\sigma]$
最大拉应变理论		$\sigma_1 - \mu(\sigma_2 + \sigma_3) \leqslant [\sigma]$
最大剪应力理论	适用于屈服作为破坏标志的情况,应用广泛	$\sigma_1 - \sigma_3 \leqslant [\sigma]$
形状改变比能理论	较第三强度理论更为符合实际	$\sqrt{\frac{1}{2}[(\sigma_1 - \sigma_2)^2 + (\sigma_2 - \sigma_3)^2 + (\sigma_3 - \sigma_1)^2]} \leqslant [\sigma]$

思考题

9-1　画出图 9-28 中的梁所取截面上弯矩的方向,并标出哪些部位受拉,哪些部位受压。

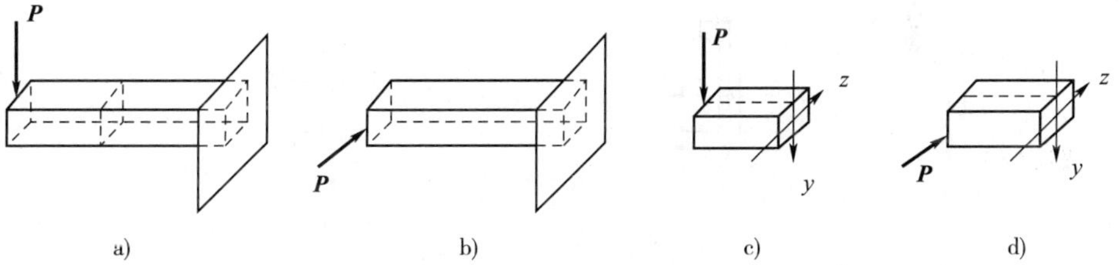

图　9-28

9-2　作用于圆形截面梁上的力 $\boldsymbol{P}$,其方向如图 9-29 所示,试画出图示三种情况的中性轴,并标出最大拉(压)应力点。

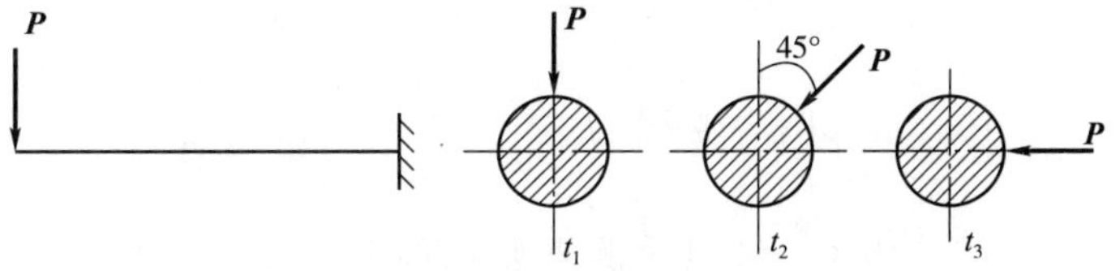

图　9-29

9-3　丁字尺的截面为矩形,设$\frac{h}{b}=12$,见图 9-30。由经验可知,当沿垂直边 h 加力时,丁字尺很容易折断;若沿长边加力时则不然,为什么?

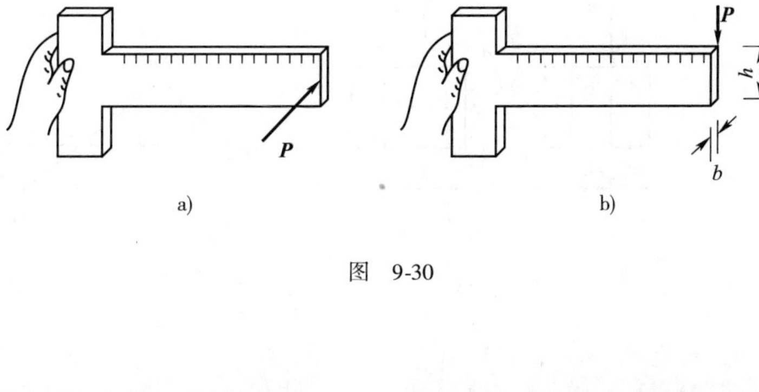

图　9-30

9-4 简支梁受集中力 P 作用,各梁的截面形状如图 9-31 所示。试画出各梁的中性轴(图中 c 点为形心),以及横截面上 $a-a$ 直线上的正应力分布图,并指出最大拉(压)应力点。

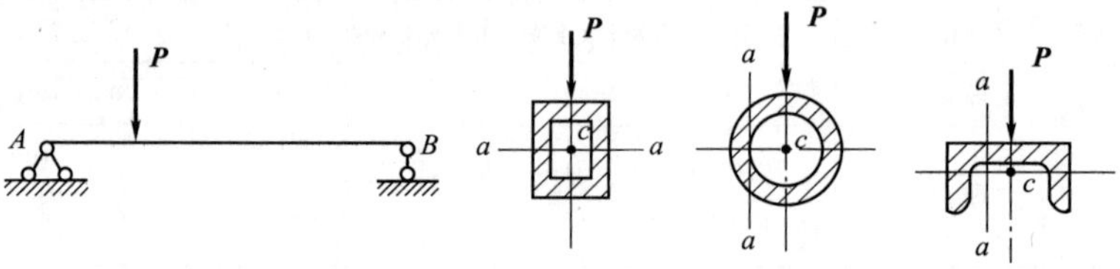

图 9-31

9-5 若梁在 xy 平面(x 为杆轴线)内承受弯矩 $M(x)$,试问对于图 9-32 所示各种截面(图中 c 为截面形心),哪些能用公式 $\sigma=\frac{M(x)y}{I_z}$ 计算正应力,哪些则不能,为什么?

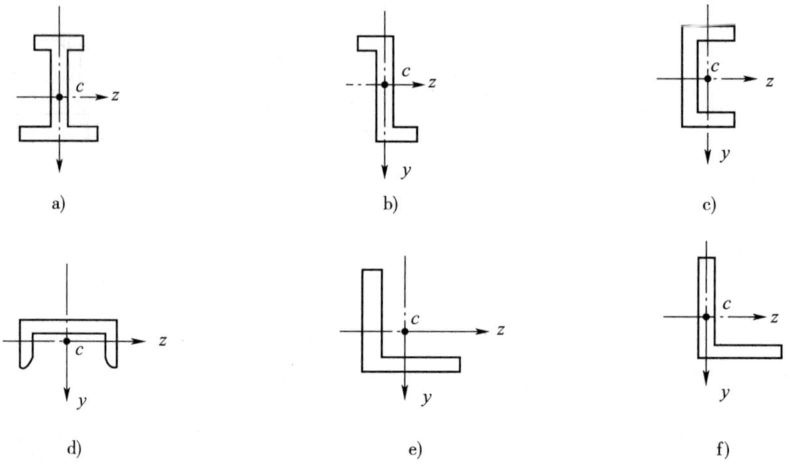

图 9-32

9-6 梁由两根矩形截面为 $b\times\frac{b}{2}$ 的杆组成,两杆之间无联系,试问图 9-33 中 a)、b) 两种安放形式哪一种合理,为什么?

9-7 梁的截面为 T 字形,中性轴 z 通过截面形心,其弯矩图如图 9-34 所示,判断梁上最大拉应力位于哪个截面上的哪些点?最大压应力位于哪个截面上的哪些点?

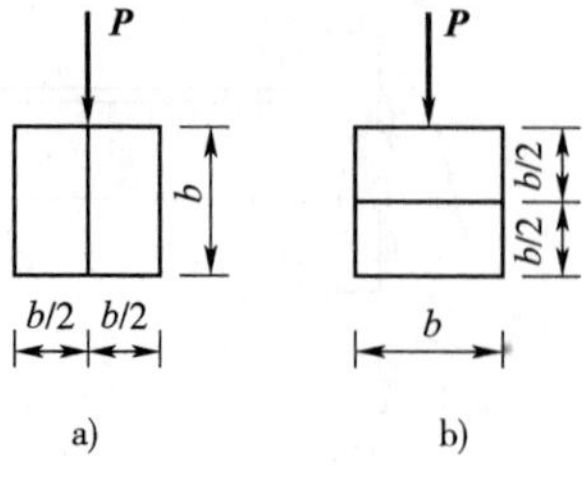

图 9-33

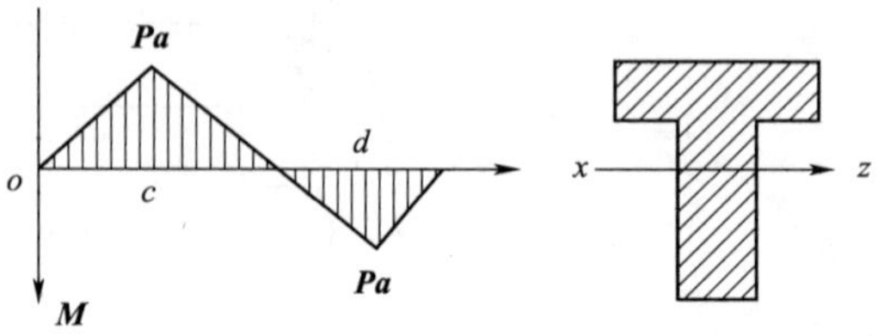

图 9-34

9-8 如图9-35所示简支木梁,其横截面采用两种形式,其中叠在一起的两根梁之间无任何联系,你认为它们的最大正应力相同吗?为什么?

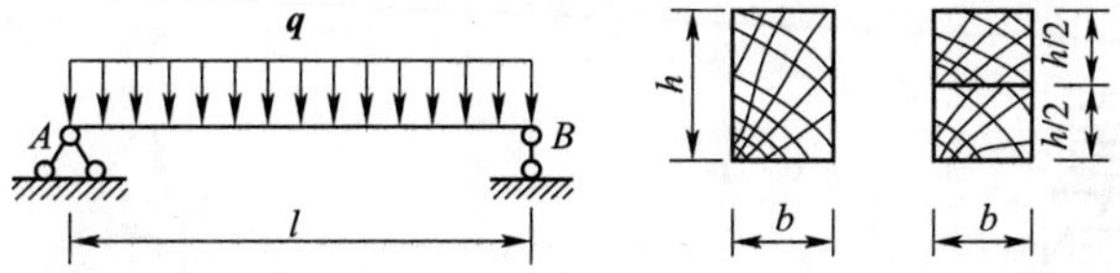

图 9-35

9-9 钢梁常采用对称于中性轴的截面形式,而铸铁梁常采用非对称于中性轴的截面形式,为什么?

9-10 提高梁弯曲强度的主要措施是什么?

第十章 CHAPTER TEN 梁的变形

第一节 弯曲变形的概念

一、概述

梁受到外力作用后,轴线弯曲成一条曲线,如图 10-1 所示。弯曲变形时,梁的各个横截面在空间的位置也随之发生了改变,即产生了位移。材料力学中把梁的这种位移称为弯曲**变形**(deformation)或梁的变形。弯曲后的梁轴线称为梁的**弹性曲线**或**挠曲线**。

构件内的弯曲变形过大,往往影响机器的正常工作。例如桥式起重机大梁,变形过大将使吊车产生爬坡现象,并引起振动,以致不能平稳地起吊重物。车轮的主轴变形过大将会影响齿轮的啮合,影响零件的加工精度,造成不均匀磨损,产生噪声,缩短使用寿命等。因此,工程上除了保证梁有足够的强度以外,还要有足够的刚度,也就是说,梁的弯曲变形值必须限制在一定的范围内。

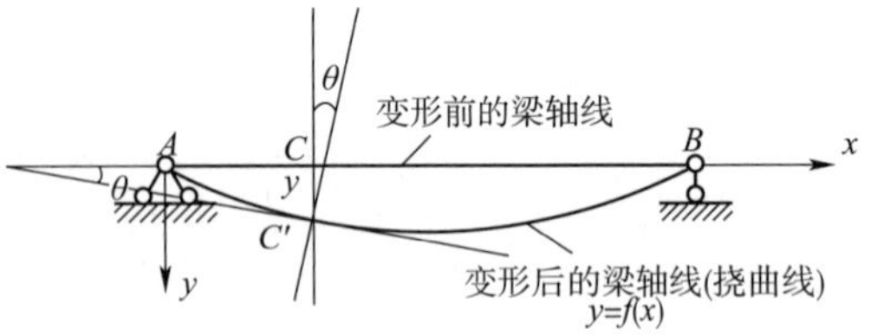

图 10-1

梁发生弯曲变形时,截面上一般同时存在弯矩和剪力两种内力。理论计算证明,梁较细长时,剪力引起的挠度与弯矩引起的挠度相比很微小。为了简化计算,通常忽略剪力对变形的影响,而只计算弯矩所引起的变形。

二、挠度与转角

梁的变形是用挠度和转角来度量的。

1. 挠度

如图 10-2 所示,梁弯曲变形时轴线上的 B 点(即横截面的形心)移动到 B' 点,B' 点已偏离了通过 B 点的竖直线,也就是说 B 点的位移 $\overline{BB'}$ 既包含了 B 点的竖直位移,又包含了 B

点的水平位移。由于工程中梁的变形都很微小,所以梁的水平位移可以忽略不计,这样,可以认为梁在弯曲变形时,梁轴线上各点只发生竖直位移。梁轴线上任一点(即横截面形心)在垂直于轴线方向的线位移称为该点的**挠度**(deflection),用 y 表示,挠度的单位与长度单位一致。按图上选定的坐标系,向下的挠度为正。

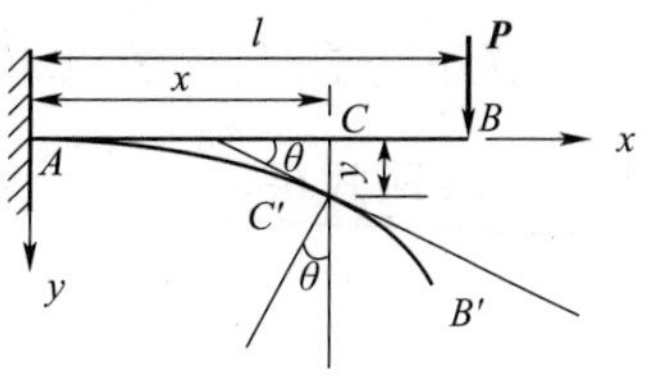

图 10-2

2. 转角

梁发生弯曲变形时,横截面会绕中性轴产生转动,工程中将梁的横截面绕它自身的中性轴转过的角度,称为该截面的**转角**(angles of rotation),用 θ 表示,并规定顺时针的转角为正,单位是弧度或度。

这里要注意的是,挠度是指梁上一个点(各个横截面形心)的上下位移,转角是指整个横截面绕中性轴旋转的角度。

3. 挠度与转角的关系

挠度 y 和转角 θ 随截面的位置 x 的变化而变化,即 y 和 θ 都是 x 的函数。梁的挠曲线可用函数关系式 $y=f(x)$ 来表示。

梁上任一截面的挠度 y 和转角 θ 之间存在着一定的关系。根据平面假设,梁截面在变形前垂直于轴线,变形后仍然垂直于挠曲线,所以,在任一截面 C 的转角 θ 也可用挠曲线上 C' 点的切线与 x 轴的夹角来表示(图 10-2)。挠曲线上任一点处切线的斜率为:

$$\tan\theta = \frac{\mathrm{d}y}{\mathrm{d}x}$$

由于变形很小,所以 $\tan\theta\approx\theta$,即

$$\theta = \frac{\mathrm{d}y}{\mathrm{d}x} = y' = f'(x) \tag{10-1}$$

式(10-1)表明,**梁截面的转角等于同一截面的挠度 y 对 x 坐标的一阶导数**。因此,计算梁的变形,关键在于建立挠曲线的方程,随后便可求出任一截面的挠度,并利用微分关系求得转角。

4. 挠曲线的近似微分方程

在研究梁的应力时,已知纯弯曲情况下梁轴线的曲率 $1/\rho$ 与内力(弯矩 M)、抗弯刚度(EI)之间的关系式为:

$$\frac{1}{\rho} = \frac{M}{EI} \tag{a}$$

纯弯曲时,弯矩 M 为常数,若抗弯刚度 EI 不变,则曲率 $1/\rho$ 为常数,即梁的挠曲线为一圆弧线。

剪切弯曲时,弯矩 M 和曲率半径 ρ 随截面位置的变化而变化,于是(a)式可表示为:

$$\frac{1}{\rho(x)} = \frac{M(x)}{EI} \tag{b}$$

从几何方面来看挠曲线,则挠曲线上任一点的曲率有如下表达式:

$$\frac{1}{\rho} = \pm\frac{\dfrac{\mathrm{d}^2y}{\mathrm{d}x^2}}{\left[1+\left(\dfrac{\mathrm{d}y}{\mathrm{d}x}\right)^2\right]^{\frac{3}{2}}} \tag{c}$$

在小变形时,梁的挠曲线很平缓,$\frac{dy}{dx}$是很微小的量,所以可以忽略高阶微量$\left(\frac{dy}{dx}\right)^2$,再结合(b)、(c)两式得:

$$\pm \frac{d^2 y}{dx^2} = \frac{M(x)}{EI} \tag{d}$$

式中的正负号取决于所选坐标轴的方向。在图10-3 所示的坐标系中,根据本书对弯矩正负号的规定可知,(d)式两端的正负号始终相反,所以

$$\frac{d^2 y}{dx^2} = -\frac{M(x)}{EI} \tag{10-2}$$

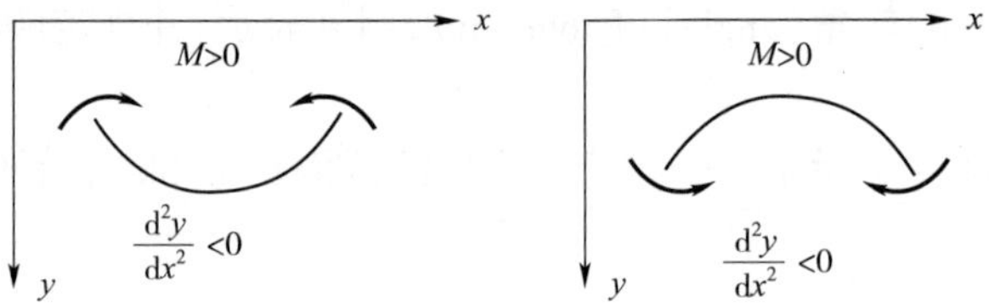

图 10-3

式(10-2)称为梁弯曲时**挠曲线的近似微分方程**(approximate differential equation of the deflection curve of beams),它是计算梁变形的基本公式。

第二节 梁的变形计算

一、二次积分法求梁的变形

求解挠曲线近似微分方程时,首先将弯矩方程代入公式(10-2),然后二次积分,最后确定积分常数,便得到转角方程和挠曲线方程。在求得转角方程和挠曲线方程后,如果要求指定截面的转角和挠度,只要将此截面的坐标 x 值代入方程便可求得。

以上计算梁变形的方法称为二次积分法,它是计算梁变形的最基本方法。

下面通过例子来说明二次积分法的具体运用。

例 10-1 如图 10-4 所示,悬臂梁 AB 长为 l,自由端受集中力 $\boldsymbol{P}$ 作用,试求梁的挠曲线方程和转角方程,并计算梁的最大挠度和最大转角。

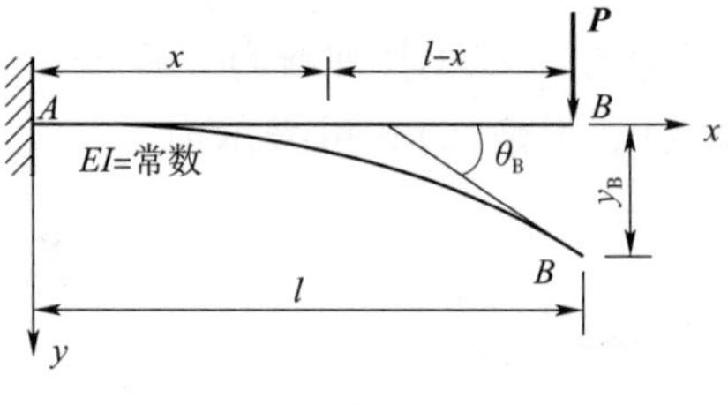

图 10-4

解:(1)列出弯矩方程。

$$M(x) = -P(l-x)$$

(2)列出挠曲线近似微分方程。

$$\frac{d^2 y}{dx^2} = -\frac{M(x)}{EI} = \frac{P(l-x)}{EI}$$

(3)积分。

积分一次得转角方程:

$$\theta = \frac{dy}{dx} = \int\left(\frac{d^2y}{dx^2}\right)dx = \frac{Plx}{EI} - \frac{Px^2}{2EI} + C \tag{a}$$

二次积分得挠曲线方程：

$$y = \int\left(\frac{dy}{dx}\right)dx = \frac{Plx^2}{2EI} - \frac{Px^3}{6EI} + Cx + D \tag{b}$$

(4)确定积分常数 C 和 D。

C 和 D 悬臂梁在固定端 A 的约束条件为转角和挠度均为零(即不允许 A 端移动和转动)，这一约束条件表达为：

$x=0$ 时，$\theta=0$，代入(a)式得 $C=0$。

$x=0$ 时，$y=0$，代入(b)式得 $D=0$。

将 $C=D=0$ 代入(a)、(b)式便得转角方程和挠曲线方程分别为：

$$\theta = \frac{Plx}{EI} - \frac{Px^2}{2EI} \tag{c}$$

$$y = \frac{Plx^2}{2EI} - \frac{Px^3}{6EI} \tag{d}$$

(5)求最大挠度和最大转角。

由示意图观察和(d)、(c)两式可知，悬臂梁的最大挠度和最大转角均发生在自由端 B 截面。将 $x=l$ 代入(d)、(c)两式，可得：

$$y_{max} = y_B = \frac{Pl^3}{3EI} \quad (正值，表示挠度向下)$$

$$\theta_{max} = \theta_B = \frac{Pl^2}{2EI} \quad (正值，表示顺时针转动)$$

例 10-2 如图 10-5 所示，简支梁受均布荷载作用，梁长 l，荷载分布集度为 $\boldsymbol{q}$，试计算支座处的转角和梁的最大挠度。

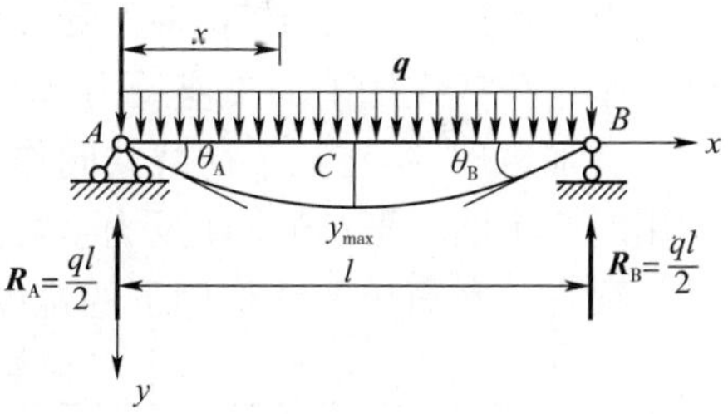

图 10-5

解：(1)列出梁的弯矩方程。

$$M(x) = R_A x - \frac{1}{2}qx^2 = \frac{1}{2}qlx - \frac{1}{2}qx^2$$

(2)列出挠曲线近似微分方程并积分。

$$\frac{d^2y}{dx^2} = -\frac{1}{2EI}qlx + \frac{1}{2EI}qx^2$$

积分一次得转角方程：

$$\theta = \frac{dy}{dx} = -\frac{1}{4EI}qlx^2 + \frac{1}{6EI}qx^3 + C \tag{a}$$

二次积分得挠曲线方程：

$$y = -\frac{1}{12EI}qlx^3 + \frac{1}{24EI}qx^4 + Cx + D \tag{b}$$

(3)确定积分常数 C 和 D。

简支梁在 A、B 两个支座处挠度为零，即：

$x=0$，$y=0$，代入(b)式得 $D=0$。

$x=l, y=0$,代入(b)式得 $C=\dfrac{ql^3}{24EI}$

将 C 和 D 的结果代入(a)、(b)式,得梁的转角方程和挠曲线方程分别为:

$$\theta=-\frac{1}{4EI}qlx^2+\frac{1}{6EI}qx^3+\frac{ql^3}{24EI} \tag{c}$$

$$y=-\frac{1}{12EI}qlx^3+\frac{1}{24EI}qx^4+\frac{ql^3x}{24EI}=\frac{qx}{24EI}(x^3-2lx^2+l^3) \tag{d}$$

(4)求 θ_A、θ_B 和 y_{max}。

A 截面处 $x=0$,代入(c)式得:

$$\theta_A=\frac{ql^3}{24EI}$$

B 截面处 $x=l$,代入(c)式得:

$$\theta_B=-\frac{ql^3}{24EI}$$

梁的最大挠度发生在跨中 C 截面。将 $x=\dfrac{l}{2}$ 代入(d)、(c)两式得:

$$y_{max}=y_C=\frac{5ql^4}{384EI},\quad \theta_C=0$$

二、叠加法求梁的变形

在梁上有多个荷载作用时,由于是小变形,梁上各点的水平位移又忽略不计,并且认为两支座间的距离和各荷载作用点的水平位置不因变形而改变。因此,每个荷载产生的支座反力、弯矩以及梁的挠度和转角,将不受其他荷载的影响,与荷载呈线性关系,可运用叠加原理计算梁在多个荷载作用下的支座反力、弯矩以及梁的变形。

叠加原理:梁在几个荷载共同作用下产生的变形(或支座反力、弯矩),等于各个荷载单独作用时产生的变形(或支座反力、弯矩)的代数和。

梁在一些简单荷载作用下的挠度和转角可以从表10-1查到。

简单荷载作用下梁的挠度和转角 表10-1

序号	梁的简图	挠曲线方程	端截面转角	最大挠度
1	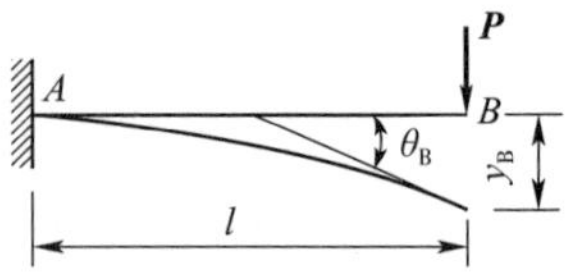	$y=\dfrac{Px^2}{6EI}(3l-x)$	$\theta_B=\dfrac{PL^2}{2EI}$	$y_B=\dfrac{Pl^3}{3EI}$
2	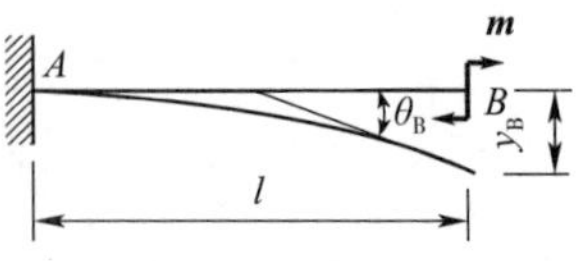	$y=\dfrac{mx^2}{2EI}$	$\theta_B=\dfrac{ml}{EI}$	$y_B=\dfrac{ml^2}{2EI}$
3	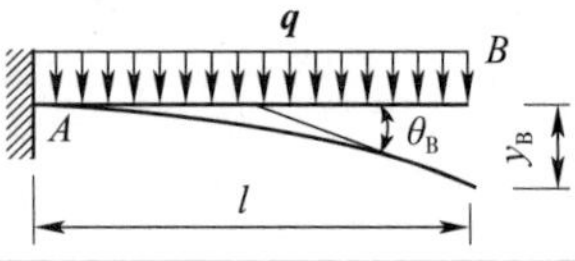	$y=\dfrac{qx^2}{24EI}(x^2-4lx+6l^2)$	$\theta_B=\dfrac{ql^3}{6EI}$	$y_B=\dfrac{ql^4}{8EI}$

续上表

序号	梁的简图	挠曲线方程	端截面转角	最大挠度
4	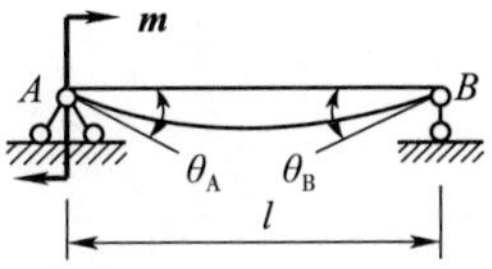	$y=\frac{mx^2}{6EIl}(l-x)(2l-x)$	$\theta_A=\frac{ml}{3EI}$, $\theta_B=-\frac{ml}{6EI}$	$x=\left(1-\frac{\sqrt{3}}{3}\right)l, y_{max}=\frac{ml^2}{9\sqrt{3}EI}$ $x=\frac{1}{2}, y_{l/2}=\frac{ml^2}{16EI}$
5	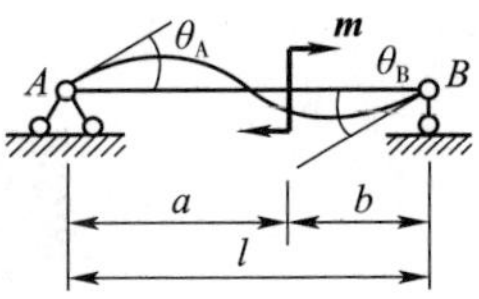	$y=-\frac{mx}{6EIl}(l^2-3b^2-x^2)$ $0\leqslant x\leqslant a$ $y=-\frac{m}{6EIl}[-x^3+3l(x-a)^2+(l^2-3b^2)x]$ $a\leqslant x\leqslant l$	$\theta_A=-\frac{m}{6EIl}(l^2-3b^2)$ $\theta_B=-\frac{m}{6EIl}(l^2-3a^2)$	
6	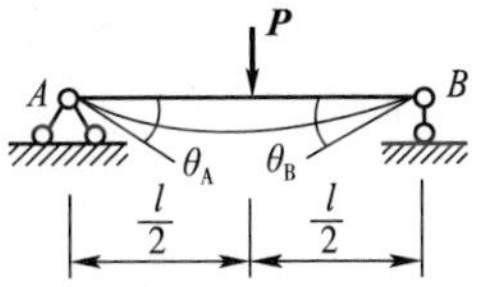	$y=\frac{Px}{48EI}(3l^2-4x^2)$ $0\leqslant x\leqslant\frac{l}{2}$	$\theta_A=-\theta_B=\frac{Pl^2}{16EI}$	$y_{max}=\frac{Pl^3}{48EI}$
7	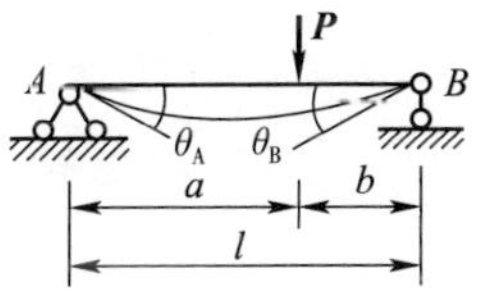	$y=\frac{Pbx}{6EIl}(l^2-x^2-b^2)$ $0\leqslant x\leqslant a$ $y=\frac{Pb}{6EIl}[\frac{l}{b}(x-a)^3+(l^2-b^2)x-x^3]$ $a\leqslant x\leqslant l$	$\theta_A=\frac{Pab(l+b)}{6EIl}$ $\theta_B=-\frac{Pab(l+a)}{6EIl}$	设 $a>b$， 在 $x=\sqrt{\frac{l^2-b^2}{3}}$处 $y_{max}=\frac{Pb(l^2-b^2)^{2/3}}{9\sqrt{3}EIl}$ 在 $x=\frac{1}{2}$处 $y_{l/2}=\frac{Pb}{48EI}(3l^2-4b^2)$
8	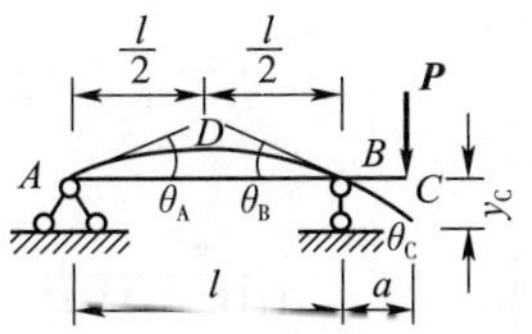	$y=-\frac{Pax}{6EIl}(l^2-x^2)$ $0\leqslant x\leqslant l$ $y=\frac{P(l-x)}{6EI}[(x-l)^2-3xa+al]$ $l\leqslant x\leqslant(l+a)$	$\theta_A=-\frac{Pal}{6EI}$ $\theta_B=\frac{Pal}{3EI}$ $\theta_C=\frac{Pa(2l+3a)}{6EI}$	$y_C=\frac{Pa^2(l+a)}{3EI}$ $y_D=-\frac{Pal^2}{16EI}$
9	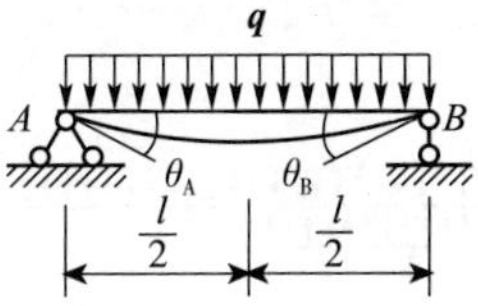	$y=\frac{qx}{24EI}(l^3-2lx^2+x^3)$	$\theta_A=-\theta_B=\frac{ql^3}{24EI}$	在 $x=\frac{l}{2}$处， $y_{max}=\frac{5ql^4}{384EI}$
10	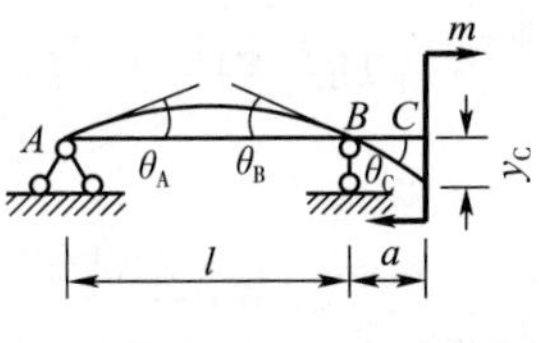	$y=-\frac{mx}{6EIl}(l^2-x^2)$ $0\leqslant x\leqslant l$ $y=\frac{m}{6EI}(3x^2+l^2-4xl)$ $l\leqslant x\leqslant(l+a)$	$\theta_A=-\frac{1}{2}\theta_B=\frac{ml}{6EI}$ $\theta_C=\frac{m}{3EI}(l+3a)$	$y_C=\frac{ma}{6EI}(2l+3a)$

下面举例说明求梁的变形的叠加法。

例 10-3　简支梁 AB，所受荷载如图 10-6a）所示，其中 $P=ql$，梁的抗弯刚度为 EI，求梁中点

C 的挠度 y_C 和 B 截面的转角 θ_B。

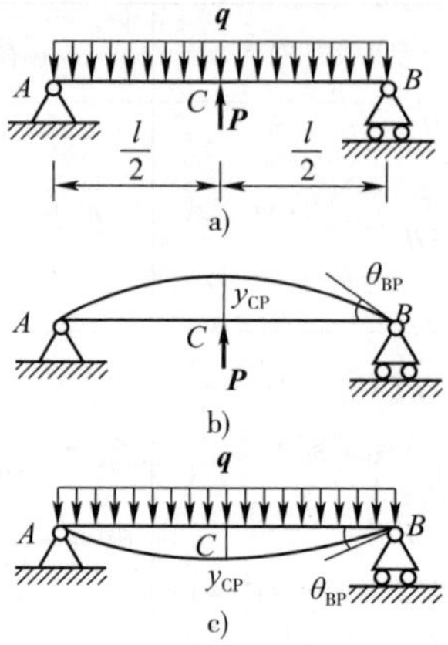

图 10-6

例 10-3 讲解

解:将图 a)梁分解为两根单独承受 $\boldsymbol{P}$、$\boldsymbol{q}$ 作用的梁,如图 10-6b)、c)所示。

(1)$\boldsymbol{P}$ 单独作用时[图 10-6b)]。

查表 10-1 第 6 项,有

$$y_{CP}=-\frac{Pl^3}{48EI}=-\frac{ql^4}{48EI},\quad \theta_{BP}=\frac{Pl^2}{16EI}=\frac{ql^3}{16EI}$$

(2)$\boldsymbol{q}$ 单独作用时[图 10-6c)]。

查表 10-1 第 9 项,有

$$y_{Cq}=-\frac{5ql^4}{384EI},\quad \theta_{Bq}=-\frac{ql^3}{24EI}$$

(3)在 $\boldsymbol{P}$ 及 $\boldsymbol{q}$ 共同作用下,根据叠加法可得:

$$y_C=y_{CP}+y_{Cq}=-\frac{ql^4}{48EI}+\frac{5ql^4}{384EI}=-\frac{3ql^4}{384EI}$$

$$\theta_B=\theta_{BP}+\theta_{Bq}=\frac{ql^3}{16EI}-\frac{ql^3}{24EI}=\frac{ql^3}{48EI}$$

例 10-4　计算图 10-7a)所示悬臂梁 C 截面的挠度和转角。

解:为了应用叠加法,将均布荷载向左延长至 A 端,为与原梁的受力状况等效,在延长部分加上等值反向的均布荷载[图 10-7b]。

将梁分解为图 10-7c)和 d)两种简单受力情况。

查表 10-1 第 3 项, 有

图 c) 梁:
$$y_{C1}=\frac{ql^4}{8EI},\quad \theta_{C1}=\frac{ql^3}{6EI}$$

图 d) 梁:
$$y_B=-\frac{q(l/2)^4}{8EI}=-\frac{ql^4}{128EI}$$

$$\theta_B=-\frac{q(l/2)^3}{6EI}=-\frac{ql^3}{48EI}$$

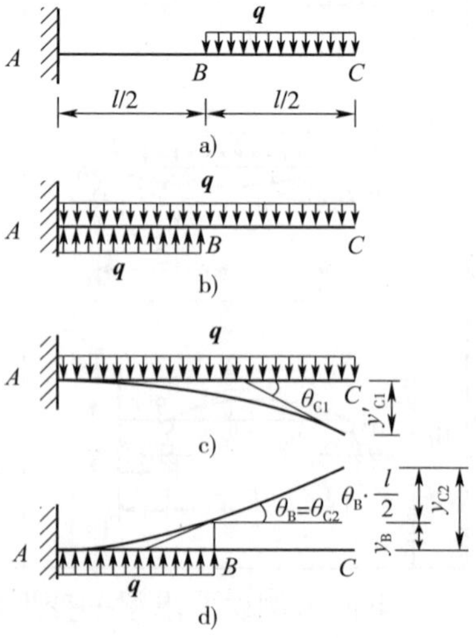

图 10-7

由于 $$\theta_{C2}=\theta_B=-\frac{ql^3}{48EI}$$

所以 $$y_{C2}=y_B+\theta_B\times\frac{l}{2}=-\frac{7ql^4}{384EI}$$

叠加得：

$$y_C=y_{C1}+y_{C2}=\frac{ql^4}{8EI}-\frac{7ql^4}{384EI}=\frac{41ql^4}{384EI}$$

$$\theta_C=\theta_{C1}+\theta_{C2}=\frac{ql^3}{6EI}-\frac{ql^3}{48EI}=\frac{7ql^3}{48EI}$$

第三节 梁的刚度计算

一、梁的刚度校核

在工程中，当按强度条件进行计算后，有时还需进行刚度校核。因为虽然梁满足强度条件时工作应力并没有超过材料的许用应力，但是由于弯曲变形过大往往也会使梁不能正常工作，所以要进行刚度校核。

为了满足刚度要求，控制梁的变形，使梁的挠度和转角不超过容许值，即满足

$$\frac{y_{max}}{l}\leqslant\left[\frac{f}{l}\right]\tag{10-3}$$

$$\theta_{max}\leqslant[\theta]\tag{10-4}$$

梁在使用时有时需同时满足强度条件和刚度条件。对于大多数构件的设计过程，通常是按强度条件选择截面尺寸，然后用刚度条件校核。

例 10-5 图 10-8 所示工字钢悬臂梁在自由端受一集中力 $P=10\text{kN}$ 作用，已知材料的容许应力$[\sigma]=160\text{MPa}$，$E=200\text{GPa}$，容许挠度$\left[\frac{f}{l}\right]=\frac{1}{400}$，试选择工字钢的截面型号。

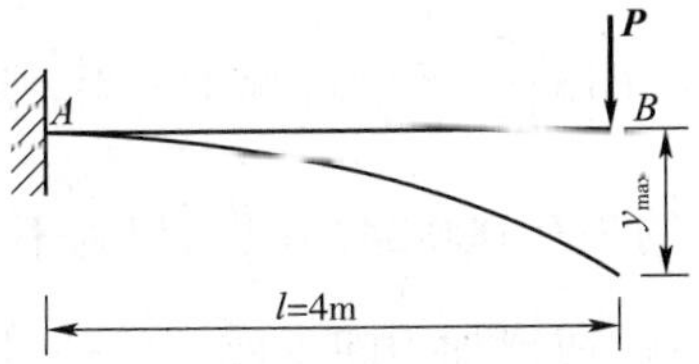

图 10-8

解：(1)按强度条件选择工字钢截面型号。

$$M_{max}=Pl=10\times4=40(\text{kN·m})$$

根据强度条件：

$$\frac{M_{max}}{W_z}\leqslant[\sigma]$$

得：

$$W_z\geqslant\frac{M_{max}}{[\sigma]}=\frac{40\times10^3}{160\times10^6}=0.25\times10^{-3}(\text{m}^3)=250\text{cm}^3$$

由型钢表查得№20b 工字钢：

$$W_z=250\text{cm}^3,\quad I_z=2\ 500\text{cm}^4$$

(2)刚度条件校核。

梁的最大挠度发生在 B 截面：

$$f = y_B = \frac{Pl^3}{3EI} = \frac{10 \times 10^3 \times 4^3}{3 \times 200 \times 10^9 \times 2\,500 \times 10^{-8}} = 0.042\,7(\text{m})$$

$$\frac{f}{l} = \frac{0.042\,7}{4} = \frac{1}{94} > \left[\frac{f}{l}\right] = \frac{1}{400}$$

不满足刚度要求。

(3)按刚度要求重新选择截面型号。

根据
$$\frac{f}{l} = \frac{Pl^2}{3EI} \leqslant \left[\frac{f}{l}\right] = \frac{1}{400}$$

得：

$$I_z \geqslant \frac{Pl^2 \times 400}{3E} = \frac{10 \times 10^3 \times 4^2 \times 400}{3 \times 200 \times 10^9} = 1.067 \times 10^{-4}(\text{m}^4) = 10\,670\text{cm}^4$$

由型钢表查得№32a 工字钢 $I_z = 11\,075\text{cm}^4$，$W_z = 692\text{cm}^3$。此时

$$\frac{f}{l} = \frac{Pl^2}{3EI} = \frac{10 \times 10^3 \times 4^2}{3 \times 200 \times 10^9 \times 11.075 \times 10^{-5}} = 2.4 \times 10^{-3} = \frac{1}{417}$$

$$\sigma_{max} = \frac{M_{max}}{W_z} = \frac{40 \times 10^3}{692 \times 10^{-6}} = 57.8 \times 10^6(\text{N/m}^2) = 57.8\text{MPa}$$

二、提高梁弯曲刚度的措施

梁的变形与梁的抗弯度 EI、梁的跨度 l、荷载形式及支座位置有关。为了提高梁的刚度，在使用要求允许的情况下可以从以下几方面着手。

1. 缩小梁的跨度或增加支座

梁的跨度对梁的变形影响最大，缩短梁的跨度是提高刚度极有效的措施。有时梁的跨度无法改变，可增加梁的支座。如均布荷载作用下的简支梁，在跨中最大挠度为 $f = \frac{5ql^4}{384EI} = 0.013\frac{ql^4}{EI}$，若梁跨减小一半，则最大挠度为$f_1 = \frac{f}{16}$；若在梁跨中点增加一支座，则梁的最大挠度约为 $0.000\,342\,6\,\frac{ql^4}{EI}$，仅为不加支座时的$\frac{1}{38}$(图 10-9)。所以在设计中常采用能缩短跨度的结构，或增加中间支座。此外，加强支座的约束也能提高梁的刚度。

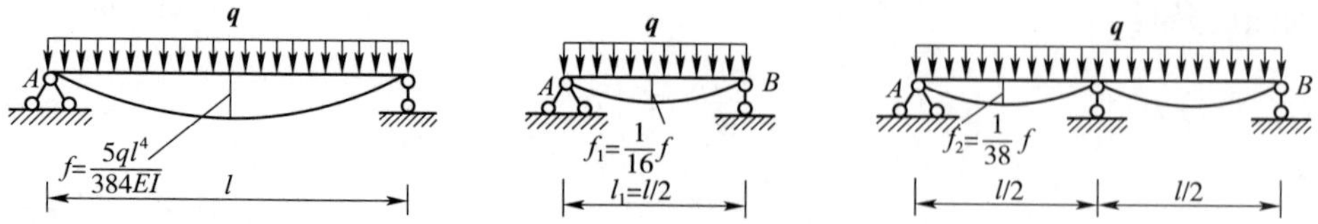

图 10-9

2. 选择合理的截面形状

梁的变形与抗弯刚度 EI 成反比，增大 EI 将使梁的变形减小。为此可采用惯性矩 I 较大

的截面形状，如工字形、圆环形、框形等。为提高梁的刚度而采用高强度钢材是不合适的，因为高强度钢的弹性模量 E 较一般钢材并无多少提高，反而提高了成本。

3. 改善荷载的作用情况

弯矩是引起变形的主要因素，变更荷载作用位置与方式，减小梁内弯矩，可达到减小变形、提高刚度的目的。例如将较大的集中荷载移到靠近支座处，或把一些集中力尽量分散，甚至改为分布荷载。

小结

(1) 本章主要介绍了用积分方法和叠加法求梁的变形。积分法是求梁变形的基本方法，其优点是可以直接运用数学方法求得梁的转角方程和挠曲线方程，但求解过程比较烦琐。掌握这种方法，可以加深对梁的挠曲线、挠度、转角及边界条件等概念的理解。叠加法是一种辅助方法，其优点是可利用计算梁变形的现成结果，将问题化繁为简，有较大的实用意义。它是首先利用变形表，先求出各荷载单独作用时，在指定截面产生的挠度与转角，然后代数(几何)相加，便得指定截面在几个荷载共同作用时的挠度与转角。

(2) 用积分法求梁变形的基本步骤是：

①求支座反力，列弯矩方程；

②列出梁的挠曲线近似微分方程，并对其进行二次积分；

③利用变形协调条件(边界条件或连续条件)确定积分常数；

④确定转角方程和挠曲线方程；

⑤求最大转角、最大挠度或指定截面的转角和挠度。

(3) 叠加原理的使用条件是：构件的变形很小，材料服从胡克定律。

梁的刚度条件为：

$$\frac{y_{max}}{l} \leqslant \left[\frac{f}{l}\right]$$

$$\theta_{max} \leqslant [\theta]$$

(4) 为提高梁的弯曲刚度，须先明确影响梁变形的有关因素，然后采取适当的措施，例如改变截面形状或尺寸、增大惯性矩、减小构件的跨度或有关长度等。这些措施很有实用价值，应充分理解。

思考题

10-1 什么是梁的挠度和转角？纯弯曲的挠曲线是什么形状？为什么？

10-2 挠曲线近似微分方程 $\frac{d^2y}{dx^2} = -\frac{M(x)}{EI}$ 中，$\frac{d^2y}{dx^2}$ 及 $\frac{M(x)}{EI}$ 各代表什么意义？其“近似”表现在何处？

10-3 二次积分法中的积分常数具有什么物理意义？

10-4　两梁的尺寸、形状完全相同,受力情况与支座也相同,一为木梁,一为钢梁,如果 $E_{钢}=7E_{木}$,试求:

(1)它们的最大正应力值比;

(2)它们的最大挠度之比。

10-5　如图 10-10 所示梁 ABC,试说明中间铰 C 所在截面处挠曲线是否有拐折?

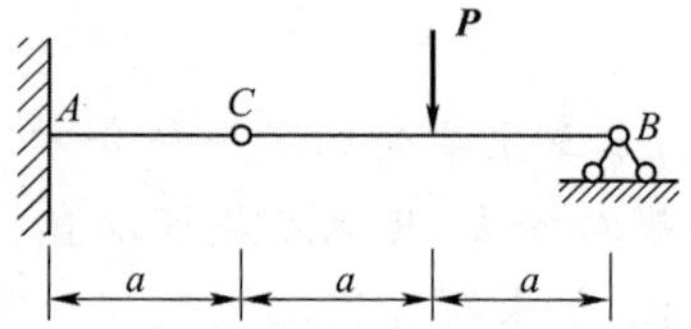

图 10-10

10-6　怎样用叠加法计算图 10-11 所示各梁 C 截面的挠度和转角?

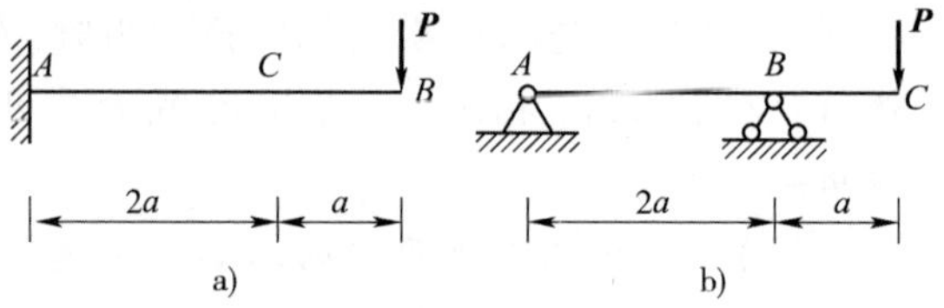

图 10-11

10-7　梁的最大挠度应根据什么条件去求?梁的最大弯矩处是否就是最大挠度处?

10-8　试写出图 10-12 所示梁在确定积分常数时的边界条件和连续条件(图中 C 处为中间铰)。

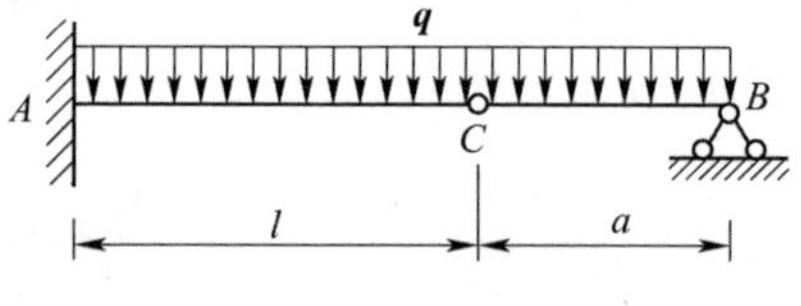

图 10-12

第十一章
CHAPTER ELEVEN

组合变形

前面各章讨论了杆件在荷载作用下产生的四种基本变形:轴向拉(压)、剪切、扭转和平面弯曲。但在实际工程中,很多杆件受力后产生的变形不是单一的基本变形,而是同时产生两种或两种以上的基本变形,这类变形称为组合变形。例如烟囱[图 11-1a)]除因自重引起的轴向压缩外,还受水平分力作用而弯曲;屋架上檩条的变形[图 11-1b)]是由檩条在 y、z 两个方向平面弯曲的组合;厂房牛腿桩[图 11-1c)]在偏心力 $\boldsymbol{P}$ 作用下,除产生轴向压缩外,还产生弯曲;卷扬机轴[图 11-1d)]在 $\boldsymbol{P}$ 力作用下既产生扭转变形,也产生弯曲变形;悬臂吊车水平臂[图 11-1e)]同时产生轴向压缩和弯曲变形。

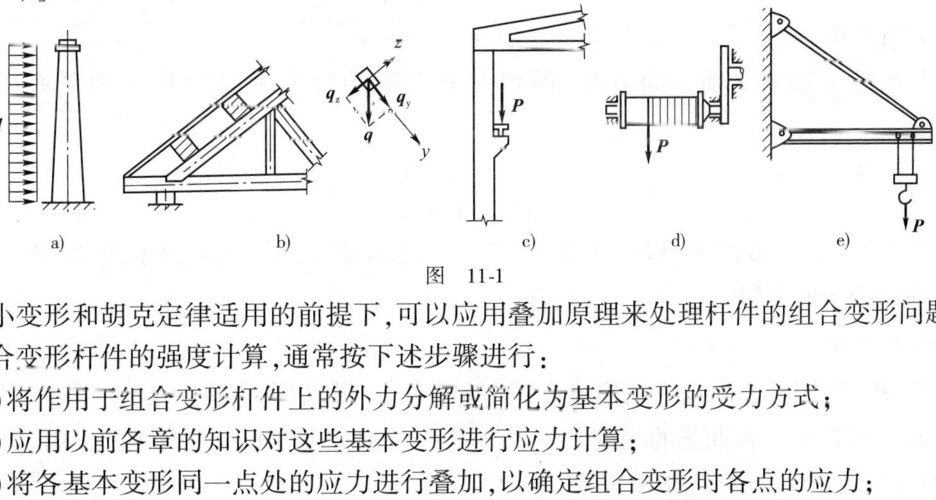

图 11-1

在小变形和胡克定律适用的前提下,可以应用叠加原理来处理杆件的组合变形问题。

组合变形杆件的强度计算,通常按下述步骤进行:

(1)将作用于组合变形杆件上的外力分解或简化为基本变形的受力方式;

(2)应用以前各章的知识对这些基本变形进行应力计算;

(3)将各基本变形同一点处的应力进行叠加,以确定组合变形时各点的应力;

(4)分析确定危险点的应力,建立强度条件。

由上可知,组合变形杆件的计算是前面各章内容的综合运用。

第一节 斜弯曲

在研究梁平面弯曲时的应力和变形的过程中,梁上的外力是横向力或力偶,并且作用在梁的同一个纵向对称平面内。如果梁上的外力虽然通过截面形心,但没有作用在纵向对称平面内,则梁变形后的挠曲线就不会在外力作用平面内,即不再是平面弯曲,这种弯曲称为斜弯曲。

一、正应力计算

矩形截面悬臂梁(图 11-2),在自由端截面形心处,作用有集中力 $\boldsymbol{P}$,设截面形心主轴为 y 轴、z 轴;$\boldsymbol{P}$ 与梁轴垂直,与截面铅垂轴 y 夹角为 φ,$\boldsymbol{P}$ 位于第一象限内。下面我们来讨论此悬臂梁的应力。

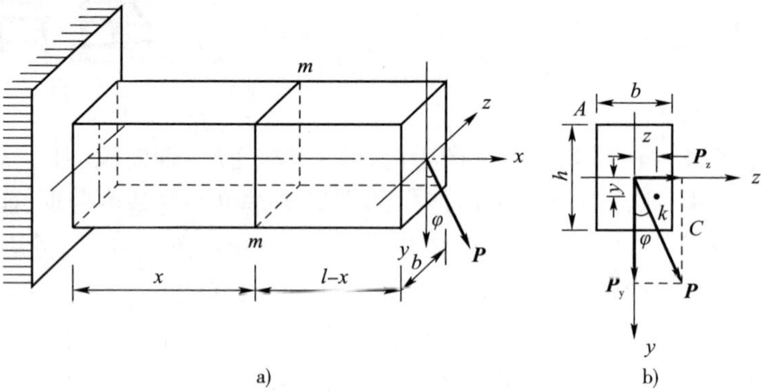

图 11-2

1. 分解外力

将力 $\boldsymbol{P}$ 沿 y 轴和 z 轴方向分解,得到力 $\boldsymbol{P}$ 在梁的两个纵(横)向对称平面内的分力[图11-2b]。

$$P_y = P\cos\varphi \tag{a}$$

$$P_z = P\sin\varphi \tag{b}$$

将力 $\boldsymbol{P}$ 用与之等效的 $\boldsymbol{P}_y$ 和 $\boldsymbol{P}_z$ 代替后,$\boldsymbol{P}_y$ 只引起梁在 xy 平面内的平面弯曲,$\boldsymbol{P}_z$ 只引起梁在 xz 平面内的平面弯曲。

2. 内力分析

在 $\boldsymbol{P}_z$、$\boldsymbol{P}_y$ 作用下,横截面上的内力有剪力和弯矩,一般情况下,特别是实体截面梁时,剪力引起的剪应力较小,斜弯曲梁的强度主要由正应力控制,故通常只计算弯矩的作用。

在距固定端为 x 的横截面上

$$\left.\begin{array}{ll} \boldsymbol{P}_y \text{ 产生的弯矩:} & M_z = P_y(l-x) = P\cos\varphi(l-x) = M\cos\varphi \\ \boldsymbol{P}_z \text{ 产生的弯矩:} & M_y = P_z(l-x) = P\sin\varphi(l-x) = M\sin\varphi \end{array}\right\} \tag{11-1}$$

式中,$M = P(l-x)$ 为力 $\boldsymbol{P}$ 引起的 x 截面的总弯矩 $M = \sqrt{M_y^2 + M_z^2}$。

3. 应力分析

应用叠加原理(principle of superposition)可求得 m-m 截面上任意点 $K(y,z)$ 处的应力[图 11-2b)]。先分别计算两个平面弯矩在 K 点产生的应力。

$\boldsymbol{M}_z$ 引起的应力为

$$\sigma' = -\frac{M_z y}{I_z} = -\frac{M \cdot \cos\varphi \cdot y}{I_z} \tag{c}$$

M_y 引起的应力为 $$\sigma'' = -\frac{M_y z}{I_y} = -\frac{M\cdot\sin\varphi\cdot z}{I_y} \quad (d)$$

以上两式中的负号是由于 K 点的应力均是压应力之故。则点 K 处的应力 σ 便是(c)、(d)两式的代数和,即:

$$\sigma = \sigma' + \sigma'' = -\frac{M_z y}{I_z} - \frac{M_y z}{I_y} = -M\left(\frac{\cos\varphi}{I_z}y + \frac{\sin\varphi}{I_y}z\right) \quad (11\text{-}2)$$

应用式(11-2)计算任意一点处的应力时,M_z、M_y、y、z 均以绝对值代入,应力 σ'与 σ''的正负号可直接由弯矩的正负号来判断。如图 11-3a)、b)所示,m—m 截面在 M_z 单独作用下,上半截面为拉应力区,下半截面为压应力区,在 M_y 单独作用下,左半截面为拉应力区,右半截面为压应力区。σ'和 σ''叠加后的正负号和大小如图 11-3c)所示。

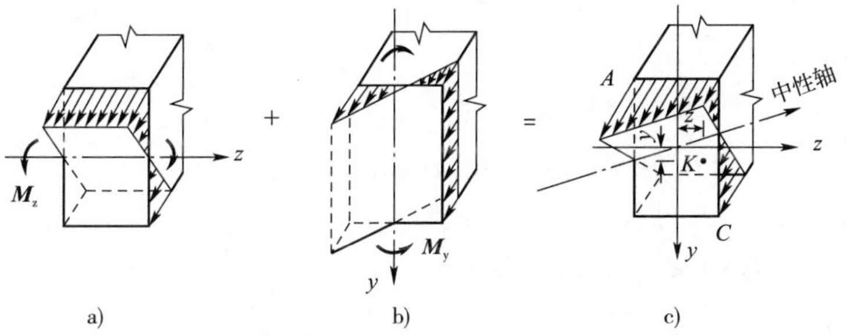

图 11-3

矩形、工字形等截面具有两个对称轴,最大正应力必定发生在棱角点上[图 11-3c)]。将点 A 或 C 的坐标代入式(11-2),便可求得任意截面上的最大正应力值。对于等截面梁而言,产生最大弯矩的截面就是危险截面,危险截面上 $|\sigma_{max}|$所处的位置即为危险点。

图 11-2 所示悬臂梁的固定端截面弯矩最大,截面棱角点 A 处具有最大拉应力,棱角点 C 处具有最大压应力[图 11-3c)]。因 $|y_A| = |y_C| = y_{max}$,$|z_A| = |z_C| = z_{max}$,所以 $|\sigma_{max}| = |\sigma_{min}|$。危险点的应力为:

$$|\sigma_{max}| = \frac{M_{z\,max}y_{max}}{I_z} + \frac{M_{y\,max}z_{max}}{I_y} = \frac{M_{z\,max}}{W_z} + \frac{M_{y\,max}}{W_y} \quad (11\text{-}3)$$

式中,$W_z = \dfrac{I_z}{y_{max}}$,$W_y = \dfrac{I_y}{z_{max}}$。

二、正应力强度条件

梁斜弯曲时危险点处于单向应力状态,则强度条件为:

$$|\sigma_{max}| = \frac{M_{z\,max}}{W_z} + \frac{M_{y\,max}}{W_y} \leqslant [\sigma] \quad (11\text{-}4)$$

或写为

$$|\sigma_{max}| = M_{max}\left(\frac{\cos\varphi}{W_z} + \frac{\sin\varphi}{W_y}\right) = \frac{M_{max}}{W_z}\left(\cos\varphi + \frac{W_z}{W_y}\sin\varphi\right) \leqslant [\sigma] \quad (11\text{-}5)$$

根据这一强度条件,同样可以进行强度校核、截面设计和确定许可荷载。但是,在设计截面尺寸时,要遇到 W_z 和 W_y 两个未知量,可先假设一个 W_z/W_y 的比值,根据式(11-5)计算出所需要的 W_z 值,从而确定截面的尺寸及计算出 W_y 值,再按式(11-5)进行强度校核。通常矩形截面取 $W_z/W_y = 1.2 \sim 2$,工字形截面取 $W_z/W_y = 8 \sim 10$,槽形截面取 $W_z/W_y = 6 \sim 8$。

例 11-1 图 11-4 为一№32a 工字钢截面简支梁,跨中受集中力作用,$P = 30\text{kN}$,$\varphi = 15°$,若材料的容许应力$[\sigma] = 160\text{MPa}$,试校核梁的正应力强度。

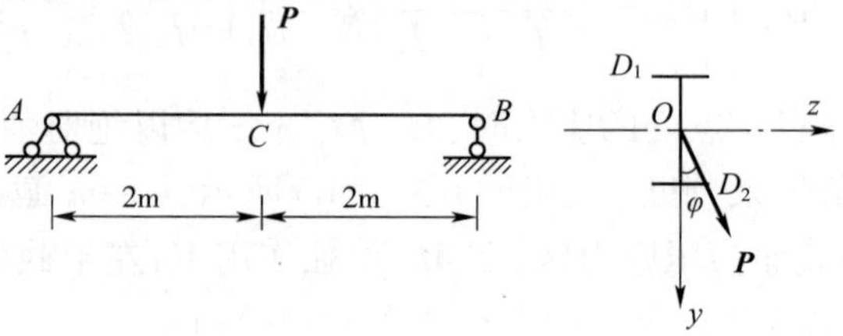

图 11-4

解:(1)分解外力。

$$P_y = P\cos\varphi = 30 \times \cos 15° = 29(\text{kN})$$
$$P_z = P\sin\varphi = 30 \times \sin 15° = 7.76(\text{kN})$$

(2)计算内力。

在 xoy 平面,P_y 引起的 $M_{z\max}$ 在跨中截面:

$$M_{z\max} = \frac{P_y l}{4} = \frac{29 \times 4}{4} = 29(\text{kN}\cdot\text{m})$$

在 xoz 平面,P_z 引起的 $\boldsymbol{M}_{y\max}$ 仍在跨中截面:

$$M_{y\max} = \frac{P_z l}{4} = \frac{7.76 \times 4}{4} = 7.76(\text{kN}\cdot\text{m})$$

(3)计算应力。

显然,危险截面在跨中,危险点为 D_1、D_2 点。D_1 点处的拉应力最大,而 D_2 点处的压应力最大,其值相等。

由型钢表查得:№32a 工字钢 $W_y = 70.8\text{cm}^3$,$W_z = 692.2\text{cm}^3$。

$$\sigma_{l\max} = \sigma_{y\max} = \frac{M_{y\max}}{W_y} + \frac{M_{z\max}}{W_z} = \frac{7.76 \times 10^6}{70.8 \times 10^3} + \frac{29 \times 10^6}{692.2 \times 10^3}$$
$$= 109.6 + 41.9 = 151.5(\text{MPa}) < [\sigma]$$

若外力 $\boldsymbol{P}$ 不偏离纵向对称平面,即 $\varphi = 0$,则跨中截面上的最大正应力为:

$$\sigma_{\max} = \frac{\frac{1}{4} \times 30 \times 4 \times 10^6}{692.2 \times 10^3} = 43.3(\text{MPa})$$

可见,由于力 $\boldsymbol{P}$ 偏离了 15°角,而最大正应力就由 43.3MPa 变为 151.5MPa,增加了 2.5 倍。这是由于工字钢截面的 W_y 远小于 W_z 的缘故。

例 11-2 屋面结构中的木檩条,跨长 $l = 3\text{m}$,受集度为 $q = 800\text{N/m}$ 的均布荷载作用(图 11-5)。檩条采用高宽比 $h/b = 3/2$ 的矩形截面,容许应力$[\sigma] = 10\text{MPa}$,试选择其截面尺寸。

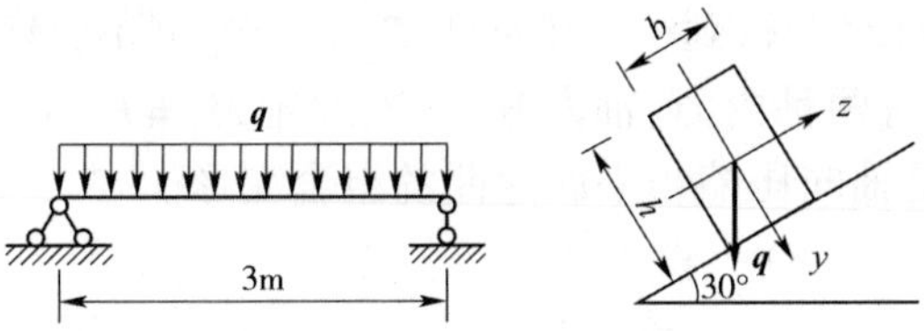

图 11-5

解:(1)分解外力。

$$q_y = q\cos30° = 800 \times 0.866 = 692.8(\mathrm{N/m})$$
$$q_z = q\sin30° = 800 \times 0.5 = 400(\mathrm{N/m})$$

(2)计算梁中 M_{max}。

$$M_{y\max} = \frac{q_z l^2}{8} = \frac{400 \times 3^2}{8} = 450(\mathrm{N \cdot m})$$

$$M_{z\max} = \frac{q_y l^2}{8} = \frac{692.8 \times 3^2}{8} = 779.4(\mathrm{N \cdot m})$$

(3)设计截面。

由于 $W_y = \dfrac{hb^2}{6}, W_z = \dfrac{bh^2}{6}, \dfrac{W_z}{W_y} = \dfrac{h}{b} = \dfrac{3}{2}$。

代入强度条件

$$\frac{M_{y\max}}{W_y} + \frac{M_{z\max}}{W_z} \leqslant [\sigma]$$

$$\frac{1}{W_z}\left(\frac{W_z}{W_y}M_{y\max} + M_{z\max}\right) \leqslant [\sigma]$$

得 $$W_z \geqslant \frac{\frac{3}{2}M_{y\max} + M_{z\max}}{[\sigma]} = \frac{\left(\frac{3}{2} \times 450 + 779.4\right) \times 10^3}{10} = 145.4 \times 10^3(\mathrm{mm}^3)$$

又因 $$W_z = \frac{bh^2}{6} = \frac{b\left(\frac{3}{2}b\right)^2}{6} = 0.375b^3 \geqslant 145.4 \times 10^3$$

解得 $$b \geqslant 73\ \mathrm{mm}, h = \frac{3}{2}b = \frac{3}{2} \times 73 = 109.5(\mathrm{mm})$$

故取设计截面为 7.5cm × 11cm 的矩形。

第二节 偏心压缩

轴向压缩的受力特点是压力作用线与杆件轴线相重合。当杆件所受外力的作用线与杆轴平行但不重合,外力作用线与杆轴间有一距离时,称为偏心压缩。

一、单向偏心压缩(拉伸)时的正应力计算

1. 单向偏心压缩时力的简化和截面内力

矩形截面杆(图 11-6),压力 **P** 作用在 y 轴的 E 点处,E 点到形心 O 的距离称为偏心距 e,

将力 $\boldsymbol{P}$ 向杆端截面形心 O 简化,得到一个轴向力 $\boldsymbol{P}$ 和一个力偶矩 $\boldsymbol{M}_z = P \cdot e$[图 11-6b)]。杆内任意一个横截面上存在有两种内力:轴力 $N = P$,弯矩 $M_z = P \cdot e$,分别引起轴向压缩和平面弯曲,即偏心压缩实际上是轴向压缩与平面弯曲的组合变形。

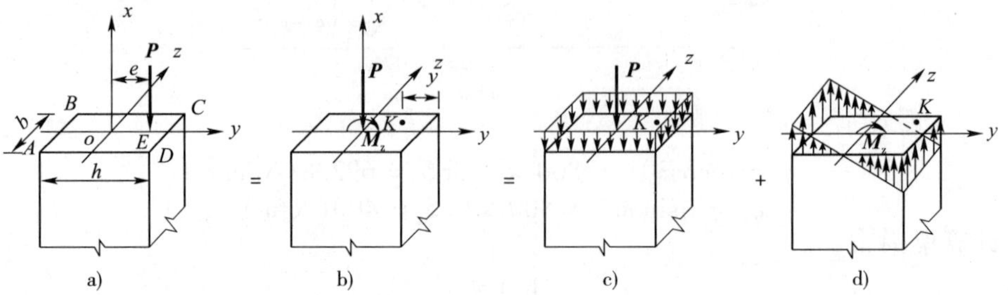

图 11-6

2. 单向偏心受压杆截面上的应力及强度条件

偏心受压杆截面上任意一点 K 处的应力,可以由两种基本变形各自在 K 点产生的应力叠加求得。

轴向压缩时[图 11-6c)],截面上各点处的应力均相同,压应力的值为:

$$\sigma' = -\frac{P}{A}$$

平面弯曲时[图 11-6d)],截面上任意一点 K 处的应力为压应力,其值为:

$$\sigma'' = -\frac{M_z y}{I_z}$$

K 点处的总应力为:

$$\sigma = \sigma' + \sigma'' = -\frac{P}{A} - \frac{M_z y}{I_z} \tag{11-6}$$

式中:A——横截面面积;

I_z——截面对 z 轴的惯性矩;

y——所求应力点到 z 轴的距离,计算时代入绝对值。

截面上最大拉应力和最大压应力分别发生在 AB 边缘及 CD 边缘处,其值为:

$$\left.\begin{aligned} \sigma_{max} &= -\frac{P}{A} + \frac{M_z}{W_z} \\ \sigma_{min} &= -\frac{P}{A} - \frac{M_z}{W_z} \end{aligned}\right\} \tag{11-7}$$

截面上各点均处于单向应力状态,强度条件为:

$$\left.\begin{aligned} \sigma_{max} &= \frac{P}{A} + \frac{M_z}{W_z} \leqslant [\sigma_1] \\ \sigma_{min} &= -\frac{P}{A} - \frac{M_z}{W_z} \leqslant [\sigma_y] \end{aligned}\right\} \tag{11-8}$$

对于矩形截面的偏心压缩杆[图 11-7a)],由于 $W_z = \frac{bh^2}{6}$,$A = bh$,$M_z = P \cdot e$,代入式(11-7)可写成:

$$\begin{matrix}\sigma_{max} \\ \sigma_{min}\end{matrix} = -\left(\frac{P}{bh} \mp \frac{6Pe}{bh^2}\right) = -\frac{P}{bh}\left(1 \mp \frac{6e}{h}\right) \tag{11-9}$$

AB 边缘上最大拉应力 σ_{max} 的正负号,由式(11-9)中$\left(1-\frac{6e}{h}\right)$确定,可能出现三种情况:

(1)当 $e<\frac{h}{6}$时,$\sigma_{max}<0$,整个截面上均为压应力[图 11-7b)]。

(2)当 $e=\frac{h}{6}$时,$\sigma_{max}=0$,整个截面上均为压应力,一个边缘处应力为零[图 11-7c)]。

(3)当 $e>\frac{h}{6}$时,整个截面上有拉应力和压应力,两种应力同时存在[图 11-7d)]。

可见,偏心距 e 的大小决定着横截面上有无拉应力,而 $e=\frac{h}{6}$成为有无拉应力的分界线。

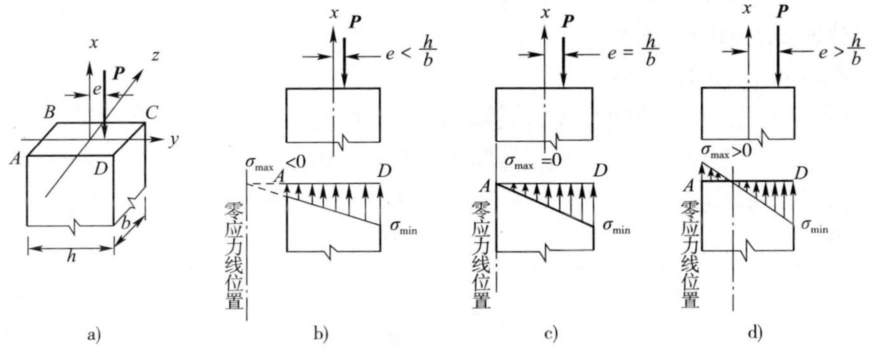

图 11-7

二、双向偏心压缩(拉伸)时的正应力计算

图 11-8a)所示压力 P 作用在端截面上任意位置 E 点处,距 y 轴的偏心距为 e_z,距 z 轴的偏心距为 e_y,这种受力情况称为双向偏心压缩。双向偏心压缩的计算方法和步骤与前面的单向偏心压缩相类似。

1. 双向偏心压缩时力的简化和截面内力

将力 P 向端截面形心简化得轴向压力 P[图 11-8b)],对 z 轴的力偶矩 $M_z=Pe_y$[图 11-8c)]及对 y 轴的力偶矩 $M_y=Pe_z$[图 11-8d)]。

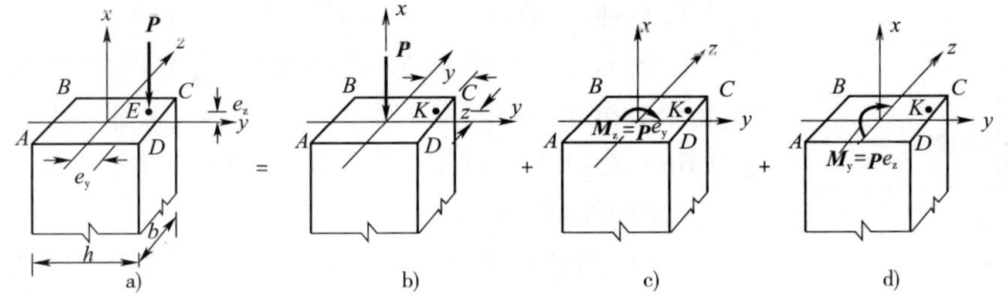

图 11-8

2. 双向偏心压缩杆截面上的应力及强度条件

截面上任意一点 $K(y,z)$处的应力为三部分应力的叠加:

轴向压力 P 在 K 点处引起的应力为:

$$\sigma'=-\frac{P}{A}$$

$\boldsymbol{M}_z$ 引起的 K 点处的应力为：

$$\sigma'' = -\frac{M_z y}{I_z}$$

$\boldsymbol{M}_y$ 引起的 K 点处的应力为：

$$\sigma''' = -\frac{M_y z}{I_y}$$

K 点处的总应力为：

$$\sigma = \sigma' + \sigma'' + \sigma''' = -\frac{P}{A} - \frac{M_z y}{I_z} - \frac{M_y z}{I_y} \tag{11-10}$$

式中：A——构件横截面面积；

I_z——截面对 z 轴的惯性矩；

I_y——截面对 y 轴的惯性矩；

y——所求应力点到 z 轴的距离，计算时代入绝对值；

z——所求应力点到 y 轴的距离，计算时代入绝对值。

分析可知，最大拉应力产生在 A 点处，最大压应力产生在 C 点处，其值为：

$$\left.\begin{aligned}\sigma_{max} &= -\frac{P}{A} + \frac{M_z}{W_z} + \frac{M_y}{W_y}\\ \sigma_{min} &= -\frac{P}{A} - \frac{M_z}{W_z} - \frac{M_y}{W_y}\end{aligned}\right\} \tag{11-11}$$

危险点处于单向应力状态，强度条件为：

$$\left.\begin{aligned}\sigma_{max} &= -\frac{P}{A} + \frac{M_z}{W_z} + \frac{M_y}{W_y} \leqslant [\sigma_l]\\ \sigma_{min} &= -\frac{P}{A} - \frac{M_z}{W_z} - \frac{M_y}{W_y} \leqslant [\sigma_y]\end{aligned}\right\} \tag{11-12}$$

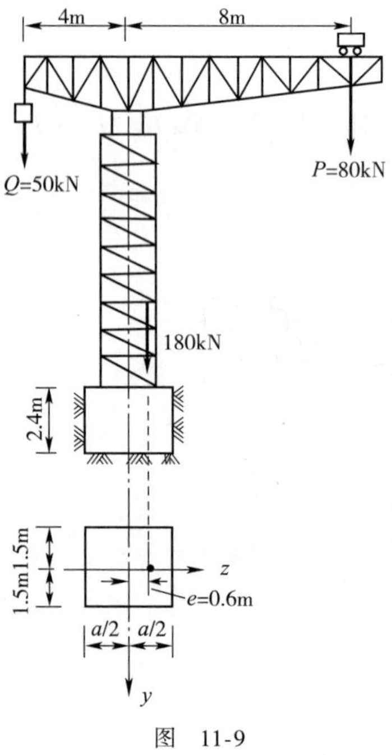

图 11-9

单向偏心压缩时所得的式(11-7)、式(11-8)，实际上是式(11-11)及式(11-12)的特殊情况，即压力作用在端截面的一根形心轴上，其中一个偏心距为零。

例 11-3 起重机支架的轴线通过基础的中心。起重机自重力 180kN，其作用线通过基础底面 QZ 轴，且有偏心距 $e = 0.6$m(图 11-9)，已知基础混凝土的重度等于 22kN/m^3，若矩形基础的短边长 3m，问：

(1)其长边的尺寸 a 为多少时，基础底面不产生拉应力？

(2)在所选的 a 值之下，基础底面上的最大压应力为多少？

解：(1)用截面法求基础底面内力。

$\sum X = 0,\quad N = -(180 + 50 + 80 + 3 \times 2.4a \times 22)$

$\qquad\qquad = -(310 + 158.4a)(\text{kN})$

$\sum M_y = 0,\quad M_y = 80 \times 8 - 50 \times 4 + 180 \times 0.6 = 548(\text{kN·m})$

(2)计算基底应力。

要使基底截面不产生拉应力，必须使

$$\sigma_{max} = -\frac{N}{A} + \frac{M}{W} = 0$$

即

$$-\frac{310+158.4a}{3a} + \frac{548}{\frac{3\times a^2}{6}} = 0$$

得 $a=3.68\text{m}$，取 $a=3.7\text{m}$。

(3)当选定 $a=3.7\text{m}$ 时，计算基底的最大应力。

$$\sigma_{max} = -\frac{(310+158.4\times3.7)\times10^3}{3\times3.7} - \frac{548\times10^3}{\frac{3\times3.7^2}{6}} = -161\times10^3(\text{Pa}) = -0.161\text{MPa}$$

例 11-4 某浆砌块石挡土墙（图 11-10），通常取单位长度（1m）的挡土墙来进行计算。已知墙体自重力 $G_1=72\text{kN}$，$G_2=77\text{kN}$，土压力 $E=95\text{kN}$，其作用线与水平面夹角 $\theta=42°$，作用点 $x_0=0.43\text{m}$，$y_0=1.67\text{m}$。砌体的容许压应力 $[\sigma_y]=3.5\text{MPa}$，容许拉应力 $[\sigma_l]=0.14\text{MPa}$，试对 BC 截面进行强度校核。

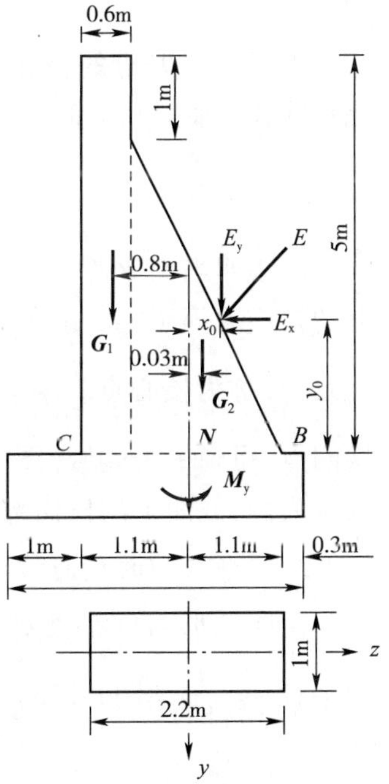

图 11-10

解：(1)求 BC 截面上的内力。

$\sum X=0$，$N=-(G_1+G_2+E\sin\theta)$

$=-(72+77+95\sin42°)=-212.6(\text{kN})$

$\sum M_y=0$，$M_y=-0.8G_1+0.03G_2+x_0E\sin\theta-y_0E\cos42°$

$=-0.8\times72+0.03\times77+0.43\times95\times\sin42°-$

$1.67\times95\times\cos42°=-145.86(\text{kN·m})$

可见，$\boldsymbol{M}_y$ 使 BC 截面 C 侧受压。

(2)求截面上的最大正应力。

C 点处

$$\sigma = \frac{N}{A} + \frac{M_y}{W_y} = -\frac{212.6\times10^3}{1\times2.2\times10^6} - \frac{145.86\times10^6}{\frac{1\times2.2^2\times10^9}{6}} = -0.28(\text{MPa}) < [\sigma_y]$$

B 点处

$$\sigma = \frac{N}{A} + \frac{M_y}{W_y} = -\frac{212.6\times10^3}{1\times2.2\times10^6} + \frac{145.86\times10^6}{\frac{1\times2.2^2\times10^9}{6}} = 0.084(\text{MPa}) < [\sigma_l]$$

故 BC 截面满足强度要求。

三、截面核心的概念

本章前面曾分析过，偏心受压杆件截面上是否出现拉应力，与偏心距的大小有关。若外力作用在截面形心附近的某一个区域,使得杆件整个截面上全为压应力而无拉应力,这个外力作用的区域称为截面核心。

1. 矩形截面的截面核心

截面上不出现拉应力的条件是公式(11-10)中拉应力等于零或小于零,即

$$\sigma_{\max}=-\frac{P}{A}+\frac{M_z}{W_z}+\frac{M_y}{W_y}=P\left(-\frac{1}{A}+\frac{e_y}{W_z}+\frac{e_z}{W_y}\right)\leqslant 0$$

将矩形截面的 $W_y=\frac{bh^2}{6}$、$W_z=\frac{hb^2}{6}$ 及 $A=bh$ 代入上式,化简得

$$-1+\frac{6}{b}e_z+\frac{6}{h}e_y\leqslant 0$$

上式是以 E 点的坐标 e_y、e_z[图 11-8a)]表示的直线方程。分别令 e_y 或 e_z 等于零,可得出此直线在 z 轴上和 y 轴上的截距 e_z、e_y,即

$$c_z\leqslant\frac{b}{6},\quad e_y\leqslant\frac{h}{6}$$

这表明当力 $\boldsymbol{P}$ 作用点的偏心距位于 y 轴和 z 轴上六分之一的矩形尺寸之内时,可使截面上的拉应力等于零。由于截面的对称性,可得另一对偏心距,这样可在坐标轴上定出四点(1,2,3,4),称为核心点。因为直线方程 $-1+\frac{6}{b}e_z+\frac{6}{h}e_y\leqslant 0$ 中 e_z、e_y 是线性关系,可用直线连接这四点,得到一个区域(图 11-11),这个区域即为矩形截面的截面核心。若压力 $\boldsymbol{P}$ 作用在这个区域之内,截面上的任何部分都不会出现拉应力。

2. 圆形截面的截面核心

由于圆形截面是极对称的,所以截面核心的边界也是一个圆。可以证明,其截面核心的半径 $e=\frac{d}{8}$[图 11-12a)],在图 11-12 中还给出了其他常见截面的截面核心图形及尺寸。

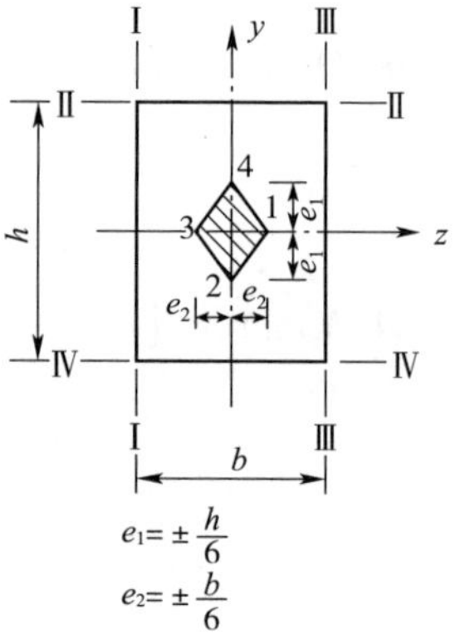

图 11-11

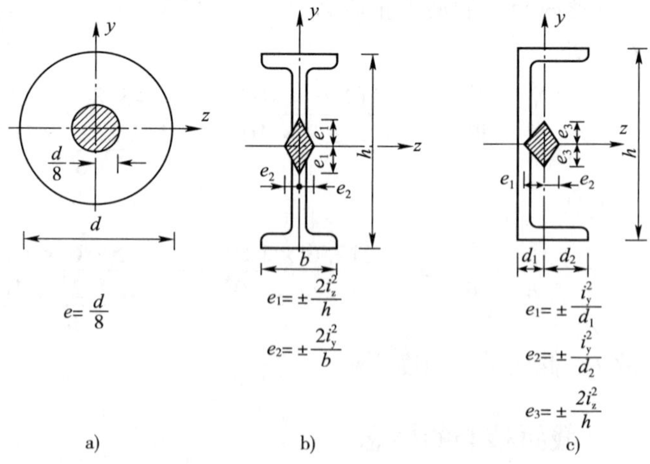

图 11-12

小结

本章在各种基本变形的基础上，主要讨论斜弯曲与偏心压缩两种组合变形的强度计算以及有关截面核心的概念。

组合变形的应力计算仍采用叠加法。分析组合变形构件强度问题的关键在于：对任意作用的外力进行分解或简化。只要能将组成组合变形的几个基本变形找出，便可应用我们所熟知的基本变形计算知识来解决。

组合变形杆件强度计算的一般步骤：

(1)外力分析：首先将作用于构件上的外力向截面形心处简化，使其产生几种基本变形形式；

(2)内力分析：分析构件在每一种基本变形时的内力，从而确定出危险截面的位置；

(3)应力分析：根据内力的大小和方向找出危险截面上的应力分布规律，确定出危险点的位置并计算其应力；

(4)强度计算：根据危险点的应力进行强度计算。

斜弯曲与偏心压缩的强度条件为：

$$\sigma_{max} \leqslant [\sigma]$$

本章主要的应力公式及强度条件如下：

斜弯曲 应力公式
$$\begin{matrix}\sigma_{max}\\ \sigma_{min}\end{matrix} = \pm \frac{M_z}{W_z} \pm \frac{M_y}{W_y}$$

强度条件
$$\sigma_{max} = \frac{M_z}{W_z} + \frac{M_y}{W_y} \leqslant [\sigma]$$

单向偏心压缩 应力公式
$$\begin{matrix}\sigma_{max}\\ \sigma_{min}\end{matrix} = -\frac{P}{A} \pm \frac{M_z}{W_z}$$

强度条件
$$\sigma_{max} = -\frac{P}{A} + \frac{M_z}{W_z} \leqslant [\sigma_1]$$

$$\sigma_{min} = -\frac{P}{A} - \frac{M_z}{W_z} \leqslant [\sigma_y]$$

双向偏心压缩 应力公式
$$\begin{matrix}\sigma_{max}\\ \sigma_{min}\end{matrix} = -\frac{P}{A} \pm \frac{M_z}{W_z} \pm \frac{M_y}{W_y}$$

强度条件
$$\sigma_{max} = -\frac{P}{A} + \frac{M_z}{W_z} + \frac{M_y}{W_y} \leqslant [\sigma_1]$$

$$\sigma_{min} = -\frac{P}{A} - \frac{M_z}{W_z} + \frac{M_y}{W_y} \leqslant [\sigma_y]$$

偏心压缩的杆件,若外力作用在截面形心附近的某一个区域内,杆件整个横截面上只有压应力而无拉应力,则截面上的这个区域称为截面核心。截面核心是工程中很有用的概念,应学会确定工程实际中常见简单图形的截面核心。

思考题

11-1 何谓组合变形?组合变形构件的应力计算是依据什么原理进行的?

11-2 斜弯曲与平面弯曲有何区别?

11-3 何谓偏心压缩和偏心拉伸?它与轴向拉(压)有什么不同?它和拉(压)与弯曲组合变形是否是一回事?

11-4 判别图11-13所示构件 A、B、C、D 各点处应力的正负号,画出各点处的应力单元体。

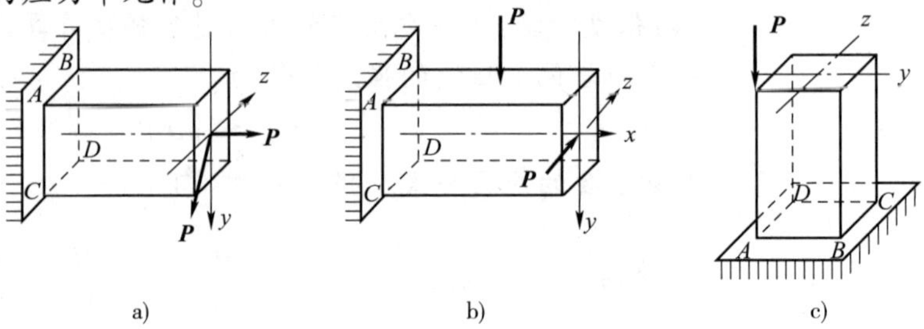

图 11-13

11-5 何谓截面核心?矩形截面杆和圆形截面杆受偏心压力作用时,不产生拉应力的极限偏心距各是多少?它们的截面核心各为什么形状?

第十二章
CHAPTER TWELVE
压杆稳定

第一节 压杆稳定的概念

受轴向压力的直杆叫作压杆(strut bracing)。从强度观点出发,压杆只要满足轴向压缩的强度条件就能正常工作。这种结论对于短粗杆来说是正确的,而对于细长的杆则不然。例如取一根长度为 1m 的松木直杆,其横截面面积为 5mm ×30mm,抗压强度极限为 $\sigma_b = 40\text{MPa}$。此杆的极限承载能力应为

$$P_b = \sigma_b \times A = 40 \times 106 \times 5 \times 30 \times 10^{6} = 6\,000(\text{N}) = 6\text{kN}$$

试验发现,木杆在 $P = 30\text{N}$ 时就突然变弯,这个压力比计算的极限荷载小两个数量级。可见,细长压杆的承载能力并不仅取决于轴向压缩的抗压强度,而是与该杆在一定压力作用下突然变弯、不能保持原有的直线形状有关。这种在一定轴向压力作用下,细长直杆突然丧失其原有直线平衡形态的现象叫作压杆丧失稳定性,简称失稳,又称屈曲(buckling)。

历史上曾发生过多次由于压杆失稳而导致的重大事故。例如:1891 年瑞士一座长 42m 的桥,当列车通过时,因结构失稳而坍塌,12 节车厢中的 7 节落入河中,200 多人死亡。1907 年加拿大魁北克省圣劳伦斯河上的钢结构大桥,在施工中,由于桁架中一根受压弦杆的突然失稳,造成了整个大桥的倒塌,九千吨钢结构变成了一堆废铁,在桥上施工的 86 名工人中有 75 人丧生。此外,1925 年苏联的莫兹尔桥和 1940 年美国的塔科马桥的毁坏,也都是由压杆失稳引起的重大工程事故。

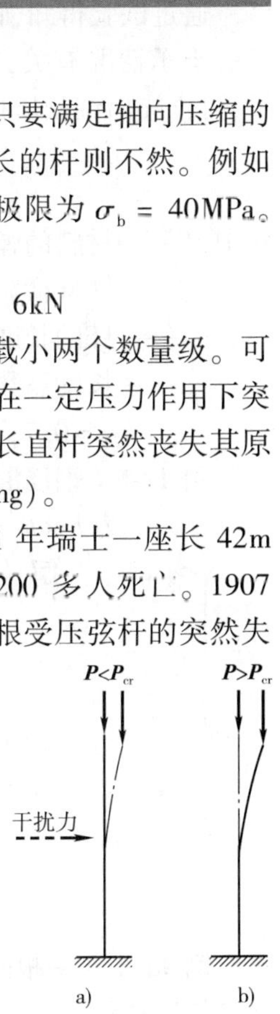

图 12-1

我们将轴线是直线、材料是均匀的、压力 P 的作用线与杆件的轴线重合的压杆称为理想压杆。下面通过图 12-1 所示的一端固定,一端自由的压杆来说明与稳定性有关的几个概念。当细长杆的压力$P < P_{cr}$时,杆件保持直线平衡状态,此时,如果作用一微小的横向干扰力,杆件就会突然发生弯曲,如图 12-1a)所示。干扰力去掉后,杆将自动恢复直线平衡状态,这表明此时细长直杆处于稳定的直线平衡状态。当压力继

续增大到 $P > P_{cr}$时,再施加一微小的横向干扰力,使杆件发生弯曲,此时去掉干扰力,杆件将保持曲线平衡状态而不能恢复原状,如图 12-1b)所示,即原来的直线平衡状态是不稳定的。压杆由稳定直线平衡状态过渡到不稳定平衡状态,称为压杆丧失稳定性,简称失稳(stability failure)。从稳定平衡过渡到不稳定平衡的特定状态称为临界状态(critical state)。临界状态下作用的压力 P_{cr} 称为临界力(critical force),它是判别压杆是否会失稳的重要指标。当 $P < P_{cr}$时,平衡是稳定的;$P > P_{cr}$时,平衡是不稳定的。所谓压杆的稳定性(stability)是指细长压杆在轴向力作用下保持其原有直线平衡状态的能力。

压杆失稳与强度破坏,就其性质而言是完全不同的,导致压杆失稳的压力比发生强度破坏时的压力要小得多。因此,对细长压杆必须进行稳定性计算。

第二节 临界力的欧拉公式

通过试验得知,临界力 P_{cr}的大小与压杆的抗弯刚度成正比,与杆的长度成反比,而且与杆端的支承情况有关,杆端约束越强,临界力就越大。在杆件材料服从胡克定律和小变形条件下,可推导出细长压杆临界力的计算公式——欧拉公式(Euler formula)。

$$P_{cr} = \frac{\pi^2 EI}{(\mu l)^2} \tag{12-1}$$

式中:E——材料的弹性模量;

I——杆件横截面的最小惯性矩;

l——杆的长度,μl 称为计算长度;

μ——长度系数,与压杆两端的约束条件有关,两端固定:$\mu = 0.5$,一端固定一端铰支:$\mu = 0.7$,两端铰支:$\mu = 1$,一端固定一端自由:$\mu = 2$。

例 12-1 钢筋混凝土柱,高 6m,下端与基础固结,上端与屋架铰接(图 12-2)。柱的截面为 $b \times h = 250\text{mm} \times 600\text{mm}$,弹性模量 $E = 26\text{GPa}$。试计算该柱的临界力。

图 12-2

解:柱子截面的最小惯性矩为:

$$I_{min} = \frac{bh^3}{12} = \frac{600 \times 250^3}{12} = 781.3(\text{mm}^4)$$

一端固定一端铰支时的长度系数 $\mu = 0.7$。

由欧拉公式可得:

$$P_{cr} = \frac{\pi^2 EI}{(\mu l)^2} = \frac{\pi^2 \times 26 \times 10^9 \times 781.3 \times 10^{-6}}{(0.7 \times 6)^2} = 11\,365(\text{kN})$$

例 12-2 一根两端铰支的 №20a 工字钢压杆,长 $l = 3\text{m}$,钢的弹性模量 $E = 200\text{GPa}$,试确定其临界力。

解:由附录型钢表查得№20a 工字钢的惯性矩为

$$I_z = 2\,370\text{cm}^4, \quad I_y = 158\text{cm}^4$$

取
$$I_{min} = 158\text{cm}^4$$

由于两端铰支,其长度系数为 $\mu = 1$,
由欧拉公式可得:

$$P_{cr} = \frac{\pi^2 EI}{(\mu l)^2} = \frac{\pi^2 \times 200 \times 10^9 \times 158 \times 10^{-8}}{(1 \times 3)^2} = 346.5(\text{kN})$$

一、欧拉公式的适用范围

1. 临界应力与柔度(长细比)

当压杆处于临界状态时,杆件可以维持其直线形状的不稳定平衡状态,此时杆内的应力仍是均匀分布的,即:

$$\sigma_{cr} = \frac{P_{cr}}{A}$$

式中:σ_{cr}——压杆的临界应力(critical stress);
A——压杆的横截面面积。

$$\sigma_{cr} = \frac{P_{cr}}{A} = \frac{\pi^2 EI}{A(\mu l)^2}$$

利用惯性半径 $i = \sqrt{\dfrac{I}{A}}$,则上式成为:

$$\sigma_{cr} = \frac{\pi^2 EI}{A(\mu l)^2} = \frac{\pi^2 E}{\dfrac{(\mu l)^2}{i^2}}$$

上式中的 μl 和 i 都是反映压杆几何性质的量,工程上取 μl 与 i 的比值来表示压杆的细长程度,叫作压杆的柔度或细长比,用 λ 表示,是无量纲的量。

$$\lambda = \frac{\mu l}{i} \tag{12-2}$$

于是临界应力的计算公式可简化为:

$$\sigma_{cr} = \frac{\pi^2 E}{\lambda^2} \tag{12-3}$$

式(12-3)是欧拉公式的另一种表达形式。式中,压杆的柔度 λ 综合反映了杆长、约束条件、截面尺寸和形状对临界应力的影响。λ 越大,表示压杆越细长,临界应力就越小,临界力也就越小,压杆就越易失稳。因此,柔度 λ 是压杆稳定计算中的一个十分重要的几何参数。

2. 欧拉公式的适用范围

欧拉公式是在弹性条件下推导出来的,因此,临界应力 σ_{cr} 不应超过材料的比例极限。

$$\sigma_{cr} = \frac{\pi^2 E}{\lambda^2} \leqslant \sigma_p \tag{12-4}$$

由上式可得,使临界应力公式成立的柔度条件为:

$$\lambda \geqslant \pi \sqrt{\frac{E}{\sigma_p}}$$

若用 λ_p 表示对应于 $\sigma_{cr}=\sigma_p$时的柔度值,则有:

$$\lambda_p = \pi \sqrt{\frac{E}{\sigma_p}} \tag{12-5}$$

显然,当 $\lambda \geqslant \lambda_p$时,欧拉公式才成立。通常将 $\lambda \geqslant \lambda_p$的杆件称为细长压杆,或大柔度杆。只有细长压杆才能用欧拉公式(12-1)、式(12-3)来计算杆件的临界压力和临界应力。

对于常用的 Q235A 钢,$E = 206\text{GPa}$,$\sigma_p = 200\text{MPa}$,代入式(12-5)得:

$$\lambda_p = \pi \sqrt{\frac{E}{\sigma_p}} = \pi \sqrt{\frac{206 \times 10^3}{200}} \approx 100$$

也就是说,由这种钢材制成的压杆,当 $\lambda \geqslant 100$ 时欧拉公式才适用。常用材料的 λ_p 值见表 12-1。

常用材料的 λ_p 和 λ_s 值 表 12-1

材　料	λ_p	λ_s	材　料	λ_p	λ_s
Q235A 钢	100	61.4	铸铁	80	—
优质碳钢	100	60	硬铝	50	—
硅钢	100	60	松木	50	—

注:λ_s是应用直线公式的最小柔度值。

二、压杆的临界应力总图

由上面讨论可知,轴向受压直杆的临界应力 σ_{cr}的计算与压杆的柔度 λ 有关。对于 $\lambda \geqslant \lambda_p$ 的大柔度(细长)压杆,临界应力可按欧拉公式(12-1)计算。对于 $\lambda < \lambda_p$的小柔度杆,欧拉公式不再适用,工程中对这类压杆的临界应力的计算,一般采用建立在试验基础上的经验公式,主要有直线公式和抛物线公式两种。这里仅介绍直线公式,其形式为

$$\sigma_{cr} = a - b\lambda \tag{12-6}$$

式中,a 和 b 是与材料有关的常数。例如对 Q235A 钢制成的压杆,$a = 304\text{MPa}$,$b = 1.12\text{MPa}$。其他材料的 a 和 b 值可以查阅有关手册。

柔度很小的粗短杆,其破坏主要是应力达到屈服应力 σ_s 或强度极限 σ_b 所致,其本质是强度问题。因此,对于塑性材料制成的压杆,按经验公式求出的临界应力最高值只能等于 σ_s,设相应的柔度为 λ_s,则

$$\lambda_s = \frac{a - \sigma_s}{b} \tag{12-7}$$

屈服应力为 $\sigma_s = 235\text{MPa}$ 的 Q235A 钢,$\lambda_s \approx 62$。

柔度介于λ_p与λ_s之间的压杆称为中柔度杆或中长杆，$\lambda < \lambda_s$的压杆称为小柔度杆或粗短杆。

由以上讨论可知，压杆按其柔度值可分为三类，分别应用不同的公式计算临界应力。对于柔度大于等于λ_p的细长杆，应用欧拉公式；柔度介于λ_p和λ_s之间的中长杆，应用经验公式；柔度小于λ_s的粗短杆，应用强度条件计算。图 12-3 表示临界应力σ_{cr}随压杆柔度λ变化的图线，称为临界应力总图。

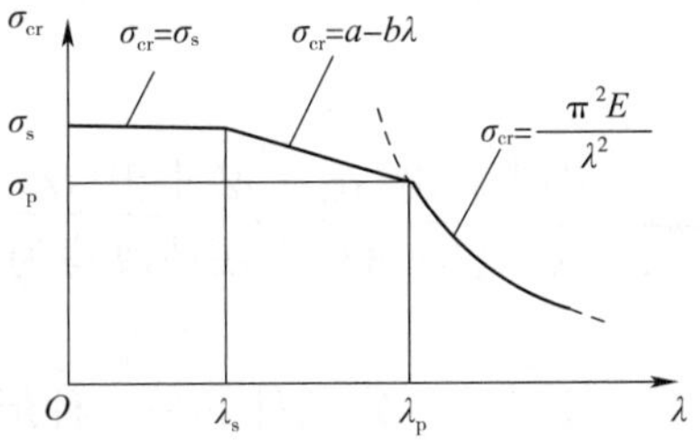

图 12-3

第三节 压杆的稳定计算

一、压杆的稳定条件

要使压杆不丧失稳定，应使作用在杆上的轴向压力$\boldsymbol{P}$不超过压杆的临界力$\boldsymbol{P}_{cr}$，再考虑到压杆应具有一定的安全储备，则压杆的稳定条件为：

$$P \leqslant \frac{P_{cr}}{K_w} = [P_{cr}] \tag{12-8}$$

式中：P——实际作用在压杆上的压力；

P_{cr}——压杆的临界压力；

K_w——稳定安全系数，随λ而变化，λ越大，杆越细长，所取安全系数K_w也越大。

一般稳定安全系数比强度安全系数大，这是因为失稳具有更大的危险性，且实际压杆总存在初曲率和荷载偏心等影响。

利用式(12-8)可进行压杆的稳定性计算，以保证压杆满足稳定性要求。这种方法在土建工程计算中应用较少。

在压杆设计中常用的方法是，将压杆的容许应力[σ]写作材料的抗压强度容许应力[σ]乘以一个随压杆柔度λ而改变的系数$\varphi=\varphi(\lambda)$，即

$$\frac{P}{A} \leqslant \frac{P_{cr}}{AK_w} = \frac{\sigma_{cr}}{K_w} \tag{a}$$

式中，$\frac{P}{A}=\sigma$为压杆横截面上的压应力，$\frac{P_{cr}}{A}=\sigma_{cr}$为压杆的临界应力，则有

$$\sigma \leqslant \frac{\sigma_{cr}}{K_w} = [\sigma_{cr}] \tag{b}$$

式中，[σ_{cr}]称为稳定容许应力。由于临界应力σ_{cr}和稳定安全系数K_w随压杆柔度值λ而变化，所以[σ_{cr}]也随λ而变化，它是不同于强度计算中的容许应力[σ]的。令

$$\varphi = \frac{[\sigma_{cr}]}{[\sigma]} \tag{c}$$

不难看出$[\sigma_{cr}]$必小于$[\sigma]$,因此$\varphi<1$,φ称为折减系数。

公式(b)可以方便地改写为与强度条件类似的公式:

$$\sigma \leqslant \varphi[\sigma] \tag{12-9}$$

上式是稳定条件的另一种形式,与强度条件公式$\sigma \leqslant [\sigma]$比较,只是在$[\sigma]$前乘了一个小于1的$\varphi$值而已。

关于φ值的含义可作如下解释:即考虑到压杆在强度破坏前将丧失稳定而破坏,就应将容许应力$[\sigma]$降低,以保证压杆安全工作。在应用公式(12-9)进行稳定性计算时,显然只要确定了φ值,其他问题就迎刃而解了。可见,利用式(12-9)进行稳定计算是非常方便的,这种方法称为折减系数法。

通常压杆的材料是给定的,容许应力是一个已知常量,所以从式(c)可见φ值只随λ值变化而变化。即给定一个λ值,就对应一个φ值。工程上为了应用方便,在有关结构设计规范中都列出了常用建筑材料随λ变化而变化的φ值,现摘录一部分制成表12-2以备查阅。

几种常见材料的折减系数φ 表12-2

λ	折减系数φ				
	Q235A钢(低碳钢)	16锰钢	木材	M5以上砂浆砌的砖石砌体	混凝土
20	0.981	0.973	0.932	0.95	0.96
40	0.927	0.895	0.822	0.84	0.83
60	0.842	0.776	0.658	0.69	0.70
70	0.789	0.705	0.575	0.62	0.63
80	0.731	0.627	0.460	0.56	0.57
90	0.669	0.546	0.371	0.51	0.51
100	0.604	0.462	0.300	0.45	0.46
110	0.536	0.384	0.248	—	—
120	0.466	0.325	0.209	—	—
130	0.401	0.279	0.178	—	—
140	0.349	0.242	0.153	—	—
150	0.306	0.213	0.134	—	—
160	0.272	0.188	0.117	—	—
170	0.243	0.168	0.102	—	—
180	0.218	0.151	0.093	—	—
190	0.197	0.136	0.083	—	—
200	0.180	0.124	0.075	—	—

二、压杆的稳定计算

如上所述，压杆的稳定条件可表达为：

$$\sigma = \frac{P}{A} \leqslant \varphi[\sigma] \tag{12-10}$$

通常改写为

$$\frac{P}{\varphi A} \leqslant [\sigma] \tag{12-11}$$

式中：P——压杆实际承受的轴向压力；

φ——压杆的折减系数；

A——压杆的横截面面积。

应用稳定条件，可对压杆进行以下三个方面的计算：

(1)稳定性校核。若已知压杆的材料、杆长、截面尺寸、杆端的约束条件和作用力，校核杆件是否满足稳定条件。首先计算 $\lambda = \mu l / i$，再根据折减系数表或有关公式得到 φ，这样，可代入式(12-10)或式(12-11)进行稳定性校核。

(2)若已知压杆的材料、杆长和杆端的约束条件，而需要进行压杆截面尺寸选择时，由于压杆的柔度 λ(或折减系数 φ)受到截面的大小和形状的影响，通常需采用试算法。

(3)若已知压杆的材料、杆长、杆端的约束条件以及截面的形状与尺寸，求压杆所能承受的许用压力值，可根据式(12-11)计算容许压力：

$$[P] \leqslant \varphi A[\sigma]$$

例 12-3 一钢管支柱高 $l = 2.2$ m，支柱的两端铰支，其外径 $D = 102$mm，内径 $d = 86$mm，承受的轴向压力 $P = 300$ kN，容许应力 $[\sigma] = 160$MPa，试校核支柱的稳定性。

解：钢管支柱两端铰支，故 $\mu = 1$。

钢管截面惯性矩

$$I = \frac{\pi}{64}(D^4 - d^4) = \frac{\pi}{64}(102^4 - 86^4) = 262 \times 10^4(\text{mm}^4)$$

钢管截面面积

$$A = \frac{\pi}{4}(D^2 - d^2) = \frac{\pi}{4}(102^2 - 86^2) = 23.6 \times 10^2(\text{mm}^2)$$

惯性半径

$$i = \sqrt{\frac{I}{A}} = \sqrt{\frac{262 \times 10^4}{23.6 \times 10^2}} = 33.3(\text{mm})$$

柔度

$$\lambda = \frac{\mu l}{i} = \frac{1 \times 2\ 200}{33.3} = 66$$

查表 12-2 得：当 $\lambda = 60$ 时，$\varphi = 0.842$；当 $\lambda = 70$ 时，$\varphi = 0.789$。

利用直线插入法，当 $\lambda = 66$ 时

$$\begin{aligned}\varphi &= 0.842 - \frac{66 - 60}{70 - 60} \times (0.842 - 0.789) \\ &= 0.842 - 0.032 \\ &= 0.81\end{aligned}$$

校核稳定性

$$\sigma = \frac{P}{A} = \frac{300 \times 10^3}{23.6 \times 10^2} = 127.1(\mathrm{MPa})$$

$$\varphi[\sigma] = 0.81 \times 160 = 128(\mathrm{MPa})$$

因 $\sigma < \varphi[\sigma]$,所以支柱满足稳定性条件。

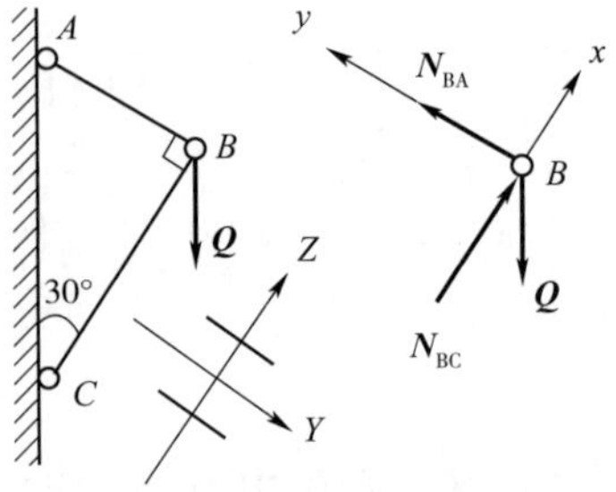

图 12-4

例 12-4 图 12-4 所示三角支架,已知其压杆 BC 为 16 号工字钢,材料的许用应力[σ] = 160MPa。在结点 B 处作用一竖向荷载 $\boldsymbol{Q}$,BC 杆长度为 1.5 m,试从 BC 杆的稳定条件考虑,计算该三角支架的容许荷载[$\boldsymbol{Q}$]。

解:(1)据 B 点平衡条件,确定 $\boldsymbol{Q}$ 与压杆 BC 的压力 $\boldsymbol{N_{BC}}$ 之间关系。

$$\sum X = 0, \quad N_{BC} - Q\cos30° = 0$$

$$N_{BC} = Q\cos30° = \frac{\sqrt{3}}{2}Q$$

(2)计算柔度,确定折减系数 φ。

两端铰支,$\mu = 1$。查型钢表,16 号工字钢的有关数据为 $A = 26.1\mathrm{cm}^2$,$i_y = 8.58\mathrm{cm}$,$i_z = 1.89\mathrm{cm}$,因 $i_z < i_y$,则 $i = i_z = 1.89\ \mathrm{cm}$,其柔度值为:

$$\lambda = \frac{\mu l}{i} = \frac{1 \times 1.5}{1.89 \times 10^{-2}} = 79.4$$

由 λ 值查表 12-2,得

$$\varphi = 0.789 - \frac{79.4 - 70}{80 - 70} \times (0.789 - 0.731) = 0.789 - 0.0545 = 0.735$$

(3)计算容许荷载[Q]。

由稳定条件,得

$$N_{BC} \leqslant \varphi A[\sigma]$$

将 $P = N_{BC} = \frac{\sqrt{3}}{2}Q$ 代入,得

$$[Q] \leqslant \frac{2}{\sqrt{3}} \times 0.735 \times 26.1 \times 10^{-4} \times 160 \times 10^6 = 354.4(\mathrm{kN})$$

从 BC 杆的稳定性考虑,可取 $[Q] = 354\mathrm{kN}$。

三、提高压杆稳定性的措施

压杆临界力的大小反映压杆稳定性的高低,要提高压杆的稳定性,就要提高压杆的临界力。

(1)减小压杆的长度。压杆的临界力与杆长的平方成反比,所以减小压杆长是提高压杆稳定性的有效措施之一。在条件许可的情况下,应尽可能使压杆中间增加支承。

(2)改善杆端支承。可减小长度系数 μ,从而使临界应力增大,即提高了压杆的稳定性。

(3)选择合理的截面形状。压杆的临界应力与柔度 λ 的平方成反比,柔度越小,临界应力越大。柔度与惯性半径成反比,因此,要提高压杆的稳定性,应尽量增大惯性半径。由于 $i=\sqrt{I/A}$,所以要选择合理的截面形状,应尽量增大惯性矩,例如选用空心截面或组合截面(图 12-5)。

(4)选择适当的材料。在其他条件相同的情况下,可以选择弹性模量 E 值高的材料来提高压杆的稳定性。但是,细长压杆的临界力与强度指标无关,普通碳素钢与合金钢的 E 值相差不大,因此,采用高强度合金钢不能提高压杆的稳定性。

(5)改善结构受力情况。在可能的条件下,也可以从结构形式方面采取措施,改压杆为拉杆,从而避免了失稳问题的出现。如图 12-6 所示的结构, 斜杆从受压杆变为受拉杆。

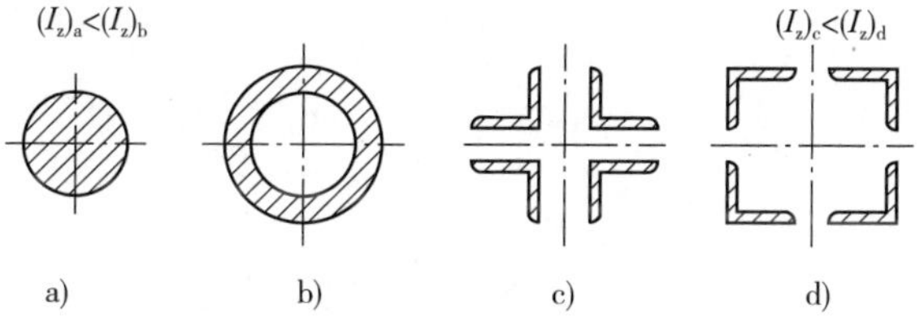

图 12-5

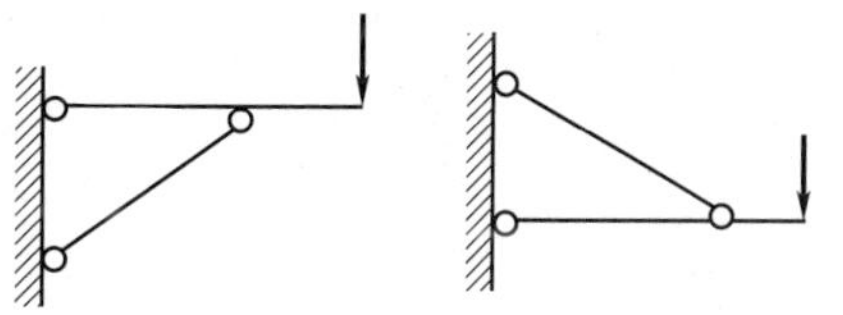

图 12-6

小结

压杆的稳定性问题是工程力学研究的内容之一。

确定压杆的临界力是解决压杆稳定性问题的关键。压杆临界力和临界应力的计算,应按压杆柔度大小分别进行。

大柔度杆 $P_{cr}=\dfrac{\pi^2 EI}{(\mu l)^2}$, $\sigma_{cr}=\dfrac{\pi^2 E}{\lambda^2}$

中柔度杆 $\sigma_{cr}=a-b\lambda$, $P_{cr}=\sigma_{cr}A$

短粗杆属强度问题,应按强度条件进行计算。

柔度 λ 是一个重要的概念,它综合考虑了杆件的长度、截面形状、尺寸以及杆端约束条件的影响。

$$\lambda=\frac{\mu l}{i}$$

柔度 λ 值愈大,临界力与临界应力就愈小,这说明当压杆的材料、横截面面积一定时,λ 值愈大,压杆就愈容易失稳。因此,对于两端支承情况和截面形状沿两个方向不同的压杆,在失稳时总是沿 λ 值大的方向失稳。

折减系数法是稳定计算的实用方法。其稳定条件为:

$$\sigma=\frac{P}{A}\leqslant\varphi[\sigma]$$

式中,$[\sigma]$ 是强度计算时的容许应力。

思考题

12-1 什么是临界力？什么是临界应力？

12-2 细长杆、中长杆、短粗杆分别用什么公式计算临界应力？

12-3 简述欧拉公式的适用范围。

12-4 何谓压杆的柔度？其物理意义是什么？

12-5 当压杆的横截面 I_z 和 I_y 不相等时，应计算哪个方向的稳定性？

12-6 何谓折减系数？如何用折减系数法计算压杆的稳定性问题？

第十三章
CHAPTER THIRTEEN

力学在工程中的应用示例

第一节 钢筋混凝土梁受力分析

钢筋混凝土梁(reinforced concrete beam)是一种在结构工程中广泛使用的组合梁。混凝土材料是一种抗压强度高而抗拉强度很低的材料。比如在《混凝土结构设计规范》(GB 50010—2010)中,C25 混凝土的弯曲抗压强度设计值为11.9MPa,而抗拉强度设计值仅为1.27MPa,前者大约为后者的9.3倍。钢筋混凝土梁是在梁的受拉边放置钢筋承受拉应力,以弥补混凝土抗拉强度的不足。这种结构既较好地发挥了钢筋的抗拉性能,又充分利用了混凝土的高抗压强度性能。

图13-1所示矩形截面钢筋混凝土梁。梁的截面宽度为 b,高度为 h;纵向受力钢筋合力作用点至截面受拉区边缘的距离为 $a_g\left(a_g=\dfrac{\sum R_{gi}A_{gi}a_{gi}}{\sum R_{gi}A_{gi}}\right)$;纵向受力钢筋合力作用点至混凝土受压区边缘的距离为 h_0,称为梁的截面有效高度。混凝土不承受拉应力,全部拉应力均由钢筋承担。中性轴 z 至受压区边缘的距离为 x,称为混凝土受压区高度;若取 $x=\xi h$,则 ξ 称为相对受压区高度(或受压区高度系数)。下面分别对梁进行弹性和塑性分析。

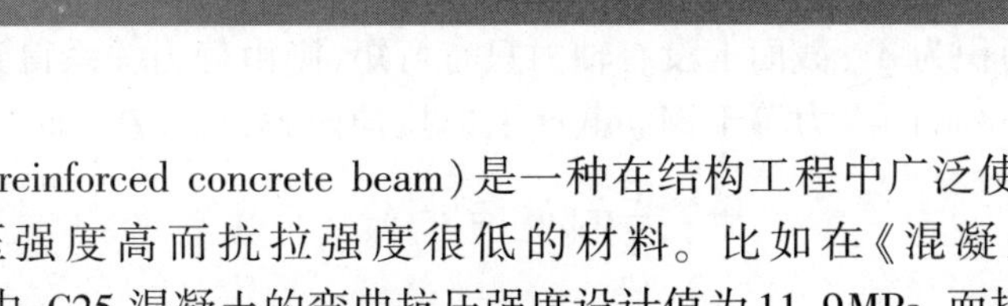

图 13-1

一、弹性分析

梁弯曲变形后,平面假设仍然成立。截面内的线应变呈三角形分布,即线应变与到中性轴的距离成正比,与中性层的曲率半径成反比(参见第十章)。设中性层的曲率半径为 ρ,混凝土

(concrete)和钢筋(reinforcement)的弹性模量分别为 E_h、E_g，如图 13-2 所示，则受压区边缘混凝土受到的压应力为：

$$\sigma_{hy} = E_h \varepsilon_h = E_h \frac{x}{\rho} \tag{a}$$

受拉边钢筋的拉应力为：

$$\sigma_g = E_g \varepsilon_g = E_g \frac{h_0 - x}{\rho} \tag{b}$$

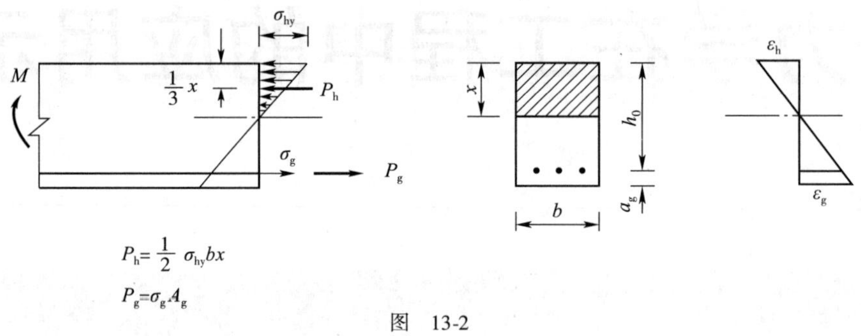

图 13-2

设钢筋的截面面积为 A_g，截面上没有轴力只有弯矩，则由静力关系得到以下结论。

(1)截面上受压区域的内力等于钢筋截面上的拉伸内力，$P_h = P_g$，即

$$\frac{1}{2}\sigma_{hy} bx = \sigma_g A_g \tag{c}$$

将式(a)、(b)代入式(c)，可求出 x，以确定中性轴 z 的位置。令 $n = \frac{E_g}{E_h}$，解得：

$$x = \frac{nA_g}{b}\left(\sqrt{1 + \frac{2bh_0}{nA_g}} - 1\right) \tag{13-1}$$

(2)$\boldsymbol{P}_h$ 与 $\boldsymbol{P}_g$ 构成力偶，其力偶矩等于 $\boldsymbol{M}$，所以有：

$$M = P_h\left(h_0 - \frac{x}{3}\right) = \frac{1}{2}\sigma_{hy} bx\left(h_0 - \frac{x}{3}\right) \tag{d}$$

或

$$M = P_g\left(h_0 - \frac{x}{3}\right) = \sigma_g A_g\left(h_0 - \frac{x}{3}\right)$$

由以上两式可分别求出混凝土的最大压应力和钢筋承受的最大拉应力：

$$\left.\begin{aligned} \sigma_{hy\,max} &= \frac{6M}{bx(3h_0 - x)} \\ \sigma_{g\,max} &= \frac{3M}{A_g(3h_0 - x)} \end{aligned}\right\} \tag{13-2}$$

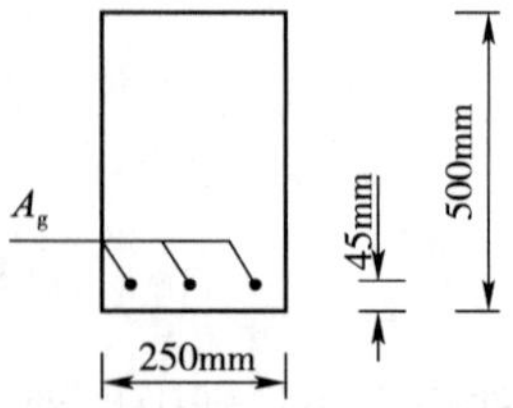

图 13-3

例 13-1 一矩形截面钢筋混凝土梁，尺寸大小如图 13-3 所示，配 3 根直径为 22mm 的一级钢筋，承受弯矩 $M = 60\text{kN}\cdot\text{m}$。已知 $n = \frac{E_g}{E_h} = 10$，求混凝土和钢筋的最大弯曲正应力。

解：(1)计算混凝土受压区高度 x。

$$b = 250\text{mm},\quad h_0 = 455\text{mm},\quad n = 10$$

$$A_g = 3 \times \frac{\pi}{4} \times 22^2 = 1\ 140(\text{mm}^2)$$

$$x = \frac{nA_g}{b}\left(\sqrt{1 + \frac{2bh_0}{nA_g}} - 1\right)$$

$$= \frac{10 \times 1\ 140}{250} \times \left(\sqrt{1 + \frac{2 \times 250 \times 455}{10 \times 1\ 140}} - 1\right)$$

$$= 158.1(\text{mm})$$

(2)求混凝土和钢筋承受的最大弯曲正应力。

$$\sigma_{\text{hy max}} = \frac{6M}{bx(3h_0 - x)} = \frac{6 \times 60 \times 10^6}{250 \times 158.1 \times (3 \times 455 - 158.1)}$$

$$= 7.5(\text{MPa}) \quad (\text{压应力})$$

$$\sigma_{\text{g max}} = \frac{3M}{A_g(3h_0 - x)} = \frac{3 \times 60 \times 10^6}{1\ 140 \times (3 \times 455 - 158.1)}$$

$$= 130.8(\text{MPa}) \quad (\text{拉应力})$$

二、塑性分析

按弹性分析,梁抗弯能力的储备较大,实践证明,梁截面进入塑性变形仍能正常工作。随着弯矩的增大,荷载继续增加到一定限度后,钢筋应力达到屈服极限 R_g[图 13-4a)]。钢筋的屈服,使得钢筋的应力停留在屈服点而不再增大,应变却迅速增加,促使受拉区混凝土的裂缝急剧开展并向上延伸,造成中性轴上移[图 13-4b)],构件挠度增大,受压区面积减小,混凝土压应力因之迅速增大。最后,当受压区混凝土达到其抗压极限强度 R_a[图 13-4c)]时,受压区即出现一些纵向裂缝,混凝土达到承载能力的极限状态。

如果配筋合适,梁的破坏始于受拉钢筋的屈服。在受拉钢筋应力达到屈服强度之初,受压区混凝土外边缘的应力尚未达到抗压极限强度,此时混凝土并未被压碎。荷载稍增,钢筋屈服使得构件产生较大的塑性伸长,随之引起受拉区混凝土裂缝急剧开展,受压区逐渐缩小,直至受压区混凝土应力达到抗压极限强度后,构件即破坏,这样的梁称为适筋梁。工程上所使用的梁都应是适筋梁。这种极限状态下梁截面所能承受的弯矩 M_d 称为极限弯矩。显然,要保证安全,需满足条件 $M_j \leqslant M_d$,极限状态的条件就是 $M_j = M_d$。

在极限状态下,钢筋面积的大小可引入混凝土、钢筋材料的安全系数($\gamma_c = \gamma_s = 1.25$),由截面内静力平衡条件求得。

如图 13-5 所示,设截面混凝土受压区的高度 $x = \xi \cdot h_0$,则由力的平衡条件 $P_h = P_g$,有:

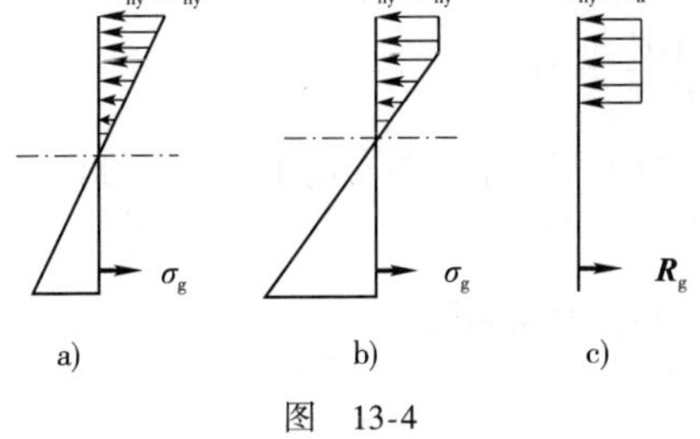

图 13-4

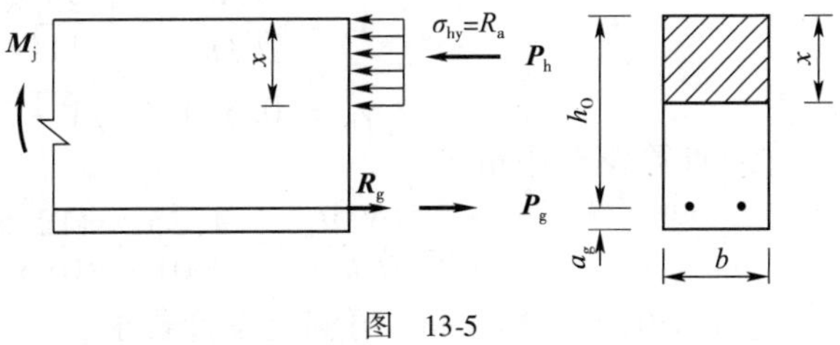

图 13-5

$$\frac{1}{\gamma_c}R_a bx = \frac{1}{\gamma_s}R_g A_g$$

即

$$R_a bx = R_g A_g \tag{a}$$

分别对 $\boldsymbol{P}_h$、$\boldsymbol{P}_g$ 的作用点取力矩平衡,有:

$$M_j = \frac{1}{\gamma_c}R_a bx\left(h_0 - \frac{x}{2}\right) = \frac{1}{\gamma_c}R_a bh_0^2\xi(1 - 0.5\xi) \tag{b}$$

$$M_j = \frac{1}{\gamma_c}R_g A_g\left(h_0 - \frac{x}{2}\right) = \frac{1}{\gamma_c}R_g A_g h_0(1 - 0.5\xi) \tag{c}$$

以上(a)、(b)、(c)三式中仅有二式是独立的,据此可求得中性轴的位置和钢筋的截面面积 A_g。

令

$$A_0 = \frac{x}{h_0}\left(1 - 0.5\frac{x}{h_0}\right) = \xi(1 - 0.5\xi)$$

$$A_0 = \frac{\gamma_c M_j}{R_a bh_0^2} \tag{13-3}$$

相对受压区高度 ξ 可由 A_0 表示出来,同时令 $\gamma_0 = 1 - 0.5\xi$,则有:

$$\gamma_0 = 1 - 0.5\xi = 0.5(1 + \sqrt{1 - 2A_0}) \tag{13-4}$$

最后由式(c)求得钢筋截面面积:

$$A_g = \frac{\gamma_s M_j}{R_g h_0(1 - 0.5\xi)} = \frac{\gamma_s M_j}{R_g h_0 \gamma_0} \tag{13-5}$$

例 13-2 一矩形截面简支梁承受均布荷载,设计值 $q = 25\text{kN/m}$(包含自重),如图 13-6 所示。梁的跨度为 6m,截面尺寸为 250mm × 550mm。采用 C20 混凝土,弯曲抗压强度设计值 $R_a = 11\text{MPa}$;选用 HRB400 级钢筋,抗拉强度设计值 $R_g = 310\text{MPa}$。求所需钢筋的数量。

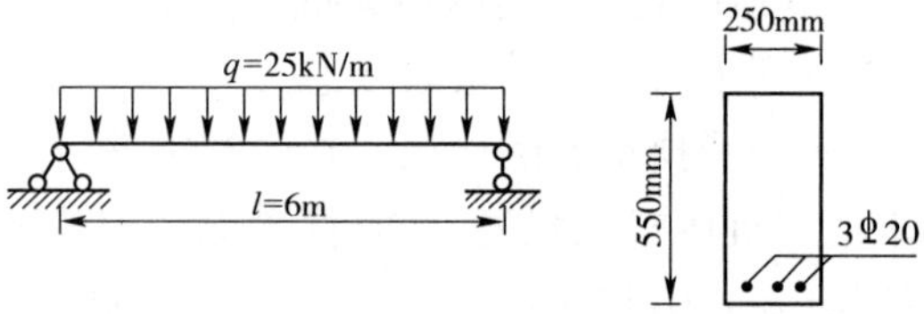

图 13-6

解:(1)计算内力。

危险截面在梁的跨中,弯矩为:

$$M_j = \frac{1}{8}ql^2 = \frac{1}{8} \times 25 \times 6^2 = 112.5(\text{kN}\cdot\text{m})$$

(2)计算系数。

梁截面的有效高度为:

$$h_0 = h - a_g = 550 - 40 = 510(\text{mm})$$

$$A_0 = \frac{\gamma_c M_j}{R_a bh_0^2} = \frac{1.25 \times 112.5 \times 10^6}{11 \times 250 \times 510} = 0.1$$

$$\gamma_0 = 0.5(1 + \sqrt{1 - 2A_0}) = 0.5(1 + \sqrt{1 - 2 \times 0.1}) = 0.947$$

(3)计算钢筋用量。

$$A_g = \frac{\gamma_s M_j}{R_g h_0 \gamma_0} = \frac{1.25 \times 112.5 \times 10^6}{310 \times 510 \times 0.947} = 939.1(\text{mm}^2)$$

选 3 Φ20,$A_g = 941\text{mm}^2$,可满足设计要求。

第二节 焊接的实用计算

焊接接头主要有对接接头、T 形接头、角接头和搭接接头等类型，相应的焊缝(welding seam)有对接焊缝和角焊缝两种。

对于焊接(welding)，由于传力的复杂性，并受接缝方向以及接缝质量等各种因素的影响，其接缝的失效也不可能为某一种形式。在某些情况下，可能发生剪切破坏；在另一些情况下，又可能被拉断；或既有拉断又有剪断。因而，对焊接也采用实用计算。

下面讨论它们的强度计算。

一、对接焊缝

对接接头和 T 形接头的焊缝，属于对接焊缝[图 13-7a、b)]。当拉力垂直于焊缝作用时，其破坏形式是沿焊缝拉裂。焊缝受力时，集中应力比较小，可以认为与母材有相同的应力状态。因此，设连接件的较小厚度为 t (T 形接头取腹板厚度)，焊缝计算长度为 l_w，则强度条件为：

$$\sigma = \frac{N}{A} = \frac{P}{l_w t} \leqslant [\sigma]' \tag{13-6}$$

式中，$[\sigma]'$为熔敷金属的拉伸许用应力，对于通过超声波或 X 射线检验的 1、2 级焊缝，其抗拉强度与母材相同；对于 3 级焊缝，允许存在一定的缺陷，其抗拉强度可取母材强度的 85%。在对接焊缝施焊时，应加引弧板，以避免焊缝两端的起落弧缺陷。若由于施工原因未设引弧板，则每条焊缝的计算长度应比实际长度减小 10mm。

二、角焊缝

一般的角焊缝是指直角焊缝，即两焊角边夹角为 90°。如图 13-7c)、d)所示的搭接接头即属于这种情况。角焊缝按它和作用外力的方向不同，可分为侧面焊缝[与力平行，图 13-7c)为俯视图]、正面焊缝[与力垂直，图 13-7d)为侧视图]和斜焊缝(与力的方向成斜角)，以及由它们组成的围焊缝。

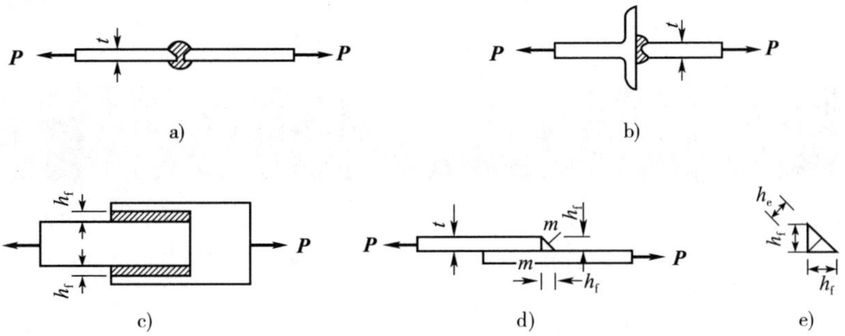

图 13-7

1. 侧面角焊缝

如图 13-7c)所示,这类焊缝主要为剪切破坏,其破坏面为焊缝的最小断面。设焊缝的截面为等腰直角三角形[图 13-7e)],其直角边的长度 h_f 称为焊脚尺寸(实际焊缝中为两直角边的较小一个),则有效厚度 h_e 为等腰直角三角形斜边到顶点的距离(最短),即:

$$h_e = h_f\cos45° = 0.7h_f$$

所以,计算剪切面积为 $A_\tau = l_w h_e = 0.7l_w h_f$。实际计算中,假定受剪面上剪应力均匀分布,则侧面角焊缝的强度条件为:

$$\tau = \frac{Q}{A_\tau} = \frac{P}{0.7l_w h_f} \leqslant [\tau] \tag{13-7}$$

式中,$[\tau]$是侧面角焊缝的容许剪应力,由试验测定。焊缝计算长度 l_w,按各条焊缝的实际长度每端减去 5mm(考虑起、落弧缺陷)计算。

2. 正面角焊缝

如图 13-7d)所示,这类焊缝受力比较复杂,一般用焊缝的最小断面上的等效应力 σ_f 来作为强度计算的依据。假定等效应力在计算面上均匀分布,因此正面角焊缝的强度条件为:

$$\sigma_f = \frac{N}{A_e} = \frac{P}{0.7l_w h_f} \leqslant [\sigma_f] \tag{13-8}$$

式中,$[\sigma_f]$ 为正面角焊缝的容许应力,由试验测定。大量的研究证实,正面角焊缝的强度指标高于侧面角焊缝,但其塑性性能却低于侧面角焊缝。

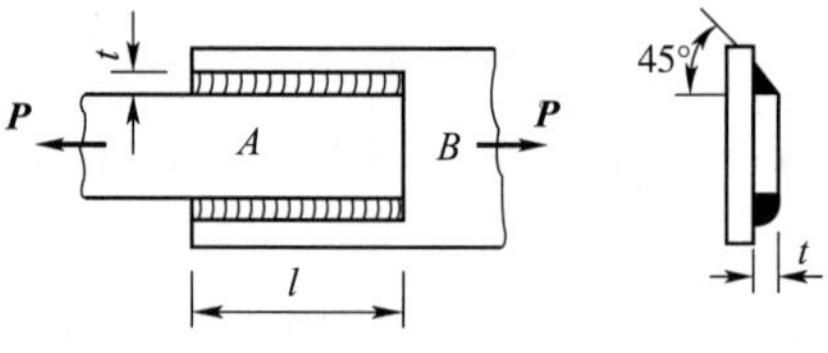

图 13-8

例 13-3 如图 13-8 所示,两块钢板 A 和 B 搭接焊在一起,钢板 A 的厚度 $t=6$mm。已知 $P=150$kN,焊缝的容许剪应力$[\tau]=100$MPa,试求焊缝的最小长度 l 。

解:本题为侧面角焊缝,焊缝主要承受剪切作用。焊脚尺寸 $h_f = t$,由式 (13-7)可得:

$$\tau = \frac{P}{0.7l_w h_f} = \frac{P}{0.7l_w t} \leqslant [\tau]$$

$$l_w \geqslant \frac{P}{0.7t[\tau]} = \frac{150\times10^3}{0.7\times6\times100} = 357(\text{mm})$$

因为焊缝计算长度 $l_w=(l-5-5)\times2 \geqslant 357$mm ,所以 $l=(l_w+20)/2 \geqslant 188.5$mm。即焊缝长度的实际取值至少为 190mm。

第三节 挡土墙受力分析

一、概述

挡土墙是用来支撑天然边坡或人工填土边坡以保持土体稳定的建筑物。在公路工程中,它广泛应用于支撑路堤或路堑边坡、隧道洞口、桥梁两端及河流岸壁等。

挡土墙是支撑土体的结构物,它的断面尺寸和稳定性主要取决于土压力。挡土墙所受的土压力大小与墙的结构形式、施工顺序、位移状态、材料性质、墙后地表形态、土的物理—力学性质及计算理论的基本假定都有关系。土压力是指挡土墙墙后的土体或墙后表面上的荷载对墙背产生的侧压力。土压力主要有三种:

1. 静止土压力 $\boldsymbol{E}_0$

如果墙身坚固,不产生任何方向移动,则作用于墙背的侧压力称静止土压力。作用在每延米挡土墙上静止土压力的合力以符号 $\boldsymbol{E}_0$(kN/m)表示,如图13-9a)所示。

2. 主动土压力 $\boldsymbol{E}_a$

当墙身受土体侧压力作用,逐渐向外滑移或倾覆时,墙后土体达到向后滑动的极限平衡状态,此时,作用于墙背之侧压力达到最小值,此压力称主动土压力,以符号 $\boldsymbol{E}_a$(kN/m)表示,如图 13-9b)所示。多数挡土墙按主动土压力计算。

3. 被动土压力 $\boldsymbol{E}_p$

当墙身受外力作用(例如桥台受到拱圈的推力)后,墙身向土体方向推压,当土体沿着滑动面向上挤出时,墙背所受土体的侧压力达到最大值,此压力称被动土压力,以符号 $\boldsymbol{E}_p$(kN/m)表示,如图 13-9c)所示。

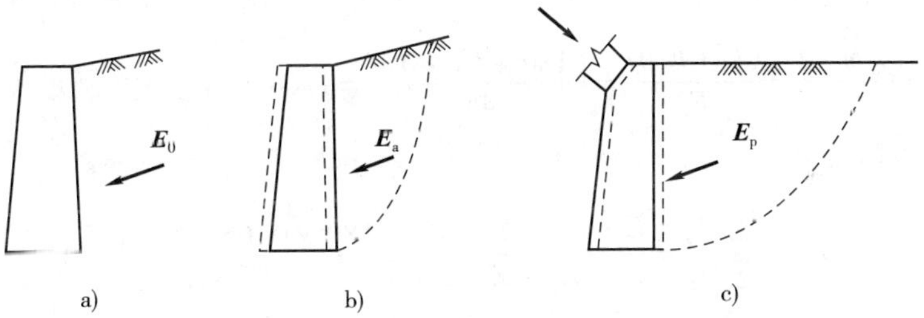

图 13-9

通常主动土压力 $\boldsymbol{E}_a$ 小于被动土压力 $\boldsymbol{E}_p$,而静止土压力介于两者之间。在路基防护的挡土墙设计中,一般认为挡土墙可能有侧向位移,因此,不必计算静止土压力;对墙趾前土体的被动土压力(即墙前的反推力)往往略去不计;为偏于安全,主要是考虑墙背受到的主动土压力。

二、作用在挡土墙上的力系

挡土墙设计的关键是确定作用于挡土墙上的力系,其中主要是确定土压力。作用在挡土墙上的力系,按力的作用性质分为主要力系、附加力系和特殊力。

1. 主要力系(图 13-10)

(1)挡土墙自重力 $\boldsymbol{G}$ 及作用于墙上的恒载;

(2)墙后土体的主动土压力 $\boldsymbol{E}_a$(包括作用在墙后填料破裂棱体上的荷载,简称超载);

(3)基底的法向反力 $\boldsymbol{N}$ 及摩擦力 $\boldsymbol{T}$;

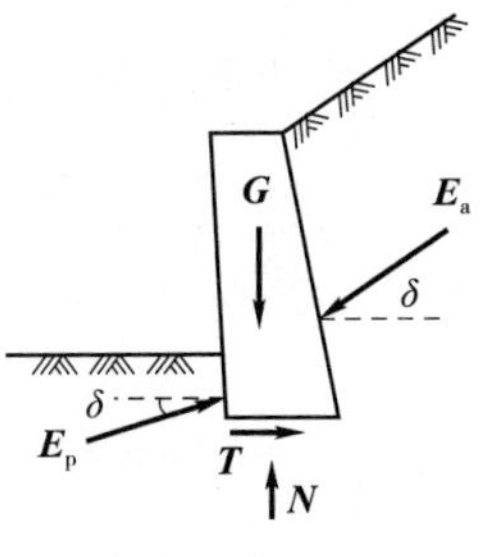

图 13-10

(4)墙前土体的被动土压力 $\boldsymbol{E}_p$。

2. 附加力系

对浸水挡土墙而言,在主要力系中尚应包括常水位时的静水压力和浮力、动力压力、波浪冲击力、冻胀压力以及冰压力等。

3. 特殊力

特殊力是偶然出现的力,例如地震力、施工荷载、水流漂浮物的撞击力等。

在一般地区,挡土墙设计仅考虑主要力系,且墙前被动土压力 $\boldsymbol{E}_p$ 一般不考虑。当基础埋置较深(如大于1.5m时)且地层稳定,不受水流冲刷或扰动破坏时才予考虑。在浸水地区还应考虑附加力。而在地震地区应考虑地震对挡土墙的影响。各种力的取舍,应根据挡土墙所处的具体工作条件以及可能同时出现的作用荷载,选择荷载组合作为设计的依据。

例 13-4 如图13-11所示,重力式石砌挡土墙,砌体重度 $\gamma=20\text{kN/m}^3$,基底与地基摩擦系数 $f=0.4$,土压力 $E_x=45\text{kN}$、$E_y=5\text{kN}$,容许滑动稳定系数 $[K_c]=1.3$,容许倾覆稳定系数 $[K_0]=1.5$,试验算该挡土墙的抗滑及抗倾覆稳定性。

解:(1)墙体自重力计算。

$$G=\frac{B_1+B_2}{2}\cdot H\cdot 1\cdot\gamma=\frac{1.2+1.8}{2}\times 6\times 1\times 20=180(\text{kN})$$

(2)滑动稳定性验算。

$$K_c=\frac{\sum N\cdot f}{E_x}=\frac{(G+E_y)f}{E_x}=\frac{(180+5)\times 0.4}{45}=1.64>[K_c]\quad(\text{满足要求})$$

(3)验算倾覆稳定性。

$$K_0=\frac{\sum M_y}{\sum M_0}=\frac{G\cdot Z_G+E_y\cdot Z_y}{E_x\cdot Z_x}=\frac{180\times 0.65+5\times 1.5}{45\times 3}$$

$$=0.92<[K_0]\quad(\text{不满足要求})$$

可采取的提高抗倾覆稳定性的措施:改变墙背或墙面的坡度以减少土压力或增加稳定力臂。

例 13-5 如图13-12所示,在土质地基上设置仰斜式路肩挡土墙。已知 $G=158.4\text{kN}$,$Z_G=1.35\text{m}$,$E_x=62.56\text{kN}$,$Z_x=2.17\text{m}$,$E_y=9.34\text{kN}$,$Z_y=1.74\text{m}$,基底容许承载力 $[\sigma_0]=196\text{kPa}$。试验算基底偏心距及基底应力。

解:(1)验算基底偏心距。

在土质地基上,要求:$e\leqslant\frac{B}{6}=\frac{1.2}{6}=0.2(\text{m})$。

$$e=\frac{B}{2}-\frac{\sum M_y-\sum M_0}{\sum N}=\frac{B}{2}-\frac{G\cdot Z_G+E_y\cdot Z_y-E_x\cdot Z_x}{G+E_y}$$

$$=\frac{1.2}{2}-\frac{158.4\times 1.35+9.34\times 1.74-62.56\times 2.17}{158.4+9.34}$$

$$=0.038<\frac{B}{6}\quad(\text{满足要求})$$

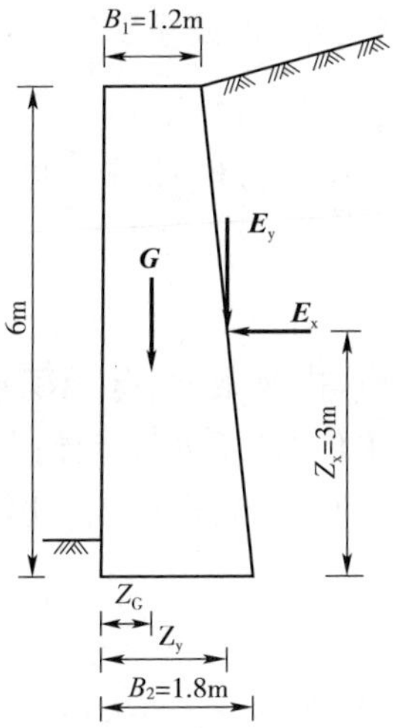

图 13-11

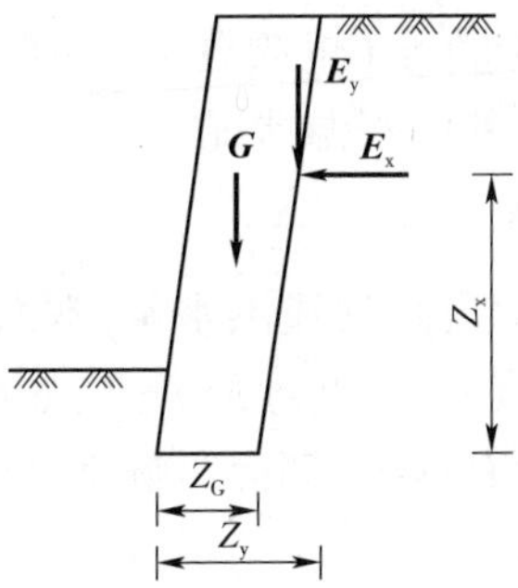

图 13-12

(2)验算基底应力。

$$\frac{\sigma_1}{\sigma_2} = \frac{G + E_y}{B}\left(1 \pm \frac{6e}{B}\right)$$

$$\sigma_1 = \frac{158.4 + 9.34}{1.2} \times \left(1 + \frac{6 \times 0.038}{1.2}\right) = 166.34(\text{kPa}) < [\sigma_0]$$

$$\sigma_2 = \frac{158.4 + 9.34}{1.2} \times \left(1 - \frac{6 \times 0.038}{1.2}\right) = 113.22(\text{kPa}) < [\sigma_0]$$

(满足要求)

第四节 路基稳定性分析

公路路基(subgrade)是一种线形结构物,具有距离长、与大自然接触面广的特点。其稳定性在很大程度上由当地自然条件决定。因此,需深入调查公路沿线的自然条件,从整体(地区)和局部(具体路段)去分析研究,掌握各有关自然因素的变化规律及水温情况、人为因素对路基稳定性的影响,从而因地制宜地采取有效工程技术措施,以达到正确地进行路基设计、施工和养护的目的。

一、影响路基稳定性的自然因素

路基稳定性及水温情况(指路基湿度、温度情况及其规律性变化)与下列自然因素有关:

1. 地形

地形不仅影响路线的选定与线形设计,也影响路基设计。平原、丘陵、山岭各区地势不同,水温情况各异。平原地势平坦,地面水易于积聚,地下水位高,因而路基需要保持一定的最小填土高度(特别是在水稻田地区);丘陵区地势起伏,山岭区地势陡峻,如排水设计不当,或地质情况不良,会降低路基的强度与稳定性,出现各种变形与破坏现象。

2. 气候

气候条件,如气温、降水(包括数量、强度和形态)、湿度、冰冻深度、日照、年蒸发量、风向和风力等,都影响到路基的水温情况。

3. 水文与水文地质

水文条件,如地面径流、河流洪水位、常水位及其排泄条件、有无积水和保水期的长短以及河岸的冲刷和淤积情况等;水文地质条件,如地下水位、地下水移动情况及其流量,有无泉水、层间水、裂隙水等。所有这些,都会影响路基的稳定性,如处理不当,往往会导致路基的各种病害发生。

4. 土类

土是建筑路基和路面的材料,并影响路基的形状和尺寸。土的性质,随其类别而定。

5. 地质条件

沿线的地质条件,如沿线岩石种类及风化程度,岩层厚度、走向、倾向、倾角、层理、节理发育程度,以及有无断层和不良地质现象(岩溶、滑坡、泥石流)等。

6. 植物覆盖

植物覆盖影响地面径流和导热,从而在一定程度上影响路基水温变化。

二、影响路基稳定性的人为因素

1. 荷载作用

静载、活载及其大小和重复作用次数等。

2. 路基结构

路基形式、路基填土或填石的类别与性质、排水结构物与支挡结构物的设置等。

3. 施工方法

填筑方法(是否分层填筑)、压实方法(是否分层压实)、压实度是否充分,以及是否采用大爆破等。

4. 养护措施

一般措施及在设计、施工中未及时采用而在养护中加以补充的改善措施。

此外还有沿线附近的人工设施,如水库、排灌渠道、水田以及其他人为活动等。

三、路基受力、变形、破坏形式

作用于路基的荷载,有路基的自重(即静载)和汽车的轮重(即动荷载或活载),它们使相当深度内的路基处于应力状态。

正确的设计和施工,应使路基土在荷载作用下尽可能产生弹性变形,这样才能在车轮驶过以后回复原状,保证路基相对地不变形。

整个路基及其各部分都处在自重、行车荷载及许多自然因素的作用之下，行车荷载与路基自重相比，一般是不大的。对路基稳定性起主要作用的自然因素有水分（流动的和不流动的）、温度变化（特别是从正温度过渡到负温度，或者从负温度过渡到正温度）以及风蚀作用等。由于这些因素的作用，路基及其各部分将产生弹性的（可回复的）和残留的（不能回复的）变形。

路基在自重、土的干缩以及汽车车轮的重复作用下所产生的残留变形，可能使土的密实度和强度有所增加，但若作用剧烈和变形过大，则可能危害路基稳定性。

在正确设计、修建和养护的路基中，变形不应达到危及路基及其各部分的完整性和稳定性。

1. 路堤的沉陷

路基因填料（主要指填土）不当、填筑方法不合理、压实不足，在荷载、水和温度的综合作用下，堤身可能向下沉陷，如图 13-13 所示。所谓填筑方法不合理，包括不同土混杂、未分层填筑和压实、土中含有未经打碎的大土块或冻土块等。填石路堤亦因石料规格不一、性质不匀，或就地爆破堆积，乱石中空隙很大，在一定期限内（例如经过一个雨季）亦可能产生局部的明显下沉。此外，原地面比较软弱，例如遇到泥沼、流沙或垃圾堆积等，填筑前未经换土或压实，造成地基下沉，亦可能引起路堤下陷。

a)堤身下陷　　b)地基下陷

图　13-13

填土因季节性交替地发生含水率变化及温度变化的物理作用，使土体发生膨胀、收缩以及冬季冻胀、春季融化，强度减弱，形成翻浆而破坏。

2. 路基边坡的坍方

路基边坡的坍方，是最常见的路基病害，亦是水毁的普遍现象。按照破坏规模与原因的不同，路基边坡坍方可以分为剥落、碎落、滑坍、崩坍及坍塌等，如图 13-14 所示。

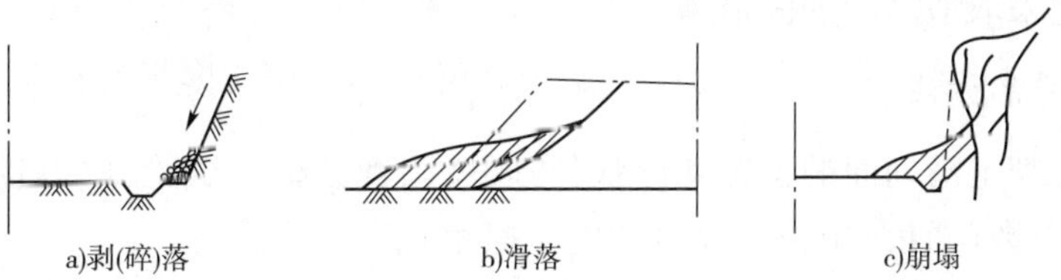

a)剥(碎)落　　b)滑落　　c)崩塌

图　13-14

(1)剥落是指边坡表土层或风化岩层表面，在大气的干湿或冷热的循环作用下，表面发生胀缩现象，使零碎薄层成片状从边坡上剥落下来，而且老的脱落后，新的又不断产生。

(2)碎落是岩石碎块的一种剥落现象，其规模与危害程度比剥落严重。

(3)滑坍是指路基边坡土体或岩石，沿着一定的滑动面成整体状向下滑动，其规模与危害程度，较碎落更为严重，有时滑动体可达数百立方米以上，造成严重阻车。

(4)崩坍是整体岩块在重力作用下倾倒、崩落。主要原因是岩体风化破碎，边坡较高，这是比较常见而且危害较大的路基病害之一。它同滑坍的主要区别就在于，崩坍无固定滑动面，坡脚线以下地基无移动现象,崩坍体的各部分相对位置在移动过程中完全打乱,其中较大石块翻滚较远,边坡下部形成倒石堆或岩堆。此外,还有坍塌(亦称为堆塌)等。其成因与形态同崩坍相似,但坍塌主要是土体(或土石混杂的堆积物)遇水软化,在45°~60°的较陡边坡无支撑情况下,自身重力所产生的剪切力超过黏聚力和摩擦力所构成的抗剪力,沿松动面坠落散开。它的变形速度比崩坍慢,很少有翻滚现象。

3. 路基沿山坡滑动

在较陡的山坡上填筑路基,如果原地面未清除杂草、凿毛或人工挖台阶,坡脚又未进行必要的支撑,特别是又受水的润湿时,填方与原地面之间的抗剪力很小,填方在自重和荷载作用下,有可能使路基整体或局部沿原地面向下移动,如图13-15所示。此种破坏现象虽不普遍,但亦不应忽视,如果不采取相应的预防措施,路基的稳定性就得不到保证,破坏将难以避免。

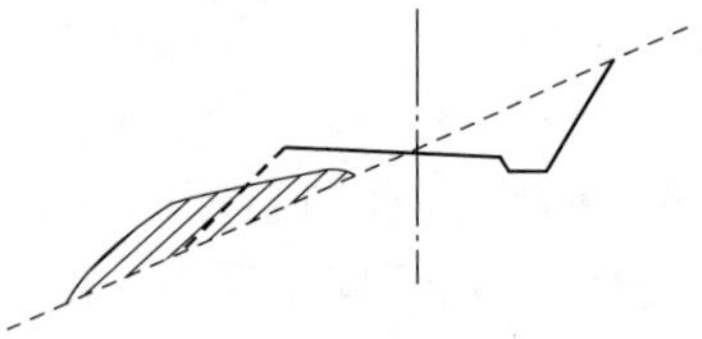

图13-15 路基沿山坡滑动示意图

4. 特殊地质水文情况的毁坏

公路通过不良地质和水文地带,或遇较大的自然灾害,如滑坡、岩堆、错落、泥石流、雪崩、岩溶、地震及特大暴雨等,均能导致路基结构的严重破坏。

四、陡坡路堤稳定性验算

地面横坡陡于1:2.5时,除应保证路堤边坡的稳定性以外,还要预防路堤沿地面陡坡下滑。下滑的情况,一般有两种:

(1)路堤沿基底接触面滑动;

(2)路堤连同基底下的山坡覆盖层沿基岩面下滑。

出现下滑的原因,除地面横坡较陡和基底情况不佳外,主要与地面水和地下水的不利影响密切相关,应针对可能出现的下滑情况和不利条件,对陡坡路堤作稳定性验算。在稳定性不足时,需因地制宜地采取适当的加固措施。

1. 稳定性验算的方法

验算前,应先判定滑动面的位置和形状,并通过调查分析或试验,取得较符合实际情况的可能下滑的计算参数(重度、单位黏聚力和内摩擦角)。

单位黏聚力 c 和内摩擦角 φ 值均较难确定。在基底开挖台阶时,可在填土与基底的 c、φ 值中选择较低的一组,并按滑动面受水浸湿的程度再予适当地降低,作为验算时采用的参数值。

在不设台阶的斜坡上,考虑到水沿滑动面的渗流影响,单位黏聚力 c 实际上很小,可忽略不计,而摩擦系数 f 通常在0.25~0.60之间。

按滑动面形状的不同,分直线和折线两种验算方法。

(1)直线滑动面稳定性验算

整个路堤(包括车辆荷载)沿直线斜坡面滑动(图13-16)的下滑力 $\boldsymbol{E}$ 为:

$$E = T - \frac{1}{K}(N\tan\varphi + cL)$$

$$= W\sin\alpha - \frac{1}{K}(W\cos\alpha\tan\varphi + cL) \qquad (13\text{-}9)$$

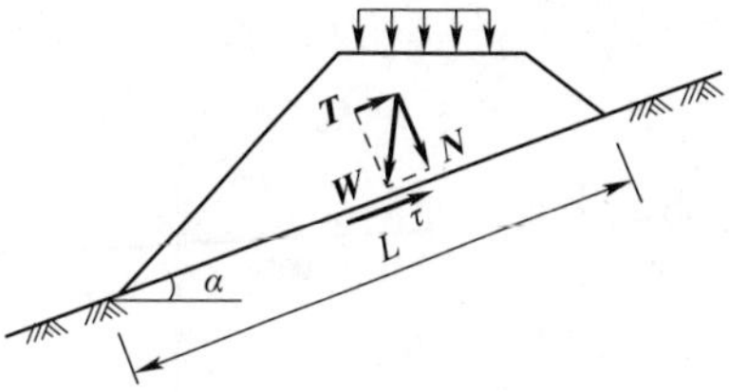

图 13-16

式中：W——路堤重力及车辆荷载(kN)；

T、N——W 沿滑动面的切向及法向反力(kN)；

c、φ——路堤基地、底接触面的单位黏聚力(kPa)及内摩擦角(°)；

L——滑动面长度(m)；

K——稳定系数，一般取 1.25；

α——地面斜坡的倾角(°)。

当验算所得之下滑力 E 为零或负值时，此路堤即可认为是稳定的。

(2)折线滑动面稳定性验算

当滑动面为折线时，可将折线划分为几个直线段，路堤也按各直线段划分若干块土体(图 13-17)，从上侧山坡到下侧山坡，逐块计算每块土体沿直线滑动面的下滑力，按最后一块土体的剩余下滑力的正负值来判断路堤的稳定性。

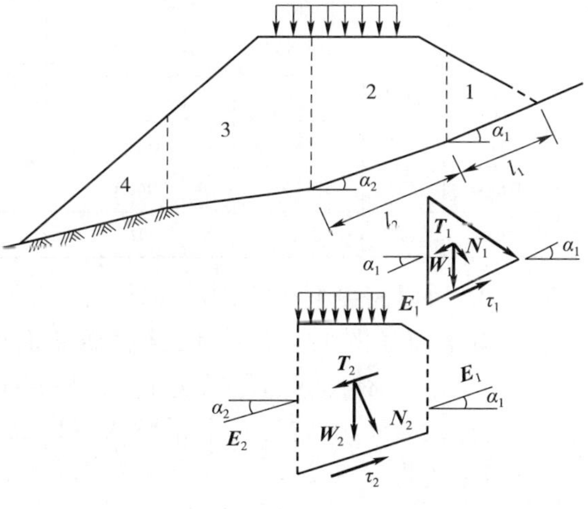

图 13-17

第一块土体的下滑力可按式(13-9)算得：

$$E_1 = W_1\sin\alpha_1 - \frac{1}{K}(W_1\cos\alpha_1\tan\varphi + cl_1)$$

E_1平行于第一段滑动面。

随后各块的下滑力相应为：

$$E = T_n + E_{n-1}\cot(\alpha_{n-1} - \alpha_n) - \frac{1}{K}\{[N_n + E_{n-1}\sin(\alpha_{n-1} - \alpha_n)]\tan\varphi - cl_n\}$$

$$E = W_n\sin\alpha_n + E_{n-1}\cot(\alpha_{n-1} - \alpha_n) - \frac{1}{K}[W_n\cos\alpha\tan\varphi + E_{n-1}\sin(\alpha_{n-1} - \alpha_n)\tan\varphi + cl_n]$$

(13-10)

例 13-6 路堤横断面如图 13-18 所示。已知 $\gamma = 18.7\text{kN/m}^3$，$\varphi = 20°52'$ ($f = \tan\varphi = 0.381$)，$K = 1.25$，试验算路堤是否稳定。

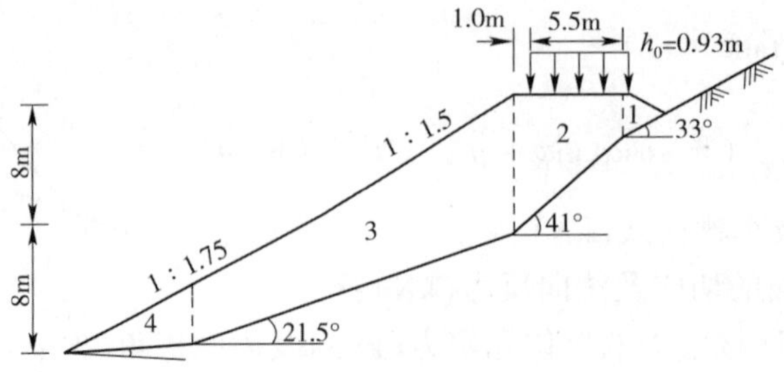

图 13-18

解:根据车辆荷载(汽车-15 级的重车为汽车-20 级,重力为 200kN)换算土柱高(即当量高度)为

$$h_0 = \frac{NG}{\gamma Bl} = \frac{2 \times 200}{18.7 \times 5.5 \times 4.2} = 0.93(\mathrm{m})$$

验算列于表 13-1。

陡坡路堤稳定性计算表 表 13-1

土块号	土体面积 A ($\mathrm{m^2}$)	$W_n = \gamma A$ (kN)	α_n	$\alpha_{n-1} - \alpha_n$	$W_n \sin\alpha_n$ (kN)	$\frac{W_n \cos\alpha_n \tan\varphi}{K}$ (kN)	$E_{n-1}\cot(\alpha_{n-1} - \alpha_n)$ (kN)	$E_{n-1}\sin(\alpha_{n-1} - \alpha_n)\tan\varphi \frac{1}{K}$ (kN)	E_n (kN)
1	3.18	59.4	33°	—	32.3	15.2	—	—	17.1
2	31.9 + 5.09	692.2	41°	−8°	454	159	16.9	−0.7	312.6
3	105.58	1973	21.5°	19.5°	722	559	294.5	31.8	425.7
4	14.82	277	6°	15.5°	28.9	83.8	410	34.6	320.5

剩余下滑力 $E = 320.5\mathrm{kN} > 0$,所以路堤不稳定,需加以处理。

例 13-7 已知陡坡路堤的横断面如图 13-19 所示,路堤横断面面积 $A = 125\mathrm{m^2}$,填土重度 $\gamma = 18\mathrm{kN/m^3}$,黏结力 $c = 9.8\mathrm{kN/m^2}$,基底接触面的内摩擦角 $\varphi = 20°52'$,安全系数 $K = 1.25$,试验算此路堤的整体稳定性。

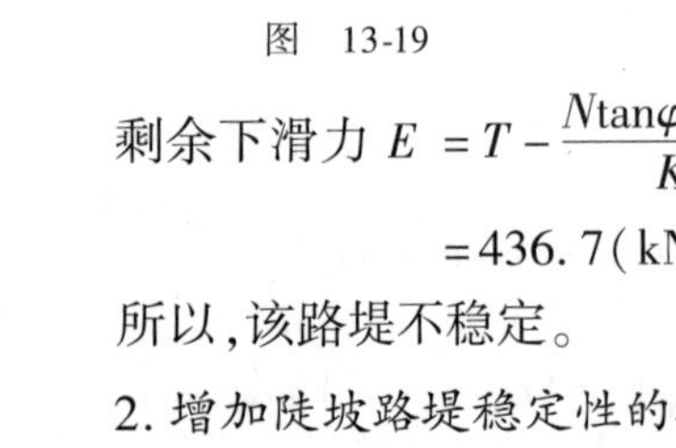

图 13-19

解:填土重力 $Q = A\gamma = 125 \times 18 = 2\ 250(\mathrm{kN})$

$$N = Q\cos\alpha = 2\ 250 \times \cos 30° = 1\ 948.56(\mathrm{kN})$$

$$T = Q\sin\alpha = 2\ 250 \times \sin 30° = 1\ 125.00(\mathrm{kN})$$

剩余下滑力 $E = T - \frac{N\tan\varphi + cL}{K} = 1\ 125 - (1\ 948.56 \times \tan 20°52' + 9.8 \times 12)/1.25$

$= 436.7(\mathrm{kN}) > 0$

所以,该路堤不稳定。

2. 增加陡坡路堤稳定性的措施

(1)改善基底状况,增加滑动面的摩擦力或减小滑动力。清除松软的表层覆盖土,夯实基底,使路堤置于坚实的硬层上;开挖台阶,放缓横坡,以减小滑动力;在路堤上侧开挖截水沟或边沟,以阻止地面水浸湿基底;受地下水影响时,则设置盲沟以疏干基底土层。

（2）改变填料及断面形式。采用大颗粒填料，嵌入地面；或放缓坡脚处的边坡，以增加抗滑力。

（3）在坡脚处设置支挡结构物。设置由石料填筑的护脚；设置干砌或浆砌挡土墙。

第五节　有摩擦的平衡问题

摩擦是自然界最普遍的一种现象，绝对光滑而没有摩擦的情形是不存在的。在工程实际中，摩擦常起着重要的作用。例如，重力坝依靠摩擦防止在水压力作用下可能产生的滑动；车床上的卡盘夹持固定工件，需要靠摩擦来工作。我们常见的火车、汽车利用摩擦进行起动和制动，还有皮带轮和摩擦轮的传动等等。特别在自动调节、精密测量等工程问题中，即使摩擦很小，也会影响机构的灵敏度和准确性。这时，都必须考虑摩擦力的作用。在许多问题中，如果摩擦对所研究的问题是次要因素时，可以忽略不计。但在有些工程问题中，摩擦起着重要的甚至是决定性的因素，此时就必须考虑摩擦力。

一、基本概念

1. 滑动摩擦力

当两个相互接触的物体，发生相对滑动或有相对滑动趋势时，在接触面之间产生阻碍彼此相对滑动的力，称为滑动摩擦力，简称摩擦力(friction force)，一般以 $\boldsymbol{F}$ 表示，如图 13-20 所示。当仅有相对滑动趋势仍保持相对静止时所产生的摩擦力，称为静摩擦力(static friction force)；滑动之后的摩擦力，称为动摩擦力(dynamic friction force)。

由于摩擦力是阻碍两物体间相对滑动的力，因此，物体所受摩擦力的方向总是与物体的相对滑动或相对滑动的趋势方向相反，它的大小则需根据主动力作用的不同来分析。摩擦力可以分为三种情况，即静摩擦力 F_s、最大静摩擦力 F_{smax}（简写为 F_{max}）和动摩擦力 F_d。

2. 最大静摩擦力——静摩擦定律

如图 13-20 所示，当物块平衡时，静摩擦力的数值在零与最大静摩擦力 F_{max} 之间，即

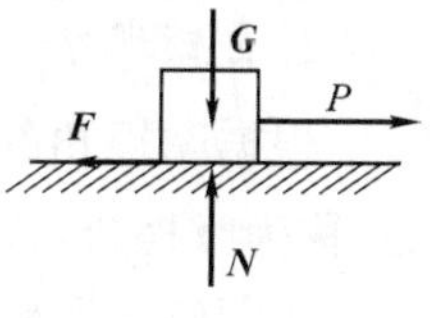

图　13-20

$$0 \leqslant F_s \leqslant F_{max}$$

大量试验证明：最大静摩擦力的大小与两物体间的正压力 $\boldsymbol{N}$（即法向反力）的大小成正比，而与接触面积的大小无关，即

$$F_{max} = f_s \cdot N \tag{13-11}$$

这就是库仑摩擦定律(coulomb law friction)。式中，比例常数 f_s 称为静摩擦因数(static friction factor)，它是无量纲数，取决于接触物体的材料和表面状况（如粗糙度、温度、湿度和润滑情况等），可由试验测定。常用材料的静摩擦因数见表 13-2。

常用材料的静摩擦因数和动摩擦因数 表 13-2

材料名称	静摩擦因数 f_s	动摩擦因数 f_d
钢-钢	0.15	0.15
钢-铸铁	0.30	0.18
钢-青铜	0.15	0.15
皮革-铸铁	0.4	0.6
木材-木材	0.4~0.6	0.2~0.5

3. 动摩擦力

试验表明:动摩擦力的大小与接触体间正压力的大小成正比,即

$$F_d = f_d \cdot N \tag{13-12}$$

这就是动摩擦定律。式中,f_d 称为动摩擦因数(dynamic friction factor),它是无量纲数。动摩擦力与静摩擦力不同,基本上没有变化范围。一般动摩擦因数小于静摩擦因数,即 $f_d < f_s$。动摩擦因数 f_d 也列入表 13-2 中。

二、摩擦角与自锁现象

1. 摩擦角

当有摩擦时,支承面对物体的约束反力有法向反力 $\boldsymbol{N}$ 和切向摩擦力 $\boldsymbol{F}$,如图 13-21 所示,这两个力的合力 $\boldsymbol{R}$ 称为支承面的全约束反力,简称全反力,其作用线与接触面的公法线成一偏角 φ。当摩擦力达到最大值 F_{max} 时,偏角 φ 也达到最大值 φ_m。全反力与接触面法线之间的夹角 φ_m,称为摩擦角(angle of static friction)。由图 13-21 可得

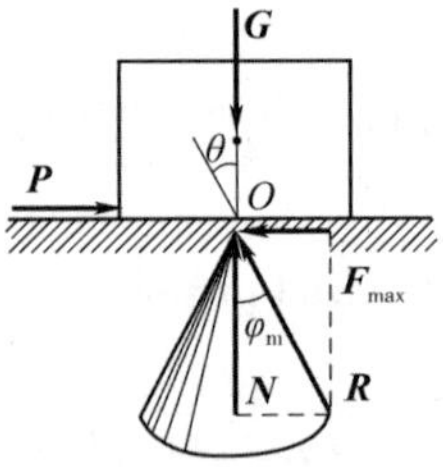

图 13-21

$$\tan\varphi_m = \frac{F_{max}}{N} = \frac{f_s \cdot N}{N} = f_s \tag{13-13}$$

上式表明:摩擦角的正切等于静摩擦因数。可见,φ_m 与 f_s 都是表示材料摩擦性质的物理量。

2. 自锁现象

根据摩擦角的定义可知,当物体滑动趋势方向变化时,沿全反力的极限位置可画出一个锥面,称为摩擦锥(cone of static friction)。若各方向上静摩擦因数相同,则摩擦锥是以 $2\varphi_m$ 为顶角的正圆锥。当物体所受的主动力合力作用线在摩擦锥内时,无论主动力有多大,粗糙面总能产生与主动力合力等值反向的全反力与其平衡而维持物体的静止状态,这种现象称为自锁(self-lock)现象。例如,物体放在倾斜角小于摩擦角的斜面上总能保持静止而不下滑。假设斜面的倾斜角为 α,则有自锁现象的几何条件为:$0 \leqslant \alpha \leqslant \varphi_m$。

工程实际中常应用自锁原理设计一些机构或夹具,使它们始终保持在平衡状态下工作,如用举起重物用的千斤顶、攀登电线杆用的套钩等。在公路铁路工程中,需要确定路基侧面的最大倾斜角以防止滑坡。在堆放松散物质砂、土、煤或粮食时,可以利用摩擦角计算出堆起的最大坡角,进而确定一定面积的场地能够堆放松散物质的数量。

三、有摩擦的平衡问题

考虑摩擦时的平衡问题有以下的特点：

(1)对物体进行受力分析时，必须考虑两物体接触面间的切向摩擦力。画受力图时要标出摩擦力，同时注意摩擦力的方向总是与物体的相对滑动趋势方向相反。

(2)作用于物体上的力系，包括摩擦力 $\boldsymbol{F}$ 在内，除应满足平衡条件外，摩擦力 $\boldsymbol{F}$ 还必须满足摩擦的物理条件(补充方程)，即 $0 \leqslant F \leqslant F_{max} = f_s \cdot N$，补充方程的数目与摩擦力的数目相同。

(3)由于物体平衡时摩擦力是在一定范围内取值，即 $0 \leqslant F \leqslant F_{max}$，故有摩擦的平衡问题的解也有一定的范围，而不是一个确定的值。但为了计算方便，一般先在临界状态下计算，此时补充方程只取等号，求得结果后再分析、讨论其解的平衡范围。

例 13-8　设物体重为 $\boldsymbol{G}$，放在倾斜角为 θ 的斜面上，它与斜面间的静摩擦因数为 f_s，如图 13-22a)所示。当物体处于平衡时，试求水平力 $\boldsymbol{P}$ 的大小。

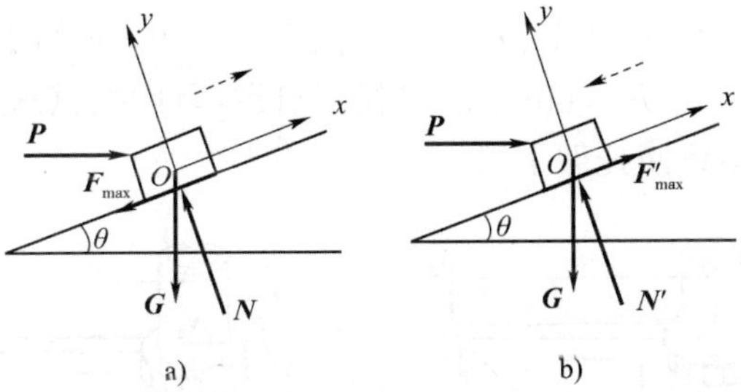

图　13-22

解：由图 13-22 可知，若水平力 $\boldsymbol{P}$ 较大时，物块将会沿斜面上滑；若水平力 $\boldsymbol{P}$ 较小时，物块会沿斜面下滑。因此水平力 $\boldsymbol{P}$ 的数值必定是在一个范围内，即应在最大值和最小值之间。

(1)物块上滑时，水平力 $\boldsymbol{P}$ 有最大值 P_{max}。当力 $\boldsymbol{P}$ 达到 P_{max} 时，物块处于将要上滑的临界平衡状态。此时摩擦力沿斜面向下，并达到最大值 F_{max}。物块共受 4 个力的作用，如图 13-22a)所示。列平衡方程：

$$\sum x = 0,\quad P\cos\theta - G\sin\theta - F_{max} = 0$$

$$\sum y = 0,\quad N - P\sin\theta - G\cos\theta = 0$$

补充方程：

$$F_{max} = f_s N$$

解得水平推力 P 的最大值为：

$$P_{max} = G\frac{\sin\theta + f_s\cos\theta}{\cos\theta - f_s\sin\theta}$$

(2)物块下滑时，水平力 $\boldsymbol{P}$ 有最小值 P_{min}。当力 $\boldsymbol{P}$ 达到 P_{min} 时，物块处于将要下滑的临界平衡状态。此时摩擦力沿斜面向上，并达到另一最大值 F'_{max}。物块的受力如图 13-22b)所示。列平衡方程：

$$\sum x = 0,\quad P\cos\theta - G\sin\theta + F'_{max} = 0$$

$$\sum y = 0, \quad N' - P\sin\theta - G\cos\theta = 0$$

补充方程：

$$F'_{max} = f_s N'$$

解得水平推力 P 的最小值为：

$$P_{min} = G\frac{\sin\theta - f_s\cos\theta}{\cos\theta + f_s\sin\theta}$$

由此可见，为使物块在斜面上静止，水平力 P 必须满足如下条件：

$$G\frac{\sin\theta - f_s\cos\theta}{\cos\theta + f_s\sin\theta} \leqslant P \leqslant G\frac{\sin\theta + f_s\cos\theta}{\cos\theta - f_s\sin\theta}$$

由上例可知，在临界状态下求解有摩擦的平衡问题时，必须根据相对滑动的趋势，正确判断摩擦力的方向，不能任意假设。这是因为解题中应用了补充方程 $F_{max} = f_s N$，由于 f_s 为正值，F_{max} 与 N 必须有相同的符号。法向反力 $\boldsymbol{N}$ 的方向总是确定的，其值永远为正，因而 F_{max} 也应为正值，即摩擦力 F_{max} 的方向不能假定，必须按真实方向标出。

例 13-9 如图 13-23a)所示托架，安装在直径为 $d = 30$cm 的水泥柱子上，托架与柱子之间的静摩擦因数 $f_s = 0.25$，且 $h = 60$cm。当托架自重不计时，试求作用于托架上的荷载 $\boldsymbol{P}$ 应距圆柱中心线多远时，才不致使托架下滑？

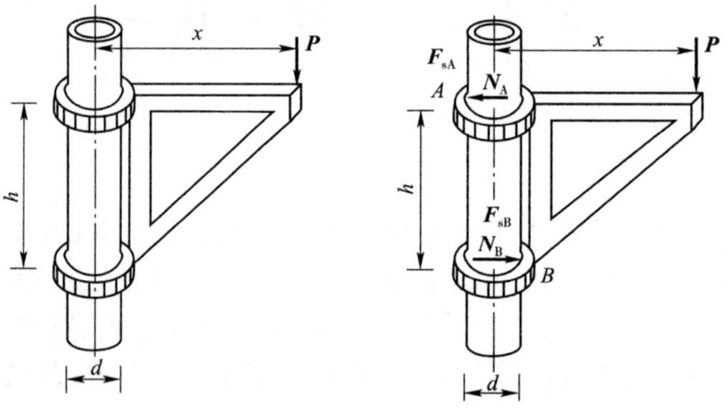

图 13-23

解：选择托架为研究对象，设荷载 $\boldsymbol{P}$ 与圆柱中心线的距离为 x，受力分析如图 13-23b)所示。

列平衡方程，有

$$\sum x = 0, \quad -N_A + N_B = 0$$

$$\sum y = 0, \quad F_{sA} + F_{sB} - P = 0$$

$$\sum m_A = 0, N_B \cdot h + F_{sB} \cdot d - P \cdot \left(x + \frac{d}{2}\right) = 0$$

补充摩擦力方程：

$$F_{sB} \leqslant f_s \cdot N_B$$

联立求解，可得：$x \geqslant 120$cm。

第六节 动应力计算方法简介

一、基本概念

前面各章讨论了杆件在静荷载作用下的强度、刚度和稳定性问题。所谓静荷载(quiescent load),是指荷载由零逐渐增大至最终值,以后就保持不变或变动很小的荷载。在静荷载作用下,构件内各点的加速度等于零或可忽略不计。此时构件各部分均处于静力平衡状态,构件内各点的应力与时间无关,称为静应力。如果荷载作用下构件各部分的加速度相当显著,这种荷载称为动荷载(moving load)。在动荷载作用下,构件产生了不可忽略的加速度,此时构件内各点的应力与时间有关,称为动应力(dynamic stress)。工程中有很多构件都受到动荷载的作用。常见的动荷载有以下几种:

(1)做加速运动或等速转动的构件。例如:起重机加速提升重物。

(2)冲击荷载。在极短的时间内,将荷载加在被冲击的构件上。例如:锤对桩的冲击力等。

(3)振动荷载。大小和方向都随着时间做周期性变化的荷载。例如:机器的转动部分有偏心质量,在运转时就会对厂房建筑及其基础产生振动荷载。

二、匀加速运动构件的应力计算方法——动静法

当构件各点的加速度为已知或可以求出时,可以用动静法(kineto-statics)求解构件的动应力问题。这类问题也称为惯性荷载问题。

动静法就是把动荷载问题转化为静荷载问题求解的方法,即首先求出构件内各点的加速度 a,并在构件上假想地附加相应的惯性力($-ma$),使构件在外力、约束反力和惯性力共同作用下处于假想的平衡状态,再利用静荷载的方法计算出构件中的内力、应力、变形等,进而进行强度和刚度计算。

例 13-10 起重机通过钢索以等加速度起吊一重力为 P 的物体,如图 13-24a)所示。已知钢索截面积为 A,材料的许用应力为[σ],钢索的自重忽略不计。试校核钢索的强度。

解:(1)用截面法计算钢索任意截面的内力

假想在截面 m-n 处将钢索截开,取下部作为研究对象,如图 13-24b)所示。

当重物处于静止或匀速直线运动状态时,属于静应力问题。由图 13-24b)所示受力图可得:$N_j = P$,式中角标 j 表示静荷载内力。

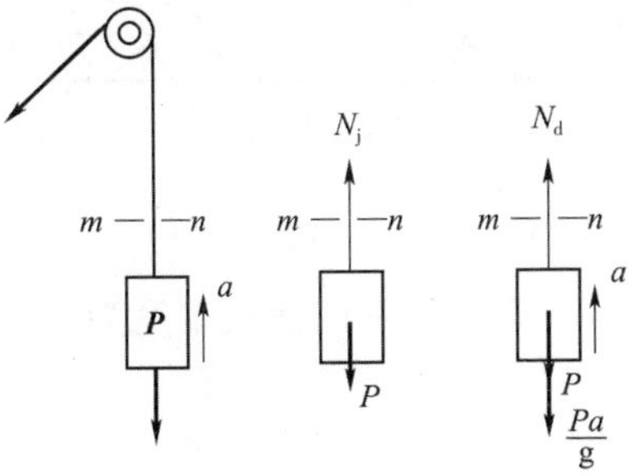

a) b) c)

图 13-24

当重物以等加速度 a 上升时,属动应力问题,按照动静

法,钢索横截面上的动内力 N_d 应与重力 P 和附加于重物的其方向与加速度方向相反的惯性力 $ma = \frac{Pa}{g}$ 相平衡。受力图如图 13-24c)所示。根据静力平衡条件求得:

$$N_d = P + \frac{Pa}{g} = \left(1 + \frac{a}{g}\right)P = \left(1 + \frac{a}{g}\right)N_j = K_d \cdot N_j$$

其中,$K_d = \left(1 + \frac{a}{g}\right)$,称为动荷载系数(dynamic load factor)。

(2)计算动应力

钢索起重上升时横截面上有拉力,此时钢索截面上的动应力为:

$$\sigma_d = \frac{N_d}{A} = \frac{N_j}{A}K_d = K_d \cdot \sigma_j$$

(3)校核钢索的强度

由于不计钢索自重,则钢索各截面上的应力相等,强度条件为:

$$\sigma_{dmax} = K_d \cdot \sigma_{jmax} \leqslant [\sigma]$$

或

$$\sigma_{jmax} \leqslant \frac{[\sigma]}{K_d}$$

上式表明:在动荷载问题中,只要将材料在静荷载作用下的许用应力 $[\sigma]$ 除以动荷载系数 K_d,就可以按照静荷载作用下的强度准则来处理动荷载的强度问题。一般情况下,动荷载作用下构件的强度比静荷载作用时要低,因此通常情况下动荷载系数 $K_d > 1$。

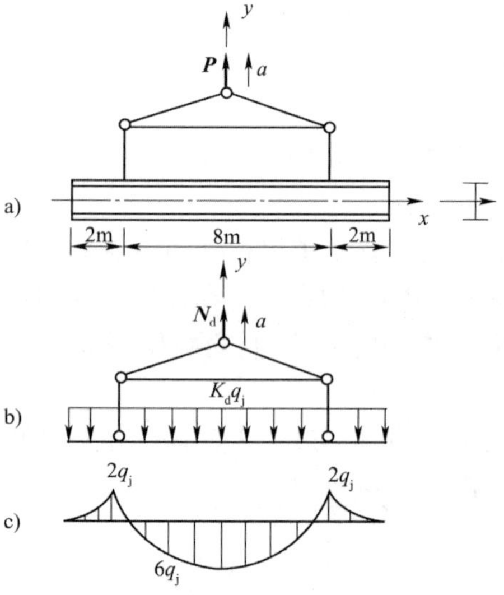

图 13-25

例 13-11 图 13-25 中所示的钢索以等加速度 $a = 10\text{m/s}^2$ 起吊一根№22a 工字钢(joist)。已知钢索直径 $d = 10\text{mm}$,若不计钢索自重,试求钢索横截面上的应力和工字钢的最大正应力。

解:(1)受力分析

利用截面法将钢索任一截面截开,研究下面部分的受力情况。当吊车以等加速度起吊时,下面部分除了承受工字钢的自重(荷载集度为 q_j)和钢索横截面上的轴力 N 外,还需附加上工字钢自重因等加速上升引起的惯性力,其集度为 $q_i = q_j \cdot a/g$,如图 13-25b)所示。在这些力的共同作用下,截取部分处于假想的平衡状态,即可求得动内力 N_d。由型钢表查得№22a 工字钢单位长度自重为

$$q_j = 33.070 \times 9.8 = 324.086(\text{N/m})$$

则工字钢的荷载集度为

$$q_d = q_j + q_i = \left(1 + \frac{a}{g}\right)q_j = K_d \cdot q_j$$

其中取 $g = 9.8\ \text{m/s}^2$,动荷载系数 $K_d = \left(1 + \frac{a}{g}\right) = 2.02$。代入上式后得:

$$q_d = K_d \cdot q_j = 2.02 \times 324.086 = 654.65(\text{N/m})$$

由平衡条件：

$$\sum Y = 0, \quad N_d = K_d \cdot N_j = K_d \cdot q_j \cdot l = 2.02 \times 654.65 \times 12 = 7\,855.8(\text{N})$$

(2)钢索横截面上的最大正应力

$$\sigma_d = K_d \frac{N_j}{A} = \frac{N_d}{A} = \frac{7\,855.8 \times 4}{\pi \times 10^2} = 100.07(\text{MPa})$$

(3)求钢索横截面上最大正应力

作弯矩图如图 13-24c)所示，得 M_{jmax} 发生在工字梁的重心，有

$$M_{jmax} = 6q_j = 6 \times 324.086 = 1\,944.5(\text{N} \cdot \text{m})$$

查型钢表得 No22a 工字钢的抗弯截面系数 $W_z = 309\ \text{cm}^3$ 。于是，由梁的弯曲正应力公式求得最大动应力：

$$\sigma_d = K_d \cdot \sigma_{jmax} = K_d \frac{M_{jmax}}{W_z} = 2.02 \times \frac{1\,944.5 \times 10^3}{309 \times 10^3} = 12.71(\text{MPa})$$

由以上分析可见，静应力问题和动应力问题的主要区别在于前者与时间无关，后者与时间有关。在动应力问题中，本身处于加速运动状态或者是静止状态的构件受到运动物体的作用时，构件或运动物体产生的加速度不能忽略不计。构件在动荷载作用下产生的应力比静荷载作用时要大得多。通过动荷系数可以反映出二者之间的关系，即 $\sigma_d = K_d \cdot \sigma_j$ 。

附录
APPENDIX

附录一 热轧型钢(GB/T 706—2016)

型钢截面如附图1～附图4所示,相应的截面尺寸、截面面积、理论重量及截面特性分别见附表1～附表4。

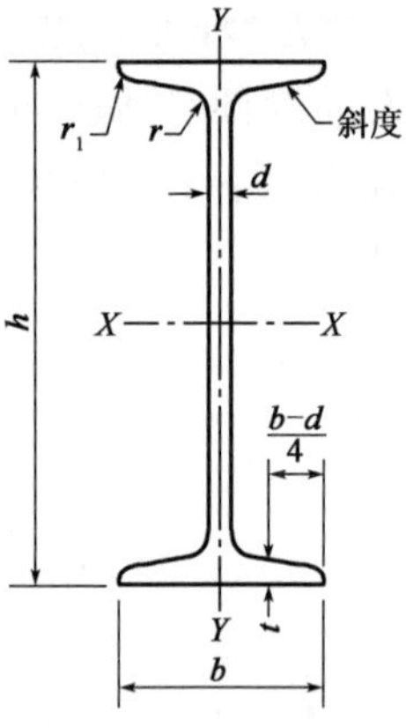

附图1 工字钢截面图

h-高度;*b*-腿宽度;*d*-腰厚度;*t*-腿中间厚度;*r*-内圆弧半径;r_1-腿端圆弧半径

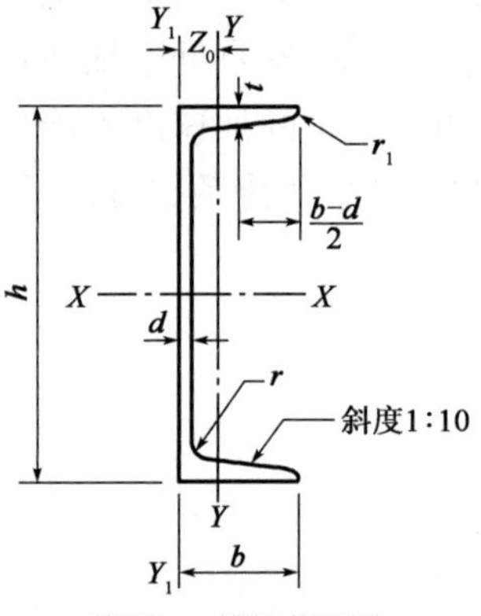

附图2 槽钢截面图

h-高度;*b*-腿宽度;*d*-腰厚度;*t*-腿中间厚度;*r*-内圆弧半径;r_1-腿端圆弧半径;Z_0-重心距离

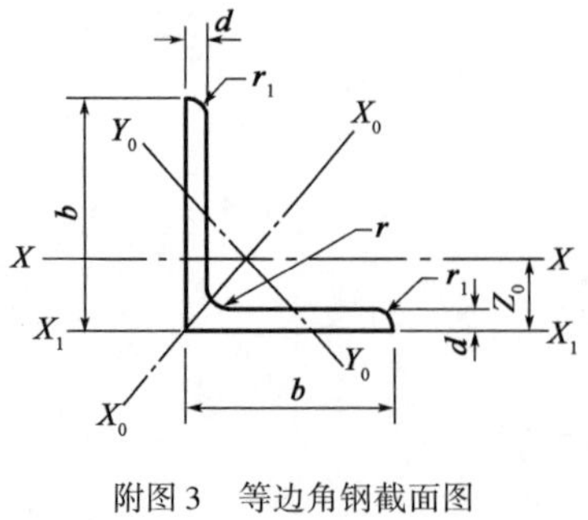

附图3 等边角钢截面图

b-边宽度;*d*-边厚度;*r*-内圆弧半径;r_1-边端圆弧半径;Z_0-重心距离

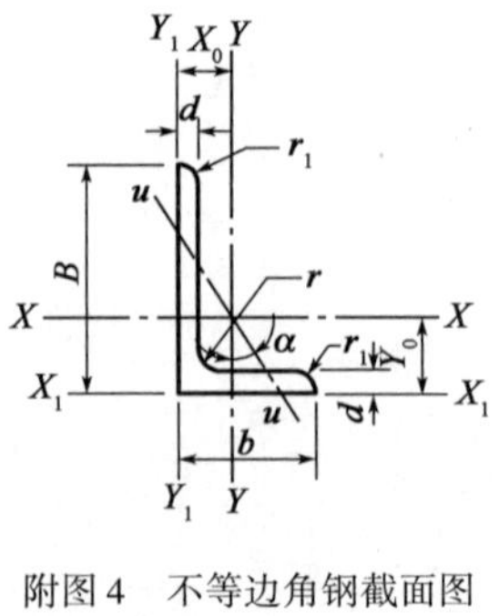

附图4 不等边角钢截面图

B-长边宽度;*b*-短边宽度;*d*-边厚度;*r*-内圆弧半径;r_1-边端圆弧半径;X_0-重心距离;Y_0-重心距离

工字钢截面尺寸、截面面积、理论质量及截面特性

附表 1

型号	截面尺寸(mm)						截面面积	理论质量	外表面积	惯性矩(cm^4)		惯性半径(cm)		截面模数(cm^3)	
	h	b	d	t	r	r_1	(cm^2)	(kg/m)	(m^2/m)	I_x	I_y	i_x	i_y	W_x	W_y
10	100	68	4.5	7.6	6.5	3.3	14.33	11.3	0.432	245	33.0	4.14	1.52	49.0	9.72
12	120	74	5.0	8.4	7.0	3.5	17.80	14.0	0.493	436	46.9	4.95	1.62	72.7	12.7
12.6	126	74	5.0	8.4	7.0	3.5	18.10	14.2	0.505	488	46.9	5.20	1.61	77.5	12.7
14	140	80	5.5	9.1	7.5	3.8	21.50	16.9	0.553	712	64.4	5.76	1.73	102	16.1
16	160	88	6.0	9.9	8.0	4.0	26.11	20.5	0.621	1 130	93.1	6.58	1.89	141	21.2
18	180	94	6.5	10.7	8.5	4.3	30.74	24.1	0.681	1 660	122	7.36	2.00	185	26.0
20a	200	100	7.0	11.4	9.0	4.5	35.55	27.9	0.742	2 370	158	8.15	2.12	237	31.5
20b		102	9.0				39.55	31.1	0.746	2 500	169	7.96	2.06	250	33.1
22a	220	110	7.5	12.3	9.5	4.8	42.10	33.1	0.817	3 400	225	8.99	2.31	309	40.9
22b		112	9.5				46.50	36.5	0.821	3 570	239	8.78	2.27	325	42.7
24a	240	116	8.0	13.0	10.0	5.0	47.71	37.5	0.878	4 570	280	9.77	2.42	381	48.4
24b		118	10.0				52.51	41.2	0.882	4 800	297	9.57	2.38	400	50.4
25a	250	116	8.0				48.51	38.1	0.898	5 020	280	10.2	2.40	402	48.3
25b		118	10.0				53.51	42.0	0.902	5 280	309	9.94	2.40	423	52.4
27a	270	122	8.5	13.7	10.5	5.3	54.52	42.8	0.958	6 550	345	10.9	2.51	485	56.6
27b		124	10.5				59.92	47.0	0.962	6 870	366	10.7	2.47	509	58.9
28a	280	122	8.5				55.37	43.5	0.978	7 110	345	11.3	2.50	508	56.6
28b		124	10.5				60.97	47.9	0.982	7 480	379	11.1	2.49	534	61.2
30a	300	126	9.0	14.4	11.0	5.5	61.22	48.1	1.031	8.950	400	12.1	2.55	597	63.5
30b		128	11.0				67.22	52.8	1.035	9 400	422	11.8	2.50	627	65.9
30c		130	13.0				73.22	57.5	1.039	9 850	445	11.6	2.46	657	68.5

续上表

型号	截面尺寸(mm)						截面面积	理论质量	外表面积	惯性矩(cm^4)		惯性半径(cm)		截面模数(cm^3)	
	h	b	d	t	r	r_1	(cm^2)	(kg/m)	(m^2/m)	I_x	I_y	i_x	i_y	W_x	W_y
32a	320	130	9.5	15.0	11.5	5.8	67.12	52.7	1.084	11 100	460	12.8	2.62	692	70.8
32b		132	11.5				73.52	57.7	1.088	11 600	502	12.6	2.61	726	76.0
32c		134	13.5				79.92	62.7	1.092	12 200	544	12.3	2.61	760	81.2
36a	360	136	10.0	15.8	12.0	6.0	76.44	60.0	1.185	15 800	552	14.4	2.69	875	81.2
36b		138	12.0				83.64	65.7	1.189	16 500	582	14.1	2.64	919	84.3
36c		140	14.0				90.84	71.3	1.193	17 300	612	13.8	2.60	962	87.4
40a	400	142	10.5	16.5	12.5	6.3	86.07	67.6	1.285	21 700	660	15.9	2.77	1 090	93.2
40b		144	12.5				94.07	73.8	1.289	22 800	692	15.6	2.71	1 140	96.2
40c		146	14.5				102.1	80.1	1.293	23 900	727	15.2	2.65	1 190	99.6
45a	450	150	11.5	18.0	13.5	6.8	102.4	80.4	1.411	32 200	855	17.7	2.89	1 430	114
45b		152	13.5				111.4	87.4	1.415	33 800	894	17.4	2.84	1 500	118
45c		154	15.5				120.4	94.5	1.419	35 300	938	17.1	2.79	1 570	122
50a	500	158	12.0	20.0	14.0	7.0	119.2	93.6	1.539	46 500	1 120	19.7	3.07	1 860	142
50b		160	14.0				129.2	101	1.543	48 600	1 170	19.4	3.01	1 940	146
50c		162	16.0				139.2	109	1.547	50 600	1 220	19.0	2.96	2 080	151
55a	550	166	12.5	21.0	14.5	7.3	134.1	105	1.667	62 900	1 370	21.6	3.19	2 290	164
55b		168	14.5				145.1	114	1.671	65 600	1 420	21.2	3.14	2 390	170
55c		170	16.5				156.1	123	1.675	68 400	1 480	20.9	3.08	2 490	175
56a	560	166	12.5				135.4	106	1.687	65 600	1 370	22.0	3.18	2 340	165
56b		168	14.5				146.6	115	1.691	68 500	1 490	21.6	3.16	2 450	174
56c		170	16.5				157.8	124	1.695	71 400	1 560	21.3	3.16	2 550	183
63a	630	176	13.0	22.0	15.0	7.5	154.6	121	1.862	93 900	1 700	24.5	3.31	2 980	193
63b		178	15.0				167.2	131	1.866	98 100	1 810	24.2	3.29	3 160	204
63c		180	17.0				179.8	141	1.870	102 000	1 920	23.8	3.27	3 300	214

注:表中 r、r_1 的数据用于孔型设计,不做交货条件。

槽钢截面尺寸、截面面积、理论质量及截面特性

附表2

型号	截面尺寸 (mm)						截面面积 (cm^2)	理论质量 (kg/m)	外表面积 (m^2/m)	惯性矩 (cm^4)			惯性半径 (cm)		截面模数 (cm^3)		重心距离 (cm)
	h	b	d	t	r	r_1				I_x	I_y	I_{y1}	i_x	i_y	W_x	W_y	Z_0
5	50	37	4.5	7.0	7.0	3.5	6.925	5.44	0.226	26.0	8.30	20.9	1.94	1.10	10.4	3.55	1.35
6.3	63	40	4.8	7.5	7.5	3.8	8.446	6.63	0.262	50.8	11.9	28.4	2.45	1.19	16.1	4.50	1.36
6.5	65	40	4.3	7.5	7.5	3.8	8.292	6.51	0.267	55.2	12.0	28.3	2.54	1.19	17.0	4.59	1.38
8	80	43	5.0	8.0	8.0	4.0	10.24	8.04	0.307	101	16.6	37.4	3.15	1.27	25.3	5.79	1.43
10	100	48	5.3	8.5	8.5	4.2	12.74	10.0	0.365	198	25.6	54.9	3.95	1.41	39.7	7.80	1.52
12	120	53	5.5	9.0	9.0	4.5	15.36	12.1	0.423	346	37.4	77.7	4.75	1.56	57.7	10.2	1.62
12.6	126	53	5.5	9.0	9.0	4.5	15.69	12.3	0.435	391	38.0	77.1	4.95	1.57	62.1	10.2	1.59
14a	140	58	6.0	9.5	9.5	4.8	18.51	14.5	0.480	564	53.2	107	5.52	1.70	80.5	13.0	1.71
14b		60	8.0				21.31	16.7	0.484	609	61.1	121	5.35	1.69	87.1	14.1	1.67
16a	160	63	6.5	10.0	10.0	5.0	21.95	17.2	0.538	866	73.3	144	6.28	1.83	108	16.3	1.80
16b		65	8.5				25.15	19.8	0.542	935	83.4	161	6.10	1.82	117	17.6	1.75
18a	180	68	7.0	10.5	10.5	5.2	25.69	20.2	0.569	1 270	98.6	190	7.04	1.96	141	20.0	1.88
18b		70	9.0				29.29	23.0	0.600	1 370	111	210	6.84	1.95	152	21.5	1.84
20a	200	73	7.0	11.0	11.0	5.5	28.83	22.6	0.654	1 780	128	244	7.86	2.11	178	24.2	2.01
20b		75	9.0				32.83	25.8	0.658	1 910	144	268	7.64	2.09	191	25.9	1.95
22a	220	77	7.0	11.5	11.5	5.8	31.83	25.0	0.709	2 390	158	298	8.67	2.23	218	28.2	2.10
22b		79	9.0				36.23	28.5	0.713	2 570	176	326	8.42	2.21	234	30.1	2.03
24a	240	78	7.0	12.0	12.0	6.0	34.21	26.9	0.752	3 050	174	325	9.45	2.25	254	30.5	2.10
24b		80	9.0				39.01	30.6	0.756	3 280	194	355	9.17	2.23	274	32.5	2.03
24c		82	11.0				43.81	34.4	0.760	3 510	213	388	8.96	2.21	293	34.4	2.00
25a	250	78	7.0				34.91	27.4	0.722	3 370	176	322	9.82	2.24	270	30.6	2.07
25b		80	9.0				39.91	31.3	0.776	3 530	196	353	9.41	2.22	282	32.7	1.98
25c		82	11.0				44.91	35.3	0.780	3 690	218	384	9.07	2.21	295	35.9	1.92

续上表

型号	截面尺寸(mm)						截面面积(cm^2)	理论质量(kg/m)	外表面积(m^2/m)	惯性矩(cm^4)			惯性半径(cm)		截面模数(cm^3)		重心距离(cm)
	h	b	d	t	r	r_1				I_x	I_y	I_{y1}	i_x	i_y	W_x	W_y	Z_0
27a		82	7.5				39.27	30.8	0.826	4 360	216	393	10.5	2.34	323	35.5	2.13
27b	270	84	9.5				44.67	35.1	0.830	4 690	239	428	10.3	2.31	347	37.7	2.06
27c		86	11.5	12.5	12.5	6.2	50.07	39.3	0.834	5 020	261	467	10.1	2.28	372	39.8	2.03
28a		82	7.5				40.02	31.4	0.846	4 760	218	388	10.9	2.33	340	35.7	2.10
28b	280	84	9.5				45.62	35.8	0.850	5 130	242	428	10.6	2.20	366	37.9	2.02
28c		86	11.5				51.22	40.2	0.854	5 500	268	463	10.4	2.29	393	40.3	1.95
30a		85	7.5				43.89	34.5	0.897	6 050	260	467	11.7	2.43	403	41.1	2.17
30b	300	87	9.5	13.5	13.5	6.8	49.89	39.2	0.901	6 500	289	515	11.4	2.41	433	44.0	2.13
30c		89	11.5				55.89	43.9	0.905	6 950	316	560	11.2	2.38	463	46.4	2.09
32a		88	8.0				48.50	38.1	0.947	7 600	305	552	12.5	2.50	475	46.5	2.24
32b	320	90	10.0	14.0	14.0	7.0	54.90	43.1	0.951	8 140	336	593	12.2	2.47	509	49.2	2.16
32c		92	12.0				61.30	48.1	0.955	8 690	374	643	11.9	2.47	543	52.6	2.09
36a		96	9.0				60.89	47.8	1.053	11 900	455	818	14.0	2.73	660	63.5	2.44
36b	360	98	11.0	16.0	16.0	8.0	68.09	53.5	1.057	12 700	497	880	13.6	2.70	703	66.9	2.37
36c		100	13.0				75.29	59.1	1.061	13 400	536	948	13.4	2.67	746	70.0	2.34
40a		100	10.5				75.04	58.9	1.144	17 600	592	1070	15.3	2.81	879	78.8	2.49
40b	400	102	12.5	18.0	18.0	9.0	83.04	65.2	1.148	18 600	640	114	15.0	2.78	932	82.5	2.44
40c		104	14.5				91.04	71.5	1.152	19 700	688	1 220	14.7	2.75	986	86.2	2.42

注:表中 r、r_1 的数据用于孔型设计,不做交货条件。

等边角钢截面尺寸、截面面积、理论质量及截面特性

附表 3

型号	截面尺寸 (mm)			截面面积 (cm^2)	理论质量 (kg/m)	外表面积 (m^2/m)	惯性矩 (cm^4)				惯性半径 (cm)			截面模数 (cm^3)			重心距离 (cm)
	b	d	r				I_x	I_{x1}	I_{x0}	I_{y0}	i_x	i_{x0}	i_{y0}	W_x	W_{x0}	W_{y0}	Z_0
2	20	3	3.5	1.132	0.89	0.078	0.40	0.81	0.63	0.17	0.59	0.75	0.39	0.29	0.45	0.20	0.60
		4		1.459	1.15	0.077	0.50	1.09	0.78	0.22	0.58	0.73	0.38	0.36	0.55	0.24	0.64
2.5	25	3		1.432	1.12	0.098	0.82	1.57	1.29	0.34	0.76	0.95	0.49	0.46	0.73	0.33	0.73
		4		1.859	1.46	0.097	1.03	2.11	1.62	0.43	0.74	0.93	0.48	0.59	0.92	0.40	0.76
3.0	30	3	4.5	1.749	1.37	0.117	1.46	2.71	2.31	0.61	0.91	1.15	0.59	0.68	1.09	0.51	0.85
		4		2.276	1.79	0.117	1.84	3.63	2.92	0.77	0.90	1.13	0.58	0.87	1.37	0.62	0.89
3.6	36	3		2.109	1.66	0.141	2.58	4.68	4.09	1.07	1.11	1.39	0.71	0.99	1.61	0.76	1.00
		4		2.756	2.16	0.141	3.29	6.25	5.22	1.37	1.09	1.38	0.70	1.28	2.05	0.93	1.04
		5		3.382	2.65	0.141	3.95	7.84	6.24	1.65	1.08	1.36	0.70	1.56	2.45	1.00	1.07
4	40	3	5	2.359	1.85	0.157	3.59	6.41	5.69	1.49	1.23	1.55	0.79	1.23	2.01	0.96	1.09
		4		3.086	2.42	0.157	4.60	8.56	7.29	1.91	1.22	1.54	0.79	1.60	2.58	1.19	1.13
		5		3.792	2.98	0.156	5.53	10.7	8.76	2.30	1.21	1.52	0.78	1.96	3.10	1.39	1.17
4.5	45	3		2.659	2.09	0.177	5.17	9.12	8.20	2.14	1.40	1.76	0.89	1.58	2.58	1.24	1.22
		4		3.486	2.74	0.177	6.65	12.2	10.6	2.75	1.38	1.74	0.89	2.05	3.32	1.54	1.26
		5		4.292	3.37	0.176	8.04	15.2	12.7	3.33	1.37	1.72	0.88	2.51	4.00	1.81	1.30
		6		5.077	3.99	0.176	9.33	18.4	14.8	3.89	1.36	1.70	0.80	2.95	4.64	2.06	1.33
5	50	3	5.5	2.971	2.33	0.197	7.18	12.5	11.4	2.98	1.55	1.96	1.00	1.96	3.22	1.57	1.34
		4		3.897	3.06	0.197	9.26	16.7	14.70	3.82	1.54	1.94	0.99	2.56	4.16	1.96	1.38
		5		4.803	3.77	0.196	11.2	20.90	17.8	4.54	1.53	1.92	0.98	3.13	5.03	2.31	1.42
		6		5.688	4.46	0.196	13.1	25.1	20.7	5.42	1.52	1.91	0.98	3.68	5.85	2.63	1.46

续上表

型号	截面尺寸(mm)			截面面积(cm²)	理论质量(kg/m)	外表面积(m²/m)	惯性矩(cm^4)				惯性半径(cm)			截面模数(cm^3)			重心距离(cm)
	b	d	r				I_x	I_{x1}	I_{x0}	I_{y0}	i_x	i_{x0}	i_{y0}	W_x	W_{x0}	W_{y0}	Z_0
5.6	56	3	6	3.343	2.62	0.221	10.2	17.6	16.1	4.24	1.75	2.20	1.13	2.48	4.08	2.02	1.48
		4		4.39	3.45	0.220	13.2	23.4	20.9	5.46	1.73	2.18	1.11	3.24	5.28	2.52	1.53
		5		5.415	4.25	0.220	16.0	29.3	25.4	6.61	1.72	2.17	1.10	3.97	6.42	2.98	1.57
		6		6.42	5.04	0.220	18.7	35.3	29.7	7.73	1.71	2.15	1.10	4.68	7.49	3.40	1.61
		7		7.404	5.81	0.219	21.2	41.2	33.6	8.82	1.69	2.13	1.09	5.36	8.49	3.80	1.64
		8		8.367	6.57	0.219	23.6	47.2	37.4	9.89	1.68	2.11	1.09	6.03	9.44	4.16	1.68
6	60	5	6.5	5.829	4.58	0.236	19.9	36.1	31.6	8.21	1.85	2.33	1.19	4.59	7.44	3.48	1.67
		6		6.914	5.43	0.235	23.4	43.3	36.9	9.60	1.83	2.31	1.18	5.41	8.70	3.98	1.70
		7		7.977	6.26	0.235	26.4	50.7	41.9	11.0	1.82	2.29	1.17	6.21	9.88	4.45	1.74
		8		9.02	7.08	0.235	29.5	58.0	46.7	12.3	1.81	2.27	1.17	6.98	11.0	4.88	1.78
6.3	63	4	7	4.978	3.91	0.248	19.0	33.4	30.2	7.89	1.96	2.46	1.26	4.13	6.78	3.29	1.70
		5		6.143	4.82	0.248	23.2	41.7	36.8	9.57	1.94	2.45	1.25	5.08	8.25	3.90	1.74
		6		7.288	5.72	0.247	27.1	50.1	43.0	11.2	1.93	2.43	1.24	6.00	9.66	4.46	1.78
		7		8.412	6.60	0.247	30.9	58.6	49.0	12.8	1.92	2.41	1.23	6.88	11.0	4.98	1.82
		8		9.515	7.47	0.247	34.5	67.1	54.6	14.3	1.90	2.40	1.23	7.75	12.3	5.47	1.85
		10		11.66	9.15	0.246	41.1	84.3	64.9	17.3	1.88	2.36	1.22	9.39	14.6	6.36	1.93
7	70	4	8	5.570	4.37	0.275	26.4	45.7	41.8	11.0	2.18	2.74	1.40	5.14	8.44	4.17	1.86
		5		6.876	5.40	0.275	32.2	57.2	51.1	13.3	2.16	2.73	1.39	6.32	10.3	4.95	1.91
		6		8.160	6.41	0.275	37.8	68.7	59.9	15.6	2.15	2.71	1.38	7.48	12.1	5.67	1.95
		7		9.424	7.40	0.275	43.1	80.3	68.4	17.8	2.14	2.69	1.38	8.59	13.8	6.34	1.99
		8		10.67	8.37	0.274	48.2	91.9	76.4	20.0	2.12	2.68	1.37	9.68	15.4	6.98	2.03

续上表

型号	截面尺寸 (mm)			截面面积 (cm^2)	理论质量 (kg/m)	外表面积 (m^2/m)	惯性矩 (cm^4)				惯性半径 (cm)			截面模数 (cm^3)			重心距离 (cm)
	b	d	r				I_x	I_{x1}	I_{x0}	I_{y0}	i_x	i_{x0}	i_{y0}	W_x	W_{x0}	W_{y0}	Z_0
7.5	75	5	9	7.412	5.82	0.295	40.0	70.6	63.3	16.6	2.33	2.92	1.50	7.32	11.9	5.77	2.04
		6		8.797	6.91	0.294	47.0	84.6	74.4	19.5	2.31	2.90	1.49	8.64	14.0	6.67	2.07
		7		10.16	7.98	0.294	53.6	98.7	85.0	22.2	2.30	2.89	1.48	9.93	16.0	7.44	2.11
		8		11.50	9.03	0.294	60.0	113	95.1	24.9	2.28	2.88	1.47	11.2	17.9	8.19	2.15
		9		12.83	10.01	0.294	66.1	127	105	27.5	2.27	2.86	1.46	12.4	19.8	8.89	2.18
		10		14.13	11.1	0.293	72.0	142	114	30.1	2.26	2.84	1.46	13.6	21.5	9.56	2.22
8	80	5		7.912	6.21	0.315	48.8	85.4	77.3	20.3	2.48	3.13	1.60	8.34	13.7	6.66	2.15
		6		9.397	7.38	0.314	57.4	103	91.0	23.7	2.47	3.11	1.59	9.87	16.1	7.65	2.19
		7		10.86	8.53	0.314	65.6	120	104	27.1	2.46	3.10	1.58	11.4	18.4	8.58	2.23
		8		12.30	9.66	0.314	73.5	137	117	30.4	2.44	3.08	1.57	12.8	20.6	9.46	2.27
		9		13.73	10.8	0.314	81.1	154	129	33.6	2.43	3.06	1.56	14.3	22.7	10.3	2.31
		10		15.13	11.9	0.313	88.4	172	140	36.8	2.42	3.04	1.56	15.6	24.8	11.1	2.35
9	90	6	10	10.64	8.35	0.354	82.8	146	131	34.3	2.79	3.51	1.80	12.6	20.6	9.95	2.44
		7		12.30	9.66	0.354	94.8	170	150	39.2	2.78	3.50	1.78	14.5	23.6	11.2	2.48
		8		13.94	10.9	0.353	106	195	169	44.0	2.76	3.48	1.78	16.4	26.6	12.4	2.52
		9		15.57	12.2	0.353	118	219	187	48.7	2.75	3.46	1.77	18.3	29.4	13.5	2.56
		10		17.17	13.5	0.353	129	244	204	53.3	2.74	3.45	1.76	20.1	32.0	14.5	2.59
		12		20.31	15.9	0.352	149	294	236	62.2	2.71	3.41	1.75	23.6	37.1	16.5	2.67

续上表

型号	截面尺寸(mm)			截面面积(cm^2)	理论质量(kg/m)	外表面积(m^2/m)	惯性矩(cm^4)				惯性半径(cm)			截面模数(cm^3)			重心距离(cm)
	b	d	r				I_x	I_{x1}	I_{x0}	I_{y0}	i_x	i_{x0}	i_{y0}	W_x	W_{x0}	W_{y0}	Z_0
10	100	6	12	11.93	9.37	0.393	115	200	182	47.9	3.10	3.90	2.00	15.7	25.7	12.7	2.67
		7		13.80	10.8	0.393	132	234	209	54.7	3.09	3.89	1.99	18.1	29.6	14.3	2.71
		8		15.64	12.3	0.393	148	267	235	61.4	3.08	3.88	1.98	20.5	33.2	15.8	2.76
		9		17.46	13.7	0.392	164	300	260	68.0	3.07	3.86	1.97	22.8	36.8	17.2	2.80
		10		19.26	15.1	0.392	180	334	285	74.4	3.05	3.84	1.96	25.1	40.3	18.5	2.84
		12		22.80	17.9	0.391	209	402	331	86.8	3.03	3.81	1.95	29.5	46.8	21.1	2.91
		14		26.26	20.6	0.391	237	471	374	99.0	3.00	3.77	1.94	33.7	52.9	23.4	2.99
		16		29.63	23.3	0.390	263	540	414	111	2.98	3.74	1.94	37.8	58.6	25.6	3.06
11	110	7	12	15.20	11.9	0.433	177	311	281	73.4	3.41	4.30	2.20	22.1	36.1	17.5	2.96
		8		17.24	13.5	0.433	199	355	316	82.4	3.40	4.28	2.19	25.0	40.7	19.4	3.01
		10		21.26	16.7	0.432	242	445	384	100	3.38	4.25	2.17	30.60	49.4	22.9	3.09
		12		25.20	19.8	0.431	283	535	448	117	3.35	4.22	2.15	36.1	57.6	26.2	3.16
		14		29.06	22.8	0.431	321	625	508	133	3.32	4.18	2.14	41.3	65.3	29.1	3.24
12.5	125	8	14	19.75	15.5	0.492	297	521	471	123	3.88	4.88	2.50	32.5	53.3	25.9	3.37
		10		24.37	19.1	0.491	362	652	574	149	3.85	4.85	2.48	40.0	64.9	30.6	3.45
		12		28.91	22.7	0.491	423	783	671	175	3.83	4.82	2.46	41.2	76.0	35.0	3.53
		14		33.37	26.2	0.490	482	916	764	200	3.80	4.78	2.45	54.2	86.4	39.1	3.61
		16		37.74	29.6	0.489	537	1 050	851	224	3.77	4.75	2.43	60.9	96.3	43.0	3.68

续上表

型号	截面尺寸（mm）			截面面积（cm^2）	理论质量（kg/m）	外表面积（m^2/m）	惯性矩（cm^4）				惯性半径（cm）			截面模数（cm^3）			重心距离（cm）
	b	d	r				I_x	I_{x1}	I_{x0}	I_{y0}	i_x	i_{x0}	i_{y0}	W_x	W_{x0}	W_{y0}	Z_0
14	140	10	14	27.37	21.5	0.551	515	915	817	212	4.34	5.46	2.78	50.6	82.6	39.2	3.82
		12		32.51	25.5	0.551	604	1 100	959	249	4.31	5.43	2.76	59.8	96.9	45.0	3.90
		14		37.57	29.5	0.550	689	1 280	1 090	284	4.28	5.40	2.75	68.8	110	50.5	3.98
		16		42.54	33.4	0.549	770	1 470	1 220	319	4.26	5.36	2.74	77.5	123	55.6	4.06
15	150	8		23.75	18.6	0.592	521	900	827	215	4.69	5.90	3.01	47.4	78.0	38.1	3.99
		10		29.37	23.1	0.591	638	1 130	1 010	262	4.66	5.87	2.99	58.4	95.5	45.5	4.08
		12		34.91	27.4	0.591	749	1 350	1 190	308	4.63	5.84	2.97	69.0	112	52.4	4.15
		14		40.37	31.7	0.590	855	1 580	1 360	352	4.60	5.80	2.95	79.5	128	58.8	4.23
		15		43.06	33.8	0.590	907	1 690	1 440	374	4.59	5.78	2.95	84.6	136	61.9	4.27
		16		45.74	35.9	0.589	958	1 810	1 520	395	4.58	5.77	2.94	89.6	143	64.9	4.31
16	160	10	16	31.50	24.7	0.630	780	1 370	1 240	322	4.98	6.27	3.20	66.7	109	52.8	4.31
		12		37.44	29.4	0.630	917	1 640	1 460	377	4.95	6.24	3.18	79.0	129	60.7	4.39
		14		43.30	34.0	0.629	1 050	1 910	1 670	432	4.92	6.20	3.16	91.0	147	68.2	4.47
		16		49.07	38.5	0.629	1 180	2 190	1 870	485	4.89	6.17	3.14	103	165	75.3	4.55
18	180	12		42.24	33.2	0.710	1 320	2 330	2 100	543	5.59	7.05	3.58	101	165	75.3	4.89
		14		48.90	38.4	0.709	1 510	2 720	2 410	622	5.56	7.02	3.56	116	189	88.4	4.97
		16		55.47	43.5	0.709	1 700	3 120	2 700	699	5.54	6.98	3.55	131	212	97.8	5.05
		18		61.96	48.6	0.708	1 880	3 500	2 990	762	5.50	6.94	3.51	146	235	105	5.13

续上表

型号	截面尺寸(mm)			截面面积(cm^2)	理论质量(kg/m)	外表面积(m^2/m)	惯性矩(cm^4)				惯性半径(cm)			截面模数(cm^3)			重心距离(cm)
	b	d	r				I_x	I_{x1}	I_{x0}	I_{y0}	i_x	i_{x0}	i_{y0}	W_x	W_{x0}	W_{y0}	Z_0
20	200	14	18	54.64	42.9	0.788	2 100	3 730	3 340	864	6.20	7.82	3.98	145	236	112	5.46
		16		62.01	48.7	0.788	2 370	4 270	3 760	971	6.18	7.79	3.96	164	266	124	5.54
		18		69.30	54.4	0.787	2 620	4 810	4 160	1 080	6.15	7.75	3.94	182	294	136	5.62
		20		76.51	60.1	0.787	2 870	5 350	4 550	1 180	6.12	7.72	3.93	200	322	147	5.69
		24		90.66	71.2	0.785	3 340	6 460	5 290	1 380	6.07	7.64	3.90	236	374	167	5.87
22	220	16	21	68.67	53.9	0.866	3 190	5 680	5 060	1 310	6.81	8.59	4.37	200	326	154	6.03
		18		76.75	60.3	0.866	3 540	6 400	5 620	1 450	6.79	8.55	4.35	223	361	168	6.11
		20		84.76	66.5	0.865	3 870	7 110	6 150	1 590	6.76	8.52	4.34	245	395	182	6.18
		22		92.68	72.8	0.865	4 200	7 830	6 670	1 730	6.73	8.48	4.32	267	429	195	6.26
		24		100.5	78.9	0.864	4 520	8 550	7 170	1 870	6.71	8.45	4.31	289	461	208	6.33
		26		108.3	85.0	0.864	4 830	9 280	7 690	2 000	6.68	8.41	4.30	310	492	221	6.41
25	250	18	24	87.84	69.0	0.985	5 270	9 380	8 370	2 170	7.75	9.76	4.97	290	473	224	6.84
		20		97.05	76.2	0.984	5 780	10 400	9 180	2 380	7.72	9.73	4.95	320	519	243	6.92
		22		106.2	83.3	0.983	6 280	11 500	9 970	2 580	7.69	9.69	4.93	349	564	261	7.00
		24		115.2	90.4	0.983	6 770	12 500	10 700	2 790	7.67	9.66	4.92	378	608	278	7.07
		26		124.2	97.5	0.982	7 240	13 600	11 500	2 980	7.64	9.62	4.90	406	650	295	7.15
		28		133.0	104	0.982	7 700	14 600	12 200	3 180	7.61	9.58	4.89	433	691	311	7.22
		30		141.8	111	0.981	8 160	15 700	12 900	3 380	7.58	9.55	4.88	461	731	327	7.30
		32		150.5	118	0.981	8 600	16 800	13 600	3 570	7.56	9.51	4.87	488	770	342	7.37
		35		163.4	128	0.980	9 240	18 400	14 600	3 850	7.52	9.46	4.86	527	827	364	7.48

注:截面图中的 $r_1=1/3d$ 及表中 r 的数据用于孔型设计,不做交货条件。

不等边角钢截面尺寸、截面面积、理论质量及截面特性

附表 4

型号	截面尺寸 (mm)				截面面积 (cm^2)	理论质量 (kg/m)	外表面积 (m^2/m)	惯性矩 (cm^4)					惯性半径 (cm)			截面模数 (cm^3)			tanα	重心距离 (cm)	
	B	b	d	r				I_x	I_{x1}	I_y	I_{y1}	I_u	i_x	i_y	i_u	W_x	W_y	W_u		X_0	Y_0
2.5/1.6	25	16	3	3.5	1.162	0.91	0.080	0.70	1.56	0.22	0.43	0.14	0.78	0.44	0.34	0.43	0.19	0.16	0.392	0.42	0.86
			4		1.499	1.18	0.079	0.88	2.09	0.27	0.59	0.17	0.77	0.43	0.34	0.55	0.24	0.20	0.381	0.46	0.90
3.2/2	32	20	3		1.492	1.17	0.102	1.53	3.27	0.46	0.82	0.28	1.01	0.55	0.43	0.72	0.30	0.25	0.382	0.49	1.08
			4		1.939	1.52	0.101	1.93	4.37	0.57	1.12	0.35	1.00	0.54	0.42	0.93	0.39	0.32	0.374	0.53	1.12
4/2.5	40	25	3	4	1.890	1.48	0.127	3.08	5.39	0.93	1.59	0.56	1.28	0.70	0.54	1.15	0.49	0.40	0.385	0.59	1.32
			4		2.467	1.94	0.127	3.93	8.53	1.18	2.14	0.71	1.36	0.69	0.54	1.49	0.63	0.52	0.381	0.63	1.37
4.5/2.8	45	28	3	5	2.149	1.69	0.143	4.45	9.10	1.34	2.23	0.80	1.44	0.79	0.61	1.47	0.62	0.51	0.383	0.64	1.47
			4		2.806	2.20	0.143	5.69	12.1	1.70	3.00	1.02	1.42	0.78	0.60	1.91	0.80	0.66	0.380	0.68	1.51
5/3.2	50	32	3	5.5	2.431	1.91	0.161	6.24	12.5	2.02	3.31	1.20	1.60	0.91	0.70	1.84	0.82	0.68	0.404	0.73	1.60
			4		3.177	2.49	0.160	8.02	16.7	2.58	4.45	1.53	1.59	0.90	0.69	2.39	1.06	0.87	0.402	0.77	1.65
5.6/3.6	56	35	3	6	2.743	2.15	0.181	8.88	17.5	2.92	4.7	1.73	1.80	1.03	0.79	2.32	1.05	0.87	0.408	0.80	1.78
			4		3.590	2.82	0.180	11.5	23.4	3.76	6.33	2.23	1.79	1.02	0.79	3.03	1.37	1.13	0.408	0.85	1.82
			5		4.415	3.47	0.180	13.9	29.3	4.49	7.94	2.67	1.77	1.01	0.78	3.71	1.65	1.36	0.404	0.88	1.87
6.3/4	63	40	4	7	4.058	3.19	0.202	16.5	33.3	5.23	8.63	3.12	2.02	1.14	0.88	3.87	1.70	1.40	0.398	0.92	2.04
			5		4.993	3.92	0.202	20.0	41.6	6.31	10.9	3.76	2.00	1.12	0.87	4.74	2.07	1.71	0.396	0.95	2.08
			6		5.908	4.64	0.201	23.4	50.0	7.29	13.1	4.34	1.96	1.11	0.86	5.59	2.43	1.99	0.393	0.99	2.12
			7		6.802	5.34	0.201	26.5	58.1	8.24	15.5	4.97	1.98	1.10	0.86	6.40	2.78	2.29	0.389	1.03	2.15
7/4.5	70	45	4	7.5	4.553	3.57	0.226	23.2	45.9	7.55	12.3	4.40	2.26	1.29	0.98	4.86	2.17	1.77	0.410	1.02	2.24
			5		5.609	4.40	0.225	28.0	57.1	9.13	15.4	5.40	2.23	1.28	0.98	5.92	2.65	2.19	0.407	1.06	2.28
			6		6.644	5.22	0.225	32.5	68.4	10.6	18.6	6.35	2.21	1.26	0.98	6.95	3.12	2.59	0.404	1.09	2.32
			7		7.658	6.01	0.225	37.2	80.0	12.0	21.8	7.16	2.20	1.25	0.97	8.03	3.57	2.94	0.402	1.13	2.36

续上表

型号	截面尺寸(mm)				截面面积(cm^2)	理论质量(kg/m)	外表面积(m^2/m)	惯性矩(cm^4)					惯性半径(cm)			截面模数(cm^3)			tanα	重心距离(cm)	
	B	b	d	r				I_x	I_{x1}	I_y	I_{y1}	I_u	i_x	i_y	i_u	W_x	W_y	W_u		X_0	Y_0
7.5/5	75	50	5	8	6.126	4.81	0.245	34.9	70.0	12.6	21.0	7.41	2.39	1.44	1.10	6.83	3.3	2.74	0.435	1.17	2.40
			6		7.260	5.70	0.245	41.1	84.3	14.7	25.4	8.54	2.38	1.42	1.08	8.12	3.88	3.19	0.435	1.21	2.44
			8		9.467	7.43	0.244	52.4	113	18.5	34.2	10.9	2.35	1.40	1.07	10.5	4.99	4.10	0.429	1.29	2.52
			10		11.59	9.10	0.244	62.7	141	22.0	43.4	13.1	2.33	1.38	1.06	12.8	6.04	4.99	0.423	1.36	2.60
8/5	80	50	5		6.376	5.00	0.255	42.0	85.2	12.8	21.1	7.66	2.56	1.42	1.10	7.78	3.32	2.74	0.388	1.14	2.60
			6		7.560	5.93	0.255	49.5	103	15.0	25.4	8.85	2.56	1.41	1.08	9.25	3.91	3.20	0.387	1.18	2.65
			7		8.724	6.85	0.255	56.2	119	17.0	29.8	10.2	2.54	1.39	1.08	10.6	4.48	3.70	0.384	1.21	2.69
			8		9.867	7.75	0.254	62.8	136	18.9	34.3	11.4	2.52	1.38	1.07	11.9	5.03	4.16	0.381	1.25	2.73
9/5.6	90	56	5	9	7.212	5.66	0.287	60.5	121	18.3	29.5	11.0	2.90	1.59	1.23	9.92	4.21	3.49	0.385	1.25	2.91
			6		8.557	6.72	0.286	71.0	146	21.4	35.6	12.9	2.88	1.58	1.23	11.7	4.96	4.13	0.384	1.29	2.95
			7		9.881	7.76	0.286	81.0	170	24.4	41.7	14.7	2.86	1.57	1.22	13.5	5.70	4.72	0.382	1.33	3.00
			8		11.18	8.78	0.286	91.0	194	27.2	47.9	16.3	2.85	1.56	1.21	15.3	6.41	5.29	0.380	1.36	3.04
10/6.3	100	63	6	10	9.618	7.55	0.320	99.1	200	30.9	50.5	18.4	3.21	1.79	1.38	14.6	6.35	5.25	0.394	1.43	3.24
			7		11.11	8.72	0.320	113	233	35.3	59.1	21.0	3.20	1.78	1.38	16.9	7.29	6.02	0.394	1.47	3.28
			8		12.58	9.88	0.319	127	266	39.4	67.9	23.5	3.18	1.77	1.37	19.1	8.21	6.78	0.391	1.50	3.32
			10		15.47	12.1	0.319	154	333	47.1	85.7	28.3	3.15	1.74	1.35	23.3	9.98	8.24	0.387	1.58	3.40
10/8	100	80	6	10	10.64	8.35	0.354	107	200	61.2	103	31.7	3.17	2.40	1.72	15.2	10.2	8.37	0.627	1.97	2.95
			7		12.30	9.66	0.354	123	233	70.1	120	36.2	3.16	2.39	1.72	17.5	11.7	9.60	0.626	2.01	3.00
			8		13.94	10.9	0.353	138	267	78.6	137	40.6	3.14	2.37	1.71	19.8	13.2	10.8	0.625	2.05	3.04
			10		17.17	13.5	0.353	167	334	94.7	172	49.1	3.12	2.35	1.69	24.2	16.1	13.1	0.622	2.13	3.12

续上表

型号	截面尺寸(mm)				截面面积(cm^2)	理论质量(kg/m)	外表面积(m^2/m)	惯性矩(cm^4)					惯性半径(cm)			截面模数(cm^3)			tanα	重心距离(cm)	
	B	b	d	r				I_x	I_{x1}	I_y	I_{y1}	I_u	i_x	i_y	i_u	W_x	W_y	W_u		X_0	Y_0
11/7	110	70	6	10	10.64	8.35	0.354	133	266	42.9	69.1	25.4	3.54	2.01	1.54	17.9	7.90	6.53	0.403	1.57	3.53
			7		12.30	9.66	0.354	153	310	49.0	80.8	29.0	3.53	2.00	1.53	20.6	9.09	7.50	0.402	1.61	3.57
			8		13.94	10.9	0.353	172	354	54.9	92.7	32.5	3.51	1.98	1.53	23.3	10.3	8.45	0.401	1.65	3.62
			10		17.17	13.5	0.353	208	443	55.9	117	39.2	3.48	1.96	1.51	28.5	12.5	10.3	0.397	1.72	3.70
12.5/8	125	80	7	11	14.10	11.1	0.403	228	455	74.4	120	43.8	4.02	2.30	1.76	26.9	12.0	9.92	0.408	1.80	4.01
			8		15.99	12.6	0.403	257	520	83.5	138	49.2	4.01	2.28	1.75	30.4	13.6	11.2	0.407	1.84	4.06
			10		19.71	15.5	0.402	312	650	101	173	59.5	3.98	2.26	1.74	37.3	16.6	13.6	0.404	1.92	4.14
			12		23.35	18.3	0.402	364	780	117	210	69.4	3.95	2.24	1.72	44.0	19.4	16.0	0.400	2.00	4.22
14/9	140	90	8	12	18.04	14.2	0.453	366	731	121	196	70.8	4.50	2.59	1.98	38.5	17.3	14.3	0.411	2.04	4.50
			10		22.26	17.5	0.452	446	913	140	246	85.8	4.47	2.56	1.96	47.3	21.2	17.5	0.409	2.12	4.58
			12		26.40	20.7	0.451	522	1 100	170	297	100	4.44	2.54	1.95	55.9	25.0	20.5	0.406	2.19	4.66
			14		30.46	23.9	0.451	594	1 280	192	349	114	4.42	2.51	1.94	64.2	28.5	23.5	0.403	2.27	4.74
15/9	150	90	8		18.84	14.8	0.473	442	898	123	196	74.1	4.84	2.55	1.98	43.9	17.5	14.5	0.364	1.97	4.92
			10		23.26	18.3	0.472	539	1 120	149	246	89.9	4.81	2.53	1.97	54.0	21.4	17.7	0.362	2.05	5.01
			12		27.60	21.7	0.471	632	1 350	173	297	105	4.79	2.50	1.95	63.8	25.1	20.8	0.359	2.12	5.09
			14		31.86	25.0	0.471	721	1 570	196	350	120	4.76	2.48	1.94	73.3	28.8	23.8	0.356	2.20	5.17
			15		33.95	26.7	0.471	764	1 680	207	376	127	4.74	2.47	1.93	78.0	30.5	25.3	0.354	2.24	5.21
			16		36.03	28.3	0.470	806	1 800	217	403	134	4.73	2.45	1.93	82.6	32.3	26.8	0.352	2.27	5.25

续上表

型号	截面尺寸(mm)				截面面积(cm^2)	理论质量(kg/m)	外表面积(m^2/m)	惯性矩(cm^4)					惯性半径(cm)			截面模数(cm^3)			$\tan\alpha$	重心距离(cm)	
	B	b	d	r				I_x	I_{x1}	I_y	I_{y1}	I_u	i_x	i_y	i_u	W_x	W_y	W_u		X_0	Y_0
16/10	160	100	10	13	25.32	19.9	0.512	669	1 360	205	337	122	5.14	2.85	2.19	62.1	26.6	21.9	0.390	2.28	5.24
			12		30.05	23.6	0.511	785	1 640	239	406	142	5.11	2.82	2.17	73.5	31.3	25.8	0.388	2.36	5.32
			14		34.71	27.2	0.510	896	1 910	271	476	162	5.08	2.80	2.16	84.6	35.8	29.6	0.385	2.43	5.40
			16		39.28	30.8	0.510	1 000	2 180	302	548	183	5.05	2.77	2.16	95.3	40.2	33.4	0.382	2.51	5.48
18/11	180	110	10	14	28.37	22.3	0.571	956	1 940	278	447	167	5.80	3.13	2.42	79.0	32.5	26.9	0.376	2.44	5.89
			12		33.71	26.5	0.571	1 120	2 330	325	539	195	5.78	3.10	2.40	93.5	38.3	31.7	0.374	2.52	5.98
			14		38.97	30.6	0.570	1 290	2 720	370	632	222	5.75	3.08	2.39	108	44.0	36.3	0.372	2.59	6.06
			16		44.14	34.6	0.569	1 440	3 110	412	726	249	5.72	3.06	2.38	122	49.4	40.9	0.369	2.67	6.14
20/12.5	200	125	12		37.91	29.8	0.641	1 570	3 190	483	788	286	6.44	3.57	2.74	117	50.0	41.2	0.392	2.83	6.54
			14		43.87	34.4	0.640	1 800	3 730	551	922	327	6.41	3.54	2.73	135	57.4	47.3	0.390	2.91	6.62
			16		49.74	39.0	0.639	2 020	4 260	615	1 060	366	6.38	3.52	2.71	152	64.9	53.3	0.388	2.99	6.70
			18		55.53	43.6	0.639	2 240	4 790	677	1 200	405	6.35	3.49	2.70	169	71.7	59.2	0.385	3.06	6.78

注:截面图中的 $r_1 = 1/3d$ 及表中 r 的数据用于孔型设计,不做交货条件。

附录二　教学参考建议

一、本课程的性质、作用

《工程力学》是三年制高职道路桥梁工程技术专业必修的一门专业基础课。《工程力学》是运用力学的基本原理，研究构件在荷载作用下的平衡规律及承载能力的一门课程。

本课程的作用是通过课堂理论学习和试验，使学生掌握路桥施工技术人员所必需的工程力学基础知识和基本技能；学习运用力学方法分析和解决路桥工程中遇到的简单力学问题；培养学生的力学素质；为学习专业课程和继续深造提供必要的基础；同时，注意培养学生科学的思想方法和工作方法。

二、本课程的教学目标、与其他课程的联系

1. 知识目标

(1)理解和掌握工程力学的基本概念、基本原理和基本方法及其适用范围。

(2)学会用工程力学的基本知识分析和处理工程中简单的力学问题。

(3)掌握工程力学基本的试验知识。

2. 能力目标

(1)掌握对物体和简单物体系进行受力分析和具备绘制受力图的能力。

(2)具备运用平面力系平衡方程求解平衡问题的能力。

(3)掌握杆件内力的计算方法，能对简单问题进行手算的能力。

(4)通过定性分析和半定量分析对计算结果进行大致估算的能力。

(5)能运用力学基本知识，通过观察和比较、分析和综合，对杆件的强度、刚度和稳定性问题作出正确判断的能力。

(6)能在力学试验工程师指导下从事简单的工程力学试验，并协助工程师测量力学量的能力。

(7)能运用基本的力学原理和方法处理和解决工程中简单力学问题的能力。

3. 素质目标

(1)在教学活动中要密切联系生活实际与工程实际，激发学生的求知欲，培养科学精神和创新精神。

(2)教育学生在学习力学的过程中，处理好理论与实际的关系，培养学生理论联系实际的学风。

4. 本课程应在学习了一元微积分、工程制图的基础上进行学习

三、教学方法、手段

根据不同的教学内容可采用如:课堂讲授、多媒体教学、分组讨论、解题训练、阅读研讨、试验教学等方式。

四、课程的课时分配

本课程教学总学时约为60~70学时,包括讲课、试验、解题训练和机动四部分。具体课时分配见附表5。

课时分配表　　附表5

序号	课　　题	小计	讲课	习题	试验	机动
一	绪论	1	1			
二	静力学基本知识	7	5			2
三	平面力系的合成与平衡	6	4	2		
四	空间力系与重心	4	4			
五	轴向拉伸与压缩	10	6		2	2
六	连接件的实用计算	4	4			
七	扭转	6	4		2	
八	截面的几何性质	4	4	2		
九	梁的内力	8	6	2		
十	梁的应力及强度计算	6	2	2	2	
十一	梁的变形	4	2	2		
十二	组合变形	4	2	2		
十三	压杆稳定	4	2	2		
合计		70	46	14	6	4

试验内容为:

(1)低碳钢、铸铁的拉压试验。

(2)圆轴的低碳钢、铸铁扭转试验。

(3)梁的弯曲正应力电测试验。

五、说明

(1)本课程要注重培养学生分析力学问题和解决力学问题的能力。

(2)本课程内容可根据专业所需进行选用并增删课时。

(3)本课程的阅读材料可根据实际情况选用,同时应指导学生进行课外阅读。

(4)本课程的学习指导书提供了课程学习项目,应采用任务驱动、项目教学等行动导向教学法,指导学生完成学习任务。

(5)对于中职生建议每章教学过程中紧密结合工程实践,利用学习指导书或课程网站的

学习资源,采取任务驱动法,实施小组学习项目 + 个人学习任务的教学模式,加强对力学知识的应用和掌握。

(6)本课程网络教学资源网址:

爱课程网站 http://www.icourses.cn/coursestatic/course_3521.html

国家精品资源共享课:高职高专;工程力学;先注册(用个人邮箱和密码免费注册)——激活邮箱——登录——加入工程力学课程群。具体操作见本书附件中的注册操作指南。

(7)本教材配套有《工程力学学习指导书》。内容有学习要求、问题解析、判断题、选择题、作图题、计算题和学习任务书、学习项目 11 个,供老师和学生选用。习题解答见爱课程网站。

附录三　工程力学课程资源网站注册操作指南

(1)点击网址:http://www.icourses.cn/home/或利用百度搜索"爱课程网站",进入爱课程网站首页。

(2)在爱课程网站首页右上角点击"注册"按钮进入注册账号页面,见附图 5。

附图　5

(3)用本人已经注册并使用的"邮箱用户名和密码"注册账号,点击立即注册,见附图 6。

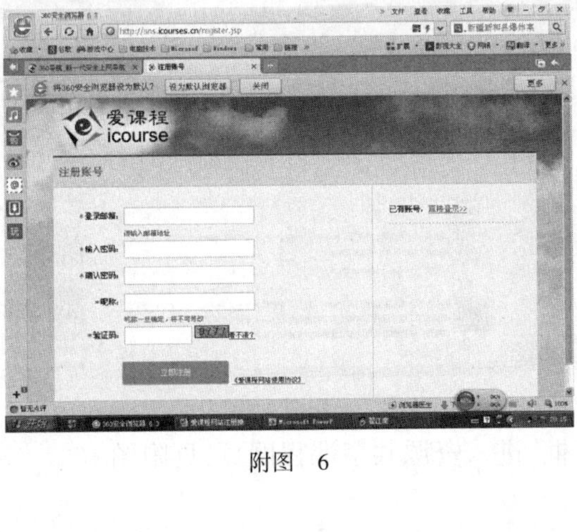

附图　6

(4)注册成功,请到您的注册邮箱××××××@×××.com 激活您的账号。

(5)点击网址:http://www.icourses.cn/home/ 进入爱课程网站首页。在网页的右上角点击“登录”按钮,进入登录菜单,见附图7。

附图 7

(6)在登录菜单上输入注册时的“登录邮箱用户名和密码”,登录个人学习社区,见附图8。

附图 8

(7)在个人的学习社区网页点击“开放课堂”按钮,进入课程搜索网页,见附图9。

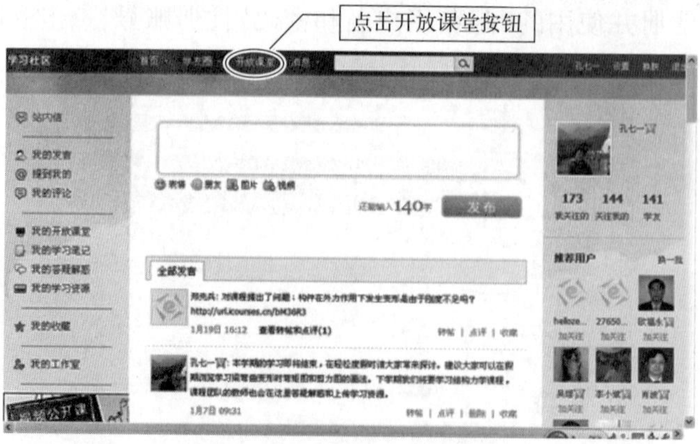

附图 9

(8)点击“发现课程”框,进入资源共享课程网页,见附图10。

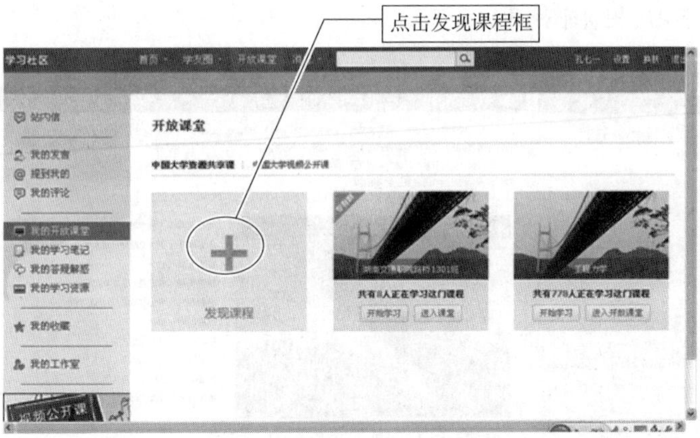

附图　10

(9)点击第一行的第三项资源共享课后进入全部课程网页。在“按课程”空格内输入“工程力学”;在“按教师”空格内输入“孔七一”;在“按学校”空格内输入“湖南交通职业技术学院”。最后点击“确定”进入个人开放课堂,见附图 11。

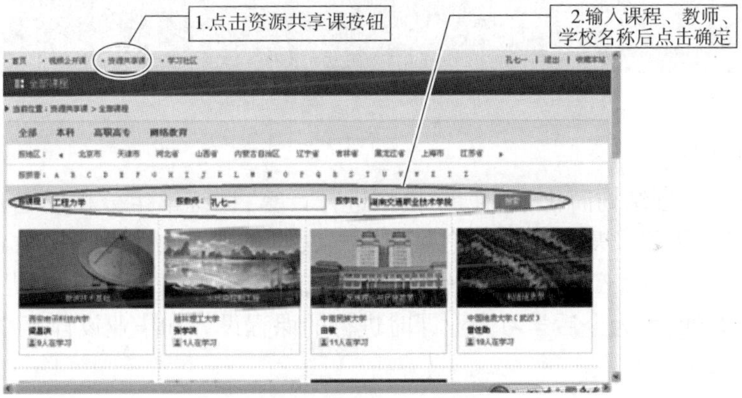

附图　11

(10)在开放课堂网页点击“开始学习”进入课程资源,见附图 12。

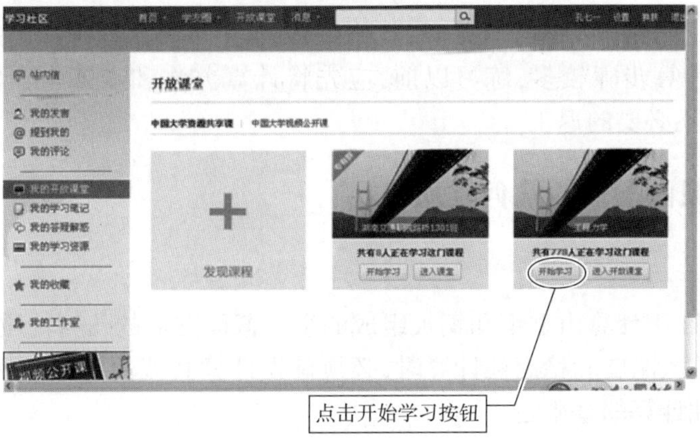

附图　12

(11)在课程资源网站左侧菜单内的“课程概要”下,点击“模块一、模块二、模块三”即可进入任一单元自主学习,见附图 13。

附图 13

附录四 大作业

1. 大作业的目的

通过对一些从典型结构简化来的力学模型进行计算,训练学生分析问题和解决问题的能力,起到阶段性综合练习及复习基本理论和基本方法的作用。大作业比平时各章做的习题要难一些,综合一些,计算的工作量也要多一些。这样,对学生独立工作能力(尤其是计算能力)的培养会有很大好处,也为今后学习专业课时进行的课程设计和毕业设计等打下一定的基础。

2. 大作业的安排

大作业应按照专业学时类型有选择地安排。

3. 注意事项

(1)每个大作业的图号及题号有几套,数据各异,学生可按照教师指定的号数独立完成。

(2)大作业的计算步骤较多,练习以前,应先将计算方法和步骤全盘考虑好。计算要仔细,注意校核,以免不必要的返工。

大作业一 截面图形的几何性质

1. 说明

本作业的目的在于计算由型钢和钢板组成的组合截面图形的几何性质。对具有较复杂的截面的杆件进行强度、刚度和稳定性计算时,必须首先计算其截面的几何性质,因此本作业是强度、刚度及稳定性计算的基础之一。

2. 已知条件

图号________,数据号________。

3. 要求

(1)确定截面的形心和形心主轴；

(2)计算形心主惯性矩。

4. 作业内容

计算说明书一份(包括计算过程和作图)。

5. 图和数据(附图14)

大作业一图1

大作业一图1 数据表

序　号	槽钢型号	c(mm)
1	14a	15
2	14b	20
3	18a	15
4	20	20
5	25b	25

大作业一图2

大作业一图2 数据表

序　号	工字钢	钢　板
1	20a	100×10
2	22b	112×8
3	63a	176×6
4	63b	178×8
5	63c	180×10

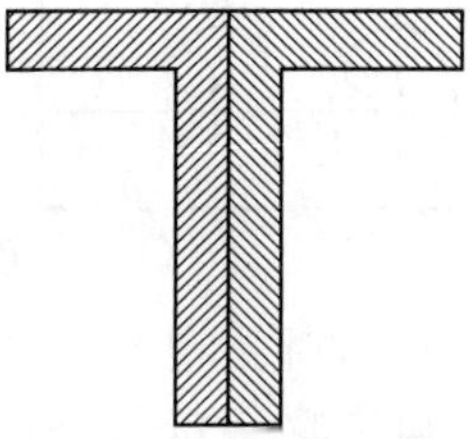

大作业一图3

大作业一图3 数据表

序　号	不等边角钢
1	80×50×6
2	100×80×8
3	125×80×12
4	160×100×14
5	200×125×12

大作业一图4

大作业一图4 数据表

序　号	工字钢	槽　钢
1	20a	10
2	22b	14b
3	63a	16a
4	63b	16b
5	63c	18a

附图14　大作业一用的图和数据

大作业二　弯曲内力

1. 说明

本作业是在对作剪力图和弯矩图已有一定训练的基础上，通过一些较复杂的题目，进一步巩固和熟练作剪力图和弯矩图的方法。

2. 已知条件

图号________，数据号________。

3. 要求

(1)按一定比例作剪力图和弯矩图，图上标明所有主要数值；

(2)计算最大剪力和最大弯矩(按绝对值)。

4. 作业内容

(1)计算说明书一份(包括支座反力、最大剪力及最大弯矩数值等)；

(2)剪力图及弯矩图图纸一份。

5. 图及数据(附图15和附表6)

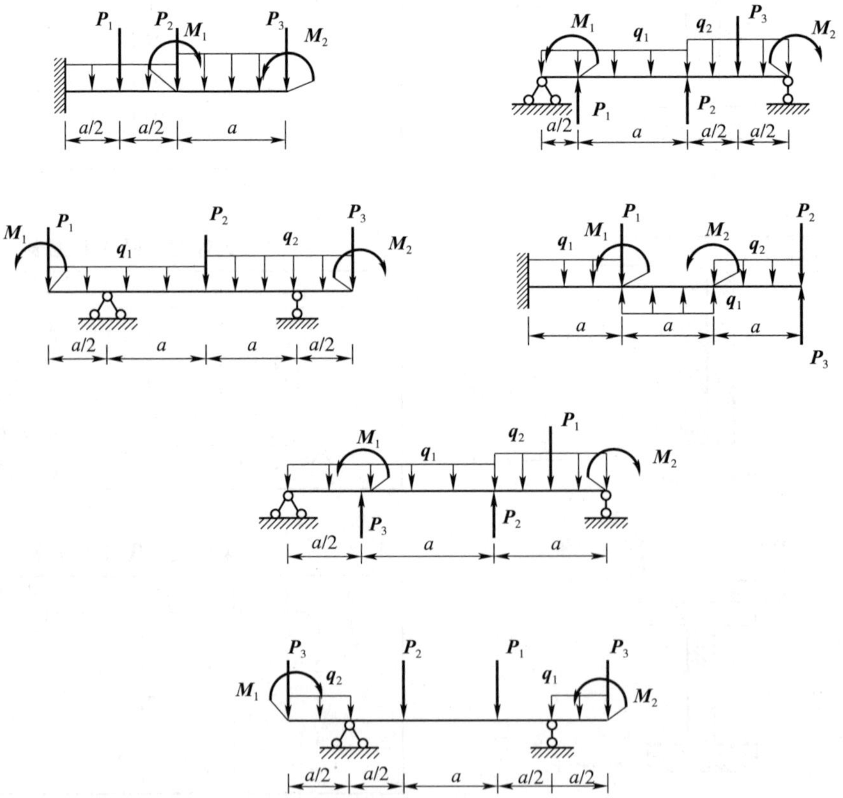

a)大作业二图1

附图 15

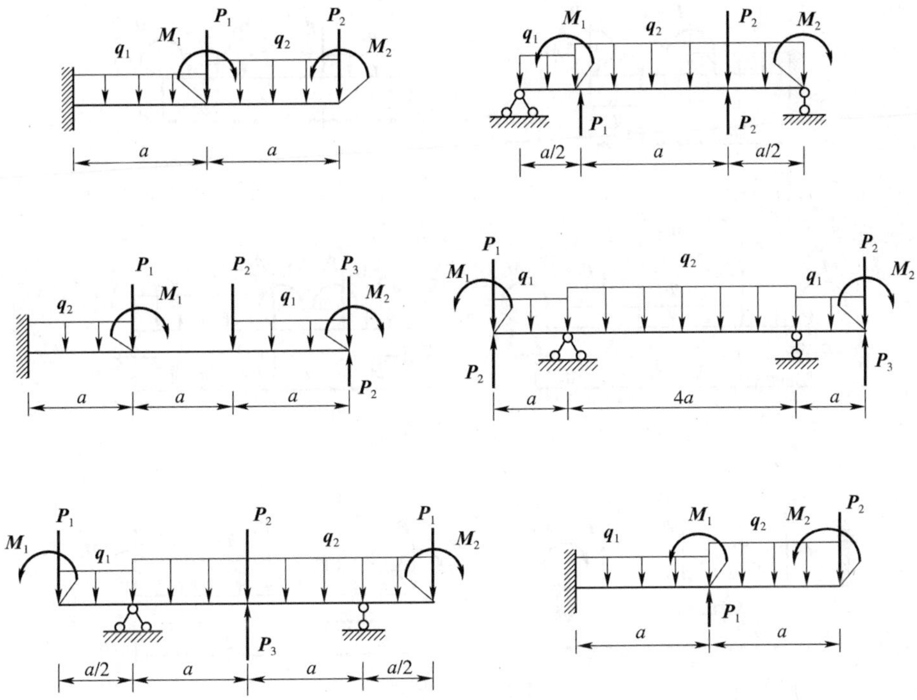

b) 大作业二图 2

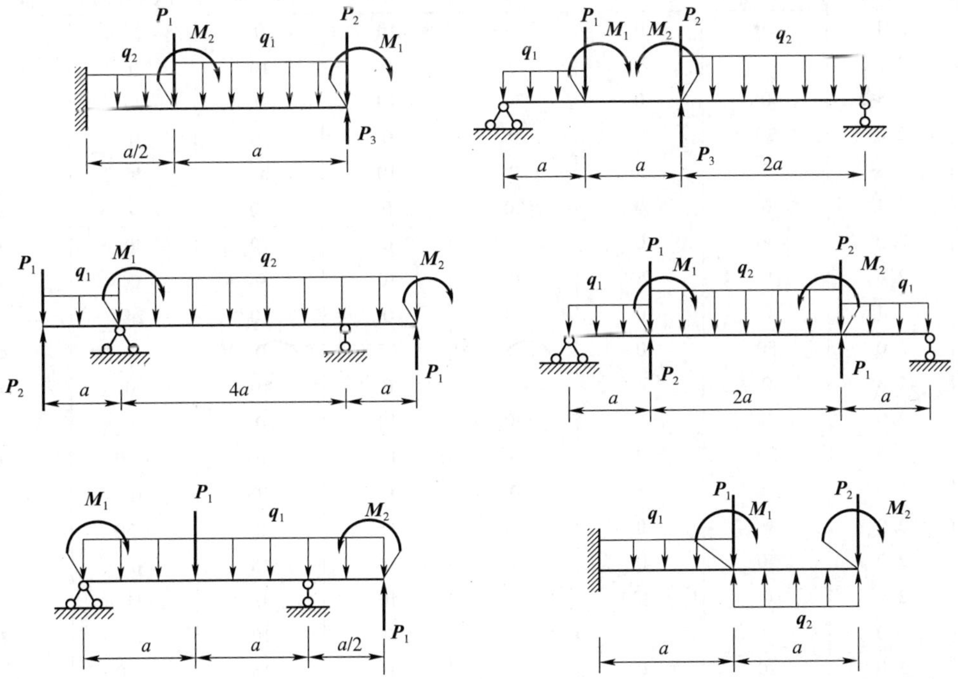

c) 大作业二图 3

附图　15

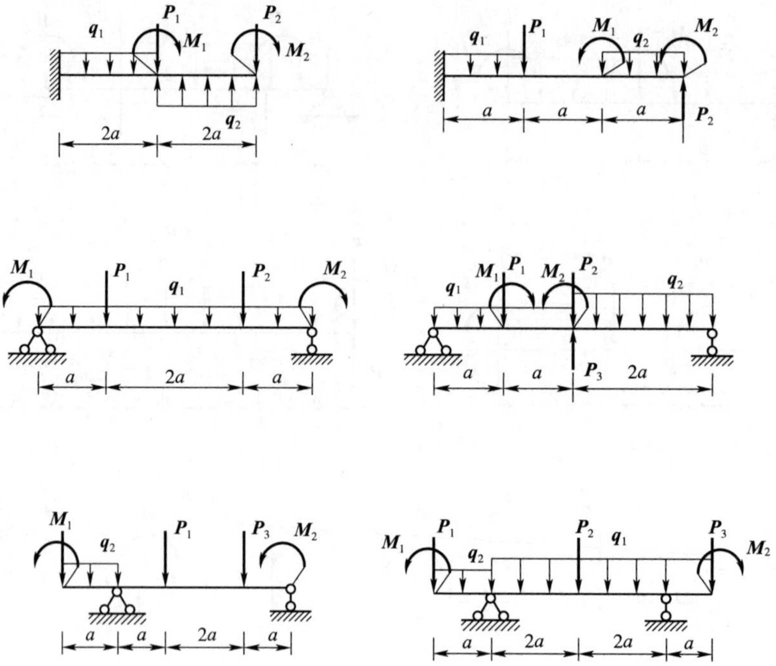

d)大作业二图4

附图15 大作业二图

大作业二数据表 附表6

序号	a (m)	P_1 (kN)	P_2 (kN)	P_3 (kN)	q_1 (kN/m)	q_2 (kN/m)	M_1 (kN·m)	M_2 (kN·m)
1	2.4	20	0	0	10	0	24	0
2	2.0	0	20	0	0	10	0	20
3	1.8	0	0	30	10	0	36	0
4	2.0	20	0	0	0	10	0	30
5	1.8	0	20	0	10	0	36	0
6	2.4	0	0	20	0	10	0	25
7	2.0	30	0	0	0	20	40	0
8	2.0	0	20	0	10	0	0	30
9	2.4	0	0	20	0	10	24	0
10	2.0	30	0	0	15	0	0	40
11	1.8	0	30	0	0	10	30	0
12	2.0	0	0	30	10	0	0	40
13	2.0	20	0	0	10	0	-30	0
14	1.8	0	20	0	0	20	0	-36
15	2.0	0	0	20	15	0	-30	0
16	2.0	30	0	0	0	15	0	-40
17	2.4	0	-20	0	10	0	24	0
18	2.0	0	0	-20	0	10	0	30
19	2.0	20	0	0	0	15	-40	0
20	1.8	0	20	0	10	0	0	-27

注:表中数值的正号表示与图示方向一致,反之为负。

大作业三　梁的强度和刚度计算

1. 说明

本作业的目的在于对梁的强度和刚度计算作一全面训练。其中强度部分包括内力图、截面选择及主应力校核等，以巩固弯曲应力及应力状态等基本概念；刚度部分通过对较复杂的弯曲变形的计算，进一步熟练用积分法求梁的变形。

2. 要求

(1)作剪力图和弯矩图。

(2)根据正应力强度条件选定工字钢的型号。

(3)画出危险截面处正应力及剪应力的分布图。

(4)画出指定截面 m-n(内力分量较大的一侧)上 1、2、3、4 及 5 点处的应力状态，用应力圆求其主应力的大小及方向(主方向可在单元体上表示)，并画出该截面上最大主应力的分布图。

(5)用第三或第四强度理论对梁进行全面校核。

(6)求梁在 D、E 两截面处的挠度和转角，并作刚度校核。

3. 作业内容

(1)计算说明书一份。

(2)图纸一份，包括：

①剪力图和弯矩图；

②危险截面上的正应力及剪应力的分布图；

③指定截面上 1 号 ~5 号点的应力状态、应力圆及最大主应力分布图。

4. 图及数据(附图 16 和附表 7)

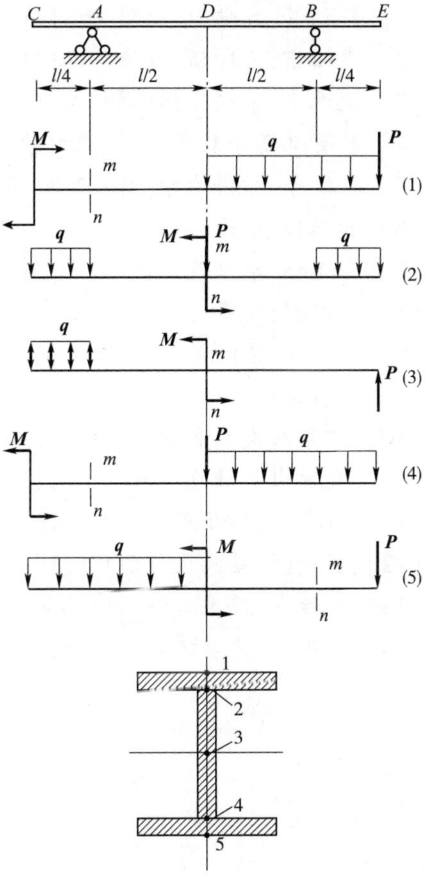

附图 16　大作业三图

大作业三数据表　　附表 7

序　号	l(m)	P(kN)	q(kN/m)	M(kN·m)
1	4	40	11	50
2	5	35	10	50
3	7	25	8	60
4	8	25	7	70
5	9	20	6	70

参考文献

[1] 孙训芳,方孝淑. 材料力学[M]. 6 版. 北京:高等教育出版社,2021.

[2] 李心宏,王增新. 理论力学[M]. 5 版. 大连:大连理工大学出版社,2008.

[3] 沈养中. 工程力学(第一分册)[M]. 4 版. 北京:高等教育出版社,2014.

[4] 教育部高等教育司. 工程力学[M]. 北京:高等教育出版社,2000.

[5] 张流芳. 材料力学[M]. 2 版. 武汉:武汉工业大学出版社,2002.

[6] 和兴锁. 理论力学[M]. 西安:西北工业大学出版社,2001.

[7] 龚志钰,李章政. 材料力学[M]. 北京:科学出版社,1999.

[8] 田津麒. 建筑力学[M]. 北京:人民交通出版社,1998.

[9] 清华大学材料力学教研室. 材料力学解题指导与习题集[M]. 北京:高等教育出版社,1986.

[10] 中华人民共和国行业标准. 公路隧道施工技术规范:JTG/T 3660—2020[S]. 北京:人民交通出版社股份有限公司,2020.

[11] 黄晓明. 路基路面工程[M]. 6 版. 北京:人民交通出版社股份有限公司,2019.

[12] 黄平明. 结构设计原理[M]. 北京:人民交通出版社股份有限公司,2017.

[13] 姚玲森. 桥梁工程[M]. 3 版. 北京:人民交通出版社股份有限公司,2021.

[14] 王振东. 力学诗话[M]. 武汉:湖北科技出版社,2013.